航空发动机基础与教学丛书

颗粒介质全相态理论及数值实现

陈福振 著

科学出版社

北京

内 容 简 介

颗粒介质运动问题是广泛存在于航空航天、现代化工、生态环境、地质灾害、材料加工乃至社会科学等各个领域中的一大类科学问题,对该问题进行研究具有重要的科学价值和实际意义。

由颗粒介质组成的复杂系统在不同外界条件下通常表现出复杂多样的流动行为,如何有效描述这些复杂流动行为是学术界一直努力寻求的目标。本书即针对这一问题,论述一种全新的描述颗粒介质的类固、类液、类气以及离散惯性态等全部相态的理论、模型和数值模拟方法。全书共分十一章:绪论、浓密颗粒介质的弹-黏-塑性本构理论、颗粒介质的全相态理论、液体中悬浮颗粒介质理论、浓密颗粒介质模拟的 SDPH 方法、稀疏颗粒介质流模拟的 SDPH 方法、超稀疏颗粒流模拟的离散单元法、颗粒介质全相态模拟的 SDPH - DEM 耦合方法、液体-颗粒两相流模拟的 SPH - SDPH - DEM 耦合方法、颗粒介质边界力施加方法以及颗粒介质全相态理论及方法在工程中的应用。本书叙述简明扼要,重点突出。

本书适用于高年级的本科生和研究生、在工程和科学方面的研究人员和专业人员使用。本书所论述的方法和应用对于在颗粒介质和计算流体力学领域中进行研究的力学、工程热物理、航空和航天、化工等专业的学生、工程师、研究人员来说实用性较高。

图书在版编目(CIP)数据

颗粒介质全相态理论及数值实现／陈福振著. —北京:科学出版社,2022.11
(航空发动机基础与教学丛书)
ISBN 978 - 7 - 03 - 073619 - 2

Ⅰ. ①颗… Ⅱ. ①陈… Ⅲ.①颗粒物质-介质-数值方法 Ⅳ. ①O552.5

中国版本图书馆 CIP 数据核字(2022)第 199859 号

责任编辑:胡文治 高 微／责任校对:谭宏宇
责任印制:黄晓鸣／封面设计:殷 靓

科学出版社 出版
北京东黄城根北街 16 号
邮政编码:100717
http://www.sciencep.com

南京展望文化发展有限公司排版
广东虎彩云印刷有限公司印刷
科学出版社发行 各地新华书店经销
*
2022 年 11 月第 一 版 开本:B5(720×1000)
2024 年 5 月第三次印刷 印张:20 1/4
字数:396 000
定价:150.00 元
(如有印装质量问题,我社负责调换)

丛 书 序

　　航空发动机是"飞机的心脏",被誉为现代工业"皇冠上的明珠"。航空发动机技术涉及现代科技和工程的许多专业领域,集流体力学、固体力学、热力学、燃烧学、材料学、控制理论、电子技术、计算机技术等学科最新成果的应用为一体,对促进一国装备制造业发展和提升综合国力起着引领作用。

　　喷气式航空发动机诞生以来的 80 多年时间里,航空发动机技术经历了多次更新换代,航空发动机的技术指标实现了很大幅度的提高。随着航空发动机各种参数趋于当前所掌握技术的能力极限,为满足推力或功率更大、体积更小、质量更轻、寿命更长、排放更低、经济性更好等诸多严酷的要求,对现代航空发动机发展所需的基础理论及新兴技术又提出了更高的要求。

　　目前,航空发动机技术正在从传统的依赖经验较多、试后修改较多、学科分离较明显向仿真试验互补、多学科综合优化、智能化引领"三化融合"的方向转变,我们应当敢于面对由此带来的挑战,充分利用这一创新超越的机遇。航空发动机领域的学生、工程师及研究人员都必须具备更坚实的理论基础,并将其与航空发动机的工程实践紧密结合。

　　西北工业大学动力与能源学院设有"航空宇航科学与技术"(一级学科)和"航空宇航推进理论与工程"(二级学科)国家级重点学科,长期致力于我国航空发动机专业人才培养工作,以及航空发动机基础理论和工程技术的研究工作。这些年来,通过国家自然科学基金重点项目、国家重大研究计划项目和国家航空发动机领域重大专项等相关基础研究计划支持,并与国内外研究机构开展深入广泛合作研究,在航空发动机的基础理论和工程技术等方面取得了一系列重要研究成果。

　　正是在这种背景下,学院整合师资力量、凝练航空发动机教学经验和科学研究成果,组织编写了这套"航空发动机基础与教学丛书"。丛书的组织和撰写是一项具有挑战性的系统工程,需要创新和传承的辩证统一,研究与教学的有机结合,发展趋势同科研进展的协调论述。按此原则,该丛书围绕现代高性能航空发动机所涉及的空气动力学、固体力学、热力学、传热学、燃烧学、控制理论等诸多学科,系统介绍航空发动机基础理论、专业知识和前沿技术,以期更好地服务于航空发动机领域的关键技术攻关和创新超越。

丛书包括专著和教材两部分,前者主要面向航空发动机领域的科技工作者,后者则面向研究生和本科生,将两者结合在一个系列中,既是对航空发动机科研成果的及时总结,也是面向新工科建设的迫切需要。

丛书主事者嘱我作序,西北工业大学是我的母校,敢不从命。希望这套丛书的出版,能为推动我国航空发动机基础研究提供助力,为实现我国航空发动机领域的创新超越贡献力量。

2020 年 7 月

前　言

颗粒介质广泛存在于许多工业工程以及自然界中,有研究表明,地球上的百分之五十以上的物质均以介观颗粒状态存在,如航空航天动力系统中的颗粒运动沉积(沙尘、燃料液滴、铝粉等)、医药中的药片生产、化工业中的颗粒流化床、食品加工中的物料输送、简仓中的粮食储存,以及自然界中风沙的运动、雨雪的运动、火山碎屑灰的运动及造成重大自然灾害的滑坡泥石流等。

颗粒介质作为一种由介观离散颗粒组成的宏观无定形物质,根据颗粒的体积分数不同和载荷作用条件不同往往会表现出一些不同的行为特征,如类固体行为、类液体行为、类气体行为以及几乎不受约束的离散惯性运动行为等。对颗粒的这些相态同时进行建模计算一直是科学界追求的目标。

本书遵循从物理机理分析出发到理论模型建立再到数值求解的基本思路,以颗粒介质的不同相态描述为核心,介绍了颗粒介质复杂系统的概念以及目前国内外最新的进展,详细论述了作者在颗粒介质全相态理论及数值模拟方法方面的研究成果,总结了采用这些新成果在不同领域内的工程应用实效,并结合国家重大工程任务,讨论了新的理论和方法在不同工程领域内的应用前景。

全书共分十一章,第1章为本书的绪论,主要围绕颗粒介质的相关概念、研究现状等进行论述;第2章与第3章为颗粒介质全相态理论部分,介绍了针对浓密颗粒介质提出的弹-黏-塑性本构模型以及与颗粒动理学理论和质点动力学理论相结合建立的全相态理论模型;第4章是在单相颗粒介质的基础上,考虑外部液体作用,所涉及的液体-颗粒两相流理论;第5章到第7章分别介绍了针对浓密、稀疏和超稀疏颗粒流状态所采用的数值模拟方法;第8章是在第5章至第7章基础上建立颗粒介质全相态的耦合数值方法;第9章是在第4章理论的基础上,采用新的颗粒介质全相态数值方法和传统的粒子法相结合建立液体-颗粒两相流数值模拟策略;第10章是论述本书围绕颗粒介质计算所需要的常用的边界力模型,同时也详细描述了针对覆盖范围较广的边界而新提出的动态边界力模型;第11章介绍了颗粒介质全相态理论及方法在不同工程中的应用以及未来展望。

本书是作者所在课题组多年来的研究成果。从2008年,作者师从强洪夫教授便开始了无网格粒子方法的研究工作,前期研究以光滑粒子流体动力学(SPH)方法在传统的气液两相流、爆炸与冲击、发动机内流场等领域内的应用为主;后期在攻读博士学位期间将SPH方法改造成了适于离散颗粒相模拟的光滑离散颗粒流体动力学(SDPH)方法,并建立了与气流场模拟的有限体积法(FVM)之间的耦合方法,成功应用在发动机颗粒沉积、风沙跃移、化工流化床、燃油雾化等领域中。随着研究的深入,逐步发现SDPH方法并不能很好地模拟颗粒在体积分数较大以及体积分数极小情况下的现象,如颗粒的堆积、颗粒的缓慢流动、颗粒的超稀疏运动等,究其原因主要是之前的SDPH方法是建立在颗粒动理学理论的基础上,仅能描述颗粒的快速随流运动,也就是本书中描述的类气态。通过调研,又发现描述颗粒的类固、类液、类气和离散惯性态的综合理论模型目前还是欠缺的状态,尤其是不同相态之间的耦合连接关系;同时,不论是传统的基于连续介质力学的FVM、有限元方法(FEM)、无网格物质点法(MPM),还是基于拉格朗日质点追踪的离散单元法(DEM)、离散粒子方法(DPM)、直接模拟蒙特卡罗(DSMC)方法均存在一定的不足。因此,本课题组针对这些问题,在前期研究的基础上经过几年的钻研,终于建立了不同相态之间的转化准则和参数转化关系,实现了对颗粒介质多相态的描述;同时,有效结合SDPH方法(相对粗粒度)和DEM(相对细粒度),实现了对颗粒介质全相态的高效高精度模拟。

本书的内容对于深入认识颗粒世界的奥秘具有重要意义,对于解决各个领域内的复杂系统问题具有较高的参考价值;本书改变了传统求解颗粒介质问题的思路,引入了基于连续介质力学的粗粒度和基于离散颗粒动力学的细粒度相结合的概念,对于颗粒介质的模拟是一个有力的补充;本书中明确了数值模拟方法中的粒子与实际的颗粒之间的关系,纠正粒子方法在模拟颗粒介质问题及考虑颗粒的多相流问题时存在的误区。

在本书的撰写和出版过程中得到了有关学者与专家的关心和帮助,在此表示衷心的感谢。特别感谢严红教授和王丁喜教授,是他们将我带入到了西北工业大学,提供了良好的科研环境和浓厚的学术氛围,为本书中成果的形成奠定了客观基础;特别感谢强洪夫教授,他作为我的科研引路人,本书的每一项成果都离不开他一直以来的殷切指导。同时,感谢学院在作者撰写本书时给予的极大支持;感谢中国航空发动机集团有限公司、中国地质科学院地质力学研究所、太原理工大学等合作单位的大力支持。另外,对本书涉及的相关国内外文献作者表示致谢。

作者希望本书的出版能够对不同领域内的颗粒介质运动问题模拟提供一种新的思路和工具。由于作者水平有限,特别是对一些问题的研究尚属探索阶段,因此本书中难免会有一些不全面的地方,希望读者能够给予谅解,我们必将继续不断完善。

作者
2022 年 2 月

目　录

第 5 章　浓密颗粒介质模拟的 SDPH 方法

第8章 颗粒介质全相态模拟的 SDPH – DEM 耦合方法

第9章 液体-颗粒两相流模拟的 SPH – SDPH – DEM 耦合方法

第 10 章 颗粒介质边界力施加方法

第 11 章 颗粒介质全相态理论及方法在工程中的应用

第 1 章
绪　论

1.1　颗粒介质问题研究的重要性

颗粒介质的运动问题是与我们日常生活息息相关的一大类科学问题,例如在航空航天动力系统中的颗粒的流动给发动机结构造成不同程度的破坏(航空发动机压气机内异物冲蚀过程、燃烧室内雾化液滴在壁面附近的烧蚀过程、涡轮叶片上形成积灰与堵塞气膜孔问题等;舰用燃气轮机内盐雾的沉积与腐蚀;固体火箭发动机内的铝颗粒燃烧产物对喷管的冲蚀等);在自然界中发生的滑坡、泥石流、火山碎屑灰沉降等给人类的生命和家园造成了严重的破坏;在工业上很多加工过程都涉及颗粒的输运和堆积(锅炉中煤粉的输运、食品加工中原料粉末的输运与黏结、药品加工中药物颗粒生成与包覆等);另外,外星球表面地貌的形成原因,甚至社会科学中的诸多问题如人流问题、车流问题、复杂系统科学问题等均涉及颗粒介质的运动过程。因此,建立颗粒介质运动的宏观预测理论一直是物理学领域的一个重要目标,2015 年,*Science* 将颗粒介质力学行为的通用理论模型(普适本构方程)定为人类未解决的 125 个科学难题之一。2021 年,*Science* 又发布了新版的 125 个科学难题,其中“集体运动的基本原理是什么?”这一问题与颗粒介质群体运动行为原理具有理论相通性。本书主要针对这一科学难题,提出一种描述颗粒介质全相态的物理模型和数值模拟方法,为预测颗粒介质的运动规律提供一条新的有效的途径。本书中颗粒的类固、类液、类气行为均是针对颗粒群体运动而言。

颗粒介质作为一种由介观离散颗粒组成的宏观无定形态物质,根据颗粒体的体积分数不同和载荷作用条件不同表现出一些不同的行为特征[1-4],如类固体行为、类液体行为、类气体行为以及几乎不受其他颗粒约束的惯性运动行为等。同时,在实际颗粒介质运动过程中,这些行为特征不是以单独某一种状态存在的,而是多种状态同时存在,并且不同状态之间频繁地发生着相互转化。

首先,以航空发动机压气机或涡轮内叶片表面存在的积灰问题为例进行分析,灰尘颗粒在气流的裹挟作用下进入发动机内流场中,这时的颗粒处于稀疏的类气态甚至是超稀疏惯性运动状态,颗粒间相互作用以瞬时的二体碰撞为主;随着颗粒受到壁面附近涡流的影响或壁面的黏附作用,颗粒在壁面附近产生团聚,并逐渐在壁面上堆积,这时颗粒间的作用方式逐渐转变为长时接触,颗粒堆集体在壁面附近发生缓慢的蠕动,表现出类液体行为;随着流场中的颗粒继续向壁面沉积,颗粒堆厚度逐渐增加,颗粒的蠕动逐渐消失,颗粒间处于完全接触状态,力链增长,整体表现出固体结构的行为,运动非常缓慢,在受力屈服的过程中会形成剪切带,应力状态也表现出率无关性。

　　然后,以航空发动机燃烧室内燃油雾化过程为例进行分析阐述,航空燃油在油箱和管路中以连续的流体状态储存,遵循流体力学定律,其经过喷嘴加压后喷向空间中形成液膜、液丝再到液滴,燃油在雾化形成液滴前可等效为颗粒体的类固态,只不过这种类固态与固体颗粒的类固态不同之处在于它在表面上具有一定的能量(表面张力)。连续的燃油液体经过喷嘴形成一定的液膜形状,在液膜的边缘受到自身惯性、黏性、表面张力以及气动力的剪切作用而发生失稳破坏,形成大量的液滴颗粒体,等效为由类固态转变为类液态,颗粒的运动遵循类液体运动规律,液滴与周围的多个液滴之间均存在碰撞和剪切作用;随着液雾在空间中的扩散,液滴的体积分数逐渐减小,同时也由浓密液雾转变为稀疏液雾,液滴之间的碰撞不再遵循长时接触,而是以两两液滴碰撞为主,液滴群也由类液态转变为类气态;当液滴继续在空间中弥散,液滴体积分数继续减小,小到一定数值后,其与其他液滴间的碰撞作用不再明显,这时便表征液滴相转变为惯性态。

　　最后,以地质灾害领域内的滑坡问题为例进行相态分析,对于一个高位远程滑坡问题来说,滑体是由很多碎石颗粒组成的,滑体在发生滑动之前以类固态形式存在,其在山坡上保持静止状态;在地震、台风、降雨等恶劣外界条件下,滑体底部截面发生失稳破坏,整个滑体开始向山下运动,在运动的过程中受到周围山体的碰撞作用发生解体破坏,开始以类液态的形式运动;随着运动距离的增加,势能更多地转化为滑体的动能,碎石之间的相互碰撞作用逐渐增强,多颗粒长时长程接触作用逐渐减弱,滑体的体积开始膨胀,碎石之间逐渐以两两碰撞为主,转化为类气态形式运动;随着运动距离的进一步增加,处于滑体运动边缘的碎石由于受到周围山体和主滑体的束缚较小,其运动更加剧烈,运动的范围更广,与其他碎石之间的碰撞很少发生,这时这一部分碎石转化为以惯性态形式运动。

　　由此,我们可以发现一种自然现象或一个工业过程的发生,往往是伴随着颗粒介质的多个运动状态甚至是全部运动状态存在的,很少以单一运动状态存在。针对以上提到的颗粒介质不同相态问题,已经提出了大量的理论来描述不同相态下的力学行为。但当涉及不同相态的物质共存时,现有的理论并未获得较好的结果。对于跨越颗粒类固态、颗粒类液态、颗粒类气态和颗粒惯性态四种相态的颗粒介质统一理论,仍然是尚在讨论之中的问题。因此,建立颗粒介质运动的全相态物理理论与数值模拟方法对于解决实际问题具有重要的意义。

1.2　认识颗粒介质及其多相态性

1.2.1　颗粒介质

颗粒介质通常是指由尺寸大于 1 μm 的颗粒组成的宏观体系。当颗粒尺度小于 1 μm 时,热运动即布朗运动会有重要影响,若颗粒尺度更小,微观相互作用则起主要作用。因此,这些小尺度颗粒的运动规律与宏观颗粒不同。对于宏观颗粒,经典力学可以给出单个颗粒运动状态的精确解,然而,大量颗粒组成的体系具有特别的性质和运动规律。有研究表明,地球上一半以上的生产活动都会涉及颗粒介质。可以说,颗粒介质是地球上存在最多、最为人们所熟悉的物质类型之一。

颗粒介质根据颗粒自身状态的不同,又可以分为固体颗粒、液体颗粒(液滴)、气体颗粒(气泡),由此组成了不同种类的颗粒介质,如化工领域中的粉末颗粒形成的气-固两相流、动力系统中液雾颗粒形成的气-液两相流、海洋领域中大量气泡形成的液-气两相流、自然灾害领域中由碎石-泥土(泥石流)形成的液-固两相流等。不论是哪种颗粒体,由于颗粒介质的短程无序、长程有序的结构形态特点,颗粒体在宏观上都表现出一些共同的性质,如涡旋结构、射流锥角结构、堆积体结构等。

由于实际中的每个颗粒都具有自身的物质属性和运动属性,每个颗粒都可以看成是一个独立的子系统,而实际工程中颗粒的数量往往是巨大的,由单颗粒组成的颗粒介质则构成了一个复杂的巨系统,系统内部子系统之间存在着复杂的相互作用,不仅整体表现出一些特殊的行为,同时局部区域上表现出来的现象还千差万别,因此,对这一系统进行准确描述将是一项非常具有挑战性的课题。

1.2.2　颗粒介质的性质

颗粒介质具有以下性质:

(1) 颗粒介质具有跨尺度特征。从宏观来看颗粒介质整体表现出来的是宏观尺度特征,颗粒体表现出一些宏观力学行为;从单个颗粒来看,每个颗粒表现出来的是介观尺度特征,颗粒-颗粒之间存在着相互作用力;再进一步从颗粒内部来看,颗粒内部分子的热运动使单颗粒具有一定的力学性质,但是该力学性质不是产生颗粒宏观流动现象的本质,同时颗粒之间虽然通过摩擦生热将一部分能量转换到颗粒内部影响内部分子的微观运动,但作为一个颗粒流整体,这部分的微观运动很难影响到整体颗粒形态。因此,本书中忽略颗粒内部分子的热运动。

(2) 颗粒介质具有区别于通常的连续介质的特征。通常的连续介质从宏观到微观主要包括两个层次:宏观的连续介质力学尺度和微观的分子动力学尺度;而对于颗粒介质更精确来说应该包括三个层次:宏观的连续介质力学尺度、介观的颗粒动力学尺度以及微观的分子动力学尺度,这三个层次之间是一种逐层过渡的关系而不具有跨越层次之间的关系。例如,宏观的颗粒流介质遵循一定的连续介质力学定律,其主要是受到介观尺度的颗粒动力学影响,包括颗粒与颗粒之间的碰撞、黏结、摩擦等,而与微观尺度的分子动力学不具有直接的影响关系;微观分子动力学直接影响的是单颗粒的力学性质,如刚度、脆性表面形态等,通过这些参量间接影响颗粒介质的宏观特性。然而,颗粒介质在介观存在的一些现象可类比于微观分子动力学中分子间存在的现象,类似于宏观的气体动力学是由微观的气体分子之间的碰撞作用所决定的,微观分子热运动越剧烈,宏观气体温度越高,压力越大;介观颗粒之间的碰撞作用越明显,宏观颗粒流表现出来的压力也越大。

虽然颗粒介质如上述阐述的那样可以根据不同层次结构进行研究,但是颗粒介质的宏观运动和介观尺度之间缺乏明显的尺度分离,例如颗粒介质在失稳破坏发生流动的过程中,剪切带的尺度仅为数十个颗粒粒径;颗粒介质破坏后的部分颗粒运动剧烈,脱离主流运动,呈现出颗粒介观的动力学行为,与宏观尺度无法有效区分。

(3)颗粒介质的多相态特征。作为一种由介观离散颗粒组成的宏观无定形物质,根据颗粒的体积分数不同和载荷作用条件不同会表现出一些不同的行为特征。例如颗粒体在堆积状态时,整体表现出固体结构的行为,运动非常缓慢,在屈服的过程中会形成剪切带,应力也表现出率无关状态;当颗粒堆积过程中承受的等效剪应力与等效体应力的比值超过材料阈值时,颗粒介质发生塑性流动,类似于液体流动的行为,表现出液体之间的黏性剪切作用;当颗粒之间运动的速度梯度继续加大,颗粒体积分数减小,不再等价于不可压缩状态时,颗粒与颗粒之间的相互作用力也不再遵循多颗粒接触假设,而以频繁的二体碰撞为主,碰撞速度相互独立,应力表现为剪切速率的二次函数,这时的颗粒流表现出类似气体运动的行为;当颗粒的体积分数继续减小,颗粒间的二体碰撞假设也不再满足,颗粒间碰撞的概率已经非常小,颗粒以受到的体力作用和外部流场作用为主,这时从尺度上来说颗粒属于介观尺度范围,不再遵循类液体的连续介质力学定律,因此不适用于以上三种状态描述,我们称这种状态为惯性态,遵循质点动力学运动定律。

本书主要从第三个特征角度进行分析研究。

1.2.3 颗粒介质问题所涉及的领域

颗粒介质渗透在人们的日常生活、工业工程、生态环境等各个方面,它与提高人类的生活水平、发展国民经济密切相关。这里专列一节进行详细描述以期对各领域内的颗粒介质问题有一个深入系统的认识。

(1)航空发动机领域:航空发动机环境适应性问题中涉及沙尘空气吸入、冰雹侵入、水雾吸入、含盐水分侵蚀、酸性液雾腐蚀、严寒冰块吸入以及其他外来异物侵入等;航空发动机燃烧室内液雾的形成、液雾与壁面的碰撞以及液雾蒸发燃烧过程;航空发动机涡轮内微细小颗粒的沉积及其对换热特性的影响;航空发动机燃烧室内喷雾火焰的碳烟颗粒生成问题;航空发动机润滑系统中油滴与壁面的相互作用等。

（2）火箭发动机领域:固体火箭发动机铝粉颗粒的聚集、燃烧、流动、沉积以及对喷管喉部的冲蚀等;固体推进剂中高氯酸铵颗粒的承载、燃烧等问题;固体火箭发动机含颗粒的羽烟状尾流的红外辐射问题;液体火箭发动机内的推进剂雾化与燃烧;液体火箭发动机的气体-液滴两相羽流场问题;高能量密度液体火箭发动机内铝粉颗粒与推进剂组成的液体-颗粒两相流问题等。

（3）智能制造领域:研磨机造粒系统、气-粒两相流造粒系统、均质机系统等设备内粉体的制备过程;含能材料中金属铝粉的制备;增材制造中的喷粉、铺粉、熔粉、聚合、凝固等过程。

（4）环保领域:大气环境中 $PM_{2.5}$ 颗粒的预防和治理;工业除尘设备(袋式除尘、静电除尘、喷雾除尘、无动力除尘等)内颗粒的运动与沉降;生物质环保材料中颗粒的制备加工;复合污染大气中二次颗粒物生成和转化等。

（5）地学领域:给人类财产和生命安全造成重大影响的山体滑坡、泥石流、雪山崩塌、火山喷发与碎屑灰沉降等;沙漠地带土地的风蚀、沙丘迁移、沙尘暴形成等;滑坡造成的堰塞湖、堵江溃坝、山石冲毁坝体等问题。

（6）化工领域:精馏装置内液滴的形成;各种反应器内粉体的运动及化学反应;流化床内颗粒的流化;乳化装置中不同颗粒体的乳化包覆;经过喷雾器形成的液雾;洗涤塔内液滴的黏附;吸收装置内颗粒的运动与沉降;搅拌装置内颗粒的离心沉降;除湿干燥装置内液滴的黏附等。

（7）兵器领域:兵器在毁伤过程中造成被毁物体形成大量的碎片;武器弹药内装有大量的预制破片,破片在弹药爆轰之后的抛撒以及后续与目标的冲击毁伤效应;燃料空气炸弹经历中心装药的爆轰,驱动燃料抛撒形成大量的云雾颗粒,云雾颗粒经过近场、远场的扩散作用进而二次起爆的过程。

（8）核领域:内爆压缩过程涉及炸药的爆轰、界面不稳定性、微喷射、相变、多相态颗粒的碰撞、液滴的气动破碎、液滴群与壁面的碰撞等复杂过程。

（9）社会领域:社会系统各领域问题均可抽象成由离散颗粒系统结合其他连续系统的多相多场问题,如无人机蜂群、人群、车辆甚至群体思维等。

（10）生物及医学领域:给人类造成巨大影响的疫情传播问题,涉及病毒气溶胶的形成、演变、传播、消散等;生物制药中药粒的制备过程;人体内细胞的运动、血液的流动、汗腺排出汗液控制体温等。

（11）其他领域:包括物料输送领域、能源开采领域、海洋领域、水利水电领域等。

1.2.4 颗粒介质的相态表征

颗粒介质根据其体积分数和外界载荷的不同可以表现出类似于固体的准静态、类似于液体的流动、类似于气体的扩散以及不受任何约束的惯性运动状态。那么接下来分别对这几种相态进行阐述。

（1）颗粒类固态：颗粒类固态是指颗粒介质所表现出的类似于固体可以承受一定的抗压和抗拉作用的状态，该状态下颗粒介质运动非常缓慢、应力状态表现为率无关，满足库仑摩擦准则，当等效剪应力和等效体应力的比值达到材料阈值时，颗粒介质将发生塑性流动。在该状态下，内部颗粒之间密实接触，存在较强的力链作用。

（2）颗粒类液态：颗粒类液态是指颗粒介质表现出的类似于液体不可压缩流动一样的状态，是介于颗粒类固态和颗粒类气态之间的一种状态。当颗粒介质从颗粒类固态进入颗粒类液态，颗粒体系的宏观剪切速率逐渐增大，颗粒体系内的各向异性逐渐增强，力链逐渐减弱，部分颗粒开始脱离力链自由运动。相比于颗粒类气态，颗粒类液态较大的体积分数维持了内部颗粒的长时接触。应力表现出明显的率相关特征。

（3）颗粒类气态：颗粒类气态是指颗粒介质表现出的类似于气体运动快速流动且随流性较好的一种运动状态，该状态下颗粒之间表现出类似于气体分子之间的碰撞一样，频繁地发生二元碰撞，碰撞速度相互独立，应力表现出剪切速率的二次函数关系。该状态下，力链基本消失，系统稀疏，体积分数较前两个相态来说明显降低。

（4）颗粒离散惯性态：颗粒的离散惯性态是指颗粒介质表现出无约束、分散度高、以惯性运动为主的运动状态，该状态下颗粒与其他颗粒之间的碰撞接触概率较低，碰撞次数较少，颗粒介质的宏观流动特征时间尺度小于微观碰撞特征时间尺度，颗粒材料的连续介质力学假设不再满足，这时需要采用颗粒的质点动力学理论描述，而无法再采用宏观连续介质力学理论描述。

1.3　颗粒介质的相态表征理论研究现状

1.3.1　颗粒介质的单一相态表征理论研究现状

1. 颗粒类固态理论研究现状

我们较为熟悉的土力学主要就是研究土颗粒在整体处于类固态情况下的力学行为，相关理论模型较为丰富。最常使用的莫尔-库仑（Mohr-Coulomb）模型、德鲁克-普拉格（Drucker-Prager）模型均可以有效描述颗粒类固态在发生塑性流动之后的行为特征，此类模型认为在材料达到屈服之前近似为线弹性，材料屈服之后发生塑性流动，流动行为由塑性流动法则描述。此类模型反映了颗粒介质在类固态（准静态)下的主要行为特征,但不可否认该模型也简化了颗粒体系的许多重要特征,例如,体积分数变化对颗粒类固态行为的影响无法描述,颗粒达到塑性流动之后的剪切力系数始终保持恒定与实际不符等。基于该理论,不同的学者采用不同的数值方法进行了离散求解[5-8],并应用于颗粒堆坍塌、颗粒堆冲击、水-土相互作用等。该模型对于颗粒介质从准静态向塑性流动转变过程计算较为准确,但是对于颗粒堆在屈服之后的流动特性描述则精度降低。

另外一种常用的模型是剑桥土模型[9],通过假设土体破坏时其所处的临界状态由土体颗粒的摩擦角和体积分数共同确定,在屈服准则和塑性流动准则中引入了体积分数的影响,可以描述颗粒介质的剪胀特性。这类模型存在的最大不足是模型中有大量的参数需要通过特定应力路径的土体压缩实验得到,同时这类模型的屈服准则通常来源于对实验结果的各种假设。

第三类模型是蒋亦民和刘佑在 2003 年参考单颗粒赫兹接触的非线性,提出了颗粒介质弹性势能的非线性模型[10],该模型通过对颗粒弹性能的稳定性进行分析,能够直接得到颗粒介质发生弹性失稳的临界条件,而无须额外引入其他假设。蒋-刘模型为我们认识颗粒介质的弹性行为、描述颗粒类固体力学行为提供了新的思路。

2. 颗粒类液态理论研究现状

基于量纲分析,Bagnold 的应力-应变二次关系适用于颗粒类液态。由于存在临界状态和应力率相关特性,颗粒类液态也常常被认为是黏塑性状态,可以使用 Herschel-Bulkley 型流变关系刻画颗粒类液态流动过程中复杂的内部耗散结构,如现今广泛接受的颗粒流 $\mu(I)$ 流变学关系[11,12]即属于此类模型。

为了克服弹塑性本构模型在求解颗粒材料方面的不足,MiDi 等[11]、Jop 等[12]、da Cruz 等[13]、Pouliquen 等[14]将浓密颗粒介质表述为类似于宾汉(Bingham)或赫谢尔-巴克利(Herschel-Bulkley)型不可压缩连续性流体介质,建立流变学本构方程,称为 $\mu(I)$ 局部本构关系,通过颗粒位移计算剪切力。与速率相关的 Drucker-Prager 模型相比,该模型对于相对较高应变率(密集区)的浓密颗粒介质问题非常有效。

$\mu(I)$ 流变学模型使用无量纲参数惯性系数 I 来描述颗粒流的相态。惯性系数是表征颗粒流内部颗粒惯性和颗粒约束应力之间相对强弱的特征量[11],同时也是颗粒流微观颗粒重排特征时间与宏观流动特征时间的比值。根据 $\mu(I)$ 流变学模型,颗粒流中局部的应力仅取决于当地的流动特性,如剪切应变率,因此 $\mu(I)$ 流变学模型也被称为局域流变模型。该模型很好地描述了颗粒介质内部的耗散行为随着整体流动特性变化而调整的过程,较强的流动性引发颗粒类液态内部耗散特性的增加,对流动性的增强起到约束作用,使颗粒类液态的流动达到一个稳定状态。Forterre 和 Pouliquen[2]针对颗粒介质的流动情况进行了综述。Kamrin 等[15]在此基础上提出了广义非局部相关的流变学本构模型。在该模型基础上,很多学者[16-18]尝试将 $\mu(I)$ 流变学本构引入纳维-斯托克斯(Navier-Stokes)方程中,并主要进行了一系列二维坍塌过程的模拟。为了能够有效模拟颗粒材料的准静态行为,通常将正则化技术应用于流变学模型,使得流变学模型中的黏度在准静态时接近于无穷大[19-21]。

颗粒类液态相对于颗粒类气态的主要区别在于其内部瞬时碰撞减少、长时接触增加、颗粒介质的耗散增大,因此也有学者从颗粒类气态的动理学理论出发,考虑颗粒类液态内颗粒间的强耗散作用,通过修改颗粒动理学理论中的耗散项来实现对颗粒类液态的描述,如 Bocquet 等对黏性系数的修正[22],Jenkins 等在耗散项中引入力链特征长度[23]及对碰撞频率的修正[24]等,逐步实现了对密实颗粒流的描述,但其适用性还需要更多实验和数值模拟的验证。

3. 颗粒类气态理论研究现状

借鉴气体分子动理学理论,Bagnold 通过分析颗粒介质在悬浮液中发生碰撞的概率,认为此时颗粒之间的碰撞传输的动量正比于剪切速率,同时碰撞频率也正比于剪切速率,因此颗粒应力满足正比于剪切速率的二次方关系,即 Bagnold 流变关系[25]。

由于颗粒之间的碰撞不同于气体分子之间的完全弹性碰撞,为了有效描述颗粒之间的碰撞耗散和能量损失行为,发展了稠密气体动理学理论(即颗粒动理学理论)[26,27],为求解颗粒相黏度提供了一种理论方法。在颗粒动理学理论模型中引入颗粒拟温度来描述颗粒间的速度脉动,颗粒相黏度以及应力均为颗粒拟温度的函数。在此基础上,结合气相的连续介质力学模型建立起来了双流体模型(TFM),该模型作为一种多相流模型逐渐引入商业软件中,并成功进行了鼓泡流化床[28-31]、喷动流化床[32-35]、循环流化床[36-39]及其他气-粒两相流过程[40-43]的模拟。另外,Gidaspow[44,45]将颗粒动理学理论推广到流化床内壁面与床层之间传热特性的数值模拟中。在此基础上,Kuipers 等[40]采用气相导热系数对固定床层有效导热系数进行了计算。Chang 等[46]将不同颗粒间的碰撞传热模型引入 TFM 中,模拟了稠密气固两相流中的热传导过程。Enwald 等[47]对 TFM 在流态化领域的应用进行了全面的总结。

虽然颗粒动理学理论对颗粒类气态的描述取得了很大成功,但该理论也存在一些不足。首先是颗粒介质的非弹性耗散行为,导致了颗粒动理学理论缺乏明显的尺度分离[48,49]。对于颗粒类气态来说,该状态必须遵循宏观连续介质力学描述,若要保持该假设始终成立,需要宏观流动特征时间尺度明显大于微观碰撞特征时间尺度;而当该假设不成立时,则认为颗粒介质不再遵循连续介质力学假设,将其视为离散惯性态。另外,由于颗粒类气态为远离热力学平衡态的耗散体系,其颗粒的碰撞需要持续的输入能量。当输入能量无法和耗散达到平衡时,颗粒类气态的动能逐渐耗散,颗粒接触时间逐渐变长,形成团簇,使得颗粒间作用形式偏离颗粒动理学理论的基本假设,即认为颗粒之间为二元独立碰撞,造成了颗粒动理学理论的失效[48]。因此,这也是为什么颗粒类气态一般也是随流运动的一种状态,只有依靠外界流场给予的源源不断的拖曳能量才能保持颗粒的快速运动状态。

4. 颗粒离散惯性态理论研究现状

当颗粒的宏观流动特征时间尺度明显小于微观碰撞特征时间尺度时,对颗粒类气态的宏观连续描述不再成立,换句话说就是对于颗粒相体积分数小于一定数值后,颗粒之间的二体碰撞假设不再满足,这时需要引入描述微观单颗粒运动和碰撞的质点动力学理论。质点动力学是指针对具有一定质量但几何尺寸大小可以忽略的物体,采用牛顿第二定律进行描述的动力学过程。其中,所建立的质点加速度与作用力之间关系的方程式,是质点动力学的基本模型。该理论较为普适和传统,这里不再详细论述。

1.3.2　颗粒介质的多相态表征理论研究现状

目前,有学者尝试采用一些技术描述颗粒介质运动的多个状态,最主要的思路有以下四种。

第一种方法是将基于弹性假设和静摩擦假设的类固态动力学理论推广至相对稀疏的快速流动区域,最典型的有 Johnson 等[50]、Mills 等[51]、Pouliquene 等[52]采用固体力学的概念处理准静态区域颗粒的受力行为,如固体的屈服准则(Mohr-Coulomb 屈服准则[53,54]、Drucker-Prager 屈服准则[55]等)、变形定律(胡克定律)、塑性流动法则(与屈服条件关联型法则、与屈服条件非关联型法则)等,在该模型中通过添加稀相模型推广应用于类液态过渡区域中,将颗粒的类液态视为两个临界状态的线性组合[50,56]。该模型存在的问题是应力不依赖于局部的应变,应力之间的长程传递需要在全域积分获得,包括在类液态区域中应力的传递[57,58],这对于实际大型的工程问题来说计算有些困难。

第二种方法是在第一种思路的基础上,提出了 $\mu(I)$ 流变学本构关系[12,59]来描述颗粒介质的类液态,由于存在临界状态和应力率相关特性,该状态下的颗粒流也常常被认为是黏塑性体。该模型基于库仑摩擦假设,压力与切向应力成正比,并通过摩擦参数与切向应力相关,着重于捕获液-固相变的过渡区,因此,该模型通常和类固态的本构模型相结合或者和类气态的颗粒动理学理论结合,模拟颗粒介质的多相态行为。最典型的工作有:Kamrin 等[60,61]通过将应变率划分为弹性应变率和塑性应变率的方式,将类固态的弹塑性本构与类液态的黏塑性本构结合起来,但该模型需要显式计算塑性应变率获得总的应力大小,不可避免存在方程迭代的问题,计算复杂且计算量大。Peng 等[62]采用超塑性模型和 Bagnold 流变关系相结合的方式建立了同时描述浓密颗粒材料准静态和动态行为的本构模型。Ionescu 等[17]

在 Drucker-Prager 塑性理论框架下引入了流变学模型,对具有恒定黏度的 Drucker-Prager 模型结果与 $\mu(I)$ 流变学结果进行了对比,发现结果基本一致。但该方法还存在以下几点不足:① 需要额外引入静水压力的计算,无法实现在本构模型中隐式计算,流变学模型与弹塑性本构理论连接还不够紧密;② 建立统一理论的过程大多基于自由能模型,与宏观连续介质的理论框架有些偏差,缺乏物理层面的理解和解释;③ 计算过程中需要迭代流变关系和弹性模型最终确定弹性应变和塑性应变,计算量较大;④ 具有内聚力的颗粒材料无法有效处理。

Dunatunga 和 Kamrin[63] 在以上方法的基础上,进一步引入无应力假设处理类气态流动状态,并引入物质点法(material point method,MPM)对颗粒介质表现出的类固-类液-类气多种流态问题进行了模拟。该方法中对于类气态的无应力处理与实际类气态颗粒之间的二体碰撞假设来说存在一定的差别,尚需要进一步完善。Khalilitehrani 等[64] 从类液态与类气态相结合的角度出发,采用 $\mu(I)$ 流变学模型模拟稠密区,采用标准颗粒流动理学理论(kinetic theory of granular flow,KTGF)模拟稀释区,模型之间的转换通过使用无量纲惯性数(定义为剪切力/压力比)来解释,对高剪切造粒系统进行了模拟,但该模型缺乏对类固态区域的描述。另外,还有部分学者在流变学模型的基础上通过正则化计算颗粒在准静态下的沉积状况[20,65,66]。

第三种方法是从类气态的颗粒动理学理论[26,27]角度出发,采用快速、稀疏的稠密气体动理学理论通过玻尔兹曼(Boltzmann)方程的一系列统计矩的展开解来考虑颗粒处于较高体积分数状况下的情况,最典型的是 Santos 等[67]、Dufty 等[68] 和 Garzo 等[69] 在颗粒动理学模型基础上,使用一种不同的平衡解来表示所有体积分数的颗粒状态分布,甚至到系统的最大填充极限,这种方法被称为修正的 Enskog 理论(revised Enskog theory,RET)[70]。另一种应用较为广泛的方法是直接在颗粒动理学理论的基础上加上颗粒间的摩擦假设,将 KTGF 理论推广至准静态区域,应用于高剪切造粒过程[71,72]、喷动流化床[73] 以及颗粒剪切混合[74] 等,并显示出较好的结果。此种思路对于以类气态为主的颗粒流动来说较为有效,但是对于初始为准静态的颗粒介质来说稳定性较差,对于以类液态和类固态为主的颗粒流问题来说也不太适用。

第四种方法是从热力学角度认识颗粒介质在不同相态下的力学行为,从而建立不同相态之间的联系。最典型的有 Houlsby 和 Puzrin[75] 建立的超塑性(hyperplasticity)模型及 Jiang 和 Liu[76-78] 建立的颗粒固体流体动力学(granular solid hydrodynamic,GSH)模型。Jiang 和 Liu[76-78] 通过结合主导颗粒类固态行为的颗粒弹性(Jiang 和 Liu 无库仑条件的非线性弹性模型[10])和造成颗粒强耗散特性的热力学特征,建立了颗粒类固体流体动力学模型,有效描述了颗粒介质的大多数力学行为,但该模型最大的不足是模型参数过多并且对于颗粒温度的描述过于简化。Sun 等[79] 在此基础上,通过将颗粒温度拆分为构型颗粒温度和动理学颗粒温度的形式,进一步发展了该模型。但是该模型中引入的不同颗粒温度的概念与现有的宏观理论模型无法匹配,无法实现对颗粒介质更多流动状态的有效模拟。因此,需要进一步发展这样的理论模型用于解决颗粒介质在多相态甚至全相态下的动力学行为描述问题。

1.4　颗粒介质的数值模拟方法研究现状

1.4.1　模拟颗粒介质的网格法研究现状

在粒子方法出现之前,绝大多数的数值模拟都是采用基于网格离散的数值方法,此类方法必须建立在颗粒材料宏观连续介质力学假设基础上,包括求解颗粒弹塑性或黏塑性本构模型的有限元方法(finite element method, FEM)[17,60,65,66,80],求解含 $\mu(I)$ 流变学模型的不可压缩 Navier-Stokes 方程的有限体积方法(finite volume method, FVM)[16,81,82]等。此类方法是基于网格离散求解数理模型,已成功用于颗粒堆坍塌、剪切造粒、化工流化床、颗粒管道输送等。例如,Staron、Lagrée 和 Popinet[16,81,82]通过在基于有限体积的流体体积函数(volume of fraction, VOF)模型的不可压缩 Navier-Stokes 求解器 Gerris 中加入 $\mu(I)$ 流变学模型,模拟了倾斜壁面颗粒的坍塌流动以及水平表面上二维颗粒堆的坍塌过程。Kamrin[60]则采用基于有限元的商业软件 Abaqus 对浓密颗粒介质坍塌过程进行数值模拟,Henann 和 Kamrin 在此基础上附加了非局部颗粒流变学模型[61,80]。Ionescu 同样采用有限元方法对弹性-黏性-塑性(简称弹-黏-塑性)本构模型进行了求解[17],二维模拟很好地再现了坍塌颗粒堆的动力学和沉积过程。Chauchat 和 Medale[19]采用三维有限元方法实现了 $\mu(I)$ 流变学计算。

此类方法存在的最大问题是必须依赖网格求解带来的缺陷,如有限元在计算类固态和小变形的类液态颗粒介质运动时是合理的,但对于颗粒介质宏观大变形问题或者类气态问题往往会出现网格的扭曲和缠绕,计算终止;而采用有限体积法解决颗粒类气态问题和类液态问题较为合适,但无法计算颗粒处于准静态区域时的受力过程,同时也无法显式追踪颗粒的运动轨迹,无法处理材料的断裂拉伸问题,易产生伪扩散,不易加入颗粒蒸发、燃烧等物理化学模型。结合两种方法优势的任意拉格朗日-欧拉(ALE)网格方法虽然在模拟流固耦合问题中发挥了一定的作用,但是该方法由于需要重分网格,在模拟颗粒介质问题时面临着守恒量的损失,并在求解一些复杂的本构模型时存在严重误差。

1.4.2　模拟颗粒介质的轨道追踪法研究现状

轨道追踪法的思想是在拉格朗日(Lagrange)坐标系下采用轨道模型追踪颗粒运动,每个颗粒均被处理为独立的离散颗粒,在颗粒层次上分析颗粒运动。

根据颗粒轨迹的计算方式不同,分为确定性轨道模型和随机性轨道模型两类。对于确定性轨道模型,通过颗粒运动轨迹判定颗粒的碰撞发生与否,不考虑颗粒的湍流扩散作用,实际中可以引入修正公式加入湍流影响;随机性轨道模型通过颗粒间的碰撞概率判定颗粒的碰撞发生与否,在颗粒运动方程中引入气相湍流脉动作用,考虑气相湍流对颗粒运动的影响。

1. 确定性轨道模型

颗粒轨道模型中,颗粒除受到外部气体作用外,颗粒间的碰撞对于颗粒的运动同样起着至关重要的作用。目前确定性轨道模型根据颗粒碰撞处理的不同,分为硬球模型(hard-sphere model)[83]和软球模型(soft-sphere model)[84]两类。在硬球模型中,假定颗粒间的所有碰撞均为瞬时的二体碰撞,对于颗粒的运动方程采用积分形式,忽略碰撞的具体过程,通过法向、切向恢复系数及摩擦系数描述碰撞前后颗粒的速度关系,如图1.1(a)所示。Campbell和Brennen[85]最早提出硬球模型并采用该模型研究了颗粒的剪切流动,而后硬球模型广泛应用于各种复杂颗粒流体系统。Hoomans等[86]首先将硬球模型引入流化床数值模拟中,随后欧阳洁等[87,88]分别模拟了鼓泡流化床和循环流化床内流动特性,结果清晰显示了气泡、塞状流以及颗粒团聚等现象;Bokkers等[89]采用三维硬球模型分析对比了两种不同气相阻力下,流化床内单个气泡的形状差异;闫洁等[90]对射流颗粒中的碰撞进行了研究;同样该模型还用于高压流化过程[91,92]、循环流化床内气-粒湍流流动[93]以及喷动流化床[94,95]等过程的数值模拟。对于固体火箭发动机内的气-粒两相流动问题,也大多采用基于硬球模型的颗粒轨道模型进行计算。Golafshani等[96]采用颗粒轨道模型对喷气推进实验室(Jet Propulsion Laboratory,JPL)喷管内气-粒两相流场进行了二维数值模拟;Madabhushi等[97]对潜入喷管的固体火箭发动机后封头两相流场进行了研究,计算中加入了湍流模型。而后Najjar等[98]又对航天飞机助推器用发动机RSRM进行了三维多物理场耦合模拟,特别考虑模拟了发动机内的颗粒残渣沉积过程及其现象。国内,曾卓雄等[99]和于勇等[100]采用硬球模型对JPL喷管及长尾喷管内气-粒两相流问题进行了数值模拟;何国强等[101]和李越森等[102]对高过载下固体发动机内颗粒运动状况进行了模拟研究,分析了横向、纵向载荷对发动机燃烧室内粒子场和聚集带的影响;刘洋[103]对过载条件下长尾喷管发动机三维两相流场进行了数值模拟,分析了不同颗粒直径、过载组合和铝粉含量等对发动机内颗粒分布特性的影响;武利敏[104]研究了两相流计算模型对固体火箭发动机两相流数值模拟的影响,分析比较了确定性轨道模型、随机性轨道模型、拟流体模型在不同湍流模型中的应用。

软球模型又称离散单元法(discrete element method,DEM),最早由Cundall和Strack[83]提出并用于模拟地质学中的岩石运动规律。该模型假定颗粒发生碰撞时存在微小变形,颗粒间的相互作用可持续一定时间,且允许一个颗粒与两个或多个

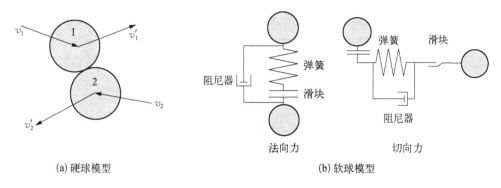

(a) 硬球模型   (b) 软球模型

图 1.1　硬球模型及软球模型示意图

颗粒同时接触。通过在法向方向上引入弹簧和阻尼器,在切向方向上引入弹簧、阻尼器和滑块,表征颗粒碰撞时的塑性变形,如图 1.1(b)所示。DEM 最早由 Cleary 等[105]提出来模拟颗粒流问题,随后很多学者对其进行了进一步改进,并成功应用于颗粒堆积坍塌动力学[106,107]、颗粒分离[108,109]、流化床[110,111]、冶炼[112,113]以及颗粒材料冲击动力学[114-116]等过程的数值模拟。Tsuji 等[84]将该方法应用于浓相水平管内气力输送过程的研究,随后很多学者[117-119]将该模型与计算流体力学模型相结合用于二维流化床内气-固两相流数值模拟。Kawaguchi 等[120]将该模型拓展至三维,同时对比了二维数值模拟结果,然而在他们的模拟中,普遍采用硬球模型中的碰撞判定算法去判别初次的接触瞬间。Feng 等[121,122]应用该模型研究了两相混合物的分离过程。除此之外,Mikami 等[123]引入范德华力模拟了黏结颗粒的流态化过程。Zhao 等[124]和 Takeuchi 等[125,126]将软球模型用于喷动流化床的数值模拟。在风沙运动方面,Kang 等[127-129]建立了一种欧拉-拉格朗日(Euler-Lagrage)二维模型,气体相通过体平均的 Navier-Stokes 方程描述,颗粒相通过引入软球模型描述的沙粒-床面及沙粒-沙粒之间碰撞的牛顿第二定律得到单颗粒运动轨迹。杨杰程等[130]采用软球模型模拟了三维风沙运动过程,并将三维计算结果和二维计算结果与实验结果进行了对比分析。李志强等[131]采用软球模型与大涡模拟相结合的方法,对风沙气固两相运动过程进行了三维数值模拟,分析了近床面沙粒的起跳角、起跳速度、入射角和入射速度的概率分布,并对沙粒展向速度的分布进行了统计分析。Deen 等[132]对颗粒轨道模型的研究现状进行了全方位的总结。

与颗粒相的连续性描述不同,颗粒轨道模型可以较容易地描述包括颗粒的转动和颗粒-颗粒间碰撞在内的颗粒的运动,颗粒的数目、尺寸和密度不受限制,可以较容易地拓展至模拟多相异质反应等传质传热过程。然而,对于硬球模型来说,在二元颗粒碰撞假设条件下,颗粒相的体积分数受到极大的限制。对于软球模型来说,在大的硬化参数条件下,时间步长通常应该设为很小。对于硬球模型及软球模型,所用到的参数和模型都是单颗粒级别的,往往与可开展的宏观实验不匹配;为了提高数值结果的计算精度,均需要大量的颗粒及非常小的时间步长,因此需要超大的计算空间和超长的 CPU 计算时间。虽然有学者开发了离散单元法的粗粒化处理技术来降低模拟中的单元数量,但存在着条件苛刻、放大不足、颗粒变硬需要进一步降低时间步长而增大计算时长等问题。

2. 随机性轨道模型

在对颗粒数较大的高浓度气-粒两相流数值模拟时,如果对每一单独颗粒的每次碰撞加以处理,则工作量巨大,确定性方法由于过高的计算负荷和计算机储存需求而失效。为克服该缺陷,可将颗粒间的相互碰撞等同于稀薄气体分子运动论中分子间的碰撞,认为颗粒碰撞具有随机性,颗粒的碰撞由碰撞概率决定而非颗粒的运动轨迹,这样可大大减小计算量,节省计算存储空间。

直接模拟蒙特卡罗(direct simulation Monte Carlo, DSMC)方法是通过概率抽样的方法,将系统研究中的 N 个物理颗粒由 n 个样本颗粒代替计算,每个样本颗粒表征性质相同的一组物理颗粒($n < N$),颗粒间碰撞使用蒙特卡罗方法通过模拟颗粒间的碰撞概率来确定。DSMC 方法源于 Bird[133] 在稀薄气体分子中用于求解 Boltzmann 方程的直接蒙特卡罗方法。Tsuji 等[134] 模拟了循环流化床提升管内颗粒团聚物的生成,并与 TFM 所得计算结果进行了比较。Yonemura 等[135] 研究了垂直管道内气-固两相流动特性和团聚物的形成。Seibert 等[136] 采用 DSMC 技术对垂直管道内气-固流动过程和流化床过程进行了数值模拟。Wang 等[137] 和张槛等[138] 采用该技术模拟了循环流化床内颗粒的非均匀流动结构。彭正标等[139] 对脱硫塔内的气-固流动特性及优化进行了模拟研究。吴限德等[140] 和陈伟芳等[141] 分别采用 CFD-DSMC(计算流体动力学-直接模拟蒙特卡罗)方法对固体发动机 JPL 喷管中及三维超声速管道中气-固两相流问题进行了模拟计算。此外,DSMC 还与硬球模型结合[142,143] 用于流化床内气泡和颗粒运动的模拟。DSMC 与硬球模型和软球模型相比计算量较小,适用于大规模数值计算,但颗粒运动的细节如颗粒在碰撞过程中的具体受力信息等无法获取,同时需要选取合理的取样数值和采用性能优越的随机数发生器。

1.4.3　模拟颗粒介质的物质点法研究现状

为了克服网格方法在求解颗粒宏观连续介质力学模型上的不足,有学者尝试采用粒子类方法进行模拟,如物质点法(MPM)。MPM 是 Sulsky 等[144,145] 在质点网格法基础上发展而来的,将材料表示为材料点的集合,牛顿运动定律决定了材料的变形。在 MPM 中,固体介质采用一系列背景网格上的粒子来表征,在每个时间步中,将粒子质量、动量以及算法所需的其他量外推到网格节点上。而后,在背景网格上求解连续尺度上的控制方程,并使用该数值解更新粒子变量。在粒子更新后,可以丢弃背景网格,或者在下一个时间步中使用初始的、未失真的背景网格。对于每个时间步,重复以上步骤。

MPM 首先被开发用于模拟固体力学问题,如冲击/接触、穿透和穿孔等[144,145],后来应用于颗粒流问题数值模拟[146-148]。最近的研究发现,该方法应用于岩土工程具有广泛的前景,包括边坡破坏分析[149,150]、土壤-结构相互作用[151-153]、饱和/非饱和土壤变形[149,154,155]和真实滑坡的径流过程[156]等。具体的研究包括: S. Andersen 和 L. V. Andersen 等[157],Wieckowski[158],Abe 等[159],Bandara 和 Soga[149],Fern 和 Soga[160],Dunatunga 和 Kamrin[63]等采用 MPM 根据土壤的连续介质力学模型计算了类土体的颗粒介质运动问题。Solowski 和 Sloan[150]讨论了其在岩土工程中的应用。Wieckowski[158]证明了其处理粒状材料流体行为的能力。Andersen[161]表明,MPM 能够使用简单的 Mohr-Coulomb 模型模拟柱的坍塌。Bandara[162]用 SPH 和 MPM 模拟了柱的倒塌,得到了相同的结果。Solowski 和 Sloan[150,163]将 MPM 模拟与 Lube 等[164]的实验数据进行了比较,结果表明 Mohr-Coulomb 模型没有消耗足够的能量。因此,铺展范围在很大程度上被高估,为了与实验结果相匹配,必须采用数值阻尼。Kumar[165]利用 MPM 和 DEM 对柱体坍塌进行了模拟,结果表明,与 DEM 相比,采用 Mohr-Coulomb 模型的 MPM 能量耗散不足。这是由于没有粒子间的碰撞,从而无法消耗一些能量。他还将标准 MPM 公式[144,145]与广义插值材料点(GIMP)法[166]进行了比较,发现柱倒塌模拟没有明显的改进。在颗粒流影响的特定背景下,Nova[167]研究了雪崩和滑坡等水流与土堆混合物和方柱等已建结构的相互作用,Ceccato 等[168]研究了滑坡对不同形面大坝的冲击力。在以上单一算法研究的基础上,又有一些学者针对多相多介质耦合问题开发了 MPM - DEM 耦合方法[169,170]等。

虽然 MPM 作为一种无网格方法在模拟颗粒介质问题时具有一定的优势,但是不可否认该方法同样存在一定的不足:一是无法处理颗粒的类气态问题,甚至是体积分数更小的惯性态,此时需要将气相应力强制置零[63],或者引入其他模型来处理干燥颗粒材料的离散运动;二是 MPM 必须使用背景网格,依赖于背景网格求解动量方程,不可避免地存在网格重分、大范围布置背景网格、网格与物质点之间需要不断反复插值的缺陷。

1.4.4 模拟颗粒介质的光滑粒子流体动力学方法研究现状

光滑粒子流体动力学(smoothed particle hydrodynamics, SPH)方法[171,172]作为另外一种完全拉格朗日粒子方法,对离散颗粒进行模拟表征具有很大优势。首先,SPH 的自适应性使得场变量的近似可在每一时间步当前时刻任意分布的粒子的基础上进行,SPH 公式的构造不受粒子分布随意性的影响,因此对于真实离散颗粒的随机运动,采用 SPH 方法完全可以进行自然的追踪。其次,不同于其他无网格法,SPH 粒子作为插值点的同时,还携带材料的属性,使得 SPH 粒子可以方便地引入其他物理参数和模型,可以在 SPH 粒子与真实颗粒间建立严格的数学关系,拓展至颗粒蒸发燃烧、聚合破碎等过程的数值模拟。再者,SPH 作为完全无网格方法,无需任何背景网格,建模简便,可在问题域内任意排布粒子,并且可以根据需要在某些区域增加或减少粒子,便于进行自适应和提高局部区域的计算精度,对于初始分布不规则的真实颗粒可以较易处理。最后,SPH 不仅适合于模拟处于类固态和类液态的颗粒相体积分数几乎保持恒定的问题[7,173-177],同时对于类气态问题也非常适合模拟。

Bui 等[7] 首次在 SPH 程序中实现了具有关联和非关联塑性流动法则的 Drucker-Prager 模型来描述土壤的弹塑性行为,该模型最大的特点是避免了传统显式计算静水压力的问题。Nguyen 等[173]、Ikari 等[174] 采用同样的方法使用弹塑性本构模型模拟了类土壤颗粒堆积体的坍塌过程。Salehizadeh[20] 将局部流变学本构关系引入 SPH 方法中,采用正则化方法来再现压力消失时颗粒材料的停止条件和自由表面,再现了颗粒堆斜面坍塌动力学过程以及铺展过程。Peng 等[62] 将超塑性本构模型(Bagnold 流变学)引入 SPH 方法,并将其应用于颗粒流的模拟。Chen 等[178,179] 结合弹塑性和亚塑性本构模型,研究了与地雷爆炸有关的现象及其对结构的影响。与 SPH 方法类似,Xu 等[21,180] 采用另外一种 SPH 方法可推导获得[181] 的移动粒子半隐式(moving particle semi-implicit, MPS)方法,在基于局部流变学模型计算颗粒流的有效黏度和剪应力的基础上,对浓密颗粒介质中的干颗粒运动进行了模拟。Fu 等[182] 基于 MPS 方法,采用拉格朗日多相流模型和 Herschel-Bulkley 流变模型来描述滑坡模拟中非牛顿流体的特性。

颗粒介质在运动的过程中不仅呈现多相态,同时颗粒之间的接触关系、颗粒整体的连续介质规律都将发生非常大的改变,整体颗粒的变形非常大,网格方法是较难模拟的。即使是基于背景网格的 MPM 方法,对于类气态也将无能为力。而 SPH 完全无网格性可以有效解决此类问题;SPH 既可以计算固体又可以计算流体,同时还可以计算离散颗粒介质,所以对于颗粒介质的这种多相态模拟更为合适。再引入 DEM 去补充计算完全处于离散状态的颗粒是最佳的选择,同时大大减小计算量,是解决颗粒介质全相态模拟问题的理想思路和方法。

作者前期就在传统 SPH 方法的基础上建立了 SPH 粒子与类气态离散颗粒间的一一对应关系,将 SPH 改造成适于分散性颗粒相求解的光滑离散颗粒流体动力学(smoothed discrete particle hydrodynamics, SDPH)方法[183-188],耦合 FVM 求解连续气相,成功应用于化工流化床[184]、风沙跃移[185]、气-粒传热[186]、空气燃料抛撒[187]、发动机内颗粒的运动沉积[188] 等领域中,解决了气流载体作用下离散颗粒的类气态数值模拟问题。本书核心内容是在此基础上,将 SDPH 方法拓展应用于模拟类固态和类液态[189,190],并耦合 DEM 模拟颗粒离散惯性运动态[191],建立求解颗粒介质全相态的数值模拟新方法。新方法针对不同的相态采用不同的与之相适应的粒子方法,既保证了对各个相态的准确描述和动态再现,又大大减少计算量。

1.5　颗粒介质的全相态理论与数值实现方法介绍

1.5.1　关于"颗粒介质全相态"

颗粒介质作为一种由介观离散颗粒组成的宏观无定形态物质,根据颗粒体的体积分数不同和载荷作用条件不同会表现出一些不同的行为特征,例如颗粒体在堆积状态时,整体表现出类似固体结构的行为,运动非常缓慢,在屈服的过程中会形成剪切带,应力也表现出率无关状态,这种状态称为颗粒介质的类固态;当颗粒堆积过程中承受的等效剪应力与等效体应力的比值超过材料阈值时,颗粒介质发生塑性流动,表现出类似于液体流动的行为,产生类似于液体之间的黏性剪切作用效果,这种状态称为颗粒介质的类液态;当颗粒之间运动的速度梯度继续加大,颗粒体积分数减小,不再等价于不可压缩状态时,颗粒与颗粒之间的相互作用力也不再遵循多颗粒接触假设,而以频繁的二体碰撞为主,碰撞速度相互独立,应力表现为剪切速率的二次函数,此时的颗粒介质表现出类似气体运动的行为,这种状态称为颗粒介质的类气态。以上是目前国内外对于颗粒介质存在的三种流动状态的描述,我们通过分析可以发现当颗粒的体积分数继续减小,颗粒间的二体碰撞假设也不再满足,颗粒间碰撞的概率已经非常小,颗粒以受到的体力作用和外部流场作用为主,此时从相对尺度上来说颗粒属于介观尺度范围,不再遵循类液体的连续介质力学定律,因此不适用于以上三种状态描述,我们将这种状态称为惯性态,遵循质点动力学运动定律。由此,颗粒介质从浓密到稀疏、从连续到离散、体积分数从 1 至 0 的全部运动状态可全覆盖,如图 1.2 所示。

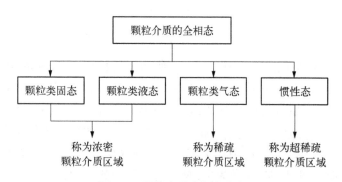

图 1.2　颗粒介质全相态定义

颗粒介质全相态是指包括颗粒类固态、类液态、类气态和惯性态四种基本状态在内的全部相态的简称。这里提到的类固态、类液态、类气态和惯性态四种状态是四种基本状态,在这四种状态的基础上可进一步细分为其他相态,如类气态还可进一步细分为稠密气态和稀疏气态等。另外,不同状态之间还存在一些过渡态,如类液态和类气态之间的过渡态等。在建立颗粒介质全相态理论之前,我们再根据颗粒的稀疏程度的不同将全相态划分为三个区域,将类固态和类液态的区域统称为浓密颗粒介质区域;将类气态区域称为稀疏颗粒介质区域;将惯性态区域称为超稀疏颗粒介质区域。划分区域的目的是分区域建模,使复杂的多相态建模能够实现一定程度的简化。

1.5.2 颗粒介质全相态理论简介

颗粒介质全相态理论是指可实现对颗粒类固态、类液态、类气态和惯性态四种基本状态在内的全部相态进行描述的理论。建立颗粒介质的全部相态本构理论就需要根据颗粒所处的不同状态和所在的不同相态区域进行建模,同时建立不同相态之间的转变原则。建立整个颗粒介质全相态理论的步骤之间的逻辑关系如图1.3所示。

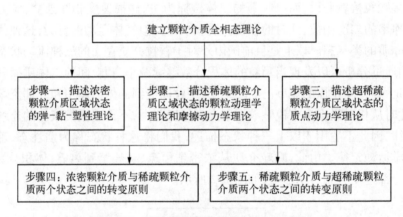

图 1.3 颗粒介质全相态理论的建立过程

颗粒介质全相态理论示意图如图 1.4 所示,将颗粒介质所处的相态共分为三个大的区域,分别为浓密颗粒介质区域($\varphi_{l,\min} \leqslant \varphi_p \leqslant \varphi_{s,\max}$,$\varphi_p$ 为颗粒体积分数,$\varphi_{s,\max}$ 为颗粒类固态的最大体积分数,$\varphi_{l,\min}$ 为颗粒类液态的最小体积分数)、稀疏颗粒介质区域($\varphi_{g,\min} \leqslant \varphi_p < \varphi_{l,\min}$,$\varphi_{g,\min}$ 为颗粒类气态的最小体积分数)和超稀疏颗粒介质区域($\varphi_p < \varphi_{g,\min}$),其中浓密颗粒介质区域主要是指颗粒介质处于不可压缩状态,颗粒之间以长时接触为主,颗粒的体积分数基本保持不变,主要包括颗粒的类固态和类液态两种状态;稀疏颗粒介质区域主要是指颗粒介质处于可压缩状态,颗粒的体积分数变化较为明显,颗粒之间以二体碰撞为主,主要包括颗粒的类液-类气之间的过渡态和类气态;超稀疏颗粒介质区域主要是指颗粒的宏观流动特征时间尺度明显小于微观碰撞特征时间尺度,颗粒之间的二体碰撞假设不再满足,不遵循颗粒的宏观连续描述,主要包括颗粒的惯性态。

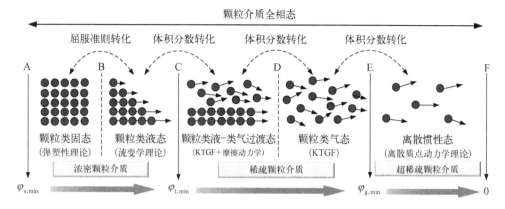

图 1.4　颗粒介质全相态理论示意图

那么,对于颗粒介质不同的相态采用的本构理论是不同的:

(1)对于浓密颗粒介质区域状态采用弹-黏-塑性本构理论描述,具体针对浓密颗粒介质的类固态采用弹塑性理论描述,对于浓密颗粒介质的类液态采用流变学理论描述。

(2)对于稀疏颗粒介质区域状态采用颗粒动理学理论和摩擦动力学理论描述,具体针对稀疏颗粒介质的类液-类气过渡态采用颗粒动理学和摩擦动力学相结合的方式描述,对于稀疏颗粒介质的类气态采用颗粒动理学理论描述。

(3)对于超稀疏颗粒介质区域状态采用质点动力学理论描述,具体就是指针对超稀疏颗粒介质的惯性态采用质点动力学理论进行描述。

本书第 2 章至第 3 章分别介绍这些不同的理论,以及这些理论之间的转变原则。

1.5.3　颗粒介质全相态数值模拟方法简介

1.5.2 节简述了颗粒介质全相态理论,要对颗粒介质全相态进行数值模拟除了理论模型之外,还需要引入合适的数值模拟方法对模型进行离散求解。如 1.4 节所述,在颗粒介质求解的三种数值方法中,网格法存在着无法追踪单颗粒运动轨迹、较难考虑颗粒蒸发燃烧过程中的颗粒粒径变化等问题;轨道追踪方法则存在着可追踪流场中每一颗粒但计算量大,不适合于大规模工程计算,同时无法获取实验较易获得的宏观参量等问题;而物质点法采用背景网格与粒子相结合的方法对颗粒介质计算,虽然可以获得更多颗粒运动信息,但其适用范围有限,对颗粒类气态和离散惯性态无法有效模拟,同时无法摆脱背景网格,不可避免地存在网格重分、大范围布置背景网格、网格与物质点之间需要不断反复插值的缺陷。

颗粒介质虽然在局部宏观可看成是一种连续介质,但是其在运动的过程中具有拉格朗日特性,同时对于跨越多个流动状态的颗粒来说,其离散性更加明显,要对这些颗粒进行轨道追踪,采用拉格朗日粒子方法最为合适。传统基于微观思想的硬球模型、软球模型和随机概率模型对粒子间作用力求解,属于拉格朗日质点动力学,对每一颗粒采用牛顿第二定律进行运动追踪,其不可避免地造成计算量大的问题。而基于宏观连续介质力学的拉格朗日粒子流体动力学方法,直接对离散颗粒相表现出来的宏观特性进行建模,采用拉格朗日粒子法进行离散求解,不仅可以大幅度减小计算量,适于大规模计算,同时可以自然追踪颗粒的运动轨迹,较易加入颗粒蒸发燃烧、聚合破碎等物理模型。当颗粒介质的体积分数降低到一定程度,不再满足连续介质力学定律,无法继续采用拉格朗日粒子流体动力学方法,此时再引入离散单元法对这些颗粒进行模拟,不仅不会增大计算量,同时又将处于此种特殊状态的颗粒运动特性揭示清楚,是一个非常有价值的思路。

1. SDPH 方法

目前,学者已经提出了很多拉格朗日粒子方法。在这些方法中,SPH 作为一种完全拉格朗日粒子方法,对离散颗粒进行模拟表征具有很大优势。由于传统 SPH 仅适用于连续物质的离散求解,与离散颗粒间存在较大差别,因此需要首先建立 SPH 粒子与离散颗粒间的一一对应关系,将 SPH 改造成适于颗粒相求解的光滑离散颗粒流体动力学(SDPH)方法[183-188]。

2. SDPH - DEM 耦合方法

当散体颗粒分散到一定程度即颗粒相的体积分数小到一定程度,颗粒的流动时间尺度明显大于颗粒之间的碰撞时间尺度时,颗粒的二体碰撞假设也不再满足,此时颗粒不再遵循连续介质力学假设,需要采用质点动力学进行描述,此时需要引入描述单一颗粒行为的离散单元法进行计算。

离散单元法(DEM)是近年来解决非连续介质问题的一种颇具特色、富有发展前景的数值方法。该方法假定颗粒发生碰撞时存在微小变形,颗粒间的相互作用可持续一定时间,且允许一个颗粒与两个或多个颗粒同时接触。通过在法向方向引入弹簧和阻尼器,在切向方向引入弹簧、阻尼器和滑动器,表征颗粒碰撞时的塑性变形。该方法已在采矿工程、岩土工程(如边坡及围岩的稳定)、灾害预报(滑坡、泥石流)、化工流化床等领域中得到成功的应用,并越来越引起工程界和学术界的重视。

由于离散单元法是对单元中的每一个实际的颗粒建模进行计算分析,真实体现颗粒间的复杂相互作用及高度非线性行为,真实刻画散体材料的流动变形特征,对于单一颗粒来说计算精度非常高,但是其计算量非常大,不适用于工程计算。而本书中引入离散单元法是针对那些远离连续介质力学假设的颗粒才使用的方法,因此该耦合方法不会产生较大的计算量,同时又将处于不同状态的颗粒运动特性揭示清楚,尤其对于发动机内的颗粒沉积、化工中的快速颗粒流、地质灾害中的高位远程滑坡以及风沙跃移等问题来说,均存在主体颗粒介质周围存在极其稀疏的颗粒的运动情况,采用该耦合方法是一个最佳的选择。

3. SPH - SDPH - DEM 耦合方法

在颗粒介质全相态的基础上,考虑液体连续相对颗粒运动的影响,如水-土混合形成的泥浆运动、水-土-石混合形成的泥石流的运动、液体推进剂-铝粉颗粒形成的高能推进剂雾化过程、润滑油-杂质混合物对轴承系统的影响等,需要进一步采用合适的数值方法对液体进行离散求解。传统的流体体积函数方法对于考虑气-液两相界面问题较为适合,但是该方法必须考虑气相的影响,必须显式地追踪气-液两相界面的演变,需要计算量更大的网格自适应技术来满足界面捕捉要求,对于大型工程问题来说计算的消耗较大。SPH 方法作为完全拉格朗日无网格方法,在流体界面的传输中不存在数值扩散,可以较容易地处理含物理、化学作用和不规则的、移动的甚至变形的界面,同时对于气相影响较小的液相界面演变问题,采用单一液相模拟也可以达到精度要求。另外,由于这里的颗粒介质全相态的数值方法也是采用 SPH 的改进方法,与连续相的 SPH 方法属于同一方法体系,相间耦合更加方便、高效。因此,本书在第 5 章到第 8 章的基础上,进一步引入传统的连续相模拟的 SPH 方法对液体进行模拟,发展了 SPH - SDPH - DEM 相耦合的方法为液体-颗粒两相流问题的模拟提供了一种新的解决方案,详见第 9 章。

1.6 本书内容安排

不论是航空发动机压气机内的异物吸入、燃烧室内的雾化燃烧、涡轮系统内的微粒沉积,还是固体火箭发动机内铝颗粒的团聚与燃烧均为典型的颗粒介质运动问题,采用传统单一相态理论和数值方法求解均存在一定的缺陷。本书以此为背景,阐述了一种描述颗粒介质全相态的理论和多方法相耦合的数值仿真技术,并将其应用于不同领域内颗粒介质运动问题的仿真预测。本书内容安排如下:

(1)第 2 章介绍浓密颗粒介质的弹-黏-塑性本构理论,在类固态采用线弹性模型描述,在达到塑性屈服之后,采用基于流变学的黏塑性本构模型描述,对两个模型之间的转换过渡关系进行了详细的推导说明,最终获得的描述浓密颗粒材料运动的弹-黏-塑性本构理论更加符合物理实际。

(2)第 3 章从颗粒表现出不同运动状态的物理机理出发,将描述颗粒介质的弹塑性理论、黏塑性理论、颗粒动理学理论以及单颗粒输运理论有效结合起来,通过确定不同相态之间的过渡关系和转化准则,建立了描述颗粒介质经历全部相态的本构理论(首次定义为"颗粒介质全相态理论"),不同相态之间不仅可以共存,同时可以正向和反向转化。

(3)第 4 章论述了液体中悬浮颗粒介质的两相流理论,不仅对现有悬浮颗粒流理论常用模型进行了介绍,还阐述了在颗粒介质全相态理论的基础上所建立的新的两相流理论模型,对该方面国内外最新研究进展进行了综述。

(4)第5章主要介绍对浓密颗粒介质进行模拟的 SDPH 方法的基础理论,包括传统的 SPH 方法基本思想、积分插值理论、邻近粒子搜索方法以及积分求解策略,推导得到 SDPH 粒子与真实颗粒间的一一对应关系,并分析该方法与传统 SPH 方法的差别。重点针对不考虑内聚力下的浓密颗粒介质模拟方法和考虑内聚力下的模拟方法分别进行了介绍,包括考虑内聚力所需要使用的人工应力方法等,最后采用三种不同案例进行了数值验证。

(5)第6章阐述了基于颗粒动理学理论,同时适于离散颗粒相求解的 SDPH 方法。将 SDPH 方法引入稀疏颗粒介质区域中,并阐述了该方法与有限体积方法的耦合方法。

(6)第7章介绍了模拟超稀疏颗粒流的 DEM 方法,对 DEM 方法常用的接触模型、搜索方法、时间步长以及变量更新等进行了详细介绍。

(7)第8章在颗粒介质全相态理论的基础上,引入光滑粒子流体动力学方法和离散单元法对理论模型离散求解,建立算法之间的耦合与转化关系,成功将新的耦合方法应用于两种不同基础算例过程数值模拟。

(8)第9章进一步拓展了颗粒介质全相态理论和数值模拟方法的应用范围,引入传统的 SPH 方法对液体相进行模拟,建立了液体-颗粒两相流模拟的 SPH-SDPH-DEM 耦合新方法,对液体相和颗粒相的建模和计算过程进行了介绍,对相间耦合流程进行了重点阐述。

(9)第10章对颗粒介质模拟过程中使用的边界力模型进行了归纳总结,不仅包括传统粒子方法使用的势函数边界力计算方法、罚函数边界力计算方法、虚粒子边界力计算方法,同时还包括针对范围较广的边界提出的动态边界力计算方法以及颗粒介质的切向边界力施加模型等。

(10)第11章将新方法应用于航空航天动力系统中的颗粒介质运动与沉积、工业工程中磨料射流的形成与切割问题、冲击动力学中的弹丸高速撞击沙粒堆积体问题以及地质灾害领域内滑坡泥石流运动问题的数值模拟等,并与相关实验及其他数值模拟结果对比分析,从不同的算例、不同的角度阐述新理论和新方法的准确性与实用性,同时为相关问题的研究提供参考。

参考文献

[1] JAEGER H, NAGEL S, BEHRINGER R. Granular solids, liquids, and gases[J]. Reviews of Modern Physics, 1996, 68(4): 1259 - 1273.

[2] FORTERRE Y, POULIQUEN O. Flows of dense granular media[J]. Annual Review of Fluid Mechanics, 2008, 40(1): 1 - 24.

[3] KIM S, KAMRIN K. Power-law scaling in granular rheology across flow geometries[J]. Physical Review Letters, 2020, 125: 088002.

[4] CHIALVO S, SUN J, SUNDARESAN S. Bridging the rheology of granular flows in three regimes[J]. Physical Review E, 2012, 85: 021305.

[5] KUMAR K, SOGA K, DELENNE J Y. Multi-scale modelling of granular avalanches[J]. AIP Conference Proceedings, 2013, 1542: 1250 – 1253.

[6] MAST C M, ARDUINO P, MACKENZIE-HELNWEIN P, et al. Simulating granular column collapse using the material point method[J]. Acta Geotechnica, 2015, 10: 101 – 116.

[7] BUI H H, FUKAGAWA R, SAKO K, et al. Lagrangian meshfree particles method (SPH) for large deformation and failure flows of geomaterial using elastic-plastic soil constitutive model [J]. International Journal for Numerical and Analytical Methods in Geomechanics, 2010, 32(12): 1537 – 1570.

[8] BUI H H, FUKAGAWA R. An improved SPH method for saturated soils and its application to investigate the mechanisms of embankment failure: case of hydrostatic pore-water pressure[J]. International Journal for Numerical and Analytical Methods in Geomechanics, 2013, 37(1): 31 – 50.

[9] WOOD D M. Soil behaviour and critical state soil mechanics[M]. Cambridge: Cambridge University Press, 1991.

[10] JIANG Y, LIU M. Granular elasticity without the coulomb condition[J]. Physical Review Letters, 2003, 91(14): 144301.

[11] MIDI G D R. On dense granular flows[J]. European Physical Journal E, 2004, 14(4): 341 – 365.

[12] JOP P, FORTERRE Y, POULIQUEN O. A constitutive law for dense granular flows[J]. Nature, 2006, 441(7094): 727 – 730.

[13] DA CRUZ F, EMAM S, PROCHNOW M, et al. Rheophysics of dense granular materials: discrete simulation of plane shear flows[J]. Physical Review E, 2005, 72(2): 021309.

[14] POULIQUEN O, CASSAR C, JOP P, et al. Flow of dense granular material: towards simple constitutive laws[J]. Journal of Statistical Mechanics Theory and Experiment, 2006, 7: 07020.

[15] KAMRIN K, KOVAL G. Nonlocal constitutive relation for steady granular flow[J]. Physical Review Letters, 2012, 108(17): 178301.

[16] LAGRÉE P Y, STARON L, POPINET S. The granular column collapse as a continuum: validity of a two-dimensional Navier-Stokes model with a $\mu(I)$-rheology[J]. Journal of Fluid Mechanics, 2011, 686: 378 – 408.

[17] IONESCU I R, MANGENEY A, BOUCHUT F, et al. Viscoplastic modeling of granular column collapse with pressure-dependent rheology [J]. Journal of Non-Newtonian Fluid Mechanics, 2015, 219: 1 – 18.

[18] SAVAGE S B, BABAEI M H, DABROS T. Modeling gravitational collapse of rectangular granular piles in air and water[J]. Mechanics Research Communications, 2014, 56: 1 – 10.

[19] CHAUCHAT J, MEDALE M. A three-dimensional numerical model for dense granular flows based on the $\mu(I)$ rheology[J]. Journal of Computational Physics, 2014, 256: 696 – 712.

[20] SALEHIZADEH A M, SHAFIEI A R. Modeling of granular column collapses with $\mu(I)$ rheology using smoothed particle hydrodynamic method[J]. Granular Matter, 2019, 21(2): 32.1 – 32.18.

[21] XU T B, JIN Y C. Modeling free-surface flows of granular column collapses using a mesh-free method[J]. Powder Technology, 2016, 291: 20 - 34.

[22] BOCQUET L, LOSERT W, SCHALK D, et al. Granular shear flow dynamics and forces: experiment and continuum theory[J]. Physical Review E, 2001, 65(1): 011307.

[23] JENKINS J. Dense shearing flows of inelastic disks[J]. Physics of Fluids, 2006, 18(10): 223.

[24] JENKINS J T, BERZI D. Dense inclined flows of inelastic spheres: tests of an extension of kinetic theory[J]. Granular Matter, 2010, 12(2): 151 - 158.

[25] BAGNOLD R A. Experiments on a gravity-free dispersion of large solid spheres in a Newtonian fluid under shear[J]. Proceedings of the Royal Society of London Series A: Mathematical and Physical Sciences, 1954, 225(1160): 49 - 63.

[26] LUN C K K, SAVAGE S B, JEFFREY D J, et al. Kinetic theories for granular flow: inelastic particles in Couette flow and slightly inelastic particles in a general flowfield[J]. Journal of Fluid Mechanics, 1984, 140: 223 - 256.

[27] JENKINS J T, SAVAGE S B. A theory for the rapid flow of identical, smooth, nearly elastic, spherical particles[J]. Journal of Fluid Mechanics, 1983, 130: 187 - 202.

[28] HONG R, REN Z, DING J, et al. Bubble dynamics in a two-dimensional gas-solid fluidized bed[J]. China Particuology, 2007, 5(4): 284 - 294.

[29] NIEUWLAND J J, VEENENDAAL M L, KUIPERS J A M, et al. Bubble formation at a single orifice in gas-fluidised beds[J]. Chemical Engineering Science, 1996, 51(17): 4087 - 4102.

[30] KUMAR A, DAS S, FABIJANIC D, et al. Bubble-wall interaction for asymmetric injection of jets in solid-gas fluidized bed[J]. Chemical Engineering Science, 2013, 101: 56 - 68.

[31] HERNÁNDEZ-JIMÉNEZ F, GÓMEZ-GARCÍA A, SANTANA D, et al. Gas interchange between bubble and emulsion phases in a 2D fluidized bed as revealed by two-fluid model simulations[J]. Chemical Engineering Journal, 2013, 215 - 216: 479 - 490.

[32] WU Z, MUJUMDAR A S. CFD modeling of the gas-particle flow behavior in spouted beds[J]. Powder Technology, 2008, 183(2): 260 - 272.

[33] DU W, BAO X, XU J, et al. Computational fluid dynamics (CFD) modeling of spouted bed: assessment of drag coefficient correlations[J]. Chemical Engineering Science, 2006, 61(5): 1401 - 1420.

[34] ZHONG W, ZHANG M, JIN B, et al. Flow behaviors of a large spout-fluid bed at high pressure and temperature by 3D simulation with kinetic theory of granular flow[J]. Powder Technology, 2007, 175(2): 90 - 103.

[35] HUILIN L, YURONG H, WENTIE L, et al. Computer simulations of gas-solid flow in spouted beds using kinetic-frictional stress model of granular flow[J]. Chemical Engineering Science, 2004, 59(4): 865 - 878.

[36] SAMUELSBERG A, HJERTAGER B H. An experimental and numerical study of flow patterns in a circulating fluidized bed reactor[J]. International Journal of Multiphase Flow, 1996, 22(3): 575 - 591.

[37] ALMUTTAHAR A, TAGHIPOUR F. Computational fluid dynamics of high density circulating fluidized bed riser: study of modeling parameters[J]. Powder Technology, 2008, 185(1):

11 - 23.

[38] CABEZAS GÓMEZ L, MILIOLI F E. Numerical study on the influence of various physical parameters over the gas-solid two-phase flow in the 2D riser of a circulating fluidized bed[J]. Powder Technology, 2003, 132(2 - 3): 216 - 225.

[39] TSUJI Y, TANAKA T, YONEMURA S. Cluster patterns in circulating fluidized beds predicted by numerical simulation (discrete particle model versus two-fluid model) [J]. Powder Technology, 1998, 95(3): 254 - 264.

[40] KUIPERS J A M, PRINS W, VAN SWAAIJ W P M. Numerical calculation of wall-to-bed heat-transfer coefficients in gas-fluidized beds[J]. AIChE Journal, 1992, 38(7): 1079 - 1091.

[41] NIEUWLAND J J, VAN SINT ANNALAND M, KUIPERS J A M, et al. Hydrodynamic modeling of gas/particle flows in riser reactors[J]. AIChE Journal, 1996, 42(6): 1569 - 1582.

[42] LINDBORG H, LYSBERG M, JAKOBSEN H A. Practical validation of the two-fluid model applied to dense gas-solid flows in fluidized beds[J]. Chemical Engineering Science, 2007, 62(21): 5854 - 5869.

[43] SUNDARESAN S. Modeling the hydrodynamics of multiphase flow reactors: current status and challenges[J]. AIChE Journal, 2000, 46(6): 1102 - 1105.

[44] GIDASPOW D. Hydrodynamics of fluidization and heat transfer: supercomputer modeling[J]. Applied Mechanics Reviews, 1986, 39(1): 1 - 23.

[45] GIDASPOW D. Multiphase flow and fluidization: continuum and kinetic theory description [M]. Boston: Academic Press, 1994.

[46] CHANG J, WANG G, GAO J, et al. CFD modeling of particle-particle heat transfer in dense gas-solid fluidized beds of binary mixture[J]. Powder Technology, 2012, 217: 50 - 60.

[47] ENWALD H, PEIRANO E, ALMSTEDT A E. Eulerian two-phase flow theory applied to fluidization[J]. International Journal of Multiphase Flow, 1996, 22(1345): 21 - 66.

[48] GOLDHIRSCH I. Rapid granular flows [J]. Annual Review of Fluid Mechanics, 2003, 35(1): 267 - 293.

[49] GOLDHIRSCH I. Scales and kinetics of granular flows [J]. Chaos: An Interdisciplinary Journal of Nonlinear Science, 1999, 9(3): 659 - 672.

[50] JOHNSON P C, JACKSON R. Frictional collisional constitutive relations for granular materials, with application to plane shearing[J]. Journal of Fluid Mechanics, 1987, 176: 67 - 93.

[51] MILLS P, LOGGIA D, TIXIER M. Model for a stationary dense granular flow along an inclined wall[J]. Europhysics Letters, 1999, 45(6): 733 - 738.

[52] POULIQUENE O, FORTERRE Y. A non-local rheology for dense granular flows [J]. Philosophical Transactions of the Royal Society of London Series A, 2009, 367(1909): 5091 - 5107.

[53] COULOMB C A. Essai sur une application des regles maximis et minimis a quelques problems de statique, relatives a l'architecture[J]. Academie Sciences Paris Memories de Mathematique and de Physiques, 1776, 7: 343 - 382.

[54] MOHR O. Welche umstande bedingen die elastizitatsgrenze und den bruch eines materials? [J]. Zeitschrift des Vereines Deutscher Ingenieure, 1900, 44: 1524 - 1530.

[55] DRUCKER D C, PRAGER W. Soil mechanics and plastic analysis or limit design [J]. Quarterly of Applied Mathematics, 1952, 10(2): 157 - 164.

[56] SHAEFFER D G. Instability in the evolution equations describing incompressible granular flow [J]. Journal of Differential Equations, 1985, 66(1): 19 - 50.

[57] POULIQUEN O. Velocity correlations in dense granular flows [J]. Physical Review Letters, 2004, 93: 24.

[58] AGRAWAL K, LOEZOS P N, SYAMLAL M. et al. The role of meso-scale structures in rapid gas-solid flows [J]. Journal of Fluid Mechanics, 2001, 445: 151 - 185.

[59] MIDI G. On dense granular flows [J]. European Physical Journal E Soft Matter, 2004, 14: 341 - 345.

[60] KAMRIN K. Nonlinear elasto-plastic model for dense granular flow [J]. International Journal of Plasticity, 2010, 26(2): 167 - 188.

[61] HENANN D L, KAMRIN K. A predictive, size-dependent continuum model for dense granular flows [J]. Proceedings of the National Academy of Sciences of the United States of America, 2013, 110(17): 6730 - 6735.

[62] PENG C, GUO X, WU W, et al. Unified modelling of granular media with smoothed particle hydrodynamics [J]. Acta Geotechnica, 2016, 11(6): 1231 - 1247.

[63] DUNATUNGA S, KAMRIN K. Continuum modelling and simulation of granular flows through their many phases [J]. Journal of Fluid Mechanics, 2015, 779: 483 - 513.

[64] KHALILITEHRANI M, ABRAHAMSSON P J, RASMUSON A. Modeling dilute and dense granular flows in a high shear granulator [J]. Powder Technology, 2014, 263: 45 - 49.

[65] CHAUCHAT J, MEDALE M. A three-dimensional numerical model for dense granular flows based on the $\mu(I)$ rheology [J]. Journal of Computational Physics, 2014, 256: 696 - 712.

[66] GESENHUES L, CAMATA J J, CRTES A M A, et al. Finite element simulation of complex dense granular flows using a well-posed regularization of the $\mu(I)$-rheology [J]. Computers and Fluids, 2019, 188: 102 - 113.

[67] SANTOS A, MONTANERO J M, DUFTY J W, et al. Kinetic model for the hard-sphere fluid and solid [J]. Physical Review E, 1998, 57(2): 1644 - 1660.

[68] DUFTY J W, SANTOS A, BREY J J. Practical kinetic model for hard sphere dynamics [J]. Physical Review Letters, 1996, 77(7): 1270 - 1273.

[69] GARZO V, DUFTY J W. Dense fluid transport for inelastic hard spheres [J]. Physical Review E, 1999, 59(5): 5895 - 5911.

[70] VAN BEIJEREN H, ERNST M H. Kinetic theory of hard spheres [J]. Journal of Statistical Physics, 1979, 21(2): 125 - 167.

[71] ABRAHAMSSON P J, SASIC S, RASMUSON A. On the continuum modeling of dense granular flow in high shear granulation [J]. Powder Technology, 2014, 268: 339 - 346.

[72] ABRAHAMSSON P J, SASIC S, RASMUSON A. On continuum modelling of dense inelastic granular flows of relevance for high shear granulation [J]. Powder Technology, 2016, 294: 323 - 329.

[73] WANG S, LI X, LU H, et al. Numerical simulations of flow behavior of gas and particles in spouted beds using frictional-kinetic stresses model[J]. Powder Technology, 2009, 196(2): 184 – 193.

[74] DARELIUS A, RASMUSON A, WACHEM B V, et al. CFD simulation of the high shear mixing process using kinetic theory of granular flow and frictional stress models[J]. Chemical Engineering Science, 2008, 63(8): 2188 – 2197.

[75] HOULSBY G T, PUZRIN A M. Principles of hyperplasticity: an approach to plasticity theory based on thermodynamic principles [M]. London: Springer Science and Business Media, 2007.

[76] JIANG Y, LIU M. Granular solid hydrodynamics[J]. Granular Matter, 2009, 11(3): 139 – 156.

[77] JIANG Y, LIU M. Granular solid hydrodynamics (GSH): a broad-ranged macroscopic theory of granular media[J]. Acta Mechanica, 2014, 225(8): 2363 – 2384.

[78] JIANG Y, LIU M. Applying GSH to a wide range of experiments in granular media[J]. European Physical Journal E, 2015, 38(3): 15.

[79] SUN Q C. Granular structure and the nonequilibrium thermodynamics[J]. Acta Physica Sinica, 2015, 64(7): 76101.

[80] HENANN D L, KAMRIN K. A finite element implementation of the nonlocal granular rheology [J]. International Journal for Numerical Methods in Engineering, 2016, 108(4): 273 – 302.

[81] STARON L, LAGRÉE P Y, POPINET S. Continuum simulation of the discharge of the granular silo[J]. European Physical Journal E, 2014, 37(1): 1 – 12.

[82] STARON L, LAGRÉE P Y, POPINET S. The granular silo as a continuum plastic flow: the hour-glass *vs* the clepsydra[J]. Physics of Fluids, 2012, 24(10): 103301.

[83] CUNDALL P A, STRACK O D L. A discrete numerical model for granular assemblies[J]. Géotechnique, 1979, 29(1): 47 – 65.

[84] TSUJI Y, TANAKA T, ISHIDA T. Lagrangian numerical simulation of plug flow of cohesionless particles in a horizontal pipe[J]. Powder Technology, 1992, 71(3): 239 – 250.

[85] CAMPBELL C S, BRENNEN C E. Computer simulation of granular shear flows[J]. Journal of Fluid Mechanics, 1985, 151: 167 – 188.

[86] HOOMANS B P B, KUIPERS J A M, BRIELS W J, et al. Discrete particle simulation of bubble and slug formation in a two-dimensional gas-fluidised bed: a hard-sphere approach[J]. Chemical Engineering Science, 1996, 51(1): 99 – 118.

[87] 欧阳洁,李静海. 模拟气固流化系统的数值方法[J]. 应用基础与工程科学学报,1999, 7(4): 335 – 345.

[88] OUYANG J, LI J. Particle-motion-resolved discrete model for simulating gas-solid fluidization [J]. Chemical Engineering Science, 1999, 54(13 – 14): 2077 – 2083.

[89] BOKKERS G A, VAN SINT ANNALAND M, KUIPERS J A M. Mixing and segregation in a bidisperse gas-solid fluidised bed: a numerical and experimental study [J]. Powder Technology, 2004, 140(3): 176 – 186.

[90] 闫洁,罗坤,樊建人. 三维射流中颗粒碰撞的直接数值模拟[J]. 工程热物理学报,2008,29 (7): 1151 – 1154.

[91] LI J, KUIPERS J A M. Effect of pressure on gas-solid flow behavior in dense gas-fluidized beds: a discrete particle simulation study[J]. Powder Technology, 2002, 127(2): 173 - 184.

[92] LI J, KUIPERS J A M. Gas-particle interactions in dense gas-fluidized beds[J]. Chemical Engineering Science, 2003, 58(3 - 6): 711 - 718.

[93] HE Y, SINT ANNALAND M V, DEEN N G, et al. Gas-solid two-phase turbulent flow in a circulating fluidized bed riser: an experimental and numerical study[C]. World Congress on Particle Technology 5, Orlando, 2006.

[94] LINK J, ZEILSTRA C, DEEN N, et al. Validation of a discrete particle model in a 2D spout-fluid bed using non-intrusive optical measuring techniques[J]. Canadian Journal of Chemical Engineering, 2004, 82(1): 30 - 36.

[95] LINK J M, CUYPERS L A, DEEN N G, et al. Flow regimes in a spout-fluid bed: a combined experimental and simulation study[J]. Chemical Engineering Science, 2005, 60(13): 3425 - 3442.

[96] GOLAFSHANI M, LOH H T. Computation of two-phase viscous flow in solid rocket motors using a flux-split Eulerian-Lagrangian technique[C]. Proceedings of the AIAA Joint Propulsion Conference, California, 1989.

[97] MADABHUSHI R, SABNIS J, JONG F, et al. Calculation of the two-phase aft-dome flowfield in solid rocket motors[J]. Journal of Propulsion and Power, 1991, 7(2): 178 - 184.

[98] NAJJAR F M, BALACHANDAR S, ALAVILLI P V S. Computations of two-phase flow in aluminized solid propellant rockets[C]. 36th AIAA/ASME/SAE/ASEE Joint Propulsion Conference and Exhibit, Las Vegas, 2000.

[99] 曾卓雄,姜培正. 可压稀相两相流场的数值模拟[J]. 推进技术,2002(2): 154 - 157.

[100] 于勇,刘淑艳,张世军,等. 固体火箭发动机喷管气固两相流动的数值模拟[J]. 航空动力学报,2009,24(4): 931 - 937.

[101] 何国强,王国辉,蔡体敏,等. 高过载条件下固体发动机内流场及绝热层冲蚀研究[J]. 固体火箭技术,2001,24(4): 4 - 8.

[102] 李越森,叶定友. 高过载下固体发动机内 Al_2O_3 粒子运动状况的数值模拟[J]. 固体火箭技术,2008,31(1): 24 - 27.

[103] 刘洋. 高过载固体发动机内流场模拟试验技术[D]. 西安: 西北工业大学,2004.

[104] 武利敏. 固体火箭发动机两相流计算模型分析与比较[D]. 哈尔滨: 哈尔滨工程大学, 2007.

[105] CLEARY P W, CAMPBELL C S. Self-lubrication for long runout landslides: examination by computer simulation[J]. Journal of Geophysical Research, 1993, 98(B12): 21911 - 21924.

[106] STARON L, HINCH E J. Study of the collapse of granular columns using DEM numerical simulation[J]. Journal of Fluid Mechanics, 2005, 545(1): 1 - 27.

[107] LACAZE L, PHILLIPS J C, KERSWELL R R. Planar collapse of a granular column: experiments and discrete element simulations[J]. Physics of Fluids, 2008, 20(6): 144302.

[108] CHASSAGNE R, FREY P, RAPHAËL MAURIN R, et al. Mobility of bidisperse mixtures during bedload transport[J]. Physical Review Fluid, 2020, 5: 114307.

[109] BRANDAO R J, LIMA R M, SANTOS R L, et al. Experimental study and DEM analysis of

granular segregation in a rotating drum[J]. Powder Technology, 2020, 364: 1 – 12.

[110] LIU R, ZHOU Z, XIAO R, et al. CFD-DEM modelling of mixing of granular materials in multiple jets fluidized beds[J]. Powder Technology, 2020, 361: 315 – 325.

[111] YU Y, ZHAO L, LI Y, et al. A model to improve granular temperature in CFD-DEM simulations[J]. Energies, 2020, 13(18): 1 – 12.

[112] GAN J, EVANS T, YU A. Application of GPU-DEM simulation on large-scale granular handling and processing in ironmaking related industries[J]. Powder Technology, 2020, 361: 258 – 273.

[113] RECCHIA G, MAGNANIMO V, CHENG H, et al. DEM simulation of anisotropic granular materials: elastic and inelastic behavior[J]. Granular Matter, 2020, 22(4): 1 – 13.

[114] PACHECO-VAZQUEZ F, RUIZ-SUAREZ J C. Impact craters in granular media: grains against grains[J]. Physical Review Letters, 2011, 107(21): 218001.

[115] ELLOWITZ J. Head-on collisions of dense granular jets[J]. Physical Review E, 2016, 93(1): 012907.

[116] SHI Z H, LI W F, YUE W, et al. DEM study of liquid-like granular film from granular jet impact[J]. Powder Technology, 2018, 336: 199 – 209.

[117] YU A B, XU B H. Particle-scale modelling of gas-solid flow in fluidisation[J]. Journal of Chemical Technology and Biotechnology, 2003, 78(2 – 3): 111 – 121.

[118] XU B H, YU A B. Numerical simulation of the gas-solid flow in a fluidized bed by combining discrete particle method with computational fluid dynamics[J]. Chemical Engineering Science, 1997, 52(16): 2785 – 2809.

[119] XU B H, YU A B, CHEW S J, et al. Numerical simulation of the gas-solid flow in a bed with lateral gas blasting[J]. Powder Technology, 2000, 109(1 – 3): 13 – 26.

[120] KAWAGUCHI T, TANAKA T, TSUJI Y. Numerical simulation of two-dimensional fluidized beds using the discrete element method (comparison between the two- and three-dimensional models)[J]. Powder Technology, 1998, 96(2): 129 – 138.

[121] FENG Y Q, YU A B. Assessment of model formulations in the discrete particle simulation of gas-solid flow[J]. Industrial and Engineering Chemistry Research, 2004, 43(26): 8378 – 8390.

[122] FENG Y Q, XU B H, ZHANG S J, et al. Discrete particle simulation of gas fluidization of particle mixtures[J]. AIChE Journal, 2004, 50(8): 1713 – 1728.

[123] MIKAMI T, KAMIYA H, HORIO M. Numerical simulation of cohesive powder behavior in a fluidized bed[J]. Chemical Engineering Science, 1998, 53(10): 1927 – 1940.

[124] ZHAO X L, LI S Q, LIU G Q, et al. DEM simulation of the particle dynamics in two-dimensional spouted beds[J]. Powder Technology, 2008, 184(2): 205 – 213.

[125] TAKEUCHI S, WANG S, RHODES M. Discrete element simulation of a flat-bottomed spouted bed in the 3-D cylindrical coordinate system[J]. Chemical Engineering Science, 2004, 59(17): 3495 – 3504.

[126] TAKEUCHI S, WANG X S, RHODES M J. Discrete element study of particle circulation in a 3-D spouted bed[J]. Chemical Engineering Science, 2005, 60(5): 1267 – 1276.

[127] KANG L, GUO L. Eulerian-Lagrangian simulation of aeolian sand transport[J]. Powder

Technology, 2006, 162(2): 111 − 120.

[128] KANG L, LIU D. Numerical investigation of particle velocity distributions in aeolian sand transport[J]. Geomorphology, 2010, 115(1 −2): 156 − 171.

[129] KANG L. Discrete particle model of aeolian sand transport: comparison of 2D and 2.5D simulations[J]. Geomorphology, 2012, 139 − 140: 536 − 544.

[130] 杨杰程, 张宇, 刘大有, 等. 三维风沙运动的 CFD-DEM 数值模拟[J]. 中国科学: 物理学 力学 天文学, 2010, 40(7): 904 − 915.

[131] 李志强, 王元, 王丽, 等. 风沙流中近床面沙粒三维运动的 LES-DEM 分析[J]. 空气动力 学学报, 2011, 29(6): 784 − 788.

[132] DEEN N G, VAN SINT ANNALAND M, VAN DER HOEF M A, et al. Review of discrete particle modeling of fluidized beds[J]. Chemical Engineering Science, 2007, 62(1 − 2): 28 − 44.

[133] BIRD G A. Molecular gas dynamics and the direct simulation of gas flows[M]. Oxford: Clarendon Press, 1994.

[134] YONEMURA S, TANAKA T, TSUJI Y. Cluster formation in gas-solid flow predicted by the DSMC method[J]. ASME-Publications-Fed, 1993, 166: 303 − 309.

[135] TANAKA T, YONEMURA S, KIRIBAYASHI K, et al. Cluster formation and particle-induced instability in gas-solid flows predicted by the DSMC method[J]. JSME International Journal Series B, 1996, 39(2): 239 − 245.

[136] SEIBERT K D, BURNS M A. Simulation of fluidized beds and other fluid-particle systems using statistical mechanics[J]. AIChE Journal, 1996, 42(3): 660 − 670.

[137] WANG S Y, LIU H P, LU H L, et al. Flow behavior of clusters in a riser simulated by direct simulation Monte Carlo method[J]. Chemical Engineering Journal, 2005, 106(3): 197 − 211.

[138] 张槛, 由长福, 徐旭常. 循环床内气固两相流中稠密颗粒间碰撞的数值模拟[J]. 工程热物理学报, 1998, 19(2): 256 − 260.

[139] 彭正标, 袁竹林. 基于蒙特卡罗法的脱硫塔内气固流动数值模拟[J]. 中国电机工程学报, 2008, 28(14): 6 − 14.

[140] 吴限德, 张斌, 陈卫东, 等. 固体火箭发动机喷管内气粒两相流动的 CFD-DSMC 模拟[J]. 固体火箭技术, 2011, 34(6): 707 − 710.

[141] 陈伟芳, 常雨. 三维管道超声速气固两相流动的 CFD/DSMC 仿真[J]. 推进技术, 2005, 26(3): 239 − 241.

[142] LU H, SHEN Z, DING J, et al. Numerical simulation of bubble and particles motions in a bubbling fluidized bed using direct simulation Monte-Carlo method[J]. Powder Technology, 2006, 169(3): 159 − 171.

[143] YUU S, NISHIKAWA H, UMEKAGE T. Numerical simulation of air and particle motions in group-B particle turbulent fluidized bed[J]. Powder Technology, 2001, 118(1 − 2): 32 − 44.

[144] SULSKY D L, CHEN Z, SCHREYER H. A particle method for history-dependent materials [J]. Computer Methods in Applied Mechanics and Engineering, 1994, 118: 179 − 196.

[145] SULSKY D L, ZHOU S J, SCHREYER H. Application of a particle in-cell method to solid

mechanics[J]. Computer Physics Communications, 1995, 87: 236 – 252.

[146] BARDENHAGEN S G, BRACKBILL J U, SULSKY D. The material point method for granular materials[J]. Computer Methods in Applied Mechanics and Engineering, 2000, 187 (3 – 4): 529 – 541.

[147] BHANDARI T, HAMAD F, MOORMANN C, et al. Numerical modelling of seismic slope failure using MPM[J]. Computers and Geotechnics, 2016, 75: 126 – 134.

[148] CUMMINS S J, BRACKBILL J U. An implicit particle-in-cell method for granular materials [J]. Journal of Computational Physics, 2002, 180(2): 506 – 548.

[149] BANDARA S, SOGA K. Coupling of soil deformation and pore fluid flow using material point method[J]. Computers and Geotechnics, 2015, 63: 199 – 214.

[150] SOŁOWSKI W T, SLOAN S W. Evaluation of material point method for use in geotechnics [J]. International Journal for Numerical and Analytical Methods in Geomechanics, 2015, 39(7): 685 – 701.

[151] COETZEE C J, VERMEER P A, BASSON A H. The modelling of anchors using the material point method [J]. International Journal for Numerical and Analytical Methods in Geomechanics, 2005, 29(9): 879 – 895.

[152] MA J, WANG D, RANDOLPH M F. A new contact algorithm in the material point method for geotechnical simulations[J]. International Journal for Numerical and Analytical Methods in Geomechanics, 2014, 38(11): 1197 – 1210.

[153] MAST C, ARDUINO P, MACKENZIE-HELNWEIN P, et al. Simulating granular column collapse using the material point method[J]. Acta Geotechnica, 2015, 10(1): 101 – 116.

[154] BANDARA S, FERRARI A, LALOUI L. Modelling landslides in unsaturated slopes subjected to rainfall infiltration using material point method [J]. International Journal for Numerical and Analytical Methods in Geomechanics, 2016, 40(9): 1358 – 1380.

[155] YERRO A, ALONSO E E, PINYOL N M. The material point method for unsaturated soils [J]. Geotechnique, 2015, 65(3): 201 – 217.

[156] LI X P, WU Y, HE S M, et al. Application of the material point method to simulate the post-failure runout processes of the Wangjiayan landslide[J]. Engineering Geology, 2016, 212: 1 – 9.

[157] ANDERSEN S, ANDERSEN L V. Analysis of stress updates in the material-point method [J]. Proceedings of the Twenty Second Nordic Seminar on Computational Mechanics, 2009: 129 – 134.

[158] WIECKOWSKI Z. The material point method in large strain engineering problems [J]. Computer Methods in Applied Mechanics and Engineering, 2004, 193 (39/41): 4417 – 4438.

[159] ABE K, SOGA K, BANDARA S. Material point method for coupled hydromechanical problems[J]. Journal of Geotechnical and Geoenvironmental Engineering, 2014, 140(3): 04013033.

[160] FERN E J, SOGA K. The role of constitutive models in MPM simulations of granular column collapses[J]. Acta Geotechnica, 2016, 11(3): 659 – 678.

[161] ANDERSEN S. Material-point analysis of large-strain problems: modelling of landslides[D].

Aalborg: Aalborg University, 2009.

[162] BANDARA S. Material point method to simulate large deformation problems in fluid-saturated granular medium[D]. Cambridge: University of Cambridge, 2013.

[163] SOLOWSKI W T, SLOAN S W. Modelling of sand column collapse with material point method[C]. Computational Geomechanics COMGEO 2013, Krakow, 2013.

[164] LUBE G, HUPPERT H, SPARKS R S J, et al. Static and flowing regions in granular collapses down channels[J]. Physics of Fluids, 2007, 19(4): 043301.

[165] KUMAR K. Multi-scale multiphase modelling of granular flows[D]. Cambridge: University of Cambridge, 2014.

[166] BARDENHAGEN S G, KOBER E M. The generalized interpolation material point method [J]. Computing in Science and Engineering, 2004, 5(6): 477–495.

[167] NOVA R. A constitutive model for soil under monotonic and cyclic loading[M]. In: PANDE G N, ZIENKIEWICZ C. Soil mechanics-transient and cyclic loading. Chichester: Wiley, 1982: 343–373.

[168] CECCATO F, BEUTH L, SIMONINI P. Analysis of piezocone penetration under different drainage conditions with the two-phase material point method[J]. Journal of Geotechnical and Geoenvironmental Engineering, 2016, 4: 016066.

[169] LIANG W, ZHAO J. Multiscale modeling of large deformation in geomechanics [J]. International Journal for Numerical and Analytical Methods in Geomechanics, 2019: 1–35.

[170] YANG Y, SUN P, CHEN Z. Combined MPM-DEM for simulating the interaction between solid elements and fluid particles[J]. Communications in Computational Physics, 2017, 21(5): 1258–1281.

[171] GINGOLD R A, MONAGHAN J J. Smoothed particle hydrodynamics: theory and application to non-spherical stars [J]. Monthly Notices of the Royal Astronomical Society, 1977, 181(3): 375–389.

[172] LUCY L B. A numerical approach to the testing of the fission hypothesis[J]. Astronomical Journal, 1977, 82: 1013–1024.

[173] NGUYEN C T, NGUYEN C T, BUI H H, et al. A new SPH-based approach to simulation of granular flows using viscous damping and stress regularisation[J]. Landslides, 2017, 14: 69–81.

[174] IKARI H, GOTOH H. SPH-based simulation of granular collapse on an inclined bed[J]. Mechanics Research Communications, 2016, 73: 12–18.

[175] MINATTI L, PARIS E. A SPH model for the simulation of free surface granular flows in a dense regime[J]. Applied Mathematical Modelling, 2015, 39: 363–382.

[176] LIANG D F, HE X Z. A comparison of conventional and shear-rate dependent Mohr-Coulomb models for simulating landslides[J]. Journal of Mountain Science, 2011, 11(6): 1478–1490.

[177] CHAMBON G, BOUVAREL R, LAIGLE D, et al. Numerical simulations of granular free-surface flows using smoothed particle hydrodynamics[J]. Journal of Non-Newtonian Fluid Mechanics, 2011, 166(12–13): 698–712.

[178] CHEN J Y, PENG C, LIEN F S. Simulations for three-dimensional landmine detonation using

the SPH method[J]. International Journal of Impact Engineering, 2019, 126: 40 – 49.

[179] CHEN J Y, LIEN F S, PENG C, et al. GPU-accelerated smoothed particle hydrodynamics modeling of granular flow[J]. Powder Technology, 2020, 359: 94 – 106.

[180] XU T, JIN Y C, TAI Y C, et al. Simulation of velocity and shear stress distributions in granular column collapses by a mesh-free method [J]. Journal of Non-Newtonian Fluid Mechanics, 2017, 247: 146 – 164.

[181] SOUTO-IGLESIAS A, MACIÀ F, GONZÁLEZ L M, et al. On the consistency of MPS[J]. Computer Physics Communications, 2013, 184(3): 732 – 745.

[182] FU L, JIN Y C. Investigation of non-deformable and deformable landslides using meshfree method[J]. Ocean Engineering, 2015, 109: 192 – 206.

[183] CHEN F Z, QIANG H F, GAO W R. A coupled SDPH-FVM method for gas-particle multiphase flows: methodology [J]. International Journal for Numerical Methods in Engineering, 2016, 109(1): 73 – 101.

[184] CHEN F Z, QIANG H F, GAO W R. Coupling of smoothed particle hydrodynamics and finite volume method for two-dimensional spouted beds[J]. Computer and Chemical Engineering, 2015, 77: 135 – 146.

[185] CHEN F Z, QIANG H F, GAO W R. Simulation of aerolian sand transport with SPH-FVM coupled method[J]. Acta Physica Sinica, 2014, 63(13): 130202.

[186] CHEN F Z, QIANG H F, GAO W R. Numerical simulation of heat transfer in gas-particle two-phase flow with smoothed discrete particle hydrodynamics [J]. Acta Physica Sinica, 2014, 63(23): 230206.

[187] CHEN F Z, QIANG H F, GAO W R. Numerical simulation of fuel dispersal into cloud and its combustion and explosion with smoothed discrete particle hydrodynamics[J]. Acta Physica Sinica, 2015, 64(11): 110202.

[188] CHEN F Z, QIANG H F, GAO W R. Numerical simulation of gas-particle two-phase flow in SRM with SPH-FVM coupled method[J]. Journal of Propulsion Technology, 2015, 36(2): 175 – 185.

[189] CHEN F Z, YAN H. Elastic-viscoplastic constitutive theory of dense granular flow and its three-dimensional numerical realization[J]. Physics of Fluids, 2021, 33(12): 123310.

[190] CHEN F Z, YAN H. Constitutive model for solid-like, liquid-like, and gas-like phases of granular media and their numerical implementation[J]. Powder Technology, 2021, 390: 369 – 386.

[191] CUI M, CHEN F Z. Multiphase theory of granular media and particle simulation method for projectile penetration in sand beds[J]. International Journal of Impact Engineering, 2021, 157: 103962.

第 2 章
浓密颗粒介质的弹–黏–塑性本构理论

2.1 引　言

　　浓密颗粒材料通常是指颗粒所占体积分数在 50% 以上、颗粒间以长程接触为主的材料,其动力学过程在许多工业过程以及自然界中广泛存在,如铝粉、镁粉、石灰石等颗粒类材料的制备加工,3D 打印中的送粉和铺粉,矿物开采中颗粒的筛选,岩石类颗粒材料的抗爆,化工中颗粒的流化等。与金属类材料不同的是,颗粒材料在接近静止状态时,通常表现出类似于固体结构的性质,其整体会承载一定的外力作用而不发生变形;当外力达到一定数值后,其又会表现出类似于液体的流动行为,如何对浓密颗粒材料表现出的这两种不同的状态同时进行建模处理仍然是一个挑战。尽管很多学者已经对干性浓密颗粒材料做了许多研究,但由于浓密颗粒材料系统中的动力学极其多样和复杂,一般的理论框架很难实现[1-3]。

　　目前,对于浓密颗粒材料的本构模型描述大体有三种。第一种模型是基于土力学的弹塑性本构模型,该模型对于颗粒介质从准静态向塑性流动转变过程计算较为准确,但是对于颗粒介质在屈服之后的流动特性描述则精度降低。为了克服弹塑性本构模型在求解颗粒材料方面的不足,建立流变学本构方程,即第二种模型,称为 $\mu(I)$ 局部本构关系,通过颗粒位移计算剪应力。为了能够有效模拟颗粒材料的准静态行为,通常将正则化技术应用于流变学模型,使得流变学模型中的黏度处于准静态时接近于无穷大[4-6]。第三种模型是在弹塑性本构模型和流变学本构模型的基础上尝试将两个模型结合起来考虑颗粒介质从静力学到动力学过渡的过程,但该模型需要显式计算塑性应变率获得总的应力,不可避免地存在方程迭代的问题,计算复杂且计算量大。另外,考虑内聚力影响的浓密颗粒介质从颗粒类固态到颗粒类液态全过程的理论模型尚未见报道。

　　为了克服以上提到的目前在浓密颗粒材料本构理论上存在的不足,本章通过合理的假设、有效的类比分析、充分的物理解释,建立了浓密颗粒材料运动的弹–黏–塑性本构理论,可计算颗粒材料从静止的类固态到屈服之后类液态的转变过程、从类液态反向转变到类固态的过程以及类固态与类液态共存等,也可以对考虑内聚力的颗粒流问题进行描述。

2.2 颗粒类固态的理想弹性-塑性本构理论

浓密颗粒介质处于准静态时表现为类似于固体的状态,颗粒与颗粒之间的咬合作用力明显,多个颗粒或局部区域内的颗粒之间形成的力链作用与固体力学中结构体内部晶体间作用力或分子间作用力相似,在准静态浓密颗粒介质受到剪切作用而屈服形成的塑性流动与固体力学中的连续介质材料受到剪切而屈服流动的过程也相似,因此,将浓密颗粒介质看成是一种固体介质,对其表现出来的弹性、塑性进行理论描述。由于浓密颗粒介质是由介观的单颗粒体组成的,因此这里在选择塑性流动准则时选择类似结构的固体材料本构进行公式推导,如岩土塑性本构理论、黏土塑性本构理论、固结土塑性本构理论、砂土塑性本构理论等。

塑性本构理论主要有增量理论与全量理论两种。建立全量应力 σ_{ij} 与全量应变 ε_{ij} 之间本构关系的理论称为全量理论。由于塑性本构关系与应变或应变路径有关,应力和应变之间不存在唯一的对应关系,因此,对一般的复杂加载历史和应力路径无法建立全量本构关系,只有在规定了具体的应力或应变路径之后,才可以沿应力或应变路径积分,建立相应的全量本构关系。对于一般加载条件来说,无法建立全量应力与全量应变之间的塑性本构关系,我们可以通过追踪应力路径建立应力增量与应变增量之间的增量本构关系,这种增量应力与增量应变之间的本构关系称为塑性增量理论。塑性增量理论中涉及的内容与概念如下:

(1) 屈服准则:屈服准则是判定材料进入塑性受力阶段的标志,没有屈服就没有塑性,各种塑性屈服准则包括 Mohr-Coulomb 屈服与破坏准则、Mises 屈服准则、Drucker-Prager 屈服准则、Tresca 屈服准则、Zienkiewice-Pande 屈服准则、Lade-Duncan 屈服准则及 Lade 屈服准则等。

(2) 加卸载准则:只有确定材料是处于塑性加卸载条件还是弹性加卸载条件,才能分别按塑性或弹性本构关系进行应力与应变分析。

(3) 流动法则:对于各向同性的弹性本构关系来说,增量应变与增量应力的方向一致。而对于塑性本构关系来说,塑性应变增量 $\dot{\varepsilon}_{ij}^p$ 与应力增量 $\dot{\sigma}_{ij}$ 的方向并不一致,而是与屈服函数或塑性势函数的梯度方向有关。这种建立塑性应变增量方向(或塑性流动方向)与屈服函数或塑性势函数梯度方向间关系的理论称为塑性流动理论或塑性位势理论。

(4) 硬化规律与定律:对于应变硬化材料来说,硬化规律说明了屈服面以何种运动规律产生硬化,这就需要对硬化规律作出假设。硬化定律则是具体说明屈服面产生硬化的原因是什么,也就是规定硬化函数与硬化参数的具体内容。

由于颗粒类材料的本构特性非常复杂,要建立完全反映这类材料的应力-应变特性的普遍的弹塑性增量的本构关系几乎是无法实现的,也无必要性,只有针对颗粒类材料的主要本构特性建立本构关系,进而解决实际问题才是现实和必要的。因此,在具体建立弹塑性增量本构关系之前,对材料的性质做如下假设:

(1)小变形假设,即应变和位移之间在几何上是线性相关的。

(2)忽略时间或应变速率对本构关系的影响。

(3)一般不考虑弹塑性耦合作用。

(4)材料初始是各向同性的,对于应力导致的各向异性,一般假设主应力轴不发生偏转,即硬化过程中应力主轴方向不变。

(5)应变增量 $\dot{\varepsilon}^{\alpha\beta}$ 可分解为两部分:一部分是弹性应变率张量 $\dot{\varepsilon}_{e}^{\alpha\beta}$,另一部分是塑性应变率张量 $\dot{\varepsilon}_{p}^{\alpha\beta}$,$\dot{\varepsilon}^{\alpha\beta} = \dot{\varepsilon}_{e}^{\alpha\beta} + \dot{\varepsilon}_{p}^{\alpha\beta}$。本书中的公式采用了爱因斯坦求和约定的指数表示法,α 和 β 分别表示笛卡儿坐标系下的 1、2 和 3 三个分量。

对于加载条件来说,塑性加载条件是保证产生新的塑性变形条件或使应力保持在屈服面或相继屈服曲面上的条件。按照考虑材料加工硬化性质与否,将材料分为理想塑性材料和非理想塑性材料或应变硬化材料两种,对于理想塑性材料来说,屈服面在应力空间中的形状、大小与位置都不发生变化,加载条件就是屈服条件,即

$$f(\sigma^{\alpha\beta}) = 0 \qquad\qquad (2.1)$$

对于应变硬化材料,其加载条件为

$$\phi(\sigma^{\alpha\beta}, H_n) = 0 \qquad (n = 1, 2, 3, \cdots) \qquad (2.2)$$

其中,H_n 不唯一,是度量材料由于塑性变形引起内部微观结构变化的参量,称为应变硬化参量。H_n 与塑性变形或加载历史有关,可以是塑性应变各种分量、塑性功或代表热力学状态的内分量的函数。在力学中,内分量是指不可直接观察或测量的量,如塑性变形、塑性功等均属于内变量;可以直接观测与测量的量则称为外变量,如应力、应变、温度和时间等都属于外变量。

本章主要针对第一种材料建立弹性-塑性(简称弹塑性)本构模型。此种材料中浓密颗粒介质在屈服状态下不考虑应变硬化特性,假定为理想塑性材料。结合颗粒介质的弹性性质,建立颗粒介质的理想弹性-塑性模型,简称为理想弹塑性模型。

首先,从全应力张量的定义开始。对于全应力张量来说,通常可分为两部分:各向同性静水压力 p 和应力偏张量 s,

$$\sigma^{\alpha\beta} = -p\delta^{\alpha\beta} + s^{\alpha\beta} \qquad\qquad (2.3)$$

式中，$\delta^{\alpha\beta}$ 是克罗内克函数，当 $\alpha = \beta$ 时 $\delta^{\alpha\beta} = 1$，当 $\alpha \neq \beta$ 时 $\delta^{\alpha\beta} = 0$。静水压力 p 直接采用本构方程中的应力计算得

$$p = -\frac{\sigma^{kk}}{3} = -\frac{1}{3}(\sigma^{11} + \sigma^{22} + \sigma^{33})$$

σ^{11}、σ^{22}、σ^{33} 分别为应力张量在 1、2、3 方向的分量，压应力对应于负应力分量，拉应力对应于正应力分量。

总应变率张量用 $\dot{\varepsilon}^{\alpha\beta}$ 表示，公式为

$$\dot{\varepsilon}^{\alpha\beta} = \frac{1}{2}\left(\frac{\partial v^{\alpha}}{\partial x^{\beta}} + \frac{\partial v^{\beta}}{\partial x^{\alpha}}\right) \tag{2.4}$$

对于理想弹塑性材料，前面假设中也提到应变增量 $\dot{\varepsilon}^{\alpha\beta}$ 可分解为两部分：一部分是弹性应变率张量 $\dot{\varepsilon}_{e}^{\alpha\beta}$，另一部分是塑性应变率张量 $\dot{\varepsilon}_{p}^{\alpha\beta}$，

$$\dot{\varepsilon}^{\alpha\beta} = \dot{\varepsilon}_{e}^{\alpha\beta} + \dot{\varepsilon}_{p}^{\alpha\beta} \tag{2.5}$$

弹性应变率张量 $\dot{\varepsilon}_{e}^{\alpha\beta}$ 采用广义胡克定律计算：

$$\dot{\varepsilon}_{e}^{\alpha\beta} = \frac{\dot{s}^{\alpha\beta}}{2G} + \frac{1 - 2\upsilon}{3E}\dot{\sigma}^{kk}\delta^{\alpha\beta} \tag{2.6}$$

式中，$\dot{s}^{\alpha\beta}$ 是剪切应力率的偏量；υ 是泊松比；E 是杨氏模量；G 是剪切模量：

$$G = \frac{E}{2(1 + \upsilon)} \tag{2.7}$$

$\dot{\sigma}^{kk}$ 是 3 个方向应力增量分量的和，$\dot{\sigma}^{kk} = \dot{\sigma}^{11} + \dot{\sigma}^{22} + \dot{\sigma}^{33}$。

为了获得材料的塑性本构关系，Mises 根据弹性势函数可以求出弹性本构关系的思想，将弹性势函数概念推广到塑性理论中，假定塑性流动状态也存在某种势函数 Q，并假设塑性势函数是应力或应力不变量的标量函数，即 $Q(\sigma^{\alpha\beta})$ 或 $Q(I_{1}, \sqrt{J_{2}}, J_{3})$，则塑性流动的方向与塑性势函数的梯度或外法线方向相同，也就是 Mises 塑性位势理论。由于塑性势函数 $Q(\sigma^{\alpha\beta})$ 代表材料在塑性变形过程中的某种位能或势能，所以也称为塑性位势流动理论。同时，类比于流体流动中速度方向总是沿着速度等势面的梯度方向运动的规则，塑性位势理论又称为塑性流动规律。塑性应变率张量采用塑性流动规律计算：

$$\dot{\varepsilon}_{p}^{\alpha\beta} = \dot{\lambda}\,\frac{\partial Q}{\partial \sigma^{\alpha\beta}} \tag{2.8}$$

$\dot{\lambda}$ 是非负的塑性标量因子，表示塑性应变增量的大小，依赖于压力状态和加载历史，λ 是塑性乘子；Q 是塑性势函数，指定了塑性应变的发展方向。如果塑性势函

数与材料的屈服函数 f 保持一致,则塑性流动规律称为与屈服条件或加载条件关联的流动法则,否则称为与屈服条件或加载条件不相关联的流动法则或非正交流动法则。塑性乘子 λ 必须满足以下屈服准则条件:

当 $f < 0$ 或 $f = 0$ 时 $\lambda = 0$,并且 $\mathrm{d}f < 0$ 对应于弹性或塑性卸载。

当 $f = 0$ 并且 $\mathrm{d}f = 0$ 时,$\lambda > 0$ 对应于塑性加载。

塑性乘子 λ 的值可通过使用一致性条件计算得出,该条件为

$$\mathrm{d}f = \frac{\partial f}{\partial \sigma^{\alpha\beta}} \mathrm{d}\sigma^{\alpha\beta} = 0 \tag{2.9}$$

该方程可确保加载后的新应力状态 ($\sigma^{\alpha\beta} + \mathrm{d}\sigma^{\alpha\beta}$) 仍然满足屈服准则:

$$f(\sigma^{\alpha\beta} + \mathrm{d}\sigma^{\alpha\beta}) = f(\sigma^{\alpha\beta}) + \mathrm{d}f = f(\sigma^{\alpha\beta}) \tag{2.10}$$

将从式(2.6)、式(2.8)得到的弹性和塑性应变率张量代入式(2.5),总应变率张量用应力率张量的形式表示为

$$\dot{\varepsilon}^{\alpha\beta} = \frac{\dot{s}^{\alpha\beta}}{2G} + \frac{1 - 2\upsilon}{3E} \dot{\sigma}^{kk} \delta^{\alpha\beta} + \dot{\lambda} \frac{\partial Q}{\partial \sigma^{\alpha\beta}} \tag{2.11}$$

使用总应力张量的标准定义,$\sigma^{\alpha\beta} = s^{\alpha\beta} + \frac{1}{3}\sigma^{kk}\delta^{\alpha\beta}$,即 $\dot{s}^{\alpha\beta} = \dot{\sigma}^{\alpha\beta} - \frac{1}{3}\dot{\sigma}^{kk}\delta^{\alpha\beta}$,代入式(2.11)中反向求解 $\dot{\sigma}^{\alpha\beta}$,可以获得以下应力-应变关系式:

$$\dot{\sigma}^{\alpha\beta} = 2G\dot{\varepsilon}^{\alpha\beta} - 2G\dot{\lambda} \frac{\partial Q}{\partial \sigma^{\alpha\beta}} + \frac{3K - 2G}{9K} \dot{\sigma}^{kk} \delta^{\alpha\beta} \tag{2.12}$$

K 是弹性体积模量,与剪切模量 G 和泊松比 υ 有关:

$$K = \frac{E}{3(1 - 2\upsilon)} \tag{2.13}$$

在式(2.12)中设置 $\alpha = \beta$,并对 α 和 β 取 1、2、3 获得的 3 个公式加和,推导可以获得

$$\dot{\sigma}^{kk} = 3K\left(\dot{\varepsilon}^{kk} - \dot{\lambda} \frac{\partial Q}{\partial \sigma^{\alpha\beta}} \delta^{\alpha\beta}\right) \tag{2.14}$$

将式(2.14)代入式(2.11)中,进一步推导获得理想弹塑性材料的一般应力-应变关系如下:

$$\dot{\sigma}^{\alpha\beta} = 2G\dot{e}^{\alpha\beta} + K\dot{\varepsilon}^{kk}\delta^{\alpha\beta} - \dot{\lambda}\left[\left(K - \frac{2G}{3}\right) \frac{\partial Q}{\partial \sigma^{mn}}\delta^{mn}\delta_{ij} + 2G \frac{\partial Q}{\partial \sigma^{\alpha\beta}}\right] \tag{2.15}$$

式中,m、n 是伪索引;$\dot{e}^{\alpha\beta} = \dot{\varepsilon}^{\alpha\beta} - \frac{1}{3}\dot{\varepsilon}^{kk}\delta^{\alpha\beta}$ 是偏剪切应变率张量。

将式(2.15)代入一致性条件(2.9)中,可得到理想弹塑性材料塑性乘子变化率的一般性公式:

$$\dot{\lambda} = \frac{2G\dot{\varepsilon}^{\alpha\beta}\dfrac{\partial f}{\partial\sigma^{\alpha\beta}} + \left(K - \dfrac{2G}{3}\right)\dot{\varepsilon}^{kk}\dfrac{\partial f}{\partial\sigma^{\alpha\beta}}\delta^{\alpha\beta}}{2G\dfrac{\partial f}{\partial\sigma^{mn}}\dfrac{\partial Q}{\partial\sigma^{mn}} + \left(K - \dfrac{2G}{3}\right)\dfrac{\partial f}{\partial\sigma^{mn}}\delta^{mn}\dfrac{\partial g}{\partial\sigma^{mn}}\delta^{mn}} \qquad (2.16)$$

式(2.16)中,选择特定的屈服函数代替式中的f,选择特定的塑性势函数代替式中的Q,并且规定总应变率张量$\dot{\varepsilon}^{\alpha\beta}$的形式,就可以唯一地确定塑性乘子的变化率。最后,将由式(2.15)得到的应力张量公式代入动量方程中,封闭控制方程组。

将屈服条件代入关联流动法则,则必然导致塑性体积应变。在给出具体的塑性应变增量表达式之前,首先针对一般形式的屈服条件$f(I_1, J_2) = 0$,根据关联流动法则导出塑性应变增量的一般表达式。使用复合求导法则,应有

$$\frac{\partial f}{\partial\sigma^{\alpha\beta}} = \frac{\partial f}{\partial I_1}\frac{\partial I_1}{\partial\sigma^{\alpha\beta}} + \frac{\partial f}{\partial J_2}\frac{\partial J_2}{\partial\sigma^{\alpha\beta}} \qquad (2.17)$$

其中,应力第一不变量对应力求偏导:

$$\frac{\partial I_1}{\partial\sigma^{\alpha\beta}} = \frac{\partial\sigma^{kk}}{\partial\sigma^{\alpha\beta}} = \delta^{k\alpha}\delta^{k\beta} = \delta^{\alpha\beta} \qquad (2.18)$$

偏应力第二不变量对应力求偏导:

$$\frac{\partial J_2}{\partial\sigma^{\alpha\beta}} = \frac{\partial J_2}{\partial s^{kl}}\frac{\partial s^{kl}}{\partial\sigma^{\alpha\beta}} = s^{\alpha\beta} \qquad (2.19)$$

将式(2.18)、式(2.19)代入式(2.17)中,然后使用关联流动法则(2.8),得塑性应变增量:

$$\dot{\varepsilon}_{\mathrm{p}}^{\alpha\beta} = \dot{\lambda}\frac{\partial f}{\partial\sigma^{\alpha\beta}} = \dot{\lambda}\left(\frac{\partial f}{\partial I_1}\delta^{\alpha\beta} + \frac{\partial f}{\partial J_2}s^{\alpha\beta}\right) \qquad (2.20)$$

式(2.20)中的第一项反映塑性体积应变增量,第二项反映塑性偏应变增量,即

$$\dot{\varepsilon}_{\mathrm{p}}^{kk} = 3\dot{\lambda}\frac{\partial f}{\partial I_1} \qquad (2.21)$$

$$\dot{e}_{\mathrm{p}}^{\alpha\beta} = \dot{\lambda}\left(\frac{\partial f}{\partial J_2}s^{\alpha\beta}\right) \qquad (2.22)$$

下面针对具体选择的屈服函数和塑性势函数,推导总应力张量公式。

对于屈服准则来说,固体材料中有很多种,本书主要针对的是颗粒介质材料,

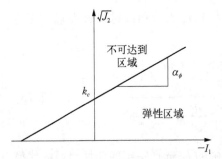

图 2.1　Drucker-Prager 屈服准则曲线

因此我们主要选择常用的颗粒类材料的屈服准则——Drucker-Prager 屈服准则[7]进行理想弹塑性本构理论公式的推导,对于 Mohr-Coulomb 屈服准则[8,9]推导公式采用类似的方法,这里不再赘述。

Drucker-Prager 屈服准则是在 Mises 准则的基础上,增加考虑静水压力影响的广义 Mises 屈服与破坏准则,简称 D－P 屈服或破坏准则。Drucker-Prager 屈服准则曲线如图 2.1 所示。

该屈服条件通过以下等式表示:

$$f(I_1, J_2) = \sqrt{J_2} + \alpha_\phi I_1 - k_c = 0 \tag{2.23}$$

其中,I_1、J_2 分别是应力的第一、第二不变量,定义如下:

$$I_1 = \sigma^{11} + \sigma^{22} + \sigma^{33}, \quad J_2 = \frac{1}{2} s^{\alpha\beta} s^{\alpha\beta} \tag{2.24}$$

α_ϕ 和 k_c 为 Drucker-Prager 屈服准则材料常数,按照平面应变条件下的应力和塑性变形条件,Drucker 和 Prager 导出了 α_ϕ 和 k_c 与库仑材料常数 c(内聚力)和 ϕ(内摩擦角)之间的关系:

$$\alpha_\phi = \frac{\tan\phi}{\sqrt{9 + 12\tan^2\phi}}, \quad k_c = \frac{3c}{\sqrt{9 + 12\tan^2\phi}} \tag{2.25}$$

定义屈服准则后,再通过确定塑性势函数,即可完全决定理想弹塑性材料的应力-应变关系。根据理想弹塑性理论,如果塑性势函数与材料的屈服函数相同,则塑性流动规律为与屈服条件相关联的流动定律,否则为非关联流动规律,这里我们根据 Drucker-Prager 屈服准则也确定两种塑性流动规律。

第一种是关联塑性流动规律,它表明 Drucker-Prager 屈服准则材料的塑性势函数与屈服准则具有相同的形式,即

$$Q = \sqrt{J_2} + \alpha_\phi I_1 - k = 0 \tag{2.26}$$

第二种是非关联塑性流动规律,塑性势函数采用以下形式:

$$Q = \sqrt{J_2} + 3I_1 \sin\psi = 0 \tag{2.27}$$

其中,ψ 是膨胀角。当膨胀角为 0 时,材料是塑性不可压缩的,否则为塑性可压缩材料。

将式(2.23)和式(2.26)按照式(2.21)进行展开可以得

$$\frac{\partial f}{\partial \sigma^{\alpha\beta}} = \frac{\partial f}{\partial I_1}\frac{\partial I_1}{\partial \sigma^{\alpha\beta}} + \frac{\partial f}{\partial \sqrt{J_2}}\frac{\partial \sqrt{J_2}}{\partial \sigma^{\alpha\beta}} = \frac{\partial f}{\partial I_1}\delta^{\alpha\beta} + \frac{1}{2\sqrt{J_2}}\frac{\partial f}{\partial \sqrt{J_2}}s^{\alpha\beta} \qquad (2.28)$$

$$\frac{\partial Q}{\partial \sigma^{\alpha\beta}} = \frac{\partial Q}{\partial I_1}\frac{\partial I_1}{\partial \sigma^{\alpha\beta}} + \frac{\partial Q}{\partial \sqrt{J_2}}\frac{\partial \sqrt{J_2}}{\partial \sigma^{\alpha\beta}} = \frac{\partial Q}{\partial I_1}\delta^{\alpha\beta} + \frac{1}{2\sqrt{J_2}}\frac{\partial Q}{\partial \sqrt{J_2}}s^{\alpha\beta} \qquad (2.29)$$

将式(2.29)代入式(2.15)中,得到 Drucker-Prager 屈服准则材料的通用应力-应变关系式:

$$\dot{\sigma}^{\alpha\beta} = 2G\dot{e}^{\alpha\beta} + K\dot{\varepsilon}^{kk}\delta^{\alpha\beta} - \dot{\lambda}\left[3K\frac{\partial Q}{\partial I_1}\delta^{\alpha\beta} + \frac{G}{\sqrt{J_2}}\frac{\partial Q}{\partial \sqrt{J_2}}s^{\alpha\beta}\right] \qquad (2.30)$$

塑性势函数选取与屈服准则相同的形式(2.26)得到关联塑性流动规律下的应力-应变关系式:

$$\dot{\sigma}^{\alpha\beta} = 2G\dot{e}^{\alpha\beta} + K\dot{\varepsilon}^{\gamma\gamma}\delta^{\alpha\beta} - \dot{\lambda}\left[3\alpha_\phi K\delta^{\alpha\beta} + \frac{G}{\sqrt{J_2}}s^{\alpha\beta}\right] \qquad (2.31)$$

塑性势函数选取与屈服准则不相同的形式(2.27)得到非关联塑性流动规律下的应力-应变关系式:

$$\dot{\sigma}^{\alpha\beta} = 2G\dot{e}^{\alpha\beta} + K\dot{\varepsilon}^{\gamma\gamma}\delta^{\alpha\beta} - \dot{\lambda}\left[9K\sin\psi\delta^{\alpha\beta} + \frac{G}{\sqrt{J_2}}s^{\alpha\beta}\right] \qquad (2.32)$$

进一步推导式(2.31)和式(2.32)中的塑性流动乘子变化率公式,将式(2.28)和式(2.29)代入塑性乘子公式(2.16)获得 Drucker-Prager 屈服准则材料的通用塑性乘子变化率公式:

$$\dot{\lambda} = \frac{3K\dot{\varepsilon}^{\gamma\gamma}\dfrac{\partial f}{\partial I_1} + \dfrac{G}{\sqrt{J_2}}\dfrac{\partial f}{\partial \sqrt{J_2}}s^{mn}\dot{\varepsilon}^{mn}}{9K\dfrac{\partial f}{\partial I_1}\dfrac{\partial Q}{\partial I_1} + G\dfrac{\partial f}{\partial \sqrt{J_2}}\dfrac{\partial Q}{\partial \sqrt{J_2}}} \qquad (2.33)$$

塑性势函数选取与屈服准则相同的形式(2.26)得到关联塑性流动规律下的塑性乘子变化率公式:

$$\dot{\lambda} = \frac{3\alpha_\phi K\dot{\varepsilon}^{\gamma\gamma} + (G/\sqrt{J_2})s^{\alpha\beta}\dot{\varepsilon}^{\alpha\beta}}{9\alpha_\phi^2 K + G} \qquad (2.34)$$

塑性势函数选取与屈服准则不相同的形式(2.27)得到非关联塑性流动规律下的塑性乘子变化率公式:

$$\dot{\lambda} = \frac{3\alpha_\phi K\dot{\varepsilon}^{\gamma\gamma} + (G/\sqrt{J_2})s^{\alpha\beta}\dot{\varepsilon}^{\alpha\beta}}{27\alpha_\phi K\sin\psi + G} \qquad (2.35)$$

当考虑大变形问题时,本构关系必须采用与刚体转动无关的应力率。在本研究中, Jaumann 应力率 $\hat{\dot{\sigma}}^{\alpha\beta}$ 采用如下形式:

$$\hat{\dot{\sigma}}^{\alpha\beta} = \dot{\sigma}^{\alpha\beta} - \sigma^{\alpha\gamma}\dot{\omega}^{\beta\gamma} - \sigma^{\gamma\beta}\dot{\omega}^{\alpha\gamma} \tag{2.36}$$

$\dot{\omega}$ 为自旋速率张量:

$$\dot{\omega}^{\alpha\beta} = \frac{1}{2}\left(\frac{\partial v^\alpha}{\partial x^\beta} - \frac{\partial v^\beta}{\partial x^\alpha}\right) \tag{2.37}$$

最终获得关联和非关联塑性流动规律下的浓密颗粒材料的应力-应变关系式:

$$\dot{\sigma}^{\alpha\beta} - \sigma^{\alpha\gamma}\dot{\omega}^{\beta\gamma} - \sigma^{\gamma\beta}\dot{\omega}^{\alpha\gamma} = 2G\dot{e}^{\alpha\beta} + K\dot{\varepsilon}^{\gamma\gamma}\delta^{\alpha\beta} - \dot{\lambda}\left[3\alpha_\phi K\delta^{\alpha\beta} + \frac{G}{\sqrt{J_2}}s^{\alpha\beta}\right] \tag{2.38}$$

$$\dot{\sigma}^{\alpha\beta} - \sigma^{\alpha\gamma}\dot{\omega}^{\beta\gamma} - \sigma^{\gamma\beta}\dot{\omega}^{\alpha\gamma} = 2G\dot{e}^{\alpha\beta} + K\dot{\varepsilon}^{\gamma\gamma}\delta^{\alpha\beta} - \dot{\lambda}\left[9K\sin\psi\delta^{\alpha\beta} + \frac{G}{\sqrt{J_2}}s^{\alpha\beta}\right] \tag{2.39}$$

其中,公式(2.38)中的塑性乘子变化率公式为式(2.34),式(2.39)中的塑性乘子变化率公式为式(2.35)。

根据理想弹塑性理论,当材料发生塑性变形时,应力状态不应位于屈服面之外。然而,由于计算中常出现数值误差,颗粒堆的应力状态可能会离开弹性域。在这种情况下,通常使用映射退回算法将应力状态数值退回到屈服面上。映射退回算法应用的场景包括两种[10]。

(1)拉伸断裂处理。如果在计算过程中,颗粒堆的应力状态超出屈服面顶点,例如图 2.2 所示的 F 点处的应力状态,则会出现数值误差。这个错误就是所谓的拉伸断裂,Chen 和 Mizuno[10] 在执行有限元程序时描述了这一点。在我们的工作中,也发现了同样的拉伸断裂问题。事实上,这个问题类似于所谓的 SPH 拉伸不稳定性[11],当材料处于拉伸状态时,SPH 模拟可能导致不真实的断裂或颗粒形成团块。计算上,为了消除这种拉伸裂纹,有必要将静水压力分量移到屈服面的顶点。根据 Chen 和 Mizuno[10] 所述,如果材料在时间步长 n 处的应力状态超过屈服面顶点,则满足以下条件:

$$-\alpha_\phi I_1 + k_c < 0 \tag{2.40}$$

我们应将法向应力分量调整为新值,以便静水压力与顶点处的静水压力相对应(图 2.2),具体如下:

$$\tilde{\sigma}_n^{11} = \sigma_n^{11} - \frac{1}{3}\left(I_{1,n} - \frac{k_c}{\alpha_\phi}\right) \tag{2.41a}$$

$$\tilde{\sigma}_n^{22} = \sigma_n^{22} - \frac{1}{3}\left(I_{1,n} - \frac{k_c}{\alpha_\phi}\right) \tag{2.41b}$$

$$\tilde{\sigma}_n^{33} = \sigma_n^{33} - \frac{1}{3}\left(I_{1,n} - \frac{k_c}{\alpha_\phi}\right) \quad\quad (2.41c)$$

剪应力 σ_n^{12}、σ_n^{13}、σ_n^{23} 保持不变。通过计算表明,上述拉伸裂缝处理不仅消除了塑性计算中的数值误差,而且解决了非黏性颗粒中的 SPH 拉伸失稳问题。然而,同样的方法无法消除黏性颗粒中的拉伸不稳定性,因为这种材料的屈服面顶点位于拉应力区域($I_1 > 0$)。为了消除黏性颗粒的数值不稳定性,将采用人工应力法[12,13]。

（2）应力退回步骤。当理想弹塑性材料发生塑性变形时,在塑性加载过程中,应力状态必须始终位于屈服面上。然而,计算错误可能导致应力状态远离屈服面,例如图 2.2 中的路径 AB。在这种情况下,应采用应力重标度程序将应力状态恢复到屈服面上。该过程如下所示:图 2.2 中显示了与该应力重标度程序相关的应力路径示意图,即从 B 到 C 的箭头线。为了将 B 处的应力状态退回到屈服面上 C 处的相应状态,引入了比例因子 r。对于 Drucker-Prager 屈服准则,时间步长 n 处的比例因子定义为

$$r_n = \frac{-\alpha_\phi I_{1,n} + k_c}{\sqrt{J_{2,n}}} \quad\quad (2.42)$$

因此,当颗粒堆的应力状态超过屈服面时,根据 Drucker-Prager 屈服准则,对应于以下条件:

$$-\alpha_\phi I_{1,n} + k_c < \sqrt{J_{2,n}} \quad\quad (2.43)$$

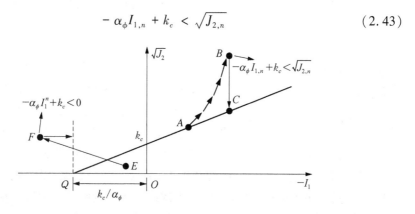

图 2.2　退回法则

偏剪应力分量按比例因子 r 的比例减小,而静水压力分量 I_1 保持不变,根据以下关系计算:

$$\tilde{\sigma}_n^{11} = r_n s_n^{11} + \frac{1}{3} I_{1,n} \quad\quad (2.44a)$$

$$\tilde{\sigma}_n^{22} = r_n s_n^{22} + \frac{1}{3}I_{1,n} \tag{2.44b}$$

$$\tilde{\sigma}_n^{33} = r_n s_n^{33} + \frac{1}{3}I_{1,n} \tag{2.44c}$$

$$\tilde{\sigma}_n^{12} = r_n s_n^{12} \tag{2.44d}$$

$$\tilde{\sigma}_n^{13} = r_n s_n^{13} \tag{2.44e}$$

$$\tilde{\sigma}_n^{23} = r_n s_n^{23} \tag{2.44f}$$

其中，

$$I_{1,n} = \sigma_n^{11} + \sigma_n^{22} + \sigma_n^{33} \tag{2.45}$$

由于本工作使用蛙跳（leap-frog，LF）算法进行数值积分，颗粒体应力也在半时间步长（n+0.5）处插值。为了保持一致性，上述映射退回算法也在时间步的半步上应用。

2.3　颗粒类液态的黏性−塑性本构理论

在颗粒处于稠密流动状态时，颗粒之间的碰撞仍然存在，可能涉及两个以上的颗粒间的碰撞，并且碰撞频次非常频繁，以致发生非常强的能量耗散（非弹性崩塌）。颗粒之间的接触往往是持久性的，接触力链网络可以通过颗粒间传播渗透。持久的摩擦接触导致颗粒速度和/或位置之间具有强烈的相关性。

2.2 节已经推导了浓密颗粒介质在处于准静态下其受力屈服变形的本构理论，这些理论假定材料在屈服之后遵循塑性流动规律，然而由于颗粒类材料的特殊性质，其在屈服之后的流动与颗粒−颗粒之间在介观所受到的作用力密切相关，而该作用力与常见的金属材料等涉及的更微观的晶体或分子间作用力存在很大不同，材料在达到塑性之后的流动更加复杂，传统的以 Drucker-Prager、Mohr-Coulomb 屈服准则为基础的流动法则不再适用。另外，很多学者也尝试在颗粒动理学理论（颗粒流类气态理论，见 3.2 节）的基础上，增加一些公式项，以期能够考虑包括更高的体积分数、更大的碰撞耗散，以及多次或持久的接触等。现有的动理学理论本构关系需要通过合并与持久接触和/或重复接触相关的关联进行修正。然而，这一修改的适当形式尚未确定。因此，到目前为止，在稠密流动状态下（既非准静态又非类气态的中间状态），仍然缺乏统一的观点。

我们进一步深入分析颗粒流在该状态下的主要特性：一是颗粒材料满足屈服准则，在临界剪切力低于临界屈服剪切力时，颗粒介质无法流动；二是颗粒材料流动时对剪切速率具有复杂的依赖性，传统的弹塑性本构中的塑性流动规律不满足该特性。从第二个特性来看,颗粒物质与经典的黏塑性流体(如 Bingham 流体)有相似之处。因此,很多学者受到启发,建立了浓密颗粒介质的黏塑性连续介质理论。由于该理论主要是研究颗粒介质在应力、应变、温度等条件下与时间因素有关的变形和流动的规律,因此该理论也称为颗粒介质的流变学理论,同时主要以一个无量纲参量 I 为核心,也称为 $\mu(I)$ 流变学理论。该理论需要非零剪切速率来启动颗粒介质的运动,一旦开始运动,就存在流动依赖于复杂的剪切速率规律。该理论的内容阐述如下:

首先,针对浓密颗粒介质运动问题,有学者[14,15]通过对比不同的流动结构,从流变学角度设置最简单的实验,总结归纳出以下结论:简单的无量纲参数可以为稠密颗粒流的本构关系提供一个新的有效的框架,它可以作为稳态均匀剪切过程中的剪应力与法向应力之间的经验性的本构关系。在两个粗糙平面之间排布直径为 d、质量密度为 ρ_s 的刚性摩擦球形颗粒,两个平面之间保持法向应力为 p 的外载荷作用,通过施加剪切力 τ,球形颗粒能够以给定的剪切速率 $\dot{\gamma}$ 被剪切,结果发现剪切力与法向应力成比例,比例系数是无量纲参量 I 的函数,该无量纲参量 I 称为惯性数,比例系数也称为有效摩擦系数,记为 μ,

$$\tau = \mu(I)p,\ I = \dot{\gamma}d/(p/\rho_s)^{0.5} \tag{2.46}$$

惯性数是宏观变形时间尺度 $(1/\dot{\gamma})$ 与惯性时间尺度 $(d^2\rho_s/p)^{0.5}$ 的比值,也是 Savage 数或 Coulomb 数的平方根。函数 $\mu(I)$ 可以通过将简单平板剪切试验的结果与粗糙斜面上颗粒流的试验测量结果相比较,或者通过平板剪切数值模拟获得。随着 I 的增加,函数 $\mu(I)$ 从一个处于非常低的惯性数 I(准静态)条件下的最小值 μ_s,逐渐增加到一个有限值 μ_2,可以表示为以下公式[16]:

$$\mu(I) = \mu_s + (\mu_2 - \mu_s)/(I_0/I + 1) \tag{2.47}$$

I_0 为常数。式(2.47)中的参数值取决于材料特性,例如玻璃珠的典型值为 $\mu_s = \tan 21°$,$\mu_2 = \tan 33°$,$I_0 = 0.28$[14,16]。

Jop 等[17]在此基础上,提出了颗粒材料摩擦定律的三维推广方法,假设忽略在稠密区观察到的体积分数的微小变化,然后将颗粒材料描述为不可压缩流体,内应力张量由以下关系式给出:

$$\sigma^{\alpha\beta} = -p\delta^{\alpha\beta} + \tau^{\alpha\beta},\ \tau^{\alpha\beta} = \eta(|\dot{\gamma}|,p)\dot{\gamma}^{\alpha\beta}, \tag{2.48}$$
$$\eta(|\dot{\gamma}|,p) = \mu(I)p/|\dot{\gamma}|,\ I = |\dot{\gamma}|d/(p/\rho_s)^{0.5}$$

式中,p 为各向同性压力,根据定义,它是应力张量第一不变量的负三分之一;τ 是偏应力分量。有效黏度系数 η 是应变率张量 $\dot{\gamma}$ 的第二不变量 $|\dot{\gamma}|$ 的函数,有效黏度系数的定义与摩擦系数定律 $\mu(I)$[式(2.46)]有关。在式(2.48)中,用应变率

张量的偏分量代替应变率张量,可将此关系式推广到可压缩情况。此外,它还意味着体积分数对惯性数的单调依赖性。通过式(2.48)也可以看出,剪切力 τ 为剪切速率 $\dot{\gamma}$ 和有效黏度系数 η 的乘积,而有效黏度系数又与剪切速率呈一次函数关系,因此,总的剪切力与剪切速率呈二次函数关系。

对于式(2.48),在剪切速率为零的极限下,只有满足 Drucker-Prager 屈服准则,才能看到材料流动:

$$|\tau| > \mu_s p, \quad |\tau| = (0.5\tau_{ij}\tau_{ij})^{0.5} \tag{2.49}$$

低于该阈值时,颗粒介质局部表现为刚体。注意,本构关系(2.48)可分为两项:一个是涉及恒定摩擦系数 μ_s 的 Drucker-Prager 屈服应力项,另一个是黏性项,其黏度取决于压力和应变率张量的范数[18]。与经典 Bingham 或 Herschel-Bulkley 流体相比,不同的是该黏塑性中的屈服应力取决于局部压力,有效黏度取决于剪切速率和局部压力。$\mu(I)$ 流变学在相对简单的情况下,如颗粒堆积体崩塌过程,在再现定量实验观察方面取得了一些成功。然而,式(2.48)中包含非常明确的判定条件:应力和应变率张量必须具有一一对应关系,应力的第二个不变量应满足关系式:

$$\frac{|\tau|}{p} = \mu(I) \tag{2.50}$$

式中,函数 $\mu(I)$ 遵循式(2.47)变化规律。内应力张量关系式(2.48)已在多种工况下采用离散单元法,通过数值模拟进行了测试[19,20]。结果表明,应力和应变率张量之间的关系与数值模拟结果并非完全匹配,而关系式(2.50)始终匹配得更好。同时,也没有给出类似于式(2.47)的摩擦系数定律。Cortet 等[20]观察到了惯性数 I 呈现对数衰减规律,导致摩擦系数的值非常小;而 I 值较大时,Börzsönyi 等[19]则发现 $\mu(I)$ 非单调变化。最近又新提出了一种颗粒流变学,该流变学推广了 $\mu(I)$ 流变学模型,并将第一和第二法向应力间的差异考虑在内[21]。

另一个需要说明的情况是,即使在稠密颗粒流动的情况下,这种流变学也没有使用以动理学理论[22]为基础的颗粒拟温度的概念。摩擦系数定律是纯唯象的,所用系数与颗粒性质之间没有明确的联系。此外,有效摩擦系数 μ 随惯性数 I 的变化也受到了质疑[23],惯性数 I 是通过经验而非理论推导获得的。显然,$\mu(I)$ 流变学和颗粒尺度物理之间的联系仍然需要挖掘。另外,最近已证明[24],在不可压缩极限下,$\mu(I)$ 流变学仅在数学上适合于惯性数的中间值。在高惯性数和低惯性数下,方程是不适定的,即在高波数极限下,小扰动的增长速度无限快。其实际意义在于,在不适定条件下,二维时变模拟将表现出短波长不稳定性,随着分辨率的提高,这种不稳定性将逐渐增强,即计算结果将与网格尺度相关。Barker 等[24]指出在高、低惯性数问题不适定的情况下,存在一些重要的物理缺失(力链、晶粒刚度的影响)。

在描述浓密颗粒介质方面存在以下不足：

（1）在低于 Drucker-Prager 屈服准则阈值时，颗粒介质表现为刚性，与实际的类固态颗粒介质材料的属性不相符。

（2）该模型只适合干颗粒材料的流动模拟，对于具有内聚力的湿颗粒材料的流动模拟来说，还无法处理。

（3）从以上流变学公式可以看出，局部流变惯性数 I 与摩擦系数 μ 和体积分数 ϕ 有关，该状态完全取决于速率，式（2.48）转化为描述流体运动的应力张量公式，其中流动速率可根据应力状态唯一确定。然而，当惯性数 I 减小到准静态极限时，先前可忽略的量变得重要起来。由于耗散在很大程度上与速率无关，因此准静态颗粒无法采用类液体处理。

2.4　浓密颗粒介质的弹-黏-塑性本构理论

2.2 节阐述了浓密颗粒介质在准静态下的类固体本构理论，2.3 节阐述了浓密颗粒介质在达到屈服条件后描述其类液体行为的唯象本构理论，每种理论均有其特定的适用范围。而实际自然界和工业工程中，浓密颗粒介质表现出的往往不是一种单一的流动行为，而是多种相态共存，同时时刻发生正转变和逆转变，单一的理论已经无法满足这些实际问题的要求，因此，如何建立有效描述浓密颗粒介质不同运动行为的本构理论是目前研究的热点和难点问题之一。在这方面，国内外学者进行了一些有益的尝试，如 Kamrin 及其团队[25]通过结合 Jiang-Liu 非线性弹性自由能模型[26]处理弹性部分和 $\mu(I)$ 流变学作为屈服准则处理塑性流动部分，建立了跨流态的颗粒本构关系；基于这一思路，Dunatunga 等[27]使用物质点法对此模型数值化，对多种不同流态的颗粒介质进行了模拟；费明龙[28]采用同样的思路和数值方法对颗粒流粒径分聚问题进行了数值模拟研究。此类结合浓密颗粒介质类固态和类液态本构理论的方法虽然实现了对两种流态的模拟，但还存在一定的不足：

（1）额外引入了静水压力的计算，无法实现在本构模型中隐式计算，黏塑性与弹塑性本构理论无法做到无缝连接。

（2）建立统一理论的过程是基于自由能模型，与宏观连续介质的理论框架有偏差，缺乏物理层面的理解和解释。

（3）需要迭代 $\mu(I)$ 流变学关系和弹性模型，最终确定弹性应变和塑性应变，计算量较大。

（4）具有内聚力的颗粒流无法有效处理。

我们这里在 2.2 节建立的浓密颗粒介质弹塑性本构理论和 2.3 节黏性-塑性本构理论的基础上，通过合理的假设、有效的类比分析、充分的物理解释，建立了浓密颗粒介质的弹-黏-塑性本构理论,可计算颗粒流从静止的类固态到屈服之后类液态的转变过程、从类液态反向转变到类固态的过程以及类固态与类液态共存等,也可以对考虑内聚力的颗粒流问题进行描述。

首先,我们从最基础的弹塑性本构关系重新进行分析。对于一般的服从连续介质力学定律的材料来说,按照材料的不同受力阶段和应力-应变关系特性,连续固体材料可分为弹性、塑性和黏性三种本构关系,这三种本构关系之间可相互组合呈现不同的本构规律,如弹塑性、黏弹性、黏塑性、弹-黏-塑性等。但不论是哪种组合形式的本构关系,假如我们研究的对象初始是静止状态,即全场速度为零,那么其都需要经过弹性阶段再到塑性、黏性或黏塑性阶段。同时,我们也假定在初始时刻不存在任何的塑性变形(即不是从塑性屈服之后开始的),初始变形增量是完全弹性的。对于弹性阶段来说,加卸载沿同一曲线进行,根据应力-应变关系曲线特征可细分为线弹性本构关系和非线性弹性本构关系。线弹性本构关系即一般的弹性力学研究的范畴,应力-应变关系服从广义胡克定律;非线性弹性本构关系的应力-应变曲线是非线性的,包括超弹性本构关系和次弹性本构关系。本书中我们选择线弹性本构关系进行研究,目的是搭建一个颗粒介质多相态的理论框架,下一步可以在此基础上进一步修改完善。

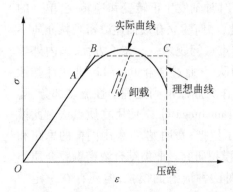

图 2.3　弹塑性应力-应变关系曲线

图 2.3 为弹塑性应力-应变关系曲线。在弹性曲线到达 A 点之后,即弹性应力的上限,塑性变形阶段开始,A 点称为屈服极限。这是因为,在 A 点之后,如果卸载,就可以产生永久变形和弹性变形,永久变形就是不可恢复的塑性变形。实际情况下,材料自 A 点开始后,随着应变的增加,屈服应力也是按照一定的曲线进行改变,呈现出硬化、软化以及剪胀性与压硬性等特性,但工程上为了简化计算,常常将其应力-应变曲线简化为理想弹塑性来处理,也就是应变虽然在增加,但是应力不增加,形成如图中的 ABC 折线形式。

其次,浓密颗粒介质在准静态和流动状态下的行为规律类比于弹簧表现出的弹性与阻尼表现出的阻力串联组合的形式,阻尼的阻力与弹簧的弹力之间具有相关性,同时整个浓密颗粒介质的法向力由弹簧的弹力提供,剪切力由阻尼的阻力提供。这样在初始阶段,没有塑性流动的情况下,颗粒材料也可以保持很好的堆积状态。同时,文献中也有提到,浓密颗粒介质中的所有应力均可由颗粒的弹性变形推导演变出来,这是一个非常重要的物理论断[25],这样不论任何位置的应力值都可以从弹性应变开始进行定义。当最终计算获得的应力值满足屈服准则时,就由塑性流动定律来决定流动速率。Rycroft 等[29] 通过离散单元法模拟验证了该论断的合理性。这也为本书中统一模型的建立提供了依据。本书假定,浓密颗粒介质不论是在准静态阶段还是流动态阶段,其所受到的正应力值均由弹性变形决定,而偏应力值由弹性变形和 $\mu(I)$ 流变定律决定。

首先不考虑内聚力,则 Drucker-Prager 屈服准则公式(2.23)写为 $\sqrt{J_2} = -\alpha_\phi I_1$。正如 2.3 节提到的那样,流变学模型公式(2.48)的最大特点是当剪切速率 $|\dot{\gamma}|$ 趋于零时,有效黏性系数 η 趋于无穷大,颗粒介质趋于刚体结构,这种特性也证实了颗粒在准静态和流动态之间必然存在屈服准则。同时从式(2.48)和式(2.47)中也可以看出,当剪切速率 $|\dot{\gamma}|$ 趋于零时,惯性数 I 趋于零,$\mu(I)$ 趋于 μ_s,因此,当颗粒介质剪切速率趋于零时,只有给定颗粒介质施加的剪切力满足式(2.48)和式(2.47),颗粒介质才可以发生流动[17]。

那么,假设在准静态和流动态之间存在的屈服准则采用 Drucker-Prager 屈服准则(2.23)来表示,则可以建立从"完全弹性"到"弹性-微小黏塑性"再到"完全弹-黏-塑性"的过渡过程。如图 2.4 为 Drucker-Prager 屈服准则与 $\mu(I)$ 流变学模型中的第二不变量与第一不变量的比值随惯性数变化曲线,Drucker-Prager 屈服准则下的该比值恒定;$\mu(I)$ 流变学模型中的比值随惯性数增大而增大,最小为 μ_s,最大为 μ_2。另外,根据文献测试结果[14,16],以玻璃珠为例,Drucker-Prager 屈服准则下的 $\sqrt{J_2}$ 与 $-I_1$ 的比值为 $\alpha_\phi = 0.136\,858$,$\mu(I)$ 流变学中的 $\mu_s = \tan 20.9° = 0.381\,863$,明显 $\alpha_\phi > \mu_s/3$,即颗粒材料首先达到流变学模型的流动阈值,而后达到屈服准则阈值。这也符合物理实际,假如 $\alpha_\phi < \mu_s/3$,则表示颗粒介质在达到塑性流动状态

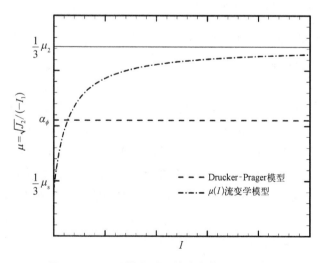

图 2.4　不同屈服准则下的应力第二不变量与
第一不变量比值变化曲线

后,其不论变形多么剧烈、流动范围多么广,其剪切力与正应力比值始终保持不变,始终达不到流变学下的颗粒介质发生流动的最基本条件,这明显不符合实际。而由于 $\mu(I)$ 流变学理论中 $\sqrt{J_2}/(-I_1)$ 是随着惯性数即剪切速率的增大而增大,从一个最小值 $\mu_s/3$,跨越塑性屈服准则 α_ϕ,增加到最大值 $\mu_2/3$。当 $\sqrt{J_2}/(-I_1) < \mu_s/3$ 时,颗粒介质处于"完全弹性"状态;当 $\mu_s/3 < \sqrt{J_2}/(-I_1) < \alpha_\phi$ 时,颗粒开始具有一定的流动性,但是该流动性较小,属于微小流动,剪切速率仍然不明显,颗粒介质未达到屈服状态,将该状态称为"弹性-微小黏塑性"状态;直到 $\sqrt{J_2}/(-I_1) = \alpha_\phi$,颗粒介质达到塑性屈服,该状态下,颗粒的应力-应变关系遵循 Drucker-Prager 准则下的理想弹塑性关系,而随着剪切速率的进一步增大,颗粒应力始终位于屈服面上,但该屈服面不再是恒定的屈服面,而是随剪切速率逐渐变化的屈服面,如图 2.5 所示,该阶段为"完全弹-黏-塑性"状态。

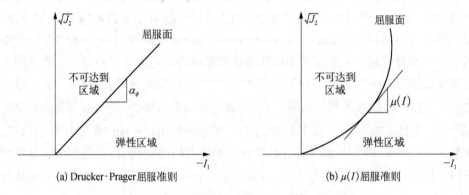

图 2.5　不同屈服准则下的 $(-I_1, \sqrt{J_2})$ 平面曲线

进一步对照式(2.23)和式(2.50),两个公式的差别仅在内聚力项,Drucker-Prager 屈服准则 $\sqrt{J_2} = -\alpha_\phi I_1 + k_c$ 相比于 $\mu(I)$ 流变学公式 $\sqrt{J_2} = -[\mu(I)/3]I_1$,在保证两个公式中的第一项 $-\alpha_\phi I_1$ 与 $-[\mu(I)/3]I_1$ 对应的前提下,只要保证右端第二项同样相等即可用来计算考虑内聚力问题。同时,因为内聚力与正应力和剪切速率等均不相关,无论剪切力和正应力如何变化都不影响该数值的变化,因此,不论是在类固态还是类液态情况下,该内聚力的形式不会发生改变。因此,只要在 $\mu(I)$ 流变学公式 $\sqrt{J_2} = -[\mu(I)/3]I_1$ 的后面增加一项内聚力项就与 Drucker-Prager 屈服准则连接起来。因此,我们假设考虑内聚力的 $\mu(I)$ 流变学公式为 $\sqrt{J_2} = -[\mu(I)/3]I_1 + k_c$,关于该假设及其计算验证将在 2.5 节中详细阐述。

由此,我们可以尝试建立浓密颗粒介质运动状态之间的转变关系,如图 2.6 所示。

（1）弹性阶段:颗粒首先处于理想弹塑性下的准静态,该状态下颗粒几乎不

产生大的变形,以弹性变形为主,$\sqrt{J_2} < -\mu_s I_1/3$,颗粒也未达到发生流动的阈值,这时颗粒的剪应力以弹性剪应力为主,该应力值相对于塑性剪应力或流动剪应力来说极其微小,可认为 $|\dot{\gamma}| \approx 0$,这时颗粒的应力-应变关系按照线弹性计算。

(2)弹性-微小黏塑性阶段:当随着颗粒受力的增加,变形逐渐增加,由弹性引起的剪应力逐渐增加,颗粒间的剪应力首先达到 $\sqrt{J_2} = -\mu_s I_1/3$,这时颗粒介质开始发生流动,$|\dot{\gamma}|$ 逐渐增大,$\mu(I)$ 逐渐增加,虽然发生流动,但该流动非常微小,流动的速度和范围都在微小数值范围,尚未达到塑性状态,仅仅是剪切力逐渐增加。这时颗粒间的正应力按照弹性本构计算,剪切力采用流变学计算。

(3)完全弹-黏-塑性阶段:当剪切力进一步增大到 $\sqrt{J_2} = -\alpha_\phi I_1$ 时,表示颗粒达到屈服状态,即塑性态。该状态时,颗粒的应力-应变关系遵循 Drucker-Prager 准则下的理想弹塑性关系;而随着剪切速率的进一步增大,$\mu(I)$ 继续增加,颗粒应力始终处于屈服面上,但该屈服面不再是恒定数值的屈服面,而是随剪切速率逐渐变化的屈服面,如图 2.5(b)所示。

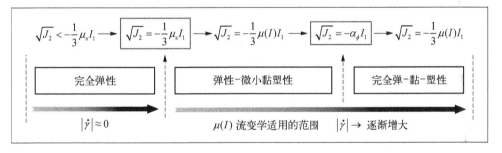

图 2.6 浓密颗粒介质运动状态之间的转变关系

划分好从弹性到完全弹-黏-塑性的转变阶段后,下面详述不同阶段下的颗粒介质应力-应变关系。

(1)处于完全弹性状态的颗粒介质未达到塑性,遵循胡克定律,忽略准静态下的流动行为,应力-应变关系式如下:

$$\dot{\sigma}^{\alpha\beta} = 2G\dot{e}^{\alpha\beta} + K\dot{\varepsilon}^{\gamma\gamma}\delta^{\alpha\beta} \tag{2.51}$$

其中,$\dot{\sigma}^{\alpha\beta}$ 是增量形式的应力分量;G 是剪切模量,$G = E/[2(1+\upsilon)]$;K 是弹性体积模量,$K = E/[3(1-2\upsilon)]$,E 是弹性模量(杨氏模量),υ 是泊松比;$\dot{e}^{\alpha\beta}$ 是偏剪切应变率张量,$\dot{e}^{\alpha\beta} = \dot{\varepsilon}^{\alpha\beta} - \dot{\varepsilon}^{kk}\delta^{\alpha\beta}/3$。

(2)弹性-微小黏塑性状态下颗粒介质的正应力仍然按照线弹性本构模型计算,对于剪应力来说则按照 $\mu(I)$ 流变学剪切力计算公式计算,如式(2.48)。这表明在该阶段由颗粒介质组成的类固态物质不再严格地按照通常密实的固体材料表现出的弹性状态发展,而是逐渐表现出流体的行为,剪切力按照流变学理论模型发展。

假设由颗粒介质组成的物质服从 Drucker-Prager 屈服准则,该屈服准则决定了颗粒介质的塑性流动区域,那么在弹性-微小黏塑性状态基础上,当剪切力进一步增大到 $\sqrt{J_2}/(-I_1) = \alpha_\phi$ 时,表示颗粒达到了屈服状态,此时颗粒的应力-应变关系始终位于由 Drucker-Prager 屈服准则确定的屈服面上。当随着剪切速率的进一步增大,惯性数进一步增大,颗粒介质的应力-应变关系始终处于由 $\mu(I)$ 流变学确定的屈服面上。由 $\mu(I)$ 流变学理论与理想弹塑性理论相结合所确定的应力-应变关系在之前的文献中尚未报道,因此本书对该公式进行了重点推导,如下所示。

对于塑性应变率来说,采用塑性流动规律公式(2.8)计算,其中取势函数为屈服函数,对于完全弹-黏-塑性颗粒介质来说,屈服函数不再遵循传统的 Drucker-Prager 屈服准则,而是遵循 $\mu(I)$ 流变学或黏塑性理论,即 $f(I_1, \sqrt{J_2}) = Q = \sqrt{J_2} + \mu(I)I_1/3 = 0$。因此,根据新的屈服函数和势函数对 $\sigma^{\alpha\beta}$ 求导展开可以得

$$
\begin{aligned}
\frac{\partial Q}{\partial \sigma^{\alpha\beta}} &= \frac{\partial Q}{\partial I_1}\frac{\partial I_1}{\partial \sigma^{\alpha\beta}} + \frac{\partial Q}{\partial \sqrt{J_2}}\frac{\partial \sqrt{J_2}}{\partial \sigma^{\alpha\beta}} + \frac{\partial Q}{\partial \mu(I)}\frac{\partial \mu(I)}{\partial \sigma^{\alpha\beta}} \\
&= \frac{\partial Q}{\partial I_1}\delta^{\alpha\beta} + \frac{1}{2\sqrt{J_2}}\frac{\partial Q}{\partial \sqrt{J_2}}s^{\alpha\beta} + \frac{\partial Q}{\partial \mu(I)}\Pi\delta^{\alpha\beta}
\end{aligned}
\tag{2.52}
$$

其中
$$
\Pi = \frac{(\mu_2 - \mu_s)I_0}{3(I_0 + I)^2\sqrt{p\rho_s}\,|\dot\gamma|\,d}
\tag{2.53}
$$

同时,对屈服函数的应力偏导数展开得

$$
\frac{\partial f}{\partial \sigma^{\alpha\beta}} = \frac{\partial f}{\partial I_1}\frac{\partial I_1}{\partial \sigma^{\alpha\beta}} + \frac{\partial f}{\partial \sqrt{J_2}}\frac{\partial \sqrt{J_2}}{\partial \sigma^{\alpha\beta}} = \frac{\partial f}{\partial I_1}\delta^{\alpha\beta} + \frac{1}{2\sqrt{J_2}}\frac{\partial f}{\partial \sqrt{J_2}}s^{\alpha\beta} + \frac{\partial f}{\partial \mu(I)}\Pi\delta^{\alpha\beta}
\tag{2.54}
$$

将式(2.52)和式(2.54)代入式(2.16),获得 $\mu(I)$ 流变学下材料的通用塑性乘子变化率公式:

$$
\dot\lambda = \frac{3K\dot\varepsilon^{\gamma\gamma}\dfrac{\partial f}{\partial I_1} + 3K\Pi\dot\varepsilon^{\gamma\gamma}\dfrac{\partial f}{\partial \mu(I)} + \dfrac{G}{\sqrt{J_2}}\dfrac{\partial f}{\partial \sqrt{J_2}}s^{mn}\dot\varepsilon^{mn}}{9K\left[\dfrac{\partial f}{\partial I_1}\dfrac{\partial Q}{\partial I_1} + \Pi\dfrac{\partial f}{\partial \mu(I)}\dfrac{\partial Q}{\partial I_1} + \Pi\dfrac{\partial Q}{\partial \mu(I)}\dfrac{\partial f}{\partial I_1} + \Pi^2\dfrac{\partial f}{\partial \mu(I)}\dfrac{\partial Q}{\partial \mu(I)}\right] + G\dfrac{\partial f}{\partial \sqrt{J_2}}\dfrac{\partial Q}{\partial \sqrt{J_2}}}
\tag{2.55}
$$

进一步,塑性势函数与屈服函数设置为 $\mu(I)$ 流变学公式,即 $f(I_1, \sqrt{J_2}) = Q = \sqrt{J_2} + \dfrac{1}{3}\mu(I)I_1 = 0$,得到关联塑性流动规律下的塑性乘子变化率公式:

$$\dot{\lambda} = \frac{\mu(I)K\dot{\varepsilon}^{\gamma\gamma} + K\Pi I_1 \dot{\varepsilon}^{\gamma\gamma} + (G/\sqrt{J_2})s^{\alpha\beta}\dot{\varepsilon}^{\alpha\beta}}{\mu^2(I)K + 2\Pi I_1 \mu(I) + \Pi^2 I_1^2 + G} \tag{2.56}$$

将式(2.54)代入式(2.15)中,进一步得到材料的通用应力-应变关系式:

$$\dot{\sigma}^{\alpha\beta} = 2G\dot{e}^{\alpha\beta} + K\dot{\varepsilon}^{kk}\delta^{\alpha\beta} - \dot{\lambda}\left[3K\frac{\partial Q}{\partial I_1}\delta^{\alpha\beta} + \frac{G}{\sqrt{J_2}}\frac{\partial Q}{\partial\sqrt{J_2}}s^{\alpha\beta} + 3K\frac{\partial Q}{\partial\mu(I)}\Pi\delta^{\alpha\beta}\right] \tag{2.57}$$

塑性势函数选取与屈服准则相同的形式 $f(I_1, \sqrt{J_2}) = Q = \sqrt{J_2} + \dfrac{1}{3}\mu(I)I_1 = 0$,得到关联塑性流动规律下的应力-应变关系式:

$$\dot{\sigma}^{\alpha\beta} = 2G\dot{e}^{\alpha\beta} + K\dot{\varepsilon}^{\gamma\gamma}\delta^{\alpha\beta} - \dot{\lambda}\left[\mu(I)K\delta^{\alpha\beta} + \frac{G}{\sqrt{J_2}}s^{\alpha\beta} + I_1 K\Pi\delta^{\alpha\beta}\right] \tag{2.58}$$

塑性乘子变化率公式为式(2.56),当考虑大变形问题时,本构关系同样采用与刚体转动无关的应力率,最终获得关联塑性流动规律下的浓密颗粒材料的应力-应变关系式:

$$\dot{\sigma}^{\alpha\beta} - \sigma^{\alpha\gamma}\dot{\omega}^{\beta\gamma} - \sigma^{\gamma\beta}\dot{\omega}^{\alpha\gamma} = 2G\dot{e}^{\alpha\beta} + K\dot{\varepsilon}^{\gamma\gamma}\delta^{\alpha\beta} - \dot{\lambda}\left[\mu(I)K\delta^{\alpha\beta} + \frac{G}{\sqrt{J_2}}s^{\alpha\beta} + I_1 K\Pi\delta^{\alpha\beta}\right] \tag{2.59}$$

使用式(2.59)计算获得的应力-应变关系应该始终位于公式 $f(I_1, \sqrt{J_2}) = Q = \sqrt{J_2} + \mu(I)I_1/3 = 0$ 所表征的屈服面上,为了实现这一要求,采用退回算法[30]进行修正,具体如下式:

如果 $\quad -\dfrac{1}{3}\mu(I)I_1 < 0$,则 $\tilde{\sigma}_n^{\alpha\alpha} = \sigma_n^{\alpha\alpha} - \dfrac{1}{3}(I_1^n)$ $\tag{2.60a}$

如果 $\quad -\dfrac{1}{3}\mu(I)I_1^n < \sqrt{J_2^n}$,则 $\tilde{\sigma}_n^{\alpha\alpha} = r^n s_n^{\alpha\alpha} + \dfrac{1}{3}I_1^n$,$\tilde{\sigma}_n^{\alpha\beta} = r^n s_n^{\alpha\beta}$ $\tag{2.60b}$

式中,$\sigma_n^{\alpha\alpha}$ 分别表征三个法向应力分量 σ_n^{xx}、σ_n^{yy}、σ_n^{zz};$s_n^{\alpha\beta}$ 分别表征三个剪应力分量 s_n^{xy}、s_n^{xz}、s_n^{yz};比例因子 $r^n = \dfrac{-\dfrac{1}{3}\mu(I)I_1^n}{\sqrt{J_2^n}}$。

为了更清晰地展现本节建立的理论模型所用到的公式和计算步骤,将相关内容总结如下:

步骤1:弹性状态下颗粒应力计算[式(2.51)]。

步骤2:判断是否达到弹性-微小黏塑性状态,$\sqrt{J_2} \geqslant -\dfrac{1}{3}\mu_s I_1$?

假如$\sqrt{J_2} < -\dfrac{1}{3}\mu_s I_1$,则返回步骤1;

否则,进行弹性-微小黏塑性态应力计算[式(2.51)和式(2.48)]。

步骤3:判断是否达到完全弹-黏-塑性状态即屈服状态,$\sqrt{J_2} \geqslant -\alpha_\phi I_1$?

假如$\sqrt{J_2} < -\alpha_\phi I_1$,则返回步骤2;

否则,跳到步骤4。

步骤4:进行完全弹-黏-塑性状态应力计算[式(2.56)和式(2.59)]。

步骤5:判断是否超出屈服面极值点,$-\dfrac{1}{3}\mu(I)I_1 < 0$?

假如$-\dfrac{1}{3}\mu(I)I_1 \geqslant 0$,跳到步骤6;

否则,则进行静水压力修正[式(2.60a)]。

步骤6:判断是否超出屈服面,$-\dfrac{1}{3}\mu(I)I_1 < \sqrt{J_2}$?

假如$-\dfrac{1}{3}\mu(I)I_1 \geqslant \sqrt{J_2}$,则返回步骤4;

否则,进行映射退回算法[式(2.60b)]。

2.5   考虑内聚力的浓密颗粒介质的弹-黏-塑性本构理论

2.4节重点介绍了不考虑内聚力的干颗粒流在准静态和屈服流动两种状态同时考虑情况下的本构理论,但在实际自然界和工业工程中,大部分的颗粒类材料都具有黏结性(内聚力),如岩石就是一种黏结性很强的颗粒类材料,还有湿性土壤、煤块、白砂糖等。然而,在过去的研究中,绝大多数的研究均集中在干颗粒流或稍有黏结性的材料上。因此,非常有必要对考虑黏结性的颗粒介质的运动行为开展深入研究。颗粒之间的黏结性一方面会由水的液桥力产生,另一方面也会由颗粒之间存在的分子间吸引力(范德华力)、黏合剂产生的黏结力、磁性吸引力等产生,但不论是何种原因产生的黏结力,都会造成同样的颗粒间内聚的效果,本节针对考虑颗粒间内聚力的模型和数值方法开展研究。

对于处于准静态的浓密颗粒介质来说,一般采用弹塑性本构模型进行描述,如

2.2 节叙述的内容,该模型中很好地加入了内聚力的作用,如 Mohr-Coulomb 屈服准则中的内聚力 c、Drucker-Prager 屈服准则中的 k_c 等,但是目前描述颗粒类液态的 $\mu(I)$ 流变学理论中未考虑内聚力的作用,仅仅是对干颗粒体的流动进行计算,与实际问题还存在一定的差别。因此本节主要在 2.4 节建立的不考虑内聚力的类固-类液态两种状态本构理论的基础上做一定的假设,加入了内聚力的影响作用,进行了公式的推导。

在传统 $\mu(I)$ 流变学公式(2.48)的基础上,假设考虑内聚力的作用,通过 Drucker-Prager 屈服准则公式(2.23)可以看出,其是在应力第二不变量与第一不变量的比例系数基础上外加一个内聚力项,同时 $k_c \approx c$,也就是类似于 Mohr-Coulomb 屈服准则公式:

$$|s| = \tan(\phi)p + c \tag{2.61}$$

而通过流变学公式(2.50)可以看出,该理论公式是 $|s| = \mu(I)p$ 的形式,剪切力系数是与正应力和剪切速率相关的量,那么我们不妨假定在该剪切力项后同样存在一个内聚力项,与 Drucker-Prager 屈服准则或 Mohr-Coulomb 屈服准则的内聚力保持一致,即对于流变学本构存在:

$$|s| = \mu(I)p + c \tag{2.62}$$

因为内聚力与正应力和剪切速率等均不相关,无论剪切力和正应力如何变化都不影响该数值的变化,因此,不论是在类固态还是类液态情况下,该内聚力的形式不会发生改变。当然在类气态情况下,该值才将发生本质的改变。因此,本书的假设存在一定的合理性。$\mu(I)$ 屈服准则下的 $(-I_1, \sqrt{J_2})$ 平面曲线如图 2.7 所示。

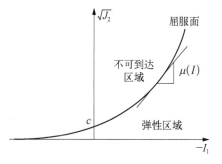

图 2.7　$\mu(I)$ 屈服准则下的 $(-I_1, \sqrt{J_2})$ 平面曲线

因此,考虑内聚力下颗粒介质发生流动的阈值为 $|s| = \mu_s p + c$,达到 Drucker-Prager 屈服状态的阈值为 $|s| = 3\alpha_\phi p + c$。

由此,我们可以尝试建立浓密颗粒介质运动状态之间的转变关系,如图 2.8 所示。

(1) 弹性阶段:颗粒首先处于理想弹塑性下的准静态,该状态下颗粒几乎不产生大的变形,以弹性变形为主,$|s| < \mu_s p + c$,颗粒也未达到发生流动的阈值,这时颗粒的剪应力以弹性剪应力为主,该应力值相对于塑性剪应力或流动剪应力来说极其微小,可认为 $|\dot{\gamma}| \approx 0$;这时颗粒的应力-应变关系按照线弹性计算。

（2）弹性-微小黏塑性阶段：当随着颗粒受力的增加，变形逐渐增加，由弹性引起的剪应力逐渐增加，颗粒间的剪应力首先达到 $|s|=\mu_s p+c$，这时颗粒介质开始发生流动，$|\dot{\gamma}|$ 逐渐增大，$\mu(I)$ 逐渐增加，虽然发生流动，但该流动非常微小，属于小范围流动，尚未达到塑性状态，仅仅是剪切力逐渐增加。这时颗粒间的正应力按照弹性本构计算，剪切力采用流变学计算，即该状态为弹性-微小黏塑性。

（3）完全弹-黏-塑性阶段：当剪切力进一步增大到 $\mu(I)=3\alpha_\phi+c$ 时，表示颗粒达到屈服状态，即塑态。该状态时，颗粒的应力-应变关系遵循 Drucker-Prager 屈服准则下的理想弹塑性关系；而随着剪切速率的进一步增大，$\mu(I)$ 继续增加，但颗粒应力始终处于屈服面上，但该屈服面不再是恒定的屈服面，而是随剪切速率逐渐变化的屈服面。

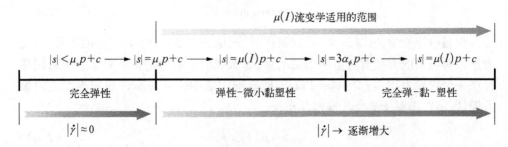

图 2.8　考虑内聚力的浓密颗粒介质运动状态之间的转变关系

划分好从完全弹性到完全弹-黏-塑性的转变阶段后，下面详述不同阶段下的颗粒介质应力-应变关系。

（1）弹性状态下的颗粒介质应力-应变关系：处于完全弹性状态的颗粒介质未达到塑性，遵循胡克定律，忽略准静态下的流动行为，应力-应变关系与无内聚力下的应力-应变关系相同，见式（2.51）。

（2）弹性-微小黏塑性状态下的颗粒介质应力-应变关系：弹性-微小黏塑性状态下颗粒介质的正应力仍然按照线弹性本构模型计算，如式（2.51）。对于剪应力来说则按照 $\mu(I)$ 流变学剪切力计算公式计算，如式（2.48）。这表明在该阶段由颗粒介质组成的类固态物质不再严格按照通常密实的固体材料表现出的弹性状态发展，而是逐渐表现出流体的行为，剪切力按照流变学理论模型发展。

（3）完全弹-黏-塑性状态下的颗粒介质应力-应变关系：假设由颗粒介质组成的物质服从 Drucker-Prager 屈服准则，该屈服准则决定了颗粒介质的塑性流动区域，那么在弹性-微小黏塑性状态基础上，当剪切力进一步增大到 $\mu(I)=3\alpha_\phi+c$ 时，表示颗粒达到了屈服状态，此时的颗粒的应力-应变关系始终位于由 Drucker-Prager 屈服准则确定的屈服面上。随着剪切速率的进一步增加，惯性数进一步增大，颗粒介质的应力-应变关系始终处于由考虑内聚力的 $\mu(I)$ 流变学确定的屈服面上。

下面具体推导应力-应变关系公式。

在理想弹塑性假设下的颗粒介质应力-应变通用关系式的基础上,假设颗粒介质在达到塑性屈服之后遵循考虑内聚力的 $\mu(I)$ 流变学准则,应力状态始终位于屈服面上,由此推导应力-应变关系。这里有两种推导方法,一种是微小时间增量下的显式时间积分方法,另一种方法是映射退回算法下的隐式时间积分方法,分别阐述如下。

1) 微小时间增量下的显式时间积分方法

该方法是将总应变率按照弹性应变和塑性应变组合的形式分开进行计算,弹性变形中,主要由弹性正应变产生弹性正应力,弹性切应变产生弹性切应力,应力与应变之间遵循胡克定律;塑性变形在弹性变形产生的正应力的基础上,根据 $\mu(I)$ 流变学中黏性剪切力与正应力和剪切速率之间的关系式计算得出。

对于理想弹塑性材料,弹性应变率 $\dot{\varepsilon}_e^{\alpha\beta}$ 采用广义胡克定律计算,如式(2.6)。那么由式(2.6)进行反向演化获得完全弹性状态下增量形式的应力-应变关系式(2.51),表征弹性状态下的应力率与弹性应变率之间的关系,因此,假如已知弹性应变率大小便可求得弹性正应力。对于某个时刻材料的状态来说,任意位置的应变率 $\dot{\varepsilon}^{\alpha\beta}$ 可以采用直接定义计算获得 $\dot{\varepsilon}^{\alpha\beta} = \partial v^{\alpha}/\partial x^{\beta} + \partial v^{\beta}/\partial x^{\alpha}$,而总的应变率由两部分组成:一部分是弹性应变率张量 $\dot{\varepsilon}_e^{\alpha\beta}$,另一部分是塑性应变率张量 $\dot{\varepsilon}_p^{\alpha\beta}$,$\dot{\varepsilon}^{\alpha\beta} = \dot{\varepsilon}_e^{\alpha\beta} + \dot{\varepsilon}_p^{\alpha\beta}$,因此,假如已知塑性应变率 $\dot{\varepsilon}_p^{\alpha\beta}$ 的数值,再由 $\dot{\varepsilon}^{\alpha\beta} - \dot{\varepsilon}_p^{\alpha\beta}$ 便可计算获得 $\dot{\varepsilon}_e^{\alpha\beta}$。

在初始阶段,达到屈服状态之前,假定为纯弹性阶段,这时,$\dot{\varepsilon}_p^{\alpha\beta} = 0$,$\dot{\varepsilon}^{\alpha\beta} = \dot{\varepsilon}_e^{\alpha\beta}$,便很容易获得该状态下的应力数值。假设材料在某一时刻达到了塑性屈服状态,那么这时的应力主要包括三个部分,分别为弹性正应力、弹性剪应力以及塑性剪应力,公式为

$$\sigma^{\alpha\beta} = \sigma_e^{\alpha\beta} + \sigma_p^{\alpha\beta} = -p_e\delta^{\alpha\beta} + s_e^{\alpha\beta} + s_p^{\alpha\beta} \tag{2.63}$$

对于塑性应变率来说,采用塑性流动规律公式(2.8)计算塑性应变,其中取势函数为屈服函数,由公式 $Q = \sqrt{J_2} + \dfrac{1}{3}\mu(I)I_1 - c = 0$ 对 $\sigma^{\alpha\beta}$ 求导展开代入式(2.8)可以得

$$\begin{aligned}
\dot{\varepsilon}_p^{\alpha\beta} &= \dot{\lambda}\frac{\partial Q}{\partial \sigma^{\alpha\beta}} = \dot{\lambda}\left(\frac{\partial Q}{\partial I_1}\delta^{\alpha\beta} + \frac{1}{2\sqrt{J_2}}\frac{\partial Q}{\partial \sqrt{J_2}}s^{\alpha\beta} + \frac{\partial Q}{\partial \mu(I)}\Pi\delta^{\alpha\beta}\right) \\
&= \dot{\lambda}\left(\frac{1}{3}\mu(I)\delta^{\alpha\beta} + \frac{1}{2\sqrt{J_2}}s^{\alpha\beta} + \frac{1}{3}I_1\Pi\delta^{\alpha\beta}\right)
\end{aligned} \tag{2.64}$$

进一步推导可获得关联塑性流动规律下的塑性乘子变化率公式(2.56)。从式(2.64)可以看出塑性应变率 $\dot{\varepsilon}_p^{\alpha\beta}$ 与 $\mu(I)$、$s^{\alpha\beta}$ 和 p_e 相关,而 $\mu(I)$ 与 p_e 和 $\dot{\varepsilon}_p^{\alpha\beta}$ 相关,

$$\mu(I) = \mu_s + (\mu_2 - \mu_s)/[I_0(p_e/\rho_s)^{0.5}/(|\dot{\varepsilon}_p|\,d) + 1],\quad |\dot{\varepsilon}_p| = (0.5\dot{\varepsilon}_p^{\alpha\beta}\dot{\varepsilon}_p^{\alpha\beta})^{0.5} \tag{2.65}$$

p_e 采用式(2.51)计算,即 p_e 可由弹性应变率 $\dot{\varepsilon}_e^{\alpha\beta}$,进一步由 $\dot{\varepsilon}^{\alpha\beta} - \dot{\varepsilon}_p^{\alpha\beta}$ 塑性应变率求得。$s^{\alpha\beta} = s_e^{\alpha\beta} + s_p^{\alpha\beta}$,$s_e^{\alpha\beta}$ 同样采用式(2.51),即 $s_e^{\alpha\beta}$ 同样是塑性应变率 $\dot{\varepsilon}^{\alpha\beta} - \dot{\varepsilon}_p^{\alpha\beta}$ 的函数。根据 $\mu(I)$ 流变学以及上述求出的 $\dot{\varepsilon}_p^{\alpha\beta}$ 计算黏塑性剪切力 $s_p^{\alpha\beta}$:

$$s_p^{\alpha\beta} = \eta(|\dot{\varepsilon}_p|,p)\dot{\varepsilon}_p^{\alpha\beta} = \dot{\varepsilon}_p^{\alpha\beta}(\mu(I)p + c)/|\dot{\varepsilon}_p|$$
$$= \dot{\varepsilon}_p^{\alpha\beta}\{p[\mu_s + (\mu_2 - \mu_s)/(I_0/I + 1)] + c\}/|\dot{\varepsilon}_p|$$
$$= \dot{\varepsilon}_p^{\alpha\beta}\{p[\mu_s + (\mu_2 - \mu_s)/(I_0(p/\rho_s)^{0.5}/(|\dot{\varepsilon}_p|d) + 1) + c]\}/|\dot{\varepsilon}_p|$$

$$(2.66)$$

这样就由式(2.64)联合式(2.51)、式(2.63)、式(2.65)、式(2.66)获得一个关于 $\dot{\varepsilon}_p^{\alpha\beta}$ 的等式,迭代求解获得该数值的大小,进而获得其他所有量的大小,该方法与 Kamrin 的方法具有相似性。

为了更清晰地展示该方法的计算流程,将所用到的公式及求解步骤总结如表2.1 所示。

表2.1　计算步骤汇总(方法一)

步骤序号	运 算 步 骤 说 明	采 用 的 公 式
1	弹塑性准静态下的颗粒应力计算	式(2.51)
2	判断是否达到弹性-微小黏塑性状态	$|s| \geq \mu_s p + c$?
3	假如 $|s| < \mu_s p + c$,返回步骤1	
4	假如 $|s| \geq \mu_s p + c$,进行弹性-微小黏塑性状态应力计算	式(2.51)、式(2.48)
5	判断是否达到完全弹-黏-塑性状态	$|s| \geq 3\alpha_\phi p + c$?
6	假如 $|s| < 3\alpha_\phi p + c$,返回步骤2	
7	假如 $|s| \geq 3\alpha_\phi p + c$,进行完全弹-黏-塑性状态应力计算	
8	迭代求解塑性应变率	由式(2.51)、式(2.63)、式(2.65)、式(2.66)与式(2.64)联合迭代求解
9	由塑性应变率代入求解总应力	式(2.51)、式(2.66)代入式(2.63)

2) 映射退回算法下的隐式时间积分方法

这种方法是直接在塑性流动定律的基础上,推导获得塑性应变率与总应力之间的关系,进而结合弹性的胡克定律,反推获得总应力与应变之间的关系式,经过公式推导获得的应力-应变增量之间的关系式与不考虑内聚力情况下获得的关系式相同,如式(2.56)和式(2.59)。公式中无法体现内聚力的影响。因此,在计算中出现偏离屈服面的误差,需要采用映射退回算法将应力-应变关系拉回到屈服面上,而这时的屈服准则可以较好地引入内聚力的影响,获得内聚力对颗粒流运动的影响。

考虑内聚力的映射退回算法如图 2.9 所示。图 2.9(a) 为 Drucker-Prager 屈服准则下理想弹塑性本构的退回算法,图 2.9(b) 为 $\mu(I)$ 流变学下理想弹-黏-塑性本构的退回算法。可以看出,Drucker-Prager 屈服准则退回算法最终是退回到一条直线上;而 $\mu(I)$ 流变学下弹-黏-塑性本构的退回算法最终是退回到一条以 I 为变量的曲线上,该曲线是一条不确定性的曲线,在颗粒直径、密度不变的情况下与颗粒相动态压力、速度等参量相关。

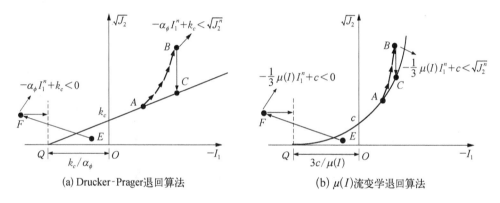

(a) Drucker-Prager退回算法　　　　(b) $\mu(I)$流变学退回算法

图 2.9　考虑内聚力的映射退回算法

退回算法同样分以下两种情况进行。

第一种情况是当 $-\dfrac{1}{3}\mu(I)I_1^n + c < 0$ 时,将法向应力分量调整为新值,以便此处静水压力与顶点处的静水压力相对应:

$$\tilde{\sigma}_n^{xx} = \sigma_n^{xx} - \frac{1}{3}\left(I_1^n - \frac{3c}{\mu(I)}\right) \tag{2.67a}$$

$$\tilde{\sigma}_n^{yy} = \sigma_n^{yy} - \frac{1}{3}\left(I_1^n - \frac{3c}{\mu(I)}\right) \tag{2.67b}$$

$$\tilde{\sigma}_n^{zz} = \sigma_n^{zz} - \frac{1}{3}\left(I_1^n - \frac{3c}{\mu(I)}\right) \tag{2.67c}$$

剪切力 σ_n^{xy}、σ_n^{xz}、σ_n^{yz} 保持不变。

第二种情况是当 $-\dfrac{1}{3}\mu(I)I_1^n + c < \sqrt{J_2^n}$ 时,设

$$r^n = \frac{-\dfrac{1}{3}\mu(I)I_1^n + c}{\sqrt{J_2^n}} \tag{2.68}$$

偏差剪切力分量按比例因子 r 减小,而静水应力分量 I_1 保持不变:

$$\tilde{\sigma}_n^{xx} = r_n s_n^{xx} + \frac{1}{3}I_1^n \tag{2.69a}$$

$$\tilde{\sigma}_n^{yy} = r^n s_n^{yy} + \frac{1}{3}I_1^n \tag{2.69b}$$

$$\tilde{\sigma}_n^{zz} = r^n s_n^{zz} + \frac{1}{3}I_1^n \tag{2.69c}$$

$$\tilde{\sigma}_n^{xy} = r^n s_n^{xy} \tag{2.69d}$$

$$\tilde{\sigma}_n^{xz} = r^n s_n^{xz} \tag{2.69e}$$

$$\tilde{\sigma}_n^{yz} = r^n s_n^{yz} \tag{2.69f}$$

其中 $I_1^n = \sigma_n^{xx} + \sigma_n^{yy} + \sigma_n^{zz}$,上述映射退回算法在蛙跳算法更新中的半时间步骤中应用。

同样地,将该方法的计算流程、将所用到的公式及求解步骤总结于表 2.2 中。

表 2.2　计算步骤汇总(方法二)

步骤序号	运算步骤说明	采用的公式
1	完全弹性状态下的颗粒应力计算	式(2.51)
2	判断是否达到弹性-微小黏塑性状态	$\lvert s \rvert \geq \mu_s p + c$?
3	假如 $\lvert s \rvert < \mu_s p + c$,返回步骤 1	
4	假如 $\lvert s \rvert \geq \mu_s p + c$,进行弹性-微小黏塑性状态应力计算	式(2.51)、式(2.48)
5	判断是否达到完全弹-黏-塑性状态	$\lvert s \rvert \geq 3\alpha_\phi p + c$?
6	假如 $\lvert s \rvert < 3\alpha_\phi p + c$,返回步骤 2	
7	假如 $\lvert s \rvert \geq 3\alpha_\phi p + c$,进行完全弹-黏-塑性状态应力计算	
8	计算总应力变化率	式(2.59)
9	判定是否超出屈服面极值点	$-\dfrac{1}{3}\mu(I)I_1^n + c < 0$?

步骤序号	运算步骤说明	采用的公式
10	假如 $-\dfrac{1}{3}\mu(I)I_1^n + c \geq 0$,跳到步骤 11	
11	假如 $-\dfrac{1}{3}\mu(I)I_1^n + c < 0$,静水压力修正	式(2.67)
12	判定是否超出屈服面	$-\dfrac{1}{3}\mu(I)I_1^n + c < \sqrt{J_2^n}$?
13	假如 $-\dfrac{1}{3}\mu(I)I_1^n + c \geq \sqrt{J_2^n}$,返回步骤 8	
14	假如 $-\dfrac{1}{3}\mu(I)I_1^n + c < \sqrt{J_2^n}$,映射退回算法	式(2.68)、式(2.69)

　　第一种方法的屈服准则是显式加载的,该方法需要显式获得塑性应变率的大小,但塑性应变率又与整个材料的应力状态相关,因此需要迭代求解出塑性应变率。第二种方法中的屈服准则属于隐式加载的方式,内聚力作用项在应力-应变关系式中不能体现,因此存在超出屈服面的情况,需要采用映射退回算法,将应力-应变关系重新拉回到屈服面上。

　　第一种方法无需映射退回算法,直接采用屈服准则计算屈服之后的剪应力大小,可以将内聚力直接包含在计算中。采用第二种方法,存在计算超出屈服面的误差,为保证材料在发生塑性变形时应力状态始终落在屈服面上,服从屈服准则,需要采用映射退回算法。但总体来说,该方法克服了第一种方法需要迭代显式获得塑性应变率的不足。

　　两种方法各有利弊,但计算结果基本一致,因此本书从计算的效率角度考虑采用第二种方法进行数值模拟。

2.6　干、湿颗粒堆坍塌过程数值验证

　　选择干性和含水湿性的两种颗粒情况下的堆积体的坍塌过程进行数值模拟,不仅可以检验在不考虑内聚力情况下浓密颗粒介质的本构模型计算准确与否,又可以检验内聚力对浓密颗粒介质运动状态的影响;不仅可以对直接由颗粒间黏结力引起的内聚力问题进行数值模拟,同时对于由颗粒间加入水分等液体产生液桥力造成的内聚力问题同样可以有效模拟。采用的数值方法将在第 5 章进行介绍。下面这个算例选择 Artoni 等[31]在 2013 年开展的水平单侧颗粒堆坍塌过程实验。

　　整个计算区域为一个矩形通道区域,左、前、后、下均由透明玻璃制成,以保证给颗粒施加足够尺寸的边界条件而使得颗粒始终在矩形通道内运动。如图 2.10 所示,前、后侧壁长 35 cm,高 8 cm,宽 5 cm;颗粒堆长度 $L = 7$ cm,高度 $H = 8$ cm,纵横比为 0.875,厚度和通道的宽度相同($W = 5$ cm)。实验中,在单独的容器中,缓慢向材料中加入一定量的液体,然后手动混合,由于在颗粒中加入的液体量非常小(小于 4%),粒子之间形成简单液桥,而非液体与颗粒的完全混合形成饱和溶液,少量的水主要起到了内聚力的作用,其他的空间主要还是被空气所占据,因此我们直接将水看成是产生内聚力的物质,通过设置内聚力数值的方式来近似模拟含水的湿颗粒介质的运动过程。计算中,颗粒的粒径为 2 mm,材质为玻璃球,密度为 2 532 kg/m³,弹性模量为 70 MPa,内聚力分别取 0 和 5 kPa,内摩擦角为 25°。计算过程中两侧的壁面仅提供法向的支持力,以保证颗粒不穿透边界,不施加切向的摩擦力,与实验保持一致。

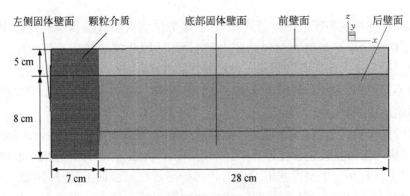

图 2.10　模型结构示意图

　　图 2.11 为计算得到的无内聚力和有内聚力(5 kPa)情况下颗粒堆坍塌过程及其最终的堆积状态,通过与实验[30]每一时刻的精确对比发现,在坍塌过程和堆积形貌上两者吻合较好。可以看到由颗粒间少量液体引起的内聚作用对于最终的堆积形貌和颗粒坍塌过程具有强烈的影响。湿颗粒坍塌的过程明显慢于干颗粒,即诱导时间较长,而其处于屈服流动的物质也较少,同时在湿颗粒情况下,堆积物的运动距离也较短,最终形成的堆积物高度较高。

　　图 2.12 给出了颗粒堆在坍塌后形成的最终形貌,可以看出该结构具有两个不同的倾斜角,在顶部附近具有一个较大的倾斜角 θ_{top},而堆积物的末端有一个较小的倾斜角 θ_{toe},同时堆积物的几何结构也可以通过其垂直距离和水平距离来表征,分别用 H_f 和 L_f 来表示,换算成两个无量纲的量 $H^* = H_f/H_0$,$L^* = (L_f - L_0)/L_0$。

　　图 2.13 为改变不同的内聚力系数所获得的参量 H^*、L^* 以及 θ_{top}、θ_{toe} 的变化情况,可以看到,H^* 随着内聚力的增加而增加,直到达到一定数值后与初始高度

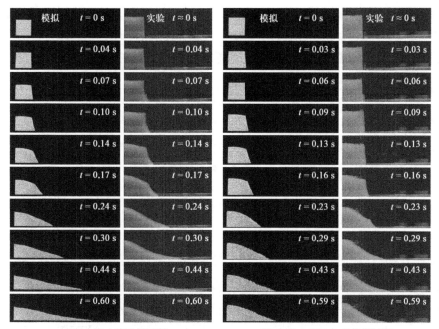

(a) 无内聚力的坍塌过程　　　　　　　　(b) 内聚力为5 kPa的坍塌过程

图 2.11　颗粒堆坍塌过程与实验[30]对比

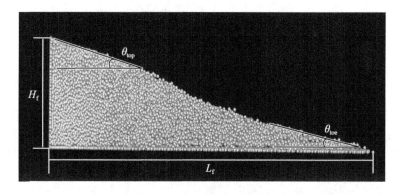

图 2.12　表征颗粒堆形态的参量定义

相同,不再发生改变,然而文献[30]中对于湿颗粒堆来说,坍塌事件不会影响桩的最大高度,其几乎保持不变。L^* 随着内聚力的增加而减小,对于湿颗粒来说同样是随着水分的增加而减小;堆积物顶角 θ_{top} 随着内聚力的增加显著减小,直至减小到零,与初始水平方向保持一致,而对于湿颗粒来说该数值基本不受水量的影响;对于堆积物底角 θ_{toe} 来说则相反,随着内聚力的增加显著增加,直至增大到 90°,与初始垂直方向保持一致,同样对于湿颗粒来说该数值基本不受水量的影响。与文献[31]中加入水分之后的实验对比,有些规律相似,有些却又不同,表明在颗粒中加入水分之后一方面会影响颗粒间的内聚力的大小,另一方面又通过静水压力、颗粒间的润滑作用等降低颗粒间的相互作用力,从而使得一些参数变化不明显。然而,内聚力的影响却很显著,测量参量与内聚力系数之间基本上呈线性变化关系。

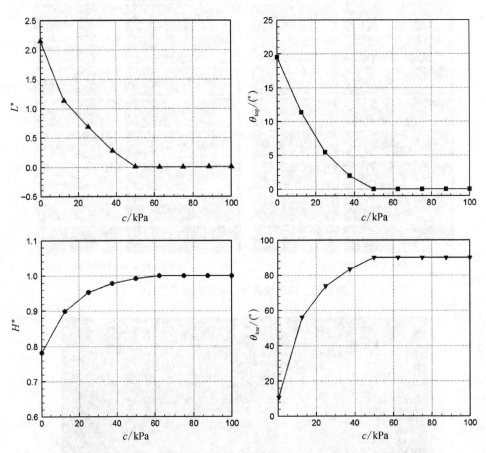

图 2.13　改变不同的内聚力系数所获得的参量 L^*、θ_{top}、H^*、θ_{toe} 的变化情况

我们通过物理机理进一步分析,干颗粒在加入少量水分之后产生了颗粒和颗粒之间的液桥力,而液桥力阻止颗粒的分离,向两个颗粒分离方向施加方向相反的拉力作用,与内聚力产生的效果相同。假设在水中加入少量的活性剂来降低液体表面张力,则颗粒介质宏观上又表现出干颗粒的性质,也就是减小了颗粒之间的内聚力。同时,湿颗粒由于是由液体的液桥力产生内聚力,因此颗粒的直径也会影响液桥力的大小,从而改变颗粒内聚力的大小,影响最终铺展的范围和形态。可以说,颗粒粒径、液体含量、液体表面张力大小都可以通过改变内聚力影响颗粒体的运动。因此,我们在一定条件下可以采用简化的单相流的方法模拟这种低饱和度下的液体-颗粒两相流问题,从而降低模拟的复杂度和计算量。

图 2.14 为内聚力为 5 kPa 铺展距离 L^* 随时间变化曲线与实验的对比图,可以看出颗粒堆前缘运动范围的时间曲线呈现一个标准的 S 形,初始为缓慢运动即运动启动阶段,随着启动的进行,呈现一个加速运动阶段,直至保持一定的恒定运动,最后在壁面摩擦等作用力的作用下,能量逐渐耗散,呈减速阶段,速度直至降低为零,而铺展距离也保持不变。数值模拟结果与实验结果吻合较好,相比于传统的方法计算也更加准确[31],进一步验证了新的理论和方法的准确性。

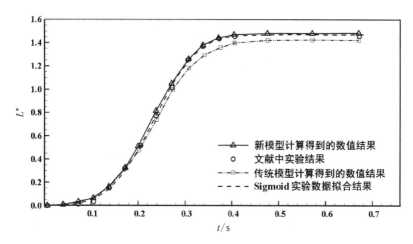

图 2.14　铺展距离 L^* 随时间变化曲线与实验的对比图

2.7　小　结

针对工业过程和自然界中浓密颗粒材料所表现出来的类固态和类液态,本章发展了一种可以同时描述这两种状态的理论模型,新模型有效结合了传统颗粒材料的弹塑性本构理论和基于流变学的黏塑性本构理论,给出了物理解释,称为浓密颗粒材料的弹-黏-塑性本构理论,可计算颗粒流从静止的类固态到屈服之后类液态的转变过程、从类液态反向转变到类固态的过程以及类固态与类液态共存等。在此基础上,提出了考虑内聚力的流变学模型,克服了传统流变学模型在描述颗粒类液态时仅能计算干性无黏颗粒的不足。

通过颗粒介质领域典型案例对模型进行了验证,不仅检验了干性无黏情况下浓密颗粒介质的本构模型计算准确与否,又检验了内聚力对浓密颗粒介质运动状态的影响;不仅对直接由颗粒间黏结力引起的内聚力问题进行了数值模拟,同时对于由颗粒间加入水分等液体产生液桥力造成的内聚力问题同样可以有效模拟,证明了采用内聚力模化的方法可以计算实验中通过加入水分的方式来产生颗粒间内聚的现象。通过将计算结果与实验结果对比,验证了模型方法的准确性。

参考文献

[1]　JOP P, FORTERRE Y, POULIQUEN O. Crucial role of sidewalls in granular surface flows: consequences for the rheology[J]. Journal of Fluid Mechanics, 2005, 541(1): 167 - 192.

[2]　SAVAGE S B, YONG R N, MCINNES D. Stress discontinuities in cohesionless particulate materials[J]. International Journal of Mechanical Sciences, 1969, 11(7): 595 - 602.

[3]　MERIC R A, TABARROK B. On the gravity flow of granular materials[J]. International Journal of Mechanical Sciences, 1982, 24(8): 469 - 478.

[4]　CHAUCHAT J, MEDALE M. A three-dimensional numerical model for dense granular flows based on the $\mu(I)$ rheology[J]. Journal of Computational Physics, 2014, 256: 696 - 712.

[5]　SALEHIZADEH A M, SHAFIEI A R. Modeling of granular column collapses with $\mu(I)$ rheology using smoothed particle hydrodynamic method[J]. Granular Matter, 2019, 21(2): 1 - 18.

[6]　XU T B, JIN Y C. Modeling free-surface flows of granular column collapses using a mesh-free method[J]. Powder Technology, 2016, 291: 20 - 34.

[7]　COULOMB C A. Sur une application des regles maximis et minimis a quelques problems de statique, relatives a l'architecture[J]. Academie Sciences Paris Memories de Mathematique and de Physiques, 1776, 7: 343 - 382.

[8]　MOHR O. Welche umstande bedingen die elastizitatsgrenze und den bruch eines materials? [J]. Zeitschrift des Vereines Deutscher Engenieure, 1900, 44: 1524 - 1530.

[9]　DRUCKER D C, PRAGER W. Soil mechanics and plastic analysis or limit design[J]. Quarterly of Applied Mathematics, 1952, 10(2): 157 - 164.

[10]　CHEN W F, MIZUNO E. Nonlinear analysis in soil mechanics: theory and implementation [M]. Amsterdam: Elsevier, 1990.

[11]　SWEGLE J W, HICKS D L, ATTAWAY S W. Smoothed particle hydrodynamics stability analysis[J]. Journal of Computational Physics, 1995, 116(1): 123 - 134.

[12]　MONAGHAN J J. SPH without a tensile instability[J]. Journal of Computational Physics, 2000, 159: 290 - 311.

[13]　GRAY J P, MONAGHAN J J, SWIFT R P. SPH elastic dynamics[J]. Computer Methods in Applied Mechanics and Engineering, 2001, 190: 6641 - 6662.

[14]　MIDI G. On dense granular flows[J]. European Physical Journal E: Soft Matter, 2004, 14: 341 - 365.

[15]　DA CRUZ F, EMAM S, PROCHNOW M, et al. Rheophysics of dense granular materials: discrete simulation of plane shear flows[J]. Physical Review E, 2005, 72(2): 021309.

[16]　POULIQUEN O, CASSAR C, JOP P, et al. Flow of dense granular material: towards simple constitutive laws[J]. Journal of Statistical Mechanics Theory & Experiment, 2006, 7: 07020.

[17]　JOP P, FORTERRE Y, POULIQUEN O. A constitutive law for dense granular flows[J]. Nature, 2006, 441(7094): 727 - 730.

[18]　IONESCU I R, MANGENEY A, BOUCHUT F, et al. Viscoplastic modeling of granular column collapse with pressure-dependent rheology [J]. Journal of Non-Newtonian Fluid Mechanics, 2015, 219: 1 - 18.

[19]　BÖRZSÖNYI T, ECKE R E, MCELWAINE J N. Patterns in flowing sand: understanding the

physics of granular flow[J]. Physical Review Letters, 2009, 103: 178302.

[20] CORTET P P, BONAMY D, DAVIAUD F, et al. Relevance of visco-plastic theory in a multidirectional inhomogeneous granular flow[J]. Europhysics Letters, 2009, 88: 14001.

[21] MCELWAINE J N, TAKAGI D, HUPPERT H E. Surface curvature of steady granular flows [J]. Granular Matter, 2012, 14: 229 − 234.

[22] JENKINS J T, RICHMAN M W. Grad's 13-moment system for a dense gas of inelastic spheres [J]. Archive for Rational Mechanics and Analysis, 1985, 87: 355 − 377.

[23] HOLYOAKE A J, MCELWAINE J N. High-speed granular chute flows[J]. Journal of Fluid Mechanics, 2012, 710: 35 − 71.

[24] BARKER T, SCHAEFFER D G, BOHORQUEZ P, et al. Well-posed and ill-posed behaviour of the $\mu(I)$-rheology for granular flow[J]. Journal of Fluid Mechanics, 2015, 779: 794 − 818.

[25] KAMRIN K. Nonlinear elasto-plastic model for dense granular flow[J]. International Journal of Plasticity, 2010, 26(2): 167 − 188.

[26] JIANG Y, LIU M. Granular elasticity without the Coulomb condition[J]. Physical Review Letters, 2003, 91(14): 144301.

[27] DUNATUNGA S, KAMRIN K. Continuum modelling and simulation of granular flows through their many phases[J]. Journal of Fluid Mechanics, 2015, 779: 483 − 513.

[28] 费明龙. 颗粒流粒径分聚的模型与模拟[D]. 北京: 清华大学, 2016.

[29] RYCROFT C H, KAMRIN K, BAZANT M Z. Assessing continuum hypotheses in simulation of granular flow[J]. Journal of the Mechanics and Physics of Solids, 2009, 57: 828 − 839.

[30] BUI H H, FUKAGAWA R, SAKO K, et al. Lagrangian meshfree particles method (SPH) for large deformation and failure flows of geomaterial using elastic-plastic soil constitutive model [J]. International Journal for Numerical and Analytical Methods in Geomechanics, 2010, 32(12): 1537 − 1570.

[31] ARTONI R, SANTOMASO A C, GABRIELI F, et al. Collapse of quasi-two-dimensional wet granular columns[J]. Physical Review E, 2013, 87(3): 032205.

第 3 章

颗粒介质的全相态理论

3.1 引 言

除了前面介绍的浓密颗粒介质之外,稀疏颗粒流在自然界和工业中存在也非常广泛,如固体火箭发动机内流场中的大量铝颗粒的流动、液体火箭发动机燃烧室中液雾的蒸发与燃烧、化工中的流化床、自然界中风沙的跃移等。颗粒流处于稀疏状态时,力链基本消失,颗粒之间以二体碰撞为主,类似于气体中分子之间的相互作用,因此该相态也称颗粒类气态,有学者也将颗粒类气态归为快速颗粒流态。自然地,借鉴分子动理学描述颗粒类气态的流动成为必然的选择,通过引入颗粒拟温度的概念来表征颗粒的速度脉动,通过引入碰撞恢复系数来表征颗粒介质宏观动能的耗散,建立了描述颗粒介质运动的稠密气体动理学理论。

但不可否认,颗粒动理学有其适用的范围,当颗粒的宏观流动特征时间尺度明显小于微观碰撞特征时间尺度时,对颗粒类气态的宏观连续描述不再成立,这时需要引入描述微观单颗粒运动和碰撞的质点动力学理论,这种状态称为超稀疏颗粒流动状态,或者称为惯性态,颗粒以惯性运动为主,颗粒间碰撞作用为辅;另一种极端情况,当维持颗粒间碰撞的能量无法满足耗散需求时,颗粒间接触时间逐渐延长,形成团簇,这使得颗粒间作用形式偏离动理学理论的基本假设,描述颗粒运动的稠密气体动理学理论失效,这时需要引入描述浓密颗粒介质类液态或类固态的弹-黏-塑性本构理论,如第 2 章所介绍的内容。实际自然界和工业中的颗粒流经常是所有状态共存,相互之间转化频繁,因此,建立一种描述颗粒介质全相态的理论对于解决工程实际问题、揭示复杂颗粒流动机理具有重要的意义。

本章首先在第 2 章论述的浓密颗粒介质的类固态和类液态理论模型的基础上,阐述稀疏颗粒流的动理学理论和超稀疏颗粒流的质点动力学理论,补充颗粒流类气态和离散惯性态理论模型;然后再将颗粒介质的四相态有效结合起来,建立颗粒介质的全相态理论;最后采用一个典型的远程滑槽颗粒流撞击平板堆积的算例进行数值验证,检验新的理论在模拟颗粒介质全相态问题上的有效性。

3.2　稀疏颗粒流的动理学理论

3.2.1　颗粒动理学理论

在颗粒动理学模型中,颗粒相的描述类比于稠密气体分子运动理论,将单颗粒的运动等价于气体分子的热运动,颗粒在自身运动的基础上同时叠加一个随机运动,这一随机运动源于颗粒间的碰撞作用,从而产生颗粒相的压力和黏度。同时,颗粒动理学理论认为,颗粒在系统中均匀分布,未形成结构,颗粒的速度分布均为各向同性,发生碰撞的两颗粒速度间无相关关系。颗粒间二体碰撞为主要碰撞模式,同其他颗粒的碰撞在其整个行程中仅占很小的部分。颗粒间碰撞为刚性光滑碰撞,且碰撞接触时间很短,忽略颗粒间摩擦作用。单颗粒速度分布采用麦克斯韦(Maxwell)速度分布函数描述,且满足 Boltzmann 积分微分方程。

1. 颗粒数目密度分布

颗粒动理学理论中,颗粒的流动行为采用速度分布函数 $f(t,\boldsymbol{r},\boldsymbol{v})\mathrm{d}\boldsymbol{r}\mathrm{d}\boldsymbol{v}$ 来描述。颗粒数目方程:

$$n = \int_v f(t,\boldsymbol{r},\boldsymbol{v})\,\mathrm{d}\boldsymbol{r}\mathrm{d}\boldsymbol{v} \tag{3.1}$$

表示在时刻 t、体积元从 $\boldsymbol{r}$ 到 $\boldsymbol{r}+\mathrm{d}\boldsymbol{r}$ 且速度从 $\boldsymbol{v}$ 到 $\boldsymbol{v}+\mathrm{d}\boldsymbol{v}$ 内的粒子总数。速度从 $\boldsymbol{v}$ 到 $\boldsymbol{v}+\mathrm{d}\boldsymbol{v}$ 内粒子分布概率为

$$\frac{1}{n}f(t,\boldsymbol{r},\boldsymbol{v})\,\mathrm{d}\boldsymbol{r}\mathrm{d}\boldsymbol{v} \tag{3.2}$$

对空间中与粒子速度有关的物理量,采用概率速度平均的方法,进行统计平均,得到:

$$\langle \psi \rangle (t,\boldsymbol{r}) = \frac{1}{n}\int_v \psi(\boldsymbol{v})f(t,\boldsymbol{r},\boldsymbol{v})\,\mathrm{d}\boldsymbol{r}\mathrm{d}\boldsymbol{v} \tag{3.3}$$

ψ 指颗粒质量、速度、动量和能量等。

2. Boltzmann 积分微分方程组和一般输运理论

通常,颗粒速度分布函数满足 Boltzmann 积分微分方程,在体积范围 $V(t)$ 和速度范围 $v(t)$ 内颗粒群数量守恒公式表示为

$$\frac{D}{Dt}\iint_{V(t)v(t)} f(t,\boldsymbol{r},\boldsymbol{v})\,\mathrm{d}\boldsymbol{r}\mathrm{d}\boldsymbol{v} = \iint_{V(t)v(t)} \left(\frac{\partial f}{\partial t}\right)_{\mathrm{coll}}\,\mathrm{d}\boldsymbol{r}\mathrm{d}\boldsymbol{v} \tag{3.4}$$

$\left(\dfrac{\partial f}{\partial t}\right)_{\mathrm{coll}} \mathrm{d}\boldsymbol{r}\mathrm{d}\boldsymbol{v}$ 表示在体积和速度空间 $(\boldsymbol{r},\boldsymbol{v})$ 内由于颗粒间的碰撞作用而引起的速度密度净变化率。应用 Reynolds 理论[1]可以得到著名的 Boltzmann 方程:

$$\frac{\partial f}{\partial t} + \boldsymbol{v} \frac{\partial f}{\partial t} + \frac{\partial}{\partial \boldsymbol{v}}(\boldsymbol{a} f) = \left(\frac{\partial f}{\partial t}\right)_{\text{coll}} \tag{3.5}$$

其中

$$\boldsymbol{a} = \frac{\mathrm{d}\boldsymbol{v}}{\mathrm{d}t} = \frac{\boldsymbol{F}}{m} \tag{3.6}$$

$\boldsymbol{a}$ 为作用于粒子单位质量的外应力,不包含碰撞应力。

著名的 Maxwell 速度分布公式可从 Boltzmann 方程在颗粒群均匀稳定的状态下求得

$$f(\boldsymbol{r}, \boldsymbol{v}) = \frac{n}{(2\pi\theta_{\text{p}})^{3/2}} \exp\left[-\frac{(\boldsymbol{v} - \bar{\boldsymbol{v}})^2}{2\theta_{\text{p}}}\right] \tag{3.7}$$

$\bar{\boldsymbol{v}}$ 为颗粒平均速度;θ_{p} 定义为颗粒拟温度,表征颗粒的速度脉动:

$$\theta_{\text{p}} = \frac{1}{3}\langle \boldsymbol{C}^2 \rangle \tag{3.8}$$

$$\boldsymbol{C} = \boldsymbol{v} - \bar{\boldsymbol{v}} \tag{3.9}$$

$\boldsymbol{C}$ 为颗粒的脉动速度。将反映颗粒特性的物理量 ψ 代入 Boltzmann 方程两边,化简得到一般输运方程:

$$\frac{\partial}{\partial t}[n(\psi)] - n\left(\frac{\partial \psi}{\partial t}\right) + \frac{\partial}{\partial \boldsymbol{r}}[n(\psi \boldsymbol{v})] - n\left(\boldsymbol{v} \cdot \frac{\partial \psi}{\partial \boldsymbol{r}}\right) = n\left(\boldsymbol{a} \cdot \frac{\partial \psi}{\partial \boldsymbol{v}}\right) f + I(\psi) \tag{3.10}$$

其中

$$I(\psi) = \int \psi \left(\frac{\partial f}{\partial t}\right)_{\text{coll}} \mathrm{d}\boldsymbol{v} \tag{3.11}$$

在考虑二体碰撞情况下,上式可表示为

$$I(\psi) = \iiint_{\boldsymbol{k}(\boldsymbol{v}_{12}\cdot \boldsymbol{k}) > 0} [\psi(\boldsymbol{r}, \boldsymbol{v}_1') - \psi(\boldsymbol{r}, \boldsymbol{v}_1)] f^{(2)}(t, \boldsymbol{r}, \boldsymbol{v}_1, \boldsymbol{r} + \sigma \boldsymbol{k}, \boldsymbol{v}_2) \sigma^2(\boldsymbol{v}_{12} \cdot \boldsymbol{k}) \mathrm{d}\boldsymbol{k} \mathrm{d}\boldsymbol{v}_1 \mathrm{d}\boldsymbol{v}_2 \tag{3.12}$$

其中

$$\boldsymbol{v}_{12} = \boldsymbol{v}_1 - \boldsymbol{v}_2 \tag{3.13}$$

$$\sigma = \frac{1}{2}(d_{\text{p}_1} + d_{\text{p}_2}) \tag{3.14}$$

式中，d_p 为颗粒直径；v_1，v_2 和 v'_1，v'_2 分别表示颗粒 1 和颗粒 2 碰撞前后的速度；k 表示颗粒 2 指向颗粒 1 的单位矢量；r 为颗粒 1 的单位矢量，$f^{(2)}(t, r_1, v_1, r_2, v_2)$ 为对偶公式。$f^{(2)}(t, r_1, v_1, r_2, v_2)\, dr_1 dr_2 dv_1 dv_2$ 是时间为 t、速度为 v_1 和 v_2、粒径为 r_1 和 r_2 的颗粒 1 和颗粒 2 的分布概率。

3. 碰撞积分简化

假定两颗粒速度的概率分布相同，即

$$f^{(2)}(t, r_1, v_1, r_2, v_2) = f^{(2)}(t, r_2, v_2, r_1, v_1) \tag{3.15}$$

根据颗粒 1 和颗粒 2 的相间交换可得

$$
\begin{aligned}
I(\psi) &= \iiint_{k(v_{12} \cdot k) > 0} [\psi' - \psi_1] f^{(2)}(t, r, v_1, r + \sigma k, v_2) \sigma^2 (v_{12} \cdot k)\, dk dv_1 dv_2 \\
&= \iiint_{k(v_{12} \cdot k) > 0} [\psi' - \psi_1] f^{(2)}(t, r - \sigma k, v_1, r, v_2) \sigma^2 (v_{12} \cdot k)\, dk dv_1 dv_2
\end{aligned}
\tag{3.16}
$$

其中

$$\psi_1 = \psi(v_1),\ \psi'_1 = \psi(v'_1),\ \psi_2 = \psi(v_2),\ \psi'_2 = \psi(v'_2) \tag{3.17}$$

进行泰勒展开：

$$
f^{(2)}(t, r, v_1, r + \sigma k, v_2) = f^{(2)}(t, r - \sigma k, v_1, r, v_2) + \sigma k \left[1 - \frac{1}{2!} \sigma k \cdot \nabla + \frac{1}{3!} (\sigma k \cdot \nabla)^2 + \cdots \right]
$$
$$
f^{(2)}(t, r, v_1, r + \sigma k, v_2)
\tag{3.18}
$$

将式(3.18)代入式(3.16)可得

$$I(\psi) = -\nabla \cdot P_v(\psi) + N_v(\psi) \tag{3.19}$$

$$
P_v(\psi) = -\frac{\sigma^3}{2} \iiint_{k(v_{12} \cdot k) > 0} [\psi'_1 - \psi_1](v_{12} \cdot k) k \left[1 - \frac{1}{2!} \sigma k \cdot \nabla + \frac{1}{3!} (\sigma k \cdot \nabla)^2 + \cdots \right]
$$
$$
f^{(2)}(t, r, v_1, r + \sigma k, v_2)\, dk dv_1 dv_2
\tag{3.20}
$$

$$
N_v(\psi) = \frac{\sigma^2}{2} \iiint_{k(v_{12} \cdot k) > 0} [\psi'_1 + \psi'_2 - \psi_1 - \psi_2] f^{(2)}(t, r - \sigma k, v_1, r, v_2)(v_{12} \cdot k)\, dk dv_1 dv_2
\tag{3.21}
$$

Gidaspow[2]给出速度分布函数：

$$f^{(2)}(t,\boldsymbol{r}_1,\boldsymbol{v}_1,\boldsymbol{r}_2,\boldsymbol{v}_2) = g_0(\boldsymbol{r}_1,\boldsymbol{r}_2)f(\boldsymbol{r}_1,\boldsymbol{v}_1)f(\boldsymbol{r}_2,\boldsymbol{v}_2) \tag{3.22}$$

代入式(3.20)和式(3.21)得

$$
\begin{aligned}
\boldsymbol{P}_v(\psi) =& -\frac{\sigma^3}{2}\iiint_{\boldsymbol{k}(\boldsymbol{v}_{12}\cdot\boldsymbol{k})>0}[\psi_1' - \psi_1]g_0 f_1 f_2(\boldsymbol{v}_{12}\cdot\boldsymbol{k})\boldsymbol{k}\mathrm{d}\boldsymbol{k}\mathrm{d}\boldsymbol{v}_1\mathrm{d}\boldsymbol{v}_2 \\
& -\frac{\sigma^4}{4}\iiint_{\boldsymbol{k}(\boldsymbol{v}_{12}\cdot\boldsymbol{k})>0}[\psi_1' - \psi_1]g_0 f_1 f_2(\boldsymbol{v}_{12}\cdot\boldsymbol{k})\boldsymbol{k}\left(\boldsymbol{k}\cdot\nabla\ln\frac{f_2}{f_1}\right)\mathrm{d}\boldsymbol{k}\mathrm{d}\boldsymbol{v}_1\mathrm{d}\boldsymbol{v}_2 \\
& + o(\sigma^5) + \cdots
\end{aligned}
$$

$$\tag{3.23}$$

$$
\begin{aligned}
N_v(\psi) =& \frac{\sigma^2}{2}\iiint_{\boldsymbol{k}(\boldsymbol{v}_{12}\cdot\boldsymbol{k})>0}[\psi_1' + \psi_2' - \psi_1 - \psi_2]g_0 f_1 f_2(\boldsymbol{v}_{12}\cdot\boldsymbol{k})\boldsymbol{k}\mathrm{d}\boldsymbol{k}\mathrm{d}\boldsymbol{v}_1\mathrm{d}\boldsymbol{v}_2 \\
& -\frac{\sigma^3}{2}\iiint_{\boldsymbol{k}(\boldsymbol{v}_{12}\cdot\boldsymbol{k})>0}[\psi_1' + \psi_2' - \psi_1 - \psi_2]g_0 f_1 f_2(\boldsymbol{v}_{12}\cdot\boldsymbol{k})\boldsymbol{k}(\boldsymbol{k}\cdot\nabla\ln f_1)\mathrm{d}\boldsymbol{k}\mathrm{d}\boldsymbol{v}_1\mathrm{d}\boldsymbol{v}_2 \\
& + o(\sigma^4) + \cdots
\end{aligned}
$$

$$\tag{3.24}$$

其中

$$g_0 = g_0(\boldsymbol{r}_1,\boldsymbol{r}_2) = g_0(\alpha_p),\ f_1 = f(t,\boldsymbol{r},\boldsymbol{v}_1),\ f_2 = f(t,\boldsymbol{r},\boldsymbol{v}_2) \tag{3.25}$$

α_p 为颗粒相体积分数;g_0 为颗粒径向分布函数。

4. 颗粒相的质量、动量和能量守恒方程

令 $\psi = m$,$nm = \alpha_p\rho_p$,不考虑质量交换和源项作用,代入式(3.10)中,可得质量守恒方程:

$$\frac{\partial}{\partial t}(\alpha_p\rho_p) + \nabla\cdot(\alpha_p\rho_p\boldsymbol{u}_p) = 0 \tag{3.26}$$

$\boldsymbol{u}_p$ 不是瞬时速度,而是平均量,即 $\boldsymbol{u}_p = \langle v_i \rangle = \dfrac{1}{n}\int v_i f\mathrm{d}\boldsymbol{v}$,$\boldsymbol{v}$ 为瞬时速度。

同理,令 $\psi = m\boldsymbol{v}$,考虑气体与颗粒之间的作用,动量守恒方程表示为

$$\frac{\partial}{\partial t}(\alpha_p\rho_p\boldsymbol{u}_p) + \nabla\cdot(\alpha_p\rho_p\boldsymbol{u}_p\boldsymbol{u}_p) = -\nabla\cdot(\sigma_k + \sigma_c) + \alpha_p\rho_p\boldsymbol{g} + \beta(\boldsymbol{u}_g - \boldsymbol{u}_p) \tag{3.27}$$

式中,β 表示气体与颗粒相间曳力系数。

颗粒相的动应力和碰撞应力如下:

$$\sigma_k = \alpha_p \rho_p (CC) \tag{3.28}$$

$$\sigma_c = P_c(\psi) = -2\alpha_p^2 \rho_p g_0 (1+e)\theta_p + \frac{4\alpha_p^2 \rho_p d_p g_0 (1+e)}{3}\sqrt{\frac{\theta_p}{\pi}}\left(\frac{6}{5}S + \nabla \cdot u_p\right) \tag{3.29}$$

S 为变形率张量:

$$S = \frac{1}{2}\nabla \cdot u_p - \frac{1}{3}\nabla u_p \cdot I \tag{3.30}$$

令 $\psi = \frac{1}{2}mC^2$, 代入式(3.10)中,得到颗粒脉动能守恒方程即拟温度守恒方程:

$$\frac{\partial}{\partial t}\left(\alpha_p \rho_p \left(\frac{3\theta_p}{2}\right)\right) + \nabla \cdot \left(\alpha_p \rho_p u_p \left(\frac{3\theta_p}{2}\right)\right) = -(\sigma_k + \sigma_c) : \nabla u_p - \nabla \cdot (q_k + q_c)$$
$$+ N_c\left(\frac{1}{2}mC^2\right) + \alpha_p \rho_p (f_{drag} \cdot C) \tag{3.31}$$

其中右边第一项表征由于颗粒相形变产生的能量,第二项表征颗粒相间能量的传递,第三项表征颗粒非弹性碰撞产生的能量耗散,最后一项为气-粒相间能量传递。q_k 表示颗粒间湍动能部分, q_c 表示碰撞部分能量:

$$q_k = \alpha_p \rho_p \left\langle C\left(\frac{C^2}{2}\right)\right\rangle \tag{3.32}$$

$$q_c = P_c\left(\frac{1}{2}mC^2\right) \tag{3.33}$$

非弹性碰撞产生的能量耗散:

$$N_c\left(\frac{1}{2}mC^2\right) = 3(1-e^2)\alpha_p^2 \rho_p g_0 \theta_p \left[\frac{4}{d_p}\sqrt{\frac{\theta_p}{\pi}} - \nabla \cdot u_p\right] \tag{3.34}$$

采用 Maxwell 分布函数计算颗粒流的耗散应力张量时,除主应力分量外的其他切应力分量均为零,然而在耗散应力起主要作用的低浓度气-粒两相流动系统中,耗散切应力不为零,此时颗粒的速度分布函数偏离 Maxwell 分布。Gidaspow 等[3]对 Maxwell 分布进行了相应修正,得到了较为准确的耗散应力和碰撞应力,可同时用于稀相和密相的描述。本书采用 Gidaspow 等[3]的颗粒分布函数,通过相同的积分计算得

$$\sigma_k = \alpha_p\rho_p(CC) = \alpha_p\rho_p\theta_p - \frac{2\mu_p^k}{g_0(1+e)}\left(1+\frac{4}{5}\alpha_pg_0(1+e)\right)S \quad (3.35)$$

$$\sigma_c = \boldsymbol{P}_c(\boldsymbol{\psi}) = -2\alpha_p^2\rho_pg_0(1+e)\theta_p + \frac{4\alpha_p^2\rho_pd_pg_0(1+e)}{3}\sqrt{\frac{\theta_p}{\pi}}\left(\frac{6}{5}S+\nabla\cdot\boldsymbol{u}_p\right)$$
$$+\frac{2\mu_p^p}{g_0(1+e)}\cdot\frac{4}{5}\alpha_pg_0(1+e)\left(1+\frac{4}{5}\alpha_pg_0(1+e)\right)S \quad (3.36)$$

$$\mu_p^p = \frac{5}{96}\rho_pd_p\sqrt{\pi\theta_p} \quad (3.37)$$

$$\boldsymbol{q}_k = \alpha_p\rho_p\left\langle C\left(\frac{C^2}{2}\right)\right\rangle = -\frac{2\alpha_pk_p^k}{g_0(1+e)}\left(1+\frac{6}{5}\alpha_pg_0(1+e)\right)\nabla\theta_p \quad (3.38)$$

$$\boldsymbol{q}_c = \boldsymbol{P}_c\left(\frac{1}{2}mC^2\right) = -k_p^c\nabla\theta_p - \frac{2\alpha_pk_p^k}{g_0(1+e)}\frac{6}{5}\alpha_pg_0(1+e)\left(1+\frac{6}{5}\alpha_pg_0(1+e)\right)\nabla\theta_p$$
$$(3.39)$$

$$k_p^k = \frac{75}{384}\rho_pd_p\sqrt{\pi\theta_p} \quad (3.40)$$

由此可得颗粒相的总应力为

$$\sigma_k + \sigma_c = (-p_p + \xi_p\nabla\cdot\boldsymbol{u}_p)\boldsymbol{I} + 2\mu_pS$$
$$= -\left(\alpha_p\rho_p\theta_p + 2\alpha_p^2\rho_pg_0(1+e)\theta_p - \frac{4\alpha_p^2\rho_pd_pg_0(1+e)}{3}\sqrt{\frac{\theta_p}{\pi}}\nabla\cdot\boldsymbol{u}_p\right)\boldsymbol{I}$$
$$+ 2\left[\frac{4\alpha_p^2\rho_pd_pg_0(1+e)}{5}\sqrt{\frac{\theta_p}{\pi}} + \frac{2\frac{5\sqrt{\pi}}{96}\rho_pd_p\sqrt{\theta_p}}{g_0(1+e)}\left(1+\frac{4}{5}\alpha_pg_0(1+e)\right)^2\right]$$
$$(3.41)$$

p_p 为颗粒相压力,包括碰撞和动能压力:

$$p_p = \alpha_p\rho_p\theta_p + 2\alpha_p\rho_p(1+e)\alpha_pg_0 \quad (3.42)$$

ξ_p 为由颗粒碰撞产生的颗粒相有效容积黏度:

$$\xi_p = \frac{4}{3}\alpha_p^2\rho_pd_pg_0(1+e)\sqrt{\frac{\theta_p}{\pi}} \quad (3.43)$$

颗粒的剪切黏度 μ_p 为

$$\mu_p = \frac{4}{5}\alpha_p^2\rho_p d_p g_0(1+e)\sqrt{\frac{\theta_p}{\pi}} + \frac{2\frac{5\sqrt{\pi}}{96}\rho_p d_p\sqrt{\theta_p}}{g_0(1+e)}\left(1+\frac{4}{5}\alpha_p g_0(1+e)\right)^2$$

$$(3.44)$$

总的能量传递量为

$$\boldsymbol{q}_k + \boldsymbol{q}_c = k_p\nabla\theta_p = -k_p^c\nabla\theta_p - \frac{2\alpha_p k_p^k}{g_0(1+e)}\frac{6}{5}\alpha_p g_0(1+e)\left(1+\frac{6}{5}\alpha_p g_0(1+e)\right)\nabla\theta_p$$

$$-\frac{2\alpha_p k_p^k}{g_0(1+e)}\left(1+\frac{6}{5}\alpha_p g_0(1+e)\right)\nabla\theta_p$$

$$(3.45)$$

能量热传导系数 k_p 为

$$k_p = 2\alpha_p^2\rho_p d_p g_0(1+e)\sqrt{\frac{\theta_p}{\pi}} + \frac{2\frac{75\sqrt{\pi}}{384}\rho_p d_p\sqrt{\theta_p}}{g_0(1+e)}\left(1+\frac{6}{5}\alpha_p g_0(1+e)\right)^2$$

$$(3.46)$$

3.2.2　考虑颗粒摩擦作用的颗粒动理学理论

颗粒动理学理论很好地描述了快速流动颗粒材料的行为,该理论中颗粒-颗粒相互作用主要由二元颗粒碰撞控制,然而在颗粒流体积分数较大的区域中,颗粒之间的作用力主要是由持久接触的摩擦而产生的,单个粒子通过持续接触多个相邻粒子产生相互作用,这时采用颗粒介质的类液态和类固态进行描述,那么类液态和类气态之间如何耦合转化呢? 因为类液态和类固态使用的是弹-黏-塑性本构模型,颗粒的正应力主要由颗粒间长时间接触碰撞的弹性作用产生,颗粒的剪应力主要由弹性剪应力和屈服后的黏塑性剪应力产生,而类气态采用颗粒动理学本构模型,颗粒间的应力主要由两两颗粒间的碰撞产生,与颗粒间长时接触的作用力完全不是同一个体系,假如分别采用各自的理论模型计算,在过渡区域应力的计算存在较大的差别,无法形成连续的过渡,容易造成计算发散;同时从物理状态分析,从颗粒间两两碰撞到完全的摩擦接触也不具有一个清晰的界面,应该有一个过渡区域,即由颗粒间的长程接触向完全二体碰撞转变的过程,既包含颗粒动力学的二体碰撞作用又包含颗粒间摩擦作用,如图3.1所示中间区域。因此,为了建立颗粒介质类液态和类气态之间的联系,我们假设存在这个区域,光滑地连接两种相态。

在该过渡区域中,同时存在颗粒间的碰撞作用和由颗粒滑动接触产生的作用,假定颗粒的碰撞作用在该区域中从零开始增加,直至进入类气态;颗粒的摩擦作用

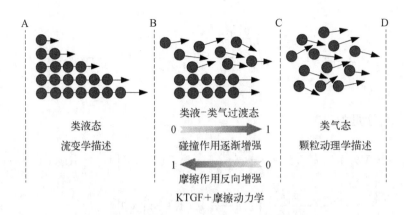

图 3.1　颗粒类液相-类气相之间的过渡态描述

则从最大值逐渐减小到零,最大值与类液态转变为过渡态的临界值相等。Srivastava 和 Sundaresan[4] 针对该区域的性质提出了颗粒动理学与摩擦动力学相耦合的策略,颗粒间不仅存在部分持久接触,同时存在两两碰撞,假定摩擦应力和动应力具有加和性质。根据 Savage[5],颗粒剪应力张量 τ_s 是动应力张量 τ_k 和摩擦应力张量 τ_f 的和,每个贡献值的计算如下:

$$\tau_s = \tau_k + \tau_f \tag{3.47}$$

基于这种简单的加和处理的颗粒动理学-摩擦动力学耦合理论已被用于研究各种各样的流动,如沿倾斜斜槽和垂直通道的流动[6-8]及鼓泡流化床、喷动流化床中的流动[9,10]。对于颗粒相的正应力和剪应力则分别可写为以下形式:

$$p_s = \begin{cases} p_{\text{KTGF}} + p_{\text{friction}} & \alpha_s > \alpha_{s,\min} \\ p_{\text{KTGF}} & \alpha_s \leq \alpha_{s,\min} \end{cases} \tag{3.48}$$

$$\mu_s = \begin{cases} \mu_{\text{KTGF}} + \mu_{\text{friction}} & \alpha_s > \alpha_{s,\min} \\ \mu_{\text{KTGF}} & \alpha_s \leq \alpha_{s,\min} \end{cases} \tag{3.49}$$

式中, p_{KTGF} 和 p_{friction} 分别是颗粒压力 p_s 中的动理学部分和摩擦部分; μ_{KTGF} 和 μ_{friction} 分别是颗粒剪切黏度 μ_s 的动理学部分和摩擦部分; $\alpha_{s,\min}$ 是摩擦应力开始逐渐增加时的颗粒体积分数,也即图 3.1 中 C 点的颗粒体积分数。小于 $\alpha_{s,\min}$ 值时,通过 Johnson 等[11]的实验未观察到颗粒间的摩擦行为,因此我们假设当均匀分布的粒子不再接触时,摩擦相互作用不再发生,主要由碰撞相互作用产生相互间的应力。对于颗粒由摩擦产生的正应力,采用 Johnson 等提出的半经验模型[11,12],

$$p_{\text{friction}} = \text{Fr} \frac{(\alpha_s - \alpha_{s,\min})^n}{(\alpha_{s,\max} - \alpha_s)^m} \tag{3.50}$$

式中，Fr、n 和 m 是材料的经验常数。对于玻璃珠，$\alpha_{s,min}$、Fr、n 和 m 的经验参数值分别取为 0.5、0.05、2.0 和 5.0[11]。注意到 Johnson 等[11]最初发展了玻璃珠在倾斜滑槽中充分发展流动的表达式。然而，从那时起，该表达式已被应用于一系列的颗粒流中，或多或少没有改变经验常数，也没有证明模型的准确性。因此，必须非常谨慎地对待模型的结果。

摩擦黏度的计算最早由 Schaeffer[13]在研究筒仓颗粒物料在重力作用下从锥形出口流动的过程中，假定服从理想刚塑性本构理论，获得了摩擦剪应力与正应力之间存在以下关系式：

$$\tau_{ij} = p\sqrt{2}\sin\phi |\dot{\gamma}|^{-1}\dot{\gamma}_{ij} \tag{3.51}$$

式中，τ_{ij} 为摩擦剪应力；p 为正应力；ϕ 为内摩擦角；$\dot{\gamma}_{ij}$ 为应变率张量，$|\dot{\gamma}|$ 为 $\dot{\gamma}_{ij}$ 的 2 范数，$|\dot{\gamma}| = (0.5\dot{\gamma}_{ij}\dot{\gamma}_{ij})^{0.5}$。Johnson 等[12]也提出了类似的摩擦剪切力和法向应力之间服从库仑关系的公式。从式(3.51)深入分析可以看出，该公式与 $\mu(I)$ 流变学剪切力计算公式具有相同的形式，差别在于剪切力系数，这里的剪切力系数为 $\sqrt{2}\sin\phi$，而流变学中的剪切力系数为 $\mu(I) = \mu_s + (\mu_2 - \mu_s)/(I_0/I + 1)$，变化范围从 μ_s 到 μ_2。而我们通过实验更惊奇地发现，在摩擦动力学中，玻璃珠的内摩擦角 ϕ 取值为 28.5，而在流变学中，玻璃珠的典型值为 $\mu_s = \tan 21°$，$\mu_2 = \tan 33°$，从而计算得到 $\sqrt{2}\sin\phi \approx \mu_2$，这也就说明了，摩擦动力学是 $\mu(I)$ 流变学在惯性数或者剪切应变率无限大时的极限情况。因此，我们计算剪应力的过程中直接采用 $\mu(I)$ 代替摩擦动力学中的 $\sqrt{2}\sin\phi$ 进行计算，更加保证计算的守恒性和合理性，当然在设定的转化体积分数下，在该条件的惯性数下，$\mu(I)$ 数值基本趋于最大值 μ_2，与摩擦动力学的 $\sqrt{2}\sin\phi$ 数值基本相同。

3.3 超稀疏颗粒流的质点动力学理论

当颗粒的宏观流动特征时间尺度明显小于微观碰撞特征时间尺度时，对颗粒类气态的宏观连续描述不再成立，换句话说就是颗粒相体积分数小于一定数值后，颗粒之间的二体碰撞假设不再满足，这时需要引入描述微观单颗粒运动和碰撞的质点动力学理论，把这种状态称为超稀疏颗粒流动状态，或者称为惯性态，即颗粒以惯性运动为主，颗粒间碰撞作用为辅。

质点动力学是指针对具有一定质量但几何尺寸大小可以忽略的物体，采用牛顿运动定律进行描述的动力学过程。质点动力学基于牛顿第二定律，建立了质点的加速度与作用力之间关系的方程式，是质点动力学的基本模型。当质点受到 n 个力 $\boldsymbol{F}_i (i = 1, 2, \cdots, n)$ 作用时，

$$ma = \sum_{i=1}^{n} F_i \tag{3.52}$$

或

$$m \frac{\mathrm{d}^2 r}{\mathrm{d}t^2} = m\ddot{r} = \sum_{i=1}^{n} F_i \tag{3.53}$$

其中,r 为质点矢径,上标"··"表示对时间的二阶导数。式(3.53)是矢量形式的微分方程,也称为质点动力学基本方程。在分析和计算实际问题时,可根据不同的坐标系将基本方程表示为相应形式的微分方程组,以便应用。

对于右端项中的 F_i 根据质点的实际受力来决定,如惯性力、重力、浮力、静电力、液桥力、颗粒间碰撞力、气体-颗粒间曳力、颗粒壁面碰撞力、分子键力、范德华力等,这里以几个经常用到的作用力为例进行说明。

颗粒运动时所受到的惯性力为

$$F_{\text{inertia}} = -\frac{1}{6}\pi d_p^2 \rho_p \frac{\mathrm{d}u_p}{\mathrm{d}t} \tag{3.54}$$

在实际的两相流动中,颗粒的阻力大小受到许多因素的影响,它不仅与颗粒的雷诺数(Re_p)有关,还和流体的湍流运动、流体的可压缩性、流体温度与颗粒温度、颗粒的形状、壁面的存在以及颗粒群的浓度等因素有关。因此,颗粒的阻力很难用统一的形式表达。为研究方便,引入阻力系数的概念,它的定义为

$$C_D = \frac{F_{\text{drag}}}{\pi r_p^2 \left[\frac{1}{2}\rho(u - u_p)^2\right]} \tag{3.55}$$

于是,颗粒的阻力可表示为

$$F_{\text{drag}} = \frac{\pi r_p^2}{2} C_D \rho \mid u - u_p \mid (u - u_p) \tag{3.56}$$

式中,r_p 为球形颗粒半径;ρ 为流体密度;u 为流体的速度。

颗粒的重力:

$$F_g = \frac{1}{6}\pi d_p^2 \rho_p g \tag{3.57}$$

外部气体施加在颗粒上的浮力:

$$F_b = \frac{1}{6}\pi d_p^2 g \tag{3.58}$$

颗粒在有压力梯度的流场中运动时,还会受到由压力梯度引起的作用力。其表达式为

$$F_{\mathrm{p}} = - V_{\mathrm{p}} \frac{\partial p}{\partial x} \tag{3.59}$$

式中,V_{p} 表示颗粒的体积;负号表示压力梯度力的方向和流场中压力梯度的方向相反。一般来说,压力梯度力同惯性力相比数量级很小,因而可以忽略不计。

当颗粒相对于流体做加速运动时,不但颗粒的速度越来越大,而且在颗粒周围流体的速度也会增大。推动颗粒运动的力不但增加颗粒本身的动能,而且也增加了流体的动能,所以这个力将大于加速颗粒本身所需的 $m_{\mathrm{p}} a_{\mathrm{p}}$,这好像是颗粒质量增加了一样,所以用来加速这部分颗粒运动,从而颗粒质量等效增加的力称为虚假质量力,或称表观质量效应。

当流体以瞬时速度 u 运动,颗粒的瞬时速度为 u_{p} 时,虚假质量力为

$$F_{vm} = \frac{1}{2} \rho V_{\mathrm{p}} \left(\frac{\mathrm{d} u}{\mathrm{d} t} - \frac{\mathrm{d} u_{\mathrm{p}}}{\mathrm{d} t} \right) \tag{3.60}$$

从上式中可见虚假质量力数值上等于与颗粒同体积的流体质量附在颗粒上做加速运动时的惯性力的一半。当 $\rho \ll \rho_{\mathrm{p}}$ 时,虚假质量力和颗粒惯性力之比是很小的,特别是当相对运动加速度不大时,虚假质量力就可不予考虑。

当颗粒在静止黏性流体中做任意速度的直线运动时,颗粒不但受黏性阻力和虚假质量力的作用,而且还受到一个瞬时流动阻力,称为巴塞特(Basset)力,这个力与流型连续不断的调整有关,取决于运动的历程。其表达式为

$$F_{\mathrm{B}} = \frac{3}{2} d_{\mathrm{p}}^{2} \sqrt{\pi \rho \mu} \int_{-\infty}^{t} \frac{\dfrac{\mathrm{d} u}{\mathrm{d} \tau} - \dfrac{\mathrm{d} u_{\mathrm{p}}}{\mathrm{d} \tau}}{\sqrt{t - \tau}} \mathrm{d} \tau \tag{3.61}$$

式中,μ 为流体的黏度。Basset 力只发生在黏性流体中,并且与流动的不稳定性有关。

根据升力定理,由于颗粒的旋转将产生升力,其表达式为 $F_{\mathrm{l}} = \rho u \Gamma$,其中 Γ 为沿颗粒表面的速度环量。若颗粒在静止的流体中旋转,则旋转升力为

$$F_{\mathrm{l}} = \frac{1}{3} \pi d_{\mathrm{p}}^{3} \rho u \omega \tag{3.62}$$

当颗粒在流体中边运动边转动,则旋转升力为

$$F_{\mathrm{l}} = \frac{1}{8} \pi d_{\mathrm{p}}^{3} \rho u \omega \times (u - u_{\mathrm{p}}) \tag{3.63}$$

式中,ω 为颗粒的旋转速度。旋转升力一般来说与重力有相同的数量级。

颗粒在有速度梯度的流场中运动,若颗粒上部的速度比下部的速度高,则上部的压力就比下部的低,此时,颗粒将受到一个升力的作用,这个力称为萨夫曼(Saffman)升力。$Re_p < 1$ 时,Saffman 升力的表达式为

$$F_l = 1.61(\mu\rho)^{1/2}d_p^2(\boldsymbol{u} - \boldsymbol{u}_p)\left|\frac{\mathrm{d}\boldsymbol{u}}{\mathrm{d}y}\right|^{1/2} \tag{3.64}$$

当雷诺数比较高时,Saffman 升力还没有相应的计算公式。从式中可见,Saffman 升力和速度梯度相关联。一般在主流区,速度梯度通常很小,此时可忽略Saffman 升力,只有在速度边界层中,Saffman 升力的作用才变得很明显。

3.4　颗粒介质全相态的弹-黏-塑-动理学-质点动力学耦合理论

在阐述完稀疏颗粒流的动理学理论和超稀疏颗粒流的质点动力学理论的基础上,结合第 2 章建立的浓密颗粒介质的弹-黏-塑性本构理论,即可建立浓密与稀疏颗粒流全相态共存的弹-黏-塑-动理学-质点动力学耦合理论,如图 3.2 所示。

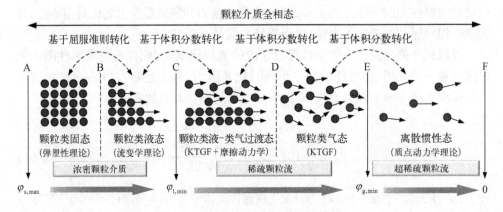

图 3.2　颗粒介质全相态理论示意图

3.4.1　颗粒类固态与颗粒类液态之间的转化

主要思路是将 $\mu(I)$ 流变学引入到弹塑性理论中,颗粒介质达到屈服流动后的剪切力按照流变学准则计算,从而有效描述颗粒介质在屈服之后的可变剪切现象,由此描述颗粒材料的剪切变稀或剪切膨胀问题。

具体实施的方法有两种。第一种方法是直接从弹塑性本构定律的计算公式入手,不显式计算塑性应变率数值,同时相比于塑性的大的应变率,在计算塑性流动规律的过程中忽略弹性应变率,同时建立弹性应变率与应力率、塑性应变率与应力

率之间的关系式,从而建立整个应力状态的应力率与应变率之间的关系式,整体求得颗粒材料的应力,但由于该计算方法容易出现超出屈服面的情况,需要引入映射退回算法,将更新后的应力退回到屈服面上,使得材料的塑性变形严格遵守屈服准则。第二种方法则是直接将应力拆分为弹性应力和塑性流动应力两个部分,显式计算塑性应变率,从而获得弹性应变率,进而获得所有应力的大小。由于弹性应力的计算与塑性应变率之间存在着影响关系,而塑性的剪应力与弹性正应力和塑性应变率之间也存在影响关系,因此可以建立关于塑性应变率的一个隐式关系式,采用迭代的方法求得塑性应变率,进而获得应力的大小。该方法直接获得塑性应变率及塑性流动剪切作用力,始终满足 $\mu(I)$ 流变学黏塑性本构关系,因此无需映射退回算法,但是需要迭代求解,计算量增加了。两种方法都可以有效处理考虑内聚力的计算,因此都是解决颗粒类固态与类液态之间耦合问题的有效方法。具体内容请查阅 2.4 节和 2.5 节。

3.4.2　颗粒类液态与颗粒类气态之间的转化

对于颗粒类液态与颗粒类气态之间的转化来说,采用增加过渡态的方法实现。过渡态采用颗粒动理学与摩擦动力学相耦合的方式。因为有学者通过研究表明摩擦动力学虽然可以用于高体积分数的模拟,但是其对于较高体积分数下的状态计算存在不确定性,而我们在建立浓密颗粒介质的弹-黏-塑性本构理论的基础上完全克服了摩擦动力学的缺陷,同时有效结合该方法唯象的优势,在无法完全阐明物理机理的基础上能够采用简单的公式有效计算出该状态下的应力。因此,在颗粒液相与过渡态转化的界面上,需要保持转化过程中作用力的守恒,一方面通过设定转化的体积分数值进行状态的转化,另一方面设定转化时,由浓密颗粒介质本构计算得到的正应力与摩擦动力学计算得到的正应力相同,由浓密颗粒介质本构计算得到的剪应力与摩擦动力学计算得到的剪应力相同。颗粒应力的计算公式如下:

$$p_{\mathrm{p}} = \begin{cases} p_{\mathrm{EVP}} & \varphi_{\mathrm{p}} > \varphi_{\mathrm{l,min}} \\ p_{\mathrm{EVP}} = p_{\mathrm{friction}} & \varphi_{\mathrm{p}} = \varphi_{\mathrm{l,min}} \\ p_{\mathrm{friction}} + p_{\mathrm{KTGF}} & \varphi_{\mathrm{g,max}} < \varphi_{\mathrm{p}} < \varphi_{\mathrm{l,min}} \\ p_{\mathrm{KTGF}} & \varphi_{\mathrm{p}} \leqslant \varphi_{\mathrm{g,max}} \end{cases}, \quad \mu_{\mathrm{p}} = \begin{cases} \mu_{\mathrm{EVP}} & \varphi_{\mathrm{p}} > \varphi_{\mathrm{l,min}} \\ \mu_{\mathrm{EVP}} = \mu_{\mathrm{friction}} & \varphi_{\mathrm{p}} = \varphi_{\mathrm{l,min}} \\ \mu_{\mathrm{friction}} + \mu_{\mathrm{KTGF}} & \varphi_{\mathrm{g,max}} < \varphi_{\mathrm{p}} < \varphi_{\mathrm{l,min}} \\ \mu_{\mathrm{KTGF}} & \varphi_{\mathrm{p}} \leqslant \varphi_{\mathrm{g,max}} \end{cases}$$

$$(3.65)$$

式中, p_{EVP} 为采用弹-黏-塑性本构计算获得的正应力; μ_{EVP} 为采用弹-黏-塑性本构计算获得的剪应力; p_{KTGF} 为颗粒应力 p_{p} 的动理学计算部分, p_{friction} 为摩擦动力学计算部分;同样地, μ_{KTGF} 表示剪切黏度 μ_{p} 的动理学计算部分, μ_{friction} 为摩擦动力学计算部分; $\varphi_{\mathrm{g,max}}$ 为颗粒类气态的最大体积分数,同时也表征了摩擦力开始增加时的最小体积分数值。

颗粒类液态和类气态之间的转化关系如图 3.3 所示。从颗粒类液态到颗粒类气态的过渡态开始,颗粒动理学理论开始发挥作用,颗粒拟温度从零开始升高,表明颗粒之间的碰撞逐渐增强。从过渡态到类气态,颗粒之间的摩擦完全消失,并转变为碰撞作用。从上述计算可以看出,用这种方法建立的过渡态可以有效地连接颗粒类液态和类气态,实现平稳过渡,符合物理定律。

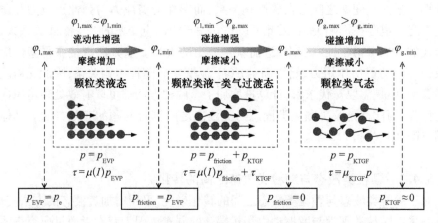

图 3.3　颗粒类液态和类气态之间的转化关系

3.4.3　颗粒类气态与颗粒离散惯性态之间的转化

颗粒体积分数小到一定数值后 $(\varphi_p < \varphi_{g,min})$,颗粒的宏观流动特征时间尺度明显小于微观碰撞特征时间尺度,对颗粒气相的宏观连续描述不再成立,这时转化为颗粒质点进行追踪。由于在颗粒类气态计算的过程中,进行了宏观拟流体假设,一个单元表征了在空间该位置处颗粒的统计平均信息,如颗粒的有效密度、颗粒的均值粒径、颗粒的均值速度等,这时在转化的过程中需要保证转化的质量、动量和能量的守恒。后面的章节中会介绍对于稀疏颗粒流采用拉格朗日粒子方法进行离散求解的过程,而超稀疏颗粒流的质点动力学也是采用粒子法进行模拟,因此转化的过程较为自然,可以保证物理量的守恒,同时为了更加贴近实际,还可以结合粒子分裂算法,使两者在空间位置上也对应起来。

3.5　干颗粒物料沿壁面快速流动冲击 壁面堆积过程数值验证

在实际自然界和工业生产中,快速颗粒相态问题存在较为普遍,如高位远程滑坡问题、管道内颗粒的输送问题、风沙的迁移问题等,同时,大部分的颗粒流又同时存在类固态、类液态、类气态以及超稀疏颗粒流的惯性态四种状态,为了能够同时模拟这四种状态,本章建立了颗粒介质全相态理论,为了检验该理论在同时模拟此类问题时的有效性和准确性,选择一个恰当的案例进行计算非常重要。而干颗粒物料沿斜向滑槽快速流动冲击刚性壁面进而堆积的问题[14]就属于此类算例,因为颗粒物从顶端释放形成快速颗粒流再到撞击壁面堆积的过程经历了类固态→类液态→类气态→惯性态→类气态→类液态→类固态的全部相态转变过程,是检验新理论和新方法非常有效的一个算例。同时,该问题也是揭示山体滑坡动力学过程机理的基础案例,对于理论研究也非常有意义。

现有的数值模拟多采用深度积分动力学模型,虽然该模型对于崩塌快速流动区域的相态可以进行合理的近似,但是对于最终的堆积区和挡板区无法采用该方法,因为该区域的颗粒流动不仅属于重力流问题,还属于扩散流问题,无法采用降低维数的方式获得更好的实际模拟效果。本书采用全三维的颗粒流本构模型以及基于粒子的三维数值模拟方法(方法见第5章至第8章)对倾斜壁面颗粒的快速流动以及冲击壁面堆积问题进行数值模拟,研究颗粒从静态到快速流动状态再重新回到静态的转变行为以及不同状态的混合行为。通过本书方法可以清晰地观测到干燥无黏性的颗粒在遇到障碍物之后相态的过渡、冲击的形成以及最终堆积的动力学细节。研究结果可以为小尺度的工业过程研究及大尺度的高位远程滑坡崩塌流动与堆积机理的揭示和理论模型的研究提供支撑。

图 3.4 展示了较小规模颗粒堆积体由静态形成快速流动状态,然后在墙体附近又逐渐堆积回到静态的形态演变过程,颗粒在堆积初期与墙体碰撞之后具有一

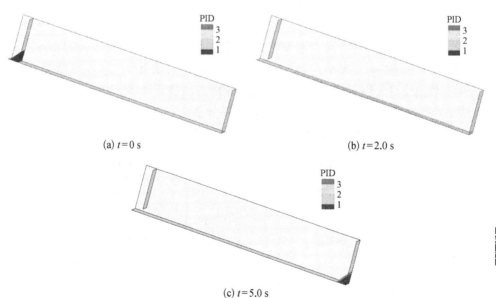

(a) $t=0\,\text{s}$ (b) $t=2.0\,\text{s}$

(c) $t=5.0\,\text{s}$

图 3.4　少量颗粒堆坍塌流动堆积过程

定的反弹速度,由于重力的作用以及后面流动的物质的作用重新回到壁面,同时颗粒产生了沿墙体的速度,导致颗粒产生较大的堆积深度,该颗粒流动的现象与不可压缩的水动力学过程非常相似,在流动的下方和上方均存在阻碍的情况下朝向无约束的自由空间运动,使得流动在沿墙体方向上存在较大的尺寸。由于在颗粒数量较少的情况下,来自快速颗粒流的冲击容易产生一定大幅度的颗粒涡流去耗散冲击动能,最终达到稳定状态,随着堆积量的增加,这种现象不再发生。在后面时间内,可以看到快速流动的颗粒逐渐沿堆积的表面向上爬升,颗粒速度方向由快速流动区域运动到堆积区时发生较大的变化,从平行于基底的运动转向垂直于底部平面的运动,同时很快耗散掉了自身能量而堆积在冲击区域,可以看到较大的速度值仅位于堆的表面,类似于流体中的层流运动。另外,数值模拟较好地捕捉到了堆积体内部的速度,虽然值很小,且无太多规则,但是这与实际发生的粒子内部结构重排相吻合,揭示产生颗粒重排的原因。

为清晰地与实验数据对比验证理论的有效性,选择 Pudasaini 等[14]所做的滑槽实验为验证案例。倾斜滑槽结构示意图及所建模型粒子分布图如图 3.5 所示。滑槽宽为 0.01 m,长为 2 m,倾斜角度为 50°,在滑槽顶端垂直于滑槽有一个挡板,与滑槽斜面构成一个倒三角状的区域,该区域内填充有颗粒状的材料。在初始时刻,挡板沿着垂直于倾斜壁面的方向向上提起 0.01 m 的高度,释放挡板上方的颗粒材料,开始沿着斜槽向下运动,很快加速到较大的速度值,形成一层薄的快速移动的物质。在斜槽的最底端,垂直于斜槽竖立一堵刚性墙,沿滑槽斜面运动的颗粒撞击到刚性墙上,经反弹、减速以及与迎面而来的颗粒撞击等过程,最终堆积形成一定形态的颗粒堆积体。颗粒材料为分布均匀的石英砂,平均直径为 4 mm,粒径为 0.7 mm,为标准的球形颗粒。初始颗粒堆积时处于松散状态,体积密度为 1 630 kg/m³(即有效密度),孔隙率为 39%。弹性模量为 50 GPa,泊松比为 0.3,内摩擦角为30.98°,粒径设置为恒定值 0.7 mm,采用 SDPH 方法进行离散,SDPH 粒子的密度为颗粒的有效密度(1 630 kg/m³),初始体积分数为 0.61,SDPH 粒子的直径为5 mm,粒子总数量为 40×70×80 = 224 000,光滑长度为 6.5 mm。前、后、底部、上部

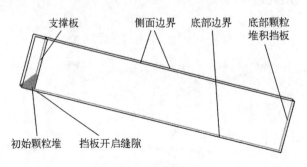

图 3.5　模型结构示意图

和下部挡板等均采用阈函数方法施加法向边界力,底部施加切向摩擦力,前、后、上部和下部挡板均不施加切向摩擦力。

　　图 3.6 为计算获得的颗粒沿挡板开口释放到滑槽中,沿滑槽快速下滑流动过程。图 3.6(a)和(b)分别展示了颗粒的相态分布及速度矢量分布。可以看到在 0.5 s 时刻,上部挡板释放后,处于规则的堆积状态的颗粒介质不再保持稳定,颗粒受到重力作用而发生挤压、变形、屈服到流动,由下方挡板开口处沿壁面向下流动,颗粒介质由类固态转变为类液态,受到的剪应力变大;随着颗粒向下游流动,速度进一步增加,颗粒变得更加分散,体积分数快速减小,达到类液态到类气态之间的过渡态,直至全部转变为稳定的类气态,在底部摩擦力和周围颗粒的相互作用力下速度保持恒定,直至与最下方墙体相互碰撞接触,速度才发生改变。由于处于颗粒流周围的无规律运动的粒子受到系统内约束较少,向四周运动更加剧烈,达到超稀疏颗粒流动状态,采用 PID=3 表示,如图 3.6(a)中的红色颗粒。新的理论和方法较好地捕捉到了颗粒流的全部状态。

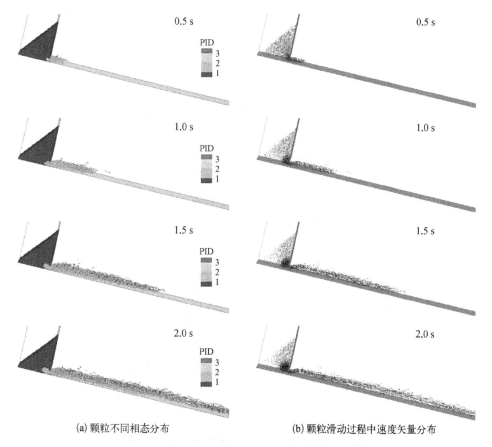

(a) 颗粒不同相态分布　　　　　　　(b) 颗粒滑动过程中速度矢量分布

图 3.6　颗粒沿滑槽运动过程

　　图 3.7 为颗粒在底部刚性墙附近的堆积过程。在颗粒撞击墙体之后,会产生明显的反弹效应,随着堆体的形成,剧烈的反弹效应变得更小。从最终形成的堆积形态很明显看出,堆积的高度不是恒定的,在墙体附近堆积高度最大,随着向冲击前沿移动而逐渐减小,与实验观测到的现象一致。由较薄厚度的快速颗粒流到具有一定堆积厚度的静态流之间是缓慢过渡的,颗粒在快速流动阶段速度方向贴于壁面,而在堆积时,颗粒的运动与堆积的外表面几乎处于平行状态,越接近壁面,速度值越小,颗粒的流动接近于层流流动,在该流动的影响下形成一个 S 形表面。最终测得颗粒堆的休止角为 32.5°,与初始颗粒的内摩擦角相差 5°,与实验吻合得很好。

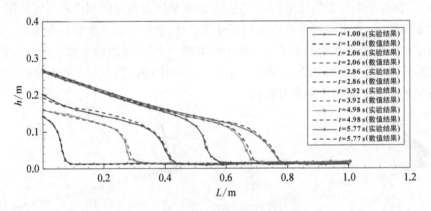

图 3.7　颗粒在底部刚性墙附近的堆积过程

　　图 3.8 为计算获得的冲击前缘快速颗粒流中颗粒的最大速度随颗粒堆积长度而变化的曲线,可以看到该计算结果与实验通过粒子图像测速法(particle image

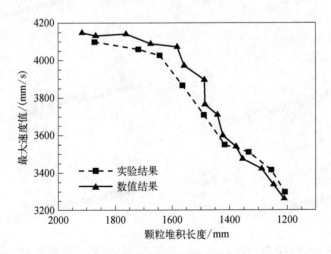

**图 3.8　冲击前缘快速颗粒流中颗粒的最大速度
随颗粒堆积长度变化曲线**

velocimetry, PIV) 获得的结果[14]趋势相同,数据吻合较好。随着堆积长度的增加,快速颗粒流在滑槽内运动的距离减少,速度值相应减小,同时也与颗粒在上部容器内通过有限的挡板出口释放时存在的不均匀性相关,因此存在一定的速度波动,该现象也通过实验观测得到了印证。

3.6　小　结

针对颗粒介质在实际工业过程和自然界中表现出的不同状态特征,本章首次定义了"颗粒介质全相态"的概念,包括类固态、类液态、类气态和惯性态四种基本状态以及基本状态之间的过渡态和基本状态进一步的细化态等,覆盖了颗粒介质从浓密到稀疏、从连续到离散、体积分数从 1 至 0 的全部相态,实现对颗粒介质行为的有效描述。通过分别构建描述浓密颗粒介质运动状态的弹-黏-塑性理论($\varphi_{\mathrm{l,min}} \leqslant \varphi_{\mathrm{p}} \leqslant \varphi_{\mathrm{s,max}}$)、描述稀疏颗粒流区域状态的颗粒动理学理论和摩擦动力学理论($\varphi_{\mathrm{g,min}} \leqslant \varphi_{\mathrm{p}} < \varphi_{\mathrm{l,min}}$)、描述超稀疏颗粒流区域状态的离散颗粒动力学理论($\varphi_{\mathrm{p}} < \varphi_{\mathrm{g,min}}$)以及确立浓密颗粒介质与稀疏颗粒流两个状态之间的转变原则、稀疏颗粒流与超稀疏颗粒流两个状态之间的转变原则,建立了描述颗粒介质经历全部相态的本构理论,新的理论中不同相态之间不仅可以共存,还可以自然地正向和反向转化,转化的过程中保证质量和动量守恒。对颗粒沿滑槽快速流动并冲击刚性壁面的过程进行了数值模拟,对颗粒物从顶端释放形成快速颗粒流再到撞击壁面堆积过程所经历的类固态→类液态→类气态→惯性态→类气态→类液态→类固态的全部相态转变现象进行了捕捉。

参考文献

[1]　LUN C K K, SAVAGE S B, JEFFREY D J, et al. Kinetic theories for granular flow: inelastic particles in Couette flow and slightly inelastic particles in a general flowfield[J]. Journal of Fluid Mechanics, 1984, 140: 223－256.

[2]　GIDASPOW D. Hydrodynamics of fluidization and heat transfer: supercomputer modeling[J]. Applied Mechanics Reviews, 1986, 39(1): 1－23.

[3]　GIDASPOW D, BEZBURUAH R, DING J. Hydrodynamics of circulating fluidized beds: Kinetic theory approach[C]. 7th international conference on fluidization, Gold Coast, 1992.

[4]　SRIVASTAVA A, SUNDARESAN S. Analysis of a frictional-kinetic model for gas-particle flow [J]. Powder Technology, 2003, 129(1－3): 72－85.

[5]　SAVAGE S B. Analyses of slow high-concentration flows of granular materials[J]. Journal of Fluid Mechanics, 1998, 377: 1－26.

[6]　MOHAN L S, NOTT P R, RAO K K. Fully developed flow of coarse granular materials through a vertical channel[J]. Chemical Engineering Science, 1997, 52(6): 913－933.

[7]　GERA D, SYAMLAL M, O'BRIEN T J. Hydrodynamics of particle segregation in fluidized

beds[J]. International Journal of Multiphase Flow, 2004, 30: 419 - 428.

[8] MAKKAWI Y T, WRIGHT P C, OCONE R. The effect of friction and inter-particle cohesive forces on the hydrodynamics of gas-solid flow: a comparative analysis of theoretical predictions and experiments[J]. Powder Technology, 2006, 163: 69 - 79.

[9] PATIL D J, VAN SINT ANNALAND M, KUIPERS J A M. Critical comparison of hydrodynamic models for gas-solid fluidized beds—Part I: bubbling gas-solid fluidized beds operated with a jet[J]. Chemical Engineering Science, 2005, 60(1): 57 - 72.

[10] LINDBORG H, LYSBERG M, JAKOBSEN H A. Practical validation of the two-fluid model applied to dense gas-solid flows in fluidized beds[J]. Chemical Engineering Science, 2007, 62(21): 5854 - 5869.

[11] JOHNSON P C, NOTT P, JACKSON R. Frictional-collisional equations of motion for participate flows and their application to chutes[J]. Journal of Fluid Mechanics, 1990, 210: 501 - 535.

[12] JOHNSON P C, JACKSON R. Frictional-collisional constitutive relations for granular materials, with application to plane shearing[J]. Journal of Fluid Mechanics, 1987, 176: 67 - 93.

[13] SCHAEFFER D G. Instability in the evolution equations describing incompressible granular flow[J]. Journal of Differential Equations, 1987, 66(1): 19 - 50.

[14] PUDASAINI S P, HUTTER K, HSIAU S S, et al. Rapid flow of dry granular materials down inclined chutes impinging on rigid walls[J]. Physics of Fluids, 2007, 19: 053302.

第4章
液体中悬浮颗粒介质理论

4.1 引　　言

第2章和第3章主要论述了考虑颗粒介质单一物质情况下的多相态理论,当颗粒介质处于气体环境中,同时气体速度较低时,由于气相与颗粒介质的密度相差三个数量级,在多数情况下外部气体对颗粒介质施加的曳力作用可以忽略。然而,当外部流场环境改变为液体时,液体密度与颗粒密度值相差较小,液体相对颗粒施加的曳力作用在很多情况下不再可以忽略,这时必须考虑液体相的运动及相间相互作用。

由悬浮在液体中的颗粒与液体混合形成的物质通常称为悬浮液。悬浮液在自然界和工业过程中随处可见,例如,从含有高能粉体的液体推进剂、掺杂有杂质的液压油、纸浆、食品、化妆品以及滑坡、泥石流、河流和海洋中的沉积物输送、海底塌方等均可以观察到颗粒和液体混合流动的现象。然而,一个多世纪以来,这些表面上简单的材料或现象引起了许多研究人员的兴趣,但这些悬浮液的行为仍然无法获得基本的理解,并存在许多未解决的问题[1],例如存在于颗粒之间的液相压力或润滑力在稀释状态下非常重要,但当颗粒浓度增加时,它们的重要性逐渐降低了,并且在高浓度悬浮液的流变响应中,颗粒间的接触作用占主导地位,特别是那些接近最大体积分数的悬浮液滞止运动。因此,建立流体中悬浮颗粒介质的运动学理论,采用数值模拟的方式再现悬浮液不同浓度下的流动特性,对于解决这些问题具有重要的意义。

对于低浓度的稀疏悬浮液来说,国内外研究较多,采用传统的两相流理论,如双流体模型(TFM)、混合(mixture)模型、颗粒轨道模型(DPM)等便可以有效描述,但对于高浓度的悬浮液(也称密实悬浮液)来说,颗粒之间的复杂接触作用对传统的两相流模型构成了严峻的挑战,相关理论也在不断发展和完善中。因此,本章节重点针对密实悬浮液的理论模型进行阐述,尝试在第2章所建立的浓密颗粒介质理论的基础上进行拓展和突破,为深入认识和掌握密实悬浮液特征提供一些新的思路。

本章首先对现有的密实悬浮液的单相流理论进行阐述,将悬浮液看成是一种混合均匀体,所有的参量两相共用,重点对悬浮液黏度、悬浮液正应力的计算公式进行了论述,同时描述了悬浮液的其他非牛顿现象;然后,将颗粒与液体看成是两个不同的相,从两相流的角度,对液体-颗粒两相流理论模型进行阐述,包括计算颗粒相之间复杂应力的颗粒相模型、计算液体流动的液相模型以及相间作用模型等;在此基础上,从浓密颗粒介质多相态的角度建立了新的液体-颗粒两相流理论,并采用一个液体中颗粒堆坍塌的案例进行了数值验证。需要说明的是,本章中描述的悬浮液单相流理论模型中,不考虑颗粒的热运动,仅研究非布朗悬浮液的流变特性。

4.2　密实悬浮液的体积分数主导流变学理论

体积分数主导流变学理论是指由颗粒体积分数来控制悬浮液的流变学参数,如悬浮液黏度、法向应力差和颗粒相应力的流变规律仅表示为体积分数 φ 的函数,这是传统的较为经典的研究悬浮液流变学的思路。

4.2.1　密实悬浮液单相流理论模型

首先对悬浮液处理较为简单的方式就是将其看成是一种混合均匀的流体物质,由于颗粒介质的浓度不同而表现出不同的运动特征,采用流变学观点进行描述。假定颗粒为刚性、球形、单分散性、非胶体同时颗粒在液体中具有中等浮力,颗粒与颗粒之间的相互作用主要体现在微观层次,流体与颗粒组成的悬浮液的尺寸要远远大于微观粒子尺寸,从而使得整个悬浮液宏观系统中包含足够多的颗粒。在这样的假设情况下,才能更好地定义悬浮液的宏观属性,包括悬浮液的黏度、正应力以及其他一些流动特性。

1. 悬浮液黏度

当向悬浮液中添加颗粒时,由于颗粒体积分数的变化,悬浮液的有效黏度不断增加,因此,最早从爱因斯坦[2,3]开始,就对刚性球体颗粒稀疏悬浮液的黏度进行了研究,提出了有效黏度公式:

$$\eta_s = \eta_f(1 + 5\varphi/2) \tag{4.1}$$

η_f 为悬浮液中溶剂的黏度,φ 为球形颗粒的体积分数。同时,爱因斯坦还从单颗粒角度,通过分析颗粒周围的液体流动现象,解释了悬浮液黏度增加的物理原因。将颗粒在具有剪切作用的液体中的受力分解为颗粒在旋转液体中的受力和颗粒在液体应变中的受力。球形颗粒在旋转液体中自由旋转,这个自由旋转的颗粒在旋转液体中不会产生扰动。然而,刚性球体抵抗剪切流的应变分量将产生扰动流,导致黏性耗散率增加。简单地说,由于非变形颗粒对剪切流应变分量的阻力,悬浮液有效黏度增加。当处于中性浮力状态的硬球颗粒悬浮在稳定的剪切流中时,遵循斯托克斯(Stokes)线性方程,也就是剪切力 τ 与剪切速率 $\dot{\gamma}$ 呈线性关系,$\tau = \eta_s \eta_f \dot{\gamma}$,其中 η_s 称为悬浮液的相对黏度。通过量纲分析可以得知,对于这种 Stokes 形式的非胶状悬浮液,只剩下一个独立变量,即颗粒的体积分数 φ。因此,相对黏度 η_s 仅是 φ 的函数,即 $\eta_s = \eta_s(\varphi)$。同时,该相对黏度与剪切速率也无关,在每种浓度下都具有一个唯一的数值。因此,可以将悬浮液视为牛顿流体,其黏度随体积分数增加而增加。同时,需要注意的是悬浮液的黏度不会一直增加,而是在其达到最大值 φ_c 时,由于拥塞造成黏度数值的发散,此时悬浮液处于静止状态。φ_c 的精确值取决于颗粒的粒径分布以及颗粒间的相互作用——更精确地说是它们的摩擦相互作用。图 4.1 展示了悬浮液相对黏度 η_s 与体积分数比值 φ/φ_c 之间的关系,这些数据来自使用单分散硬球颗粒和牛顿流体的不同组合测量得到的宏观和局部数据[4]。

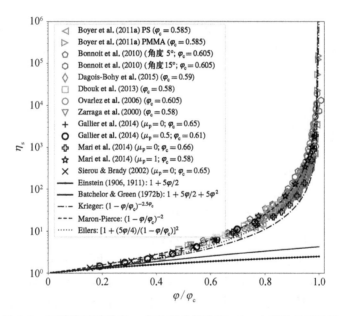

图 4.1　悬浮液相对黏度 η_s 与体积分数比值 φ/φ_c 之间的关系数据

从图中可以看出,爱因斯坦相对黏度公式给出的 φ 线性依赖关系仅再现了非常稀疏情况下的黏度曲线,即体积分数最高约 0.05。对于较大的 φ 值,粒子间的相互作用不可忽略。例如,在 $\varphi \approx 0.1$ 处,直径为 d 的粒子之间的平均距离为 $d/2\varphi^{1/3} \approx d$。因此,相邻粒子受各自扰流的影响。这一对相互作用效应预计将产生 $O(\varphi^2)$ 的黏度贡献。对于一种纯应变流动来说:

$$\eta_s = 1 + 5\varphi/2 + 6.95\varphi^2 \qquad (4.2)$$

对于较大 φ 的黏度来说,计算非常困难,因为由颗粒组成的多体动力学必须与特殊微观结构的形成一起计算。另一个复杂性是,球形颗粒不仅可以通过液体的流体动力学相互作用,而且可以通过直接的机械接触相互作用。精确的解析计算并不存在,为了解决这一集中区域的各种近似和复杂程度的模拟问题,从现有的经典 Stokes 动力学开始,通过计算阻力和输运方程,利用 Stokes 方程的性质,采用基于格子 Boltzmann 方法或虚拟域方法的直接数值模拟进行计算得到。获得的结论是摩擦会显著增加 η_s 值,这与实验数据更加吻合。

最后,为了更全面地研究悬浮液的黏度,有必要提及文献中大量与悬浮液黏度和体积分数相关的唯象方程。其中一些表达式源于平均场方法,它们通常在低浓度下恢复到爱因斯坦黏度的极限值,目的是解释在 φ_c 时黏度的发散。其中,应用较多的是 Krieger 黏度:

$$\eta_s = (1 - \varphi/\varphi_c)^{\alpha} \tag{4.3}$$

用指数 $\alpha = -2.5\varphi_c$ 恢复爱因斯坦黏度,但它不能正确拟合较高体积分数的数据,而指数 $\alpha = -2\varphi_c$ 产生更好的结果(后一个表达式也称为 Maron-Pierce 相关性),如图 4.1 所示。另一个较为相关的公式是 Eilers 的黏度公式:

$$\eta_s = [1 + (5\varphi/4)/(1 - \varphi/\varphi_c)]^2 \tag{4.4}$$

该公式恰好符合高浓度和低浓度极限值要求,并且在整个体积分数范围内与实验观察结果相当一致。

2. 悬浮液各向异性正应力差

由于密实颗粒悬浮液具有明显的流变性,在外部剪切力的作用下,不再各向同性,将不可避免地产生正应力差值,分别为第一和第二正应力差,定义为 $N_1 = \Sigma^{22} - \Sigma^{11}$ 和 $N_2 = \Sigma^{22} - \Sigma^{33}$,1、2、3 为笛卡儿坐标系三个方向。由于正应力不依赖于剪切速率,正应力差与剪切力 τ 成正比,可写成 $N_1 = \alpha_1|\tau|$ 和 $N_2 = \alpha_2|\tau|$。正应力差与剪应力之比 α_1 和 α_2 称为法向应力差系数,它们只是体积分数的函数。

观察简单剪切作用下两个球体之间的相互作用,可以对这些法向应力差的发展提供一些基本的物理解释。两个完全光滑的球体的轨迹是可逆和对称的,因为这种运动反映了由于 Stokes 流的可逆性,单个球体周围流线的前后对称性。尽管这对运动产生了额外的剪切力,如前一节所示,但它不会导致法向应力差,因为压缩和大量流动部分的影响被抵消。然而,这些可逆轨迹对接触扰动非常敏感。如果球体呈现出一定的表面粗糙度,轨迹将变得不可逆和不对称,从而产生非各向同性法向应力。当颗粒之间最小接近距离小于粗糙度时,球体会在压缩区发生碰撞。碰撞后,球体并没有回到最初的流线,而是分开移动,导致拉伸区域的粒子耗尽。这个粗略的草图表明,法向应力来自两个球体在剪切过程中彼此接近时的斥力。

由于大多数碰撞发生在剪切平面上,人们认为 N_2 是负的。正如我们将在下面看到的,N_1 的符号更不确定,但这个简单的描述表明,碰撞后部(即伸展区域)的流体间相互作用的缺陷导致负 N_1。

N_2 值较大且为负值,因为大多数球体之间的排斥碰撞发生在剪切平面上,而 N_1 较小,因为碰撞在流动方向和流动梯度方向上发生得相当均匀。然而,摩擦球的流动诱导微观结构可以解释 N_1 的迹象。在悬浮体中,拉伸区区流体动力相互作用的缺陷导致 N_1 符号为负,而在壁面附近,颗粒分层导致接触应力降低(摩擦增强),从而促进 N_1 符号为正(至少对于 φ)。

3. 其他非牛顿现象

对于非胶态硬球颗粒悬浮液来说,可以用一个单一的黏度来描述,这个黏度仅仅是体积分数的函数。但是由于它们产生了各向异性的法向应力,因此也具有一些非牛顿特性。因为除了流体动力之外,没有其他作用力的尺度,人们期望速率无关的特性。尽管如此,在 $\varphi \approx 0.45 \sim 0.5$ 的集中状态下,已经报道了一些剪切减薄行为[5]。这一点还没有得到很好的理解,并清楚地表明会产生一些附加力。这也可以解释在大 φ 的实验工作中 $\eta_s(\varphi)$ 和 $\alpha_1(\varphi)$ 或 $\alpha_2(\varphi)$ 曲线的差异。

发散的另一个原因可能是由于样品间摩擦颗粒接触的差异,导致 η_s 的大小以及系数 α_1 和 α_2 的差异,特别是在大 φ 下。颗粒之间的这种摩擦接触也会影响前面讨论过的 φ_c 值。除了粒子之间的接触,甚至是紧密接触,可能还需要考虑一些与流体-粒子表面化学有关的其他效应。这些微妙的影响很难破译,需要进一步研究。

4.2.2　密实悬浮液液体-颗粒两相流理论模型

在 4.2 节中,密实悬浮液看成是一种混合均匀流体,属性参数均为两相共用,其流变特性仅取决于颗粒的浓度。当颗粒和液体以相同的速度运动时,这种情况适用。然而在实际很多情况下,液体和颗粒之间具有相对运动,两相之间具有明显的滑移速度。为了有效处理这种情况,有必要将液相和颗粒相分开单独处理。采用的方法就是,分开建立两相的质量守恒和动量守恒方程,同时考虑两相之间的相互作用。

1. 颗粒相应力计算

整个悬浮液是不可压缩的,但对于颗粒相来说却不同,如第 2 章和第 3 章所描述的,颗粒根据其所处的体积分数不同存在不同的相态。通过考虑悬浮液以剪切速率 $\dot{\gamma}$ 在两个平板之间均匀剪切的简单情况,可以推断出对该颗粒应力的物理理解。由于悬浮混合物的不可压缩性,施加在顶板上的整个压力是恒定的,与简单流体的 $\dot{\gamma}$ 无关。假设我们忽略了流体的贡献,只考虑了粒子与顶板的相互作用。在稠密悬浮区,剪切流引起颗粒之间以及颗粒与壁之间的碰撞。这些碰撞会产生一个力作用在壁面上,从而产生"颗粒压力"。由于总压力必须是一个常数(即参考压力),这个颗粒压力由液体中的负压来补偿。换言之,在剪切悬浮液中,颗粒推动壁面,而壁面反过来又拉动流体。沿垂直于剪切流动方向的颗粒法向应力可以写成:

$$- \sigma_{\mathrm{p}}^{22} = \eta_{\mathrm{n},2} \eta_{\mathrm{f}} \mid \dot{\gamma} \mid \tag{4.5}$$

引入的法向黏度 $\eta_{\mathrm{n},2}$ 是体积分数 φ 的函数。当其接近临界体积分数 φ_{c} 时, $\eta_{\mathrm{n},2}$ 和 η_{s} 均会发散。颗粒法向应力采用张量形式可写为

$$p = - \eta_{\mathrm{f}} \mid \dot{\gamma} \mid \begin{pmatrix} \eta_{\mathrm{n},1}(\varphi) & 0 & 0 \\ 0 & \eta_{\mathrm{n},2}(\varphi) & 0 \\ 0 & 0 & \eta_{\mathrm{n},3}(\varphi) \end{pmatrix} \tag{4.6}$$

式中,每个方向的法向黏度 $\eta_{\mathrm{n},i}(\varphi)$ ($i = 1, 2, 3$)在达到稀释极限时趋于零,并且在接近 φ_{c} 时以与 $\eta_{\mathrm{s}}(\varphi)$ 相似的方式发散。同时,对于高浓度和低浓度极限值,颗粒法向应力的不同分量可能与 φ 的变化方式不完全相同[6]。然而,还没有足够的观察结果对它们各自的行为得出确切的结论。在文献中,通常使用这种颗粒法向应力张量的简化形式,假设在所有方向上具有类似的 φ 依赖性[7]。颗粒法向应力张量(4.6)采用更简单的形式:

$$p = - \eta_{\mathrm{n}}(\varphi) \eta_{\mathrm{f}} \mid \dot{\gamma} \mid \begin{pmatrix} 1 & 0 & 0 \\ 0 & \lambda_2 & 0 \\ 0 & 0 & \lambda_3 \end{pmatrix} \tag{4.7}$$

$$\eta_{\mathrm{n}}(\varphi) = K_{\mathrm{n}} \frac{\varphi^2}{(\varphi_{\mathrm{c}} - \varphi)^2} \tag{4.8}$$

该公式在 φ 值较小时具有 $O(\varphi^2)$ 阶依赖性,与 η_{s} 相类似,在接近 φ_{c} 时,受限于 $(\varphi_{\mathrm{c}} - \varphi)^{-2}$ 而发散。这是一个具有实用性的简化,因为颗粒法向应力张量仅由单个标量函数 $\eta_{\mathrm{n}}(\varphi)$ 及两个恒定各向异性系数 λ_2 和 λ_3 确定,因此易于计算。

2. 两相控制方程

理论上,固体颗粒在牛顿流体中运动的完整过程可以通过求解每个颗粒的平动和转动的牛顿运动方程及牛顿流体的 Navier-Stokes 方程(或在没有惯性的情况下的 Stokes 方程)获得。另一种方法则是使用基于连续介质的两相流模型,假设间隙流体和颗粒是两个相互渗透的连续相,并推导出每一相在平均意义上描述系统的控制方程。此方法具有重要的实际意义,因为它提供了平均意义上的变量信息,如流体速度、颗粒速度和流体压力在系统每个点周围的某个小区域内的平均值,这是大多数流动情况下可能需要的全部内容。可以采用两种不同的平均方法:① 在

小于宏观长度尺度但大于颗粒尺寸的区域上进行局部空间平均;② 在"宏观等效"系统上的每个空间点上进行系综平均。每种类型的平均值都是一个纯粹的公式化过程,如果处理得当,应该得到基本一致的方程。由于平均之后带来的平均参量比现有的方程数目多,因此存在闭合问题,即需要引入一些本构关系,这是一项核心问题。

我们遵循 Jackson[8] 的方法,使用更接近实验测量值的局部空间平均值。该方法的基本思想是用局部平均变量代替点变量,在一个包含足够多粒子但仍小于宏观空间梯度长度尺度的代表区域上对点变量进行平均。公式化平均过程是使用具有精确代表区域大小的半径的加权函数来执行,以便获得的属性的体积平均值仅在给定位置 x 附近反映其数值。考虑到密度为 ρ_p 的非胶态刚性球体颗粒悬浮在密度为 ρ_f 和黏度为 η_f 的牛顿流体中,我们可以在每个点 x,分别定义固体颗粒相和液体相的体积分数 φ 和 $1 - \varphi$,以及局部平均颗粒和液体速度 v_p 和 v_f。我们还可以导出各相的应力和相间作用力。在任何连续介质处理中,力可以划分为体力和面力,这需要建立在颗粒分散于液相之中这一事实基础上。

首先考虑相间作用力,得到分散的颗粒与液体之间作用力的方法是:对作用在颗粒边界上的流体应力进行积分,得到液体对颗粒施加的作用力 f_h(即液体对颗粒中心的牵引力的零阶力矩),然后对处于相同代表性单元体积中存在的所有颗粒进行平均,以获得作用于该颗粒群质量中心的净流体作用力 $n\langle f_h \rangle_p$,其中,n 是粒子数密度(单位体积的粒子数)。因此,颗粒相上的流体作用力是一种粒子平均力,这对于分散的颗粒悬浮液来说是直观合理的。颗粒相的有效应力 σ_{pp} 仅是指来自非流体动力学的颗粒间的(接触)相互作用力项,而液体相的有效应力包含平均流体应力张量 $(1 - \varphi)\langle \sigma \rangle_f$,但也被液体-颗粒间相互作用 σ_{fp} 所增强。进一步的推导细节可以在 Jackson[8] 及 Nott 等[9] 中找到。下面给出所得到的控制平均方程。

液体和颗粒的连续性方程分别为

$$\frac{\partial(1 - \varphi)}{\partial t} + \nabla \cdot \left[(1 - \varphi)v_f \right] = 0 \tag{4.9}$$

$$\frac{\partial \varphi}{\partial t} + \nabla \cdot (\varphi v_p) = 0 \tag{4.10}$$

通过式(4.9)和式(4.10)可以看出悬浮液,即液体和颗粒的混合物,如前所述是不可压缩的,

$$\nabla \cdot U = 0 \tag{4.11}$$

$U = \varphi v_p + (1 - \varphi)v_f$ 为平均速度。在没有惯性作用下,液体和颗粒相的动量方程分别为

$$\nabla \cdot \left[(1 - \varphi) \langle \boldsymbol{\sigma} \rangle_f + \boldsymbol{\sigma}_{fp} \right] - n \langle \boldsymbol{f}_h \rangle_p + \rho_f (1 - \varphi) \boldsymbol{g} = 0 \qquad (4.12)$$

$$\nabla \cdot \boldsymbol{\sigma}_{pp} + n \langle \boldsymbol{f}_h \rangle_p + \rho_p \varphi \boldsymbol{g} = 0 \qquad (4.13)$$

其中，$\boldsymbol{g}$ 为比重矢量。对比式（4.12）和式（4.13），可以看到相间作用力以相同的形式出现，但符号相反。如果流体为牛顿流体，则平均流体应力张量可写为 $(1 - \varphi) \langle \boldsymbol{\sigma} \rangle_f = -(1 - \varphi) p_f \boldsymbol{I} + 2 \eta_f \boldsymbol{E}$，其中 p_f 为平均流体压力，$\boldsymbol{E}$ 为整个悬浮液的平均应变率，$\boldsymbol{I}$ 为单位张量。对于悬浮液来说，式（4.12）和式（4.13）相加得到悬浮液作为一个整体的平均动量方程，

$$\nabla \cdot \left[-(1 - \varphi) p_f \boldsymbol{I} + 2 \eta_f \boldsymbol{E} + \boldsymbol{\sigma}_{fp} + \boldsymbol{\sigma}_{pp} \right] + \left[\rho_f (1 - \varphi) + \rho_p \varphi \right] \boldsymbol{g} = 0 \quad (4.14)$$

该公式为重力和整个悬浮液的应力张量散度之间的平衡关系式。总应力张量可以写成：

$$\boldsymbol{\Sigma} = -(1 - \varphi) p_f \boldsymbol{I} + 2 \eta_f \boldsymbol{E} + \boldsymbol{\Sigma}_{(p)} \qquad (4.15)$$

其中第一项是纯各向同性作用，第二项是在没有颗粒的情况下出现的偏应力，第三项对应于颗粒对整个悬浮应力的贡献，$\boldsymbol{\Sigma}_{(p)} = \boldsymbol{\sigma}_{fp} + \boldsymbol{\sigma}_{pp}$，这是由整个牵引力（流体作用力和颗粒间接触作用力）的力矩产生的。后一种贡献对应于 Batchelor[10] 定义的悬浮液体积应力的"颗粒应力"。注意，Batchelor[10] 中的粒子贡献仅包含称为"应力集"的第一个时刻，而在目前的方法中，$\boldsymbol{\Sigma}_{(p)}$ 包含解释非均匀悬浮状态的高阶项。然而，如前所述，"颗粒相应力"仅包含颗粒间（接触）部分 $\boldsymbol{\sigma}_{pp}$，而"液相应力"包含流体动力部分 $\boldsymbol{\sigma}_{fp}$。

　　在这一阶段，平均动量平衡是形式方程，并不与连续性方程一起构成一个封闭的方程组。解决闭合问题，需要本构关系给出相间作用力的表达式，以及体积悬浮和颗粒相应力的局部平均变量及其导数的表达式。

　　相间流体动力不仅包含浮力和相间阻力，还包含非阻力部分[9,11]，因此

$$n \langle \boldsymbol{f}_h \rangle_p = -\rho_f \varphi \boldsymbol{g} + n \langle \boldsymbol{f}_h \rangle_{p,\text{drag}} + n \langle \boldsymbol{f}_h \rangle_{p,\text{non-drag}} \qquad (4.16)$$

　　相间阻力通常可以采用相与相之间的相对速度成比例的阻力来近似，对于直径为 d 的球形颗粒，可以将其写为

$$n \langle \boldsymbol{f}_h \rangle_{p,\text{drag}} = -\frac{18 \eta_f}{d^2} \frac{\varphi}{f(\varphi)} (\boldsymbol{u}_p - \boldsymbol{U}) \qquad (4.17)$$

　　在这里我们可以使用经验性的阻止沉降函数：

$$f(\varphi) = (1 - \varphi)^{n_v} \qquad (4.18)$$

根据式（4.16）将式（4.13）改写为

$$\nabla \cdot \boldsymbol{\sigma}_{\mathrm{p}} + n\langle \boldsymbol{f}_{\mathrm{h}} \rangle_{\mathrm{p,drag}} + (\rho_{\mathrm{p}} - \rho_{\mathrm{f}})\varphi \boldsymbol{g} = 0 \qquad (4.19)$$

其中,颗粒相应力, $\boldsymbol{\sigma}_{\mathrm{p}} = \boldsymbol{\sigma}_{\mathrm{pp}} + \boldsymbol{\sigma}_{\mathrm{hp}}$,由颗粒间接触应力 $\boldsymbol{\sigma}_{\mathrm{pp}}$ 和来自相间作用力非阻力部分的流体动应力 $\boldsymbol{\sigma}_{\mathrm{hp}}$ 组成。$\nabla \cdot \boldsymbol{\sigma}_{\mathrm{p}} = n\langle \boldsymbol{f}_{\mathrm{h}} \rangle_{\mathrm{p,non\text{-}drag}}$ 表示非阻力部分。

4.3　密实悬浮液的应力主导流变学理论

体积分数主导流变学理论在悬浮液研究初期起到了至关重要的作用,但在实际的某些流动结构下,体积分数并不受控制,是一个自由可调的参数。这种情况尤其发生在重力驱动流动的情况下。例如,在浸没在水中的较重的颗粒沿斜面流动的情况下以及在旋转滚筒内颗粒的运动的情况下,驱动力都是重力,它控制着颗粒相所经历的应力水平,而体积分数可以根据流动条件自由调整。这意味着对本构关系的描述中,控制参数是施加在颗粒相上的应力,而不再是体积分数。与经典的"体积分数主导流变学"相比,这种替代性描述被称为"应力主导流变学",其来源于描述干颗粒流的流变学方法,并取决于该问题中的颗粒间摩擦力观点[12]。采用的方法是通过引入量纲参数替代传统标度定律,然后与干颗粒材料的标度定律进行比较。应力施加和体积施加这两种方法被证明是悬浮液本构关系的等价表示。

体积分数主导下测量悬浮液流变状态和应力主导下测量悬浮液流变状态的结构示意图如图 4.2 所示。在图 4.2(a)中,中性浮力粒子的悬浮液被限制在两块粗糙的平板之间,悬浮液以恒定的剪切速率剪切,两块板之间的间隙保持恒定,因此悬浮液在给定的剪切速率和恒定的体积分数下被剪切。在图 4.2(b)中,悬浮在黏度为 η_{f} 的流体中的平均直径为 d 的中性浮力颗粒在两块粗糙平板之间受到约束作用和剪切作用。剪切装置的顶板是一个开有缝隙的网格,它能使流体流过,但不能使颗粒通过,因为网格的开口小于颗粒尺寸。该装置也作为测量悬浮液中颗粒应力的一种方法。水平移动网格以施加剪切速率 $\dot{\gamma}$,需要注意的是,其垂直位置不是

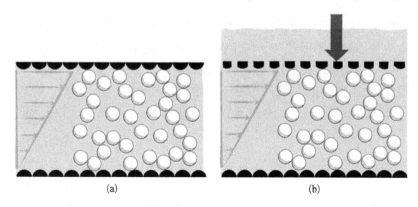

(a)　　　　　　　　　　　(b)

图 4.2　体积分数主导流变学测量方法(a)和应力主导流变学测量方法(b)

固定的,与图4.2(a)中描述的体积施加情况相反。将恒力作用于网格上,其垂直位置根据流动条件进行调整。控制参数不再是体积分数 φ,而是顶板对颗粒施加的法向应力。在这种结构中,增加剪切速率会导致颗粒间更多的碰撞。另外,更高的颗粒间应力使顶板受到更大的推力。因此,流体可以流过设备内的网格,导致悬浮液膨胀,即体积分数降低。在稳定状态下,施加在网格上的法向应力由剪切引起的颗粒应力 $-\sigma_p^{22}$ 来平衡。为了简单起见,我们表示为 $p_p = -\sigma_p^{22}$,施加在网格上的颗粒应力计算方法如下所示。

在这种结构中,外界施加控制的参量为剪切速率 $\dot{\gamma}$ 和颗粒应力 p_p,未知量为顶板上的剪切力 τ 和颗粒体积分数 φ。然后需要两个本构关系来表示 τ 和 φ 作为 p_p 和 $\dot{\gamma}$ 的函数。同样需要假设:① 颗粒是刚性的,即不考虑与颗粒变形相关的弹性应力指标;② 此处考虑的状态是黏性的(无惯性),即问题不涉及颗粒的密度;③ 颗粒仅通过流体作用力或摩擦接触相互作用,不会引入除施加应力 p_p 以外的其他任何应力指标;④ 系统尺寸足够大,两块板之间的距离 h 远大于粒径 d。在这些假设下,量纲分析决定了系统由一个称为黏性数的无量纲数控制,

$$J = \frac{\eta_f \dot{\gamma}}{p_p} \qquad (4.20)$$

该无量纲剪切速率 J 也可解释为典型黏性应力 $\eta_f \dot{\gamma}$ 与施加压力 p_p 的比值,或变形时间尺度 $1/\dot{\gamma}$ 与黏性时间尺度 η_f/p_p 的比值。考虑到 J 是唯一的无量纲数,p_p 是系统中唯一的应力标度,本构方程可以写成:

$$\tau = \mu(J) p_p, \ \varphi = \varphi(J) \qquad (4.21)$$

其中,剪切力 τ 与施加的应力 p_p 成正比,比例系数为 $\mu(J)$ 也称为宏观摩擦系数,该系数仅为 J 的函数。体积分数 φ 也仅为 J 的函数。通过分析可以看出,应力施加的流变学与4.2节的体积施加的流变学有相似之处,本质上这两种方法完全是可以调和的,如下所述。

在将黏性悬浮液流变学的这两种观点联系起来之前,有必要将黏性浸没颗粒介质的本构关系的预测形式与干燥情况下的本构关系进行比较。在后一种情况下,间隙流体的影响可以忽略不计,因此与流体黏度 η_f 无关。相反,由于颗粒运动受惯性控制,颗粒密度 ρ_p 与该问题有关。量纲分析也足以推断本构关系的形式,并且可以从施加的参数 p_p 和 $\dot{\gamma}$,以及颗粒特性 d 和 ρ_p 中构造一个唯一的无量纲数。这个数称为惯性数:

$$I = \frac{\dot{\gamma} d}{\sqrt{p_p/\rho_p}} \qquad (4.22)$$

本构关系采用与式(4.20)相同的表达式,用惯性数 I 代替黏性数 J。注意,在

黏性悬浮液情况下,本构关系不涉及粒径 d,这意味着,在相同剪切速率和相同围压下,τ 和 p_p 与粒径无关,然而,在干燥的情况下,惯性数 I 明确地依赖于 d,这意味着粒径在干颗粒介质中起着至关重要的作用。

通过研究发现,只要用式(4.20)定义的黏性数 J 代替式(4.22)给出的惯性数 I,就可以用本构关系式(4.21)很好地描述密实颗粒悬浮液在加压流动条件下的流变特性,并与干颗粒流变学具有相似的特征。另外,在施加颗粒体积分数的悬浮液流变学经典描述中(4.2.1 节),剪切力和颗粒应力是剪切速率的线性函数,

$$\tau = \eta_s(\varphi)\eta_f\dot{\gamma}, \quad p_p = \eta_{n,2}(\varphi)\eta_f\dot{\gamma} \tag{4.23}$$

式中,$\eta_s(\varphi)$ 和 $\eta_{n,2}(\varphi)$ 分别表示剪切黏度和法向黏度的流变学函数。这两种描述与式(4.20)和式(4.22)是等价的,是书写相同流变规律的两种不同方式。对于稳定的简单剪切,很容易证明 $\eta_s(\varphi)$ 和 $\eta_{n,2}(\varphi)$ 通过以下两个关系式与两个函数 $J(\varphi)$ 和 $\mu(\varphi)$ 相关:

$$\eta_{n,2}(\varphi) = \frac{1}{J(\varphi)}, \quad \eta_s(\varphi) = \frac{\mu(\varphi)}{J(\varphi)} \tag{4.24}$$

式中,$J(\varphi)$ 是 $\varphi(J)$ 的反函数,由于 φ 是 J 的单调函数,因此定义明确。

利用 $J(\varphi)$ 和 $\mu(\varphi)$ 数据的这些关系式(4.24),可以推断出黏度定律 $\eta_s(\varphi)$ 和 $\eta_{n,2}(\varphi)$。两种黏度都随着 φ 的增加而增加,并在 φ_c 时发生偏离,如前面 4.2.1 节所述。需要再次强调的是,剪切黏度和法向黏度呈现相同的发散趋势 $(\varphi_c - \varphi)^{-2}$。体积施加方法中 φ_c 处的黏度发散对应于施加压力时消失 J 处的准静态极限。后者的研究特别适合于摩擦发散的研究。在保持围压不变的情况下,减小剪切速率确实比增加固定体积构型中的体积分数更容易接近堵塞。

最后一点是,虽然在考虑变量的平均值时,这两种求解策略是等价的,但它们对于涨落并不完全等效。在加压构型中,体积分数可以自由调整,这意味着在恒定颗粒压力下,其在剪切过程中可能会波动;而在体积施加方法中,体积分数严格恒定,压力发生波动。这些差异可能会影响小系统中的有限尺寸效应等行为,并解释了为什么在压力作用流变仪中进行接近卡阻过渡的研究比在传统流变仪中更容易进行,因为给了系统一些自由度,可以使系统瞬时膨胀并避免瞬态干扰。最大体积分数附近的涨落及其作用的问题仍然是一个重要和开放的问题。

4.4　考虑颗粒介质全相态的液体-颗粒两相流理论

4.2 节和 4.3 节主要对现有的密实悬浮液流变学理论进行了介绍,虽然不论是体积分数主导的密实悬浮液流变学理论还是应力主导的流变学理论均可以从整体

上获知悬浮液的黏度系数变化规律,为研究悬浮液的流变学定律提供理论支撑,但是该方法对于两相间速度差较大、颗粒体积分数变化明显的悬浮液来说较难描述,同时,也无法动态获得两相分别运动的状况。虽然 4.2.2 节描述了密实悬浮液液体-颗粒两相流理论模型,但是该模型一方面属于低维度模型,另一方面对于颗粒介质的多相态描述不够清晰,计算描述还属于初步阶段。因此,本节在第 2 章和第 3 章所建立的颗粒介质全相态的基础上引入外部流体相的作用,建立颗粒介质全相态下的液体-颗粒两相流理论模型,全三维描述两相的混合和流动,不仅适合处理混合均匀的悬浮液,同时对于颗粒相体积分数变化较大、颗粒流体间滑移速度较大的情况也可以很好地处理。

4.4.1 液体相守恒方程

液体相 f 的连续性方程、动量方程及能量方程分别为

$$\frac{\partial}{\partial t}(\varphi_f \rho_f) + \nabla \cdot (\varphi_f \rho_f v_f) = 0 \tag{4.25}$$

$$\frac{\partial}{\partial t}(\varphi_f \rho_f v_f) + \nabla \cdot (\varphi_f \rho_f v_f v_f) = -\varphi_f \nabla p_f + \nabla \cdot \boldsymbol{\tau}_f + \boldsymbol{R}_{fp} + \varphi_f \rho_f \boldsymbol{g} \tag{4.26}$$

$$\frac{\partial}{\partial t}(\varphi_f \rho_f h_f) + \nabla \cdot (\varphi_f \rho_f h_f v_f) = -\nabla \cdot \varphi_f \cdot \boldsymbol{q}_f + \varepsilon(T_p - T_f) + \tau_f \cdot \nabla \cdot v_f$$
$$+ \varphi_f \left[\frac{\partial}{\partial t} p_f + v_f \nabla p_f\right]$$
$$\tag{4.27}$$

其中,φ_f、ρ_f 和 v_f 分别为液体体积分数、密度和速度;$\boldsymbol{R}_{fp}$ 为相间相互作用力。能量焓值 h 及热传导量 $\boldsymbol{q}$ 为

$$h_i = \int_{T_{ref}}^{T} c_{p,i} \mathrm{d} T_i, \quad \boldsymbol{q} = -k_i \nabla T_i \tag{4.28}$$

液体的黏性作用对于颗粒的作用不可以忽略,τ 为剪切力张量:

$$\boldsymbol{\tau} = \eta_f \boldsymbol{\gamma}_s \tag{4.29}$$

式中,$\boldsymbol{\gamma}_s = \nabla v_s + (\nabla v_s)^T$ 为整个悬浮液的剪切速率张量,v_s 为整个悬浮液的平均速度,$v_s = \varphi_p v_p + (1 - \varphi_p) v_f$。将式(4.29)及剪切速率表达式 $\boldsymbol{\gamma}_s = \nabla v_s + (\nabla v_s)^T$ 代入公式 $\boldsymbol{F}^{(v)} = \nabla \cdot \boldsymbol{\tau}/\rho$ 中可得

$$\boldsymbol{F}^{(v)} = \frac{1}{\rho} \nabla \cdot \{\eta_f [\nabla v_s + (\nabla v_s)^T]\} \tag{4.30}$$

4.4.2　颗粒相守恒方程

对于颗粒相来说,主要涉及四相态:浓密颗粒介质的类固态和类液态、稀疏颗粒流的类气态、超稀疏颗粒流的离散惯性态,颗粒类固态和类液态采用理想弹-黏-塑性本构理论求解,颗粒类气态采用颗粒动理学理论求解,离散惯性态采用质点动力学理论求解。

对于颗粒类固态、类液态和类气态来说,所采用的质量守恒方程、动量守恒方程和能量守恒方程(假如需要计算传热)具有相同的形式,如下:

$$\frac{\partial}{\partial t}(\varphi_p \rho_p) + \nabla \cdot (\varphi_p \rho_p \boldsymbol{v}_p) = 0 \tag{4.31}$$

$$\frac{\partial}{\partial t}(\varphi_p \rho_p \boldsymbol{v}_p) + \nabla \cdot (\varphi_p \rho_p \boldsymbol{v}_p \boldsymbol{v}_p) = -\varphi_p \nabla p_f - \nabla p_p + \nabla \cdot \boldsymbol{\tau}_p + \varphi_p \rho_p \boldsymbol{g} + \boldsymbol{R}_{pf} + \boldsymbol{F}_{liq,p} + \boldsymbol{F}_{vm,p} \tag{4.32}$$

$$\frac{\partial}{\partial t}(\varphi_p \rho_p h_p) + \nabla \cdot (\varphi_p \rho_p h_p \boldsymbol{v}_p) = -\nabla \cdot \varphi_p \cdot \boldsymbol{q}_p + \varepsilon(T_g - T_p) \\ + \boldsymbol{\tau}_p \cdot \nabla \cdot \boldsymbol{v}_p + \varphi_p \left[\frac{\partial}{\partial t} p_p + \boldsymbol{v}_p \nabla p_p \right] \tag{4.33}$$

其中,φ_p、ρ_p 和 $\boldsymbol{v}_p$ 分别为颗粒相体积分数、密度和速度;∇p_f 为液体相压力梯度;∇p_p 为颗粒相压力梯度;$\varphi_p \rho_p \boldsymbol{g}$ 为外部体积力;$\boldsymbol{R}_{pf}$ 为相间相互作用力;$\boldsymbol{F}_{liq,p}$ 为升力;$\boldsymbol{F}_{vm,p}$ 为虚假质量力。在本书数值模拟中,忽略升力和虚假质量力的影响,重点考虑曳力及重力的作用。$\boldsymbol{\tau}_p$ 为颗粒相黏性应力张量:

$$\boldsymbol{\tau}_p = \varphi_p \mu_p (\nabla \boldsymbol{v}_p + \nabla \boldsymbol{v}_p^T) + \varphi_p \left(\lambda_p - \frac{2}{3}\mu_p \right) \nabla \cdot \boldsymbol{v}_p \boldsymbol{I} \tag{4.34}$$

其中,μ_p 和 λ_p 分别为颗粒相的剪切黏度和体黏度;$\boldsymbol{I}$ 为单位张量。

对颗粒相控制方程(4.31)、方程(4.32)和方程(4.33)进行封闭需要引入对颗粒相压力 p_p 和黏性应力 $\boldsymbol{\tau}_p$ 的描述。对于颗粒类固态和颗粒类液态来说,应力的计算采用 2.4 节和 2.5 节阐述的浓密颗粒介质弹-黏-塑性本构模型计算,对于颗粒类气态来说,则采用 3.2 节阐述的颗粒动理学理论模型计算。与颗粒类固态和类液态不同的是,颗粒类气态应力与颗粒速度脉动的最大值相关,而颗粒的速度脉动由颗粒拟温度描述,颗粒拟温度守恒方程写为如下通式:

$$\frac{3}{2}\left[\frac{\partial}{\partial t}(\rho_p \varphi_p \theta_p) + \nabla \cdot (\rho_p \varphi_p \boldsymbol{v}_p \theta_p) \right] = (-p_p \boldsymbol{I} + \boldsymbol{\tau}_p) : \nabla \boldsymbol{v}_p + \nabla \cdot (k_p \nabla \theta_p) - N_c \theta_p + \varphi_{fp} \tag{4.35}$$

其中,$(-p_p \boldsymbol{I} + \boldsymbol{\tau}_p) : \nabla \boldsymbol{v}_p$ 为由颗粒气相应力产生的能量;$k_p \nabla \theta_p$ 为能量耗散项,k_p

为能量耗散系数；$N_c\theta_p$ 为颗粒间碰撞产生的能量耗散项，具体公式均在 3.2 节中列出。φ_{fp} 为液体相与颗粒相之间的能量交换，一般取

$$\varphi_{fp} = -3\beta_{fp}\theta_p \tag{4.36}$$

其中，β_{fp} 为液体相与颗粒相之间的曳力系数，在 4.4.4 节中介绍。

颗粒气相压力如式(3.42)，其中，e 为颗粒间碰撞归还系数，g_0 为径向分布函数，通常取

$$g_0 = \left[1 - \left(\frac{\varphi_p}{\varphi_{p,max}}\right)^{\frac{1}{3}}\right]^{-1} \tag{4.37}$$

$\varphi_{p,max}$ 为可压缩条件下，颗粒相可达到的最大体积分数值。由于本书中液体相与颗粒相的体积分数值均由 SDPH 计算得到，而 SDPH 作为拉格朗日粒子方法，其运动中易发生结团聚集现象，这时某些区域内颗粒相的体积分数会超出最大装载的体积分数值，上述公式易失效。因此，采用另一径向分布函数表示：

$$g_0 = \frac{s + d_p}{s} \tag{4.38}$$

其中，s 为颗粒间距。从式(3.42)可以看出，当颗粒相的体积分数较小时，第二项相比于第一项可忽略，剩下的第一项即为理想气体状态方程，表明颗粒动力学在颗粒体积分数较小的情况下与气体动力学相同。颗粒相有效容积黏度和剪切黏度如式(3.43)、式(3.44)所示。

颗粒质点动力学方程为

$$m\frac{\mathrm{d}\boldsymbol{v}}{\mathrm{d}t} = \sum_{i=1}^{n} \boldsymbol{F}_i \tag{4.39}$$

$\boldsymbol{F}$ 包括阻力、重力、升力、Staff 力以及颗粒之间的相互碰撞和相互摩擦作用力。

4.4.3　体积分数及物质属性确定方法

对于液体-颗粒组成的悬浮液来说，体积分数是决定悬浮液流变学特征的最重要的参量，通过 4.4.1 节和 4.4.2 节的两相运动守恒方程也可以明显看出，每一单相的体积分数是决定物质运动速度、密度、温度最核心的参数，同时通过颗粒介质全相态的理论也可以看出，体积分数也是决定颗粒介质属于哪一种相态最关键的参数，因此，从两相流理论的角度对悬浮液进行描述，每一单相的体积分数是两相之间耦合的关键因素之一，其次是两相之间的直接接触作用，即曳力大小，在 4.4.4 节具体介绍。

由于这里主要考虑的是由液体和颗粒组成的两相，所以计算获得某一相的体

积分数之后,按照加和为 1 的原则,即可求出另一相的体积分数。同时,需要明确的两点:第一,这里的两相认为是相互贯穿、相互渗透的物质,而不是具有清晰界面的两相;第二,这里的体积分数指的是在宏观某一个尺度的空间体积内各物质所占据的体积与总体积之比,是一个局部空间的平均值。

对于颗粒相,其体积分数为

$$\varphi_p = \frac{\rho_p}{\rho_s} \tag{4.40}$$

颗粒相的密度 ρ_p 采用连续介质力学定律中的质量守恒方程计算获得;ρ_s 为颗粒的实际密度。液体相的黏度通过本身黏度系数与整个悬浮液的应变率张量相乘的方式获得。

4.4.4　相间曳力模型

作用于单颗粒上的曳力(也可称为阻力)可由动量交换系数 β 和两相间滑移速度 $v_f - v_p$ 表示:

$$\boldsymbol{R}_{fp} = \beta_{fp}(\boldsymbol{v}_f - \boldsymbol{v}_p) \tag{4.41}$$

大量研究表明,颗粒相的体积分数对于决定颗粒群运动的曳力来说具有重要的影响。采用 Gidaspow[13] 提出的公式,即对于浓密相的计算采用欧根(Ergun)方程,对于稀疏相的计算采用 Wen-Yu 方程:

$$\beta = \begin{cases} \beta_{\text{Ergun}} = 150\dfrac{\varphi_p^2\mu_f}{\varphi_f d_p^2} + 1.75\dfrac{\varphi_p\rho_f}{d_p}\mid \boldsymbol{v}_f - \boldsymbol{v}_p\mid & \alpha_f < 0.8 \\[3mm] \beta_{\text{Wen-Yu}} = \dfrac{3}{4}C_D\dfrac{\varphi_p\varphi_f\rho_f}{d_p}\mid \boldsymbol{v}_f - \boldsymbol{v}_p\mid \alpha_f^{-2.65} & \alpha_f \geqslant 0.8 \end{cases} \tag{4.42}$$

曳力系数 C_D 为

$$C_D = \begin{cases} \dfrac{24}{\varphi_f Re_p}\left[1 + 0.15(\varphi_f Re_p)^{0.687}\right] & Re_p < 1\,000 \\[3mm] 0.44 & Re_p \geqslant 1\,000 \end{cases} \tag{4.43}$$

相对雷诺数 Re_p 定义为

$$Re_p = \frac{\rho_f d_p\mid \boldsymbol{v}_f - \boldsymbol{v}_p\mid}{\mu_f} \tag{4.44}$$

为消除两个方程间的不连续性,引入松弛因子对过渡区域中的动量交换系数进行光滑处理:

$$\varphi_{\mathrm{fp}} = \frac{\arctan\left[\,150 \times 1.75(0.2 - \varphi_{\mathrm{p}})\,\right]}{\pi} + 0.5 \tag{4.45}$$

因此,动量交换系数 β 可以表示为

$$\beta = (1 - \varphi_{\mathrm{fp}})\beta_{\mathrm{Ergun}} + \varphi_{\mathrm{fp}}\beta_{\mathrm{Wen\text{-}Yu}} \tag{4.46}$$

由此可得作用于单位质量颗粒上的曳力:

$$\boldsymbol{R}'_{\mathrm{fp}} = \frac{\beta_{\mathrm{fp}}(\boldsymbol{v}_{\mathrm{f}} - \boldsymbol{v}_{\mathrm{p}})}{\varphi_{\mathrm{p}}\rho_{\mathrm{p}}} \tag{4.47}$$

4.5 液体中颗粒堆坍塌的两相流数值模拟验证

为了验证所建立的液体-颗粒两相流物理模型的准确性,采用 SPH 与 SDPH-DEM 相耦合的方法对模型进行离散求解(SPH 模拟连续相,SDPH-DEM 模拟离散相,具体细节见第 8 章),对液体中颗粒堆坍塌问题进行了数值模拟,通过与实验结果[14]对比,验证模型的有效性。算例几何模型如图 4.3 所示,所用装置是一个长 70 cm,宽 15 cm,高 15 cm,装满液体的有机玻璃容器。在容器的底面上粘一层微粒,使其变得粗糙。在容器的一端布置一个垂直的固体挡板,以保证初始颗粒堆的形态。通过改变初始固体挡板的位置形成不同的高宽比颗粒堆状态,颗粒堆的宽度可以为 2 cm、4 cm 和 6 cm 三种。所用颗粒物质为玻璃珠,密度为 2 500 kg/m³,平均直径为 225 μm。液体的黏度为 12 cP(1 cP = 10⁻³ Pa·s),密度为 1 000 kg/m³。颗粒的初始体积分数分别取 0.55、0.58、0.6、0.61。

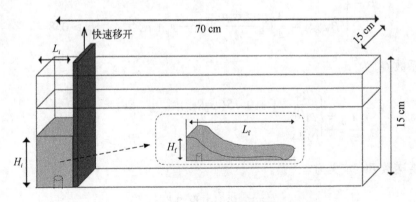

图 4.3 流体中颗粒堆坍塌案例模型结构图

图 4.4 显示了颗粒在浓密状态($\varphi_i = 0.6$, $L_i = 6$ cm, $H_i = 4.2$ cm)和稀疏状态($\varphi_i = 0.55$, $L_i = 6$ cm, $H_i = 4.8$ cm)下坍塌运动过程中表面形态随时间演变过程。

初始时刻,处于稠密状态的颗粒堆不会立即塌陷,只是在右上角有少量颗粒移动,然后开始缓慢地侵蚀,右上角逐渐形成圆形,在颗粒堆底部前缘出现一定堆积。随着时间的推移,侵蚀的右上角部位变得越来越大,并且变得越来越不陡峭。最终,堆积体呈梯形分布。左侧部分颗粒始终未发生移动,呈现与初始颗粒堆相同高度的凸台。右侧部分大致呈三角形分布。在浓密颗粒堆坍塌过程中,会偶然观察到右上角一部分块体整体破坏的现象。

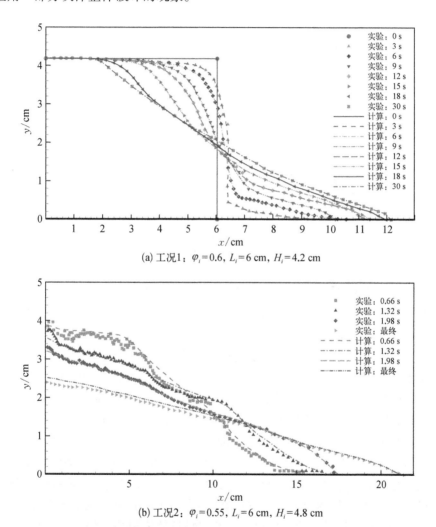

(a) 工况1：$\varphi_i=0.6$, $L_i=6$ cm, $H_i=4.2$ cm

(b) 工况2：$\varphi_i=0.55$, $L_i=6$ cm, $H_i=4.8$ cm

图 4.4　液体中颗粒堆坍塌过程界面演变数值结果与实验结果[14]对比

初始颗粒堆相对稀疏状况下的运动过程与浓密状况下不同。首先,与浓密的情况相反,整个颗粒堆在开始运动后瞬间被激发,堆积体左方的颗粒也开始向下移动。颗粒运动范围比浓密情况下更远,颗粒堆积体的最终相态也被拉长较多。另外,稀疏情况下颗粒的运动比浓密情况下的运动更快。图 4.5 展示了两种工况下颗粒堆前沿位置演变过程数值结果与实验结果对比,初始稀疏颗粒堆的坍塌扩展在开始时非常迅速,在停止前减慢,而浓密颗粒堆的坍塌扩展则慢得多。

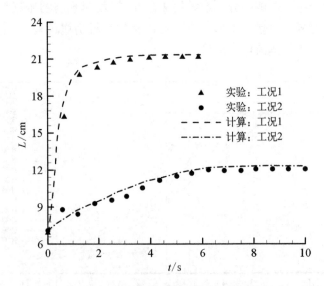

图 4.5 颗粒堆前沿位置演变过程数值
结果与实验结果对比

最终运动结束后形成的堆积物如图 4.6 所示,分别展示了不同体积分数和高宽比下最终堆积物的形态。可以看到两种不同的形态:在低高宽比和高体积分数下 ($H/L = 0.5, \varphi = 0.61$),堆积体看起来像一个梯形,左侧的表面与初始的堆积形态基本一致,右侧的三角形是由右上角的颗粒坍塌造成的。在较高高宽比和较低的初始体积分数下 ($H/L = 2.0, \varphi = 0.55$),堆积物左侧不再与初始形态吻合,而是或多或少呈现三角形形态,最终堆积物的高度也小于初始高度。不论是何种体积分数和高宽比,计算获得的结果与实验结果均吻合较好,也证实了液体-颗粒两相流物理模型对于该问题模拟的有效性和适用性。

图 4.7 展示了不同工况条件下颗粒堆积形貌与初始高宽比之间的关系。可以看到堆积的形态与初始体积分数和高宽比均存在一定的关系,在颗粒体积分数较大时甚至是干颗粒时,颗粒堆积体坡度角与初始高宽比近似呈反比关系,高宽比越大,坡度角越小,颗粒滑动的距离更大。而当颗粒的体积分数较小时,也就是液体的量大于一定数值后,液体的阻力作用逐渐起了主要作用,颗粒堆不再像干燥颗粒那样运动剧烈,反而随着颗粒堆高宽比的增加,颗粒堆的坡度角逐渐增加,当然是在高宽比大于一定数值之后,数值模拟较好地捕捉到了以上规律,为液体-颗粒两相流的机理研究提供了理论支撑。

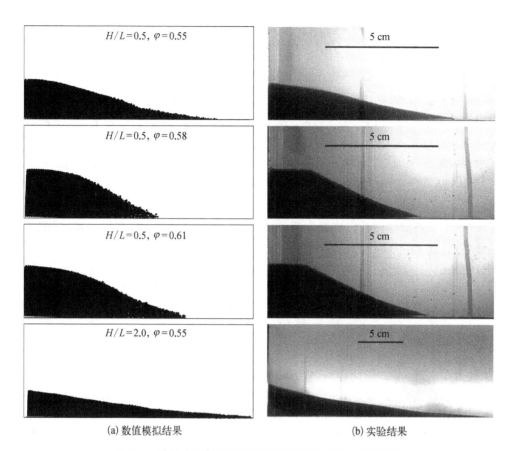

(a) 数值模拟结果　　　　　　　　(b) 实验结果

图 4.6　液体中颗粒堆坍塌过程数值结果与实验结果对比

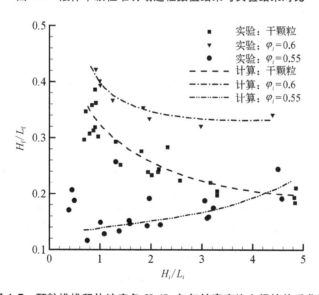

图 4.7　颗粒堆堆积体坡度角 H_f/L_f 与初始高宽比之间的关系曲线

4.6 小 结

液体中悬浮颗粒介质受到液体的曳力作用,其运动变得更加复杂多样,本章针对密实状态下的悬浮液问题,从体积分数主导的流变学和应力主导的流变学两个角度对现有的密实悬浮液流变学理论进行了阐述,从理论分析可以看出,现有的密实悬浮液流变学理论尚未成熟完善,还存在较多的问题,依赖于更加深入细致的实验工作。从完全三维两相的角度对密实悬浮液进行建模分析为该问题的认识和理解提供了新的有效的工具。因此,本章重点在第3章所建立的颗粒介质全相态理论的基础上,将液体相看作连续介质的流体相,建立相应的守恒方程,同时将液体和颗粒之间的相互作用力采用曳力模型建立起来,两相之间的体积分数通过颗粒相计算来确定,由此获得物质属性的均值。采用该理论,对液体中颗粒堆坍塌过程进行了数值模拟,与实验结果进行了对比,结果吻合较好,验证了新的两相流模型准确可靠,进一步阐明了本书所阐述的颗粒介质全相态理论适用性较好,前景广阔。

参考文献

[1] MEWIS J, WAGNER N J. Colloidal suspension rheology[M]. Cambridge: Cambridge University Press, 2011.

[2] EINSTEIN A. Eine neue bestimmung der moleküldimensionen[J]. Annals of Physics, 1906, 19: 289-306.

[3] EINSTEIN A. Berichtigung zu meiner arbeit: eine neue bestimmung der moleküldimensionen [J]. Annals of Physics, 1911, 34: 591-592.

[4] GUAZZELLI L, POULIQUEN O. Rheology of dense granular suspensions[J]. Journal of Fluid Mechanics, 2018, 852: 92.

[5] ZARRAGA I E, HILL D A, LEIGHTON D T. The characterization of the total stress of concentrated suspensions of noncolloidal spheres in Newtonian fluids[J]. Journal of Rheology, 2000, 44(3): 671.

[6] DBOUK T, LOBRY L, LEMAIRE E. Normal stresses in concentrated non-Brownian suspensions[J]. Journal of Fluid Mechanics, 2013, 715: 239-272.

[7] MORRIS J F, BOULAY F. Curvilinear flows of noncolloidal suspensions: the role of normal stresses[J]. Journal of Rheology, 1999, 43(5): 1213.

[8] JACKSON R. Locally averaged equations of motion for a mixture of identical spherical particles and a Newtonian fluid[J]. Chemical Engineering Science, 1997, 52(15): 2457-2469.

[9] NOTT P R, GUAZZELLI E, POULIQUEN O. The suspension balance model revisited[J]. Physics of Fluids, 2011, 23(4): 043304.

[10] BATCHELOR G K. The stress system in a suspension of force-free particles[J]. Journal of Fluid Mechanics, 1970, 41(3): 545-570.

[11]　DANIEL L. Migration of rigid particles in non-Brownian viscous suspensions[J]. Physics of Fluids, 2009, 21(2): 1377 - 197.

[12]　FORTERRE Y, POULIQUEN O. Flows of dense granular media[J]. Annual Review of Fluid Mechanics, 2008, 40(1): 1 - 24.

[13]　GIDASPOW D. Multiphase flow and fluidization: continuum and kinetic theory descriptions [M]. San Diego: Elsevier Science, 1994.

[14]　RONDON L, POULIQUEN O, AUSSILLOUS P. Granular collapse in a fluid: role of the initial volume fraction[J]. Physics of Fluids, 2011, 23(7): 245.

第 5 章
浓密颗粒介质模拟的 SDPH 方法

5.1 引　　言

　　第2章至第4章主要对颗粒介质及其与流体组成的悬浮液的理论模型进行了介绍,进一步对这些模型进行求解需要引入数值模拟方法。对于颗粒介质的模拟目前主要有两种数值方法。第一种是基于颗粒介质宏观连续介质力学的网格计算方法(有限元、有限体积、有限差分等),存在无法追踪单颗粒运动轨迹、较难考虑颗粒的粒径变化等问题。第二种是颗粒轨道追踪法和离散单元法,均是对单颗粒进行追踪,存在计算量大、不适合于大规模工程计算、无法获取实验较易获得的宏观参量等问题。

　　颗粒作为一种随机运动的离散物质具有完全拉格朗日粒子的特性,要对其进行追踪模拟,拉格朗日粒子方法最为合适。传统基于微观思想的硬球模型、软球模型和随机概率模型对粒子间作用力求解,属于拉格朗日质点动力学,对每一颗粒采用牛顿第二定律进行运动追踪,其不可避免地造成计算量大的问题。而基于宏观连续介质力学的拉格朗日粒子流体动力学方法,直接对大量离散颗粒表现出来的宏观特性进行建模,采用拉格朗日粒子法进行离散求解,不仅可以大幅度减小计算量,适于大规模计算,同时可以自然追踪颗粒的运动轨迹,较易加入颗粒蒸发燃烧、聚合破碎等物理模型。

　　目前,学者已经提出了很多拉格朗日粒子方法。在这些方法中,SPH 作为一种完全拉格朗日粒子方法,对离散颗粒进行模拟表征具有很大优势。但由于传统SPH 仅适用于连续物质的离散求解,与离散颗粒间存在较大差别,因此需要确定SPH 粒子与离散颗粒间的一一对应关系,将 SPH 改造成适于颗粒相求解的光滑离散颗粒流体动力学(smoothed discrete particle hydrodynamics, SDPH)方法。

　　本章将首先介绍传统的 SPH 理论以及最新的为克服传统 SPH 不足所采用的修正算法,然后介绍求解颗粒问题的 SDPH 方法,结合第 2 章建立的浓密颗粒介质的弹-黏-塑性理论,采用 SPH 进行离散求解,获得离散方程组,同时针对考虑内聚力的浓密颗粒介质计算出现的拉伸不稳定问题,引入弹-黏-塑性本构理论计算下的人工应力计算方法。最后,以倾斜壁面上颗粒堆坍塌以及滚筒内干、黏性颗粒的运动为例进行数值验证。

5.2　传统 SPH 理论

传统 SPH 方法中,将计算区域离散为一系列相互作用的粒子,每个粒子承载物质特征量,包括密度、质量、速度、加速度以及能量等。传统 SPH 理论假定,如果场变量在计算区域中连续且光滑,则粒子上的场变量可以由周围粒子的场变量通过核函数估计得到。

传统对于 SPH 方程的构造分为两个关键步骤[1],第一步为核函数积分插值,第二步为粒子近似。核函数积分插值实现了场变量和场变量梯度值的插值,而粒子近似则实现了对核函数积分插值表达式的粒子离散。

5.2.1　核函数积分插值

基于函数的积分理论,对于任意的连续光滑函数 $f(\boldsymbol{r})$,定义域 Ω 上任一点的函数值可表示为

$$f(\boldsymbol{r}) = \int_{\Omega} f(\boldsymbol{r}') \delta(\boldsymbol{r} - \boldsymbol{r}') \mathrm{d}\boldsymbol{r}' \tag{5.1}$$

式中, $\boldsymbol{r}$ 为空间位置矢量; $\delta(\boldsymbol{r} - \boldsymbol{r}')$ 为狄拉克 δ 函数,满足:

$$\delta(\boldsymbol{r} - \boldsymbol{r}') = \begin{cases} \infty & \boldsymbol{r} = \boldsymbol{r}' \\ 0 & \boldsymbol{r} \neq \boldsymbol{r}' \end{cases} \tag{5.2}$$

狄拉克 δ 函数在实际计算中无法实现,因此 SPH 方法采用光滑函数 $W(\boldsymbol{r} - \boldsymbol{r}', h)$ 来取代 δ 函数,则函数 $f(\boldsymbol{r})$ 可近似写为

$$\langle f(\boldsymbol{r}) \rangle = \int f(\boldsymbol{r}') W(\boldsymbol{r} - \boldsymbol{r}', h) \mathrm{d}\boldsymbol{r}' \tag{5.3}$$

光滑函数 $W(\boldsymbol{r} - \boldsymbol{r}', h)$ 又称核函数,其数值取决于两点之间的距离 $|\boldsymbol{r} - \boldsymbol{r}'|$ 和光滑长度 h ,它和光滑因子 k 共同决定了光滑函数影响域的大小,如图 5.1 所示。

对于函数 $f(\boldsymbol{r})$ 的空间导数 $\nabla \cdot f(\boldsymbol{r})$,根据式(5.3)并经推导可得

$$\langle \nabla \cdot f(\boldsymbol{r}) \rangle = -\int_{\Omega} f(\boldsymbol{r}') \cdot \nabla W(\boldsymbol{r} - \boldsymbol{r}', h) \mathrm{d}\boldsymbol{r}' \tag{5.4}$$

由上式可知,SPH 核函数估计将函数的空间导数

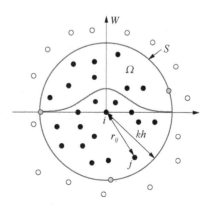

图 5.1　SPH 核函数估计示意图

转化为核函数的空间导数,便于计算求解。同时也可看出,假如核函数紧支域的边界被求解域边界分割,则上式中的面域积分将不等于零,上式不成立,因此 SPH 方法中边界条件的处理是一个非常重要的问题。

5.2.2 粒子近似

以上利用核函数积分插值方法表示场函数和场函数的空间导数,本节采用粒子近似方法对核函数进行插值离散。

对于某一求解域,采用一系列有限个数的粒子表示,将核函数积分插值表达式转化为紧支域内所有粒子求和的离散式。采用粒子的体积 ΔV_j 来近似积分中粒子 j 处的无穷小微元 $\mathrm{d}\boldsymbol{r}'$,粒子的质量 m_j 表示为

$$m_j = \Delta V_j \rho_j \tag{5.5}$$

ρ_j 为粒子 j 的密度($j=1, 2, \cdots, N$),N 为紧支域内粒子的总数。

对式(5.3)进行粒子离散并对粒子 i 处场函数进行粒子估计,有

$$\langle f(\boldsymbol{r}_i) \rangle = \sum_{j=1}^{N} \frac{m_j}{\rho_j} f(\boldsymbol{r}_j) W_{ij} \tag{5.6}$$

其中

$$W_{ij} = W(\boldsymbol{r}_i - \boldsymbol{r}_j, h) \tag{5.7}$$

上式表明,粒子 i 处的场函数值可通过核函数对紧支域内所有粒子的函数值进行加权平均得到。

采用同样的方法,粒子 i 处场函数空间导数的粒子估计为

$$\langle \nabla \cdot f(\boldsymbol{r}_i) \rangle = -\sum_{j=1}^{N} \frac{m_j}{\rho_j} f(\boldsymbol{r}_j) \cdot \nabla W_{ij} \tag{5.8}$$

其中

$$\nabla_i W_{ij} = -\nabla W_{ij} = \frac{\boldsymbol{r}_i - \boldsymbol{r}_j}{r_{ij}} \frac{\partial W_{ij}}{\partial r_{ij}} = \frac{\boldsymbol{r}_{ij}}{r_{ij}} \frac{\partial W_{ij}}{\partial r_{ij}} \tag{5.9}$$

$$r_{ij} = |\boldsymbol{r}_{ij}| = |\boldsymbol{r}_i - \boldsymbol{r}_j| \tag{5.10}$$

为得到更精确的结果,经分步积分可推导得到以下粒子估计式,应用更为广泛:

$$\langle \nabla \cdot f(\boldsymbol{r}_i) \rangle = \frac{1}{\rho_i} \sum_{j=1}^{N} m_j [f(\boldsymbol{r}_j) - f(\boldsymbol{r}_i)] \cdot \nabla_i W_{ij} \tag{5.11}$$

$$\langle \nabla \cdot f(\boldsymbol{r}_i) \rangle = \rho_i \sum_{j=1}^{N} m_j \left[\frac{f(\boldsymbol{r}_j)}{\rho_j^2} + \frac{f(\boldsymbol{r}_i)}{\rho_i^2} \right] \cdot \nabla_i W_{ij} \tag{5.12}$$

可以看出以上公式中右端项函数值是以成对粒子的形式出现,这样得到的结果更加平滑,避免了由于粒子性质差异太大造成计算不稳定的问题。

5.2.3 连续介质模型的 SPH 离散方法

传统 SPH 方法通常用于离散连续介质模型,本书主要涉及流体动力学问题,因此该处展示流体动力学方程的传统 SPH 离散方法。

质量守恒方程:
$$\frac{\mathrm{d}\rho}{\mathrm{d}t} = -\rho\,\nabla\cdot\boldsymbol{v} \tag{5.13}$$

动量守恒方程:
$$\frac{\mathrm{d}\boldsymbol{v}}{\mathrm{d}t} = \frac{1}{\rho}\left[-\nabla p + \nabla\cdot\boldsymbol{\tau}\right] + \boldsymbol{g} \tag{5.14}$$

式中,$\frac{\mathrm{d}}{\mathrm{d}t}$ 表示物质导数;ρ、p、$\boldsymbol{v}$ 分别表示密度、压力和速度;$\boldsymbol{g}$ 为单位质量体积力;$\boldsymbol{\tau}$ 为偏应力张量。

对以上方程组进行封闭需要引入对正压力和剪切力的描述,为有效计算压力项 p,同时不引入大的计算量,Monaghan[2] 提出一种弱可压缩方程的方法,将不可压缩流体视为弱可压缩流体,流体密度与压力的关系为

$$p = p_0\left[\left(\frac{\rho}{\rho_0}\right)^{\gamma} - 1\right] \tag{5.15}$$

式中,$p_0 = \rho_0 c_0^2/\gamma$,$\rho_0$ 为流体初始密度,$\gamma(=7)$ 与流体的可压缩性相关,c_0 为初始声速,为保证流体的可压缩性,一般取 $c_0 = 10V_{\max} \sim 40V_{\max}$,$V_{\max}$ 为流体的最大速度。

剪切力 $\boldsymbol{\tau}$ 可表示为应力率张量 $\dot{\boldsymbol{\gamma}}$ 和流体广义黏度 η 之间的关系式:

$$\boldsymbol{\tau} = \eta\dot{\boldsymbol{\gamma}} \tag{5.16}$$

其中

$$\dot{\boldsymbol{\gamma}} = \nabla\boldsymbol{v} + (\nabla\boldsymbol{v})^{\mathrm{T}} \tag{5.17}$$

$\boldsymbol{v}$ 为流场速度。如果为牛顿流体,则黏度 η 为常数;如果为非牛顿流体,则黏度 η 可表示为应变率张量的函数。

将 SPH 离散方法应用到上述流体动力学方程中,根据离散方式的不同,可以得到连续性方程和动量方程的几种典型离散形式。

1. 连续性方程离散式

对于连续性方程的离散方法有两种,一种为密度求和法,是将密度 ρ 直接采用式(5.6)等价离散得到:

$$\rho_i = \sum_{j=1}^{N} m_j W_{ij} \tag{5.18}$$

另一种为连续性密度法,是将函数空间梯度的 SPH 离散方法(5.11)用于连续性方程(5.13)的离散:

$$\frac{\mathrm{d}\rho_i}{\mathrm{d}t} = \sum_{j=1}^{N} m_j \boldsymbol{v}_{ij} \cdot \nabla_i W_{ij} \tag{5.19}$$

密度求和法需保证在整个问题域内积分严格遵守质量守恒定律,而连续性密度法则无需该特定要求。同时,密度求和法在边界粒子缺失部位应用会产生严重的边缘效应,导致计算出错;而连续性密度法则不受自由面处粒子缺失问题的影响。因此,连续性密度法应用更为广泛。

2. 压力梯度项离散式

根据式(5.12)和式(5.14)对压力梯度项离散,得到两种压力梯度离散形式:

$$\left(\frac{1}{\rho} \nabla p\right)_i = \sum_{j=1}^{N} m_j \left(\frac{p_i}{\rho_i^2} + \frac{p_j}{\rho_j^2}\right) \nabla_i W_{ij} \tag{5.20}$$

$$\left(\frac{1}{\rho} \nabla p\right)_i = \sum_{j=1}^{N} m_j \left(\frac{p_i + p_j}{\rho_i \rho_j}\right) \nabla_i W_{ij} \tag{5.21}$$

上述两式均满足力的相互作用原理,不仅可保证线动量守恒,还可保证角动量守恒。对于单相流动问题,相内部粒子间密度变化不大,式(5.20)和式(5.21)得到的结果相差很小;而对于两相流动问题,在相界面处,式(5.20)无法保证压力梯度的连续,无法用于两相流问题的模拟。式(5.21)从粒子数密度概念出发,可模拟两相流动问题。

3. 黏性项离散式

黏性项的 SPH 离散实质是对偏应力张量梯度的离散。与压力梯度项离散方法相同,黏性项离散也有两种形式:

$$\left(\frac{1}{\rho} \nabla \boldsymbol{\tau}\right)_i = \sum_{j=1}^{N} m_j \left(\frac{\boldsymbol{\tau}_i}{\rho_i^2} + \frac{\boldsymbol{\tau}_j}{\rho_j^2}\right) \nabla_i W_{ij} \tag{5.22}$$

$$\left(\frac{1}{\rho} \nabla \boldsymbol{\tau}\right)_i = \sum_{j=1}^{N} m_j \left(\frac{\boldsymbol{\tau}_i + \boldsymbol{\tau}_j}{\rho_i \rho_j}\right) \nabla_i W_{ij} \tag{5.23}$$

对于牛顿流体,偏应力张量 $\boldsymbol{\tau} = \eta \dot{\boldsymbol{\gamma}} = \eta(\nabla \boldsymbol{v} + \nabla \boldsymbol{v}^{\mathrm{T}})$,进一步由式(5.11)可得

$$(\nabla \boldsymbol{v})_i = \sum_{j=1}^{N} \frac{m_j}{\rho_j} \boldsymbol{v}_{ji} \nabla_i W_{ij} \tag{5.24}$$

根据式(5.24)及偏应力张量公式,可以得到粒子 i 和粒子 j 的偏应力张量 $\boldsymbol{\tau}_i$ 和 $\boldsymbol{\tau}_j$。

黏性项的第一种离散方法[3]是将式(5.22)或式(5.23)与式(5.24)相结合来求解黏性力。该方法既可用于牛顿流体的求解又可用于广义非牛顿流体的求解,可同时保证线动量守恒及角动量守恒;但其在求解过程中需要完成两次求和过程,

计算量及存储量都较大,同时由于 SPH 方法仅具有一阶精度,对于黏性项二阶导数求解,精度较低。

黏性项的第二种离散方法由 Morris 等[4]提出,该方法通过将有限差分与 SPH 一阶导数离散式相结合而得到:

$$\left(\frac{1}{\rho}\,\nabla\cdot\boldsymbol{\tau}\right)_i = \frac{1}{\rho_i}\sum_j \frac{m_j}{\rho_j}\frac{(\eta_i+\eta_j)\boldsymbol{x}_{ij}\cdot\nabla_iW_{ij}}{r_{ij}^2}\boldsymbol{v}_{ij} \tag{5.25}$$

该方法对于低雷诺数流动问题,计算精度高、稳定性好且计算量较小,是目前应用最为广泛的黏性项离散方法。但该方法无法用于模拟高雷诺数流动问题并且无法模拟具有复杂本构方程的非牛顿流体流动问题。

Violeau 等[5]借鉴 Monaghan 型人工黏性的思想,提出了另一种黏性项离散方法:

$$\left(\frac{1}{\rho}\,\nabla\cdot\boldsymbol{\tau}\right)_i = \sum_j \frac{8(\eta_i+\eta_j)}{\rho_i+\rho_j}\frac{\boldsymbol{x}_{ij}\cdot\boldsymbol{v}_{ij}}{r_{ij}^2}\nabla_iW_{ij} \tag{5.26}$$

该方法在模拟高雷诺数流动问题时数值稳定性较好,且可同时保证流体系统的线动量守恒及角动量守恒,但其在模拟低雷诺数流动问题时计算精度较低。

由此可以看出,不同的求解问题,需采用不同的 SPH 离散方法,才可保证计算的精度和稳定性。综上所述,传统流体动力学控制方程组的 SPH 离散形式可写为

$$\frac{\mathrm{d}\rho_i}{\mathrm{d}t} = \sum_{j=1}^N m_j\boldsymbol{v}_{ij}\cdot\nabla_iW_{ij} \tag{5.27}$$

$$\frac{\mathrm{d}\boldsymbol{v}_i}{\mathrm{d}t} = -\sum_{j=1}^N m_j\left(\frac{p_i+p_j}{\rho_i\rho_j}+\Pi_{ij}\right)\nabla_iW_{ij} + \sum_{j=1}^N m_j\frac{\eta_i+\eta_j}{\rho_i\rho_j}\boldsymbol{v}_{ij}\left(\frac{1}{x_{ij}}\frac{\partial W_{ij}}{\partial x_{ij}}\right) + \boldsymbol{g} \tag{5.28}$$

5.2.4　SPH 方程积分求解

对 SPH 离散方程通常采用显式时间积分求解。本书采用蛙跳积分方法[1],对时间具有二阶精度,并且存储量低,计算效率高。

$$\varphi_i(t+\delta t/2) = \varphi_i(t-\delta t/2) + \dot{\varphi}_i(t)\delta t \tag{5.29}$$

$$\boldsymbol{x}_i(t+\delta t) = \boldsymbol{x}_i(t) + \boldsymbol{v}_i(t+\delta t/2)\delta t \tag{5.30}$$

式中,φ 表示物质的体积分数;ρ 是密度;$\boldsymbol{v}$ 是速度;θ_p 是拟温度;$\boldsymbol{x}_i$ 是粒子 i 处的位置坐标。

对于蛙跳积分,时间步长必须满足稳定性条件,本书应用柯朗-弗里德里奇-列维(Courant-Friedrichs-Lewy, CFL)条件[1]对时间步长进行估计。采用 Monaghan[6]提出的考虑具有黏性耗散和外力作用的时间步长表达式以及 Brackbill 等[7]和

Morris[8]分别提出的基于表面张力与物理黏性的时间步长计算方法,具体表达式为

$$\Delta t_{cv} = \min\left(\frac{h_i}{c_i + 0.6(\alpha_\Pi c_i + \beta_\Pi \max(\phi_{ij}))}\right) \tag{5.31}$$

$$\Delta t_f = \min\left(\frac{h_i}{f_i}\right)^{\frac{1}{2}} \tag{5.32}$$

$$\Delta t = \min\left(0.25\left(\frac{\rho h^3}{2\pi\sigma}\right)^{\frac{1}{2}}\right) \tag{5.33}$$

$$\Delta t = \min\left(0.125\frac{\rho h^2}{\mu}\right) \tag{5.34}$$

式中,f是作用于单位质量上的外力;μ是流体的动力黏度;σ是界面表面张力系数。最终取式(5.31)~式(5.34)中最小值作为 SPH 计算的时间步长。

5.3   新型 SPH 修正算法

由于本书中颗粒所处的状态既包括发生小变形的颗粒类固态,又包括发生大变形的颗粒类液态和颗粒类气态,而在标准 SPH 中,核函数往往是基于当前的构型定义的,这意味着粒子可以随着材料的变形进入或退出彼此的支持域,这种核函数称为欧拉核,这种核函数对于大的变形,保证了解的稳定性,但是该核函数方法对于小变形计算来说存在不稳定性问题。而对于完全拉格朗日核来说,邻域在模拟过程中没有变化,在模拟材料变形较小的断裂和屈服时提供了一个更加一致的结果,因此,为了能够更好地模拟不同相态的颗粒运动问题,采用完全拉格朗日核与欧拉核相结合的方式进行模拟。

5.3.1   完全拉格朗日 SPH 方法

在 SPH 的完全拉格朗日描述中,守恒方程和本构方程只在未变形的或者称为参考构型 X 中求解。场变量的变化用于计算当前形变的构型 x。当前构型 x 与参考构型 X 之间通过映射函数 ϕ 建立联系:

$$x = \phi(X,t) \tag{5.35}$$

位移通过以下公式计算:

$$u = x - X \tag{5.36}$$

在完全拉格朗日 SPH(TLSPH)方法中,任何场变量 $f(X_i)$ 都是基于参考构型的近似值,如下所示:

$$f(\boldsymbol{X}_i) = \sum_j f(\boldsymbol{X}_j) W(\boldsymbol{X}_{ij}) \frac{m_j}{\rho_{0j}} \qquad (5.37)$$

式中, $f(\boldsymbol{X}_i)$ 是第 j 个粒子的场变量值; $\boldsymbol{X}_{ij} = \boldsymbol{X}_i - \boldsymbol{X}_j$ 是粒子 j 到粒子 i 的向量; m_j/ρ_{0j} 代表参考构型中第 j 个粒子的体积; $W(\boldsymbol{X}_{ij})$ 是未变形参考构型中定义的核函数。本书采用三次 B 样条函数进行逼近。

函数 $f(\boldsymbol{X}_i)$ 的导数近似对称估计[9]如下:

$$\nabla f(\boldsymbol{X}_i) = - \sum_j \left[f(\boldsymbol{X}_i) - f(\boldsymbol{X}_j) \right] \nabla_i W(\boldsymbol{X}_{ij}) \frac{m_j}{\rho_{0j}} \qquad (5.38)$$

由此可导出变形梯度及其速率的粒子近似形式:

$$\boldsymbol{F}_i = - \sum_j (\boldsymbol{u}_i - \boldsymbol{u}_j) \otimes \nabla_i W(\boldsymbol{X}_{ij}) \frac{m_j}{\rho_{0j}} + \boldsymbol{I} = - \sum_j (\boldsymbol{x}_i - \boldsymbol{x}_j) \otimes \nabla_i W(\boldsymbol{X}_{ij}) \frac{m_j}{\rho_{0j}}$$
$$(5.39)$$

$$\dot{\boldsymbol{F}}_i = - \sum_j (\boldsymbol{v}_i - \boldsymbol{v}_j) \otimes \nabla_i W(\boldsymbol{X}_{ij}) \frac{m_j}{\rho_{0j}} \qquad (5.40)$$

5.3.2　SPH 核函数及其梯度的修正近似

为了满足零阶和一阶一致性条件,本书采用了一种基于核及其梯度正则化的 SPH 方法的修正形式。核近似的修正形式: 为了实现 C^0 一致性,函数 $f(x_i)$ 的修正核近似由文献[10]给出:

$$f(x_i) = \sum_{j=1}^N f(x_j) \tilde{W}_{ij} V_j, \quad \tilde{W}_{ij} = W_{ij} \left(\sum_{j=1}^N W_{ij} V_j \right)^{-1} \qquad (5.41)$$

为了满足动量守恒和 C^1 一致性,本书采用核函数与梯度修正相混合方法[11]。这种混合校正是一种改进核梯度的梯度校正和内核修正的组合,它改变了内核本身。梯度修正保证了角动量守恒,并且在内力与密度方程变化一致的情况下,精确计算了线性场的梯度。公式如下:

$$\nabla f(x_i) = \sum_{j=1}^N f(x_j) \tilde{\nabla}_i \tilde{W}_{ij} V_j \qquad (5.42)$$

其中

$$\tilde{\nabla}_i \tilde{W}_{ij} = \boldsymbol{K}_i \nabla_i \tilde{W}_{ij} \qquad (5.43)$$

$$\nabla_i \tilde{W}_{ij} = \frac{\nabla_i W_{ij} \left(\sum_{j=1}^N V_j W_{ij} \right) - \left(\sum_{j=1}^N V_j \nabla_i W_{ij} \right) W_{ij}}{\left(\sum_{j=1}^N V_j W_{ij} \right)^2} \qquad (5.44)$$

$$K_i = \Big[\sum_{j=1}^{N} V_j \, \nabla_i \tilde{W}_{ij} \otimes (x_j - x_i) \Big]^{-1} \qquad (5.45)$$

$\tilde{\nabla}_i \tilde{W}_{ij}$ 是修正核的修正梯度的空间描述；$\nabla_i \tilde{W}_{ij}$ 是修正核的梯度；K 是用于校正核梯度的校正矩阵。在空间方程中，$\tilde{\nabla}_i \tilde{W}_{ij}$ 在每个时间步都计算。核函数与梯度修正相混合方法的实现，是因为它结合了两者的优点：零阶一致性的核近似使用克尔-内尔校正；一阶一致性的核梯度近似以及角动量守恒使用核梯度校正。

5.4 光滑离散颗粒流体动力学方法

5.4.1 SDPH 方法基本思想

空间中单个颗粒由于受到外界的作用力和颗粒间的碰撞作用力而呈现出离散颗粒的性质。然而，对于由大量颗粒组成的整个系统来说，它又呈现出类似于连续介质宏观力学性质。SPH 作为一种流体动力学方法，通常用于离散求解连续相数学模型。而 SPH 最初被提出即用于求解三维开放空间的天体物理学问题，如银河系的形成与瓦解、超新星的爆炸、行星的碰撞以及宇宙的演化等。在这些问题中，离散的星体被考虑为在宏观尺度上具有连续性质的物质，采用类似于理想气体状态方程的形式求解压力值，也有学者前期采用 SPH 方法对土体、砂体、岩石体等由颗粒组成的物质进行了数值模拟。这些均采用的是颗粒类固体或类液体的思想。但是，在这些计算过程中并未阐明 SPH 粒子与实际颗粒之间的对应关系。因此，可以通过每一个 SPH 粒子表征一定数量的离散颗粒的形式求解类固体或类液体模型，建立起适于离散相求解的新型 SPH 方法。第 2 章到第 4 章所建立的颗粒介质类固态、类液态、类气态本构理论为该方法的实现提供了一条途径。

前期作者团队从颗粒动力学角度出发，将颗粒相视为类液体，类液体区域采用 SPH 方法离散求解，同时将传统 SPH 方法改造成了适用于离散颗粒相求解的光滑离散颗粒流体动力学（SDPH）方法[12-16]，SDPH 粒子不仅承载颗粒介质的质量、速度、位置、压力等传统参量，而且承载颗粒的粒径分布形态、体积分数以及由颗粒动力学引入的拟温度等颗粒属性。本章将该方法进一步拓展到浓密颗粒介质即颗粒类固体区域中，采用颗粒的粒径均值、方差和颗粒的数量表征颗粒相粒径的分布情况。

SDPH 粒子与颗粒之间属性的对应关系为：对于颗粒类固体或类液体，颗粒的有效密度 $\hat{\rho}_p$ 表示为

$$\hat{\rho}_p = \alpha_p \rho_p \qquad (5.46)$$

式中，p、α_p 和 ρ_p 分别为颗粒介质、体积分数和密度。假设流场区域中存在 n 个颗

粒,颗粒的平均体积为 V_p,平均质量为 m_p,空间总体积为 V_0,那么有

$$\hat{\rho}_\mathrm{p} = \alpha_\mathrm{p}\rho_\mathrm{p} = \frac{nV_\mathrm{p}}{V_0}\rho_\mathrm{p} = \frac{m_\mathrm{p}}{\dfrac{V_0}{n}} = m_\mathrm{p}\sum W = \rho_\mathrm{SDPH},\quad \sum W = \frac{n}{V_0} = \frac{1}{V_\mathrm{eff}} \quad (5.47)$$

这样就建立了 SDPH 粒子的密度和颗粒的有效密度以及 SDPH 粒子的核函数和颗粒相的体积之间的关系。可以看出 SDPH 粒子的密度即为颗粒相的有效密度,SDPH 单粒子的体积即为 SDPH 粒子所代表的颗粒群的体积与所占据的有效空间体积之和,SDPH 粒子所代表的颗粒群中单颗粒的数量由质量相等关系计算得到。另外,SDPH 粒子的质量与其所代表的颗粒群的总质量相等,速度为颗粒群的均值速度,颗粒气态中的拟温度以及压力均为所代表的颗粒群的均值拟温度及均值压力,同时 SDPH 粒子携带表征颗粒群粒径分布特性的粒径均值、方差及单颗粒数量。给定颗粒相服从的分布状态(如服从对数正态分布),由粒径均值、方差及颗粒数量可以唯一确定其分布。在颗粒聚合、破碎过程中,其所表征的颗粒均值、方差、数量由各自的输运方程(群体平衡方程的矩量表达式)计算求得。

5.4.2　SDPH 方法与传统 SPH 方法的区别

SDPH 与传统 SPH 方法的区别如图 5.2 所示。传统 SPH 方法通常用于离散求解连续性物质,通过使用一系列有限数量的离散点来描述系统的状态和记录系统的运动,每个 SPH 粒子表征连续问题域的一部分,拥有一系列场变量如质量、密度、速度、压力、能量等,每个粒子表征连续性介质的一个质点,属于几何近似。而 SDPH 方法在 SPH 方法的基础上,通过引入描述离散颗粒性质的颗粒粒径均值、粒径

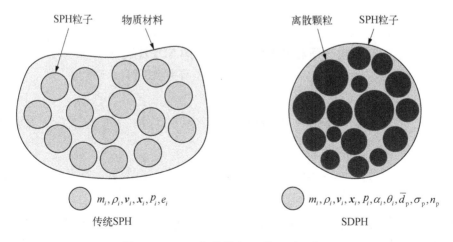

图 5.2　SDPH 与传统 SPH 的区别示意图

方差、颗粒数目、拟温度等参量,建立 SPH 粒子与单颗粒间的一一对应关系,将 SPH 方法拓展应用于离散介质领域,通过建立这些参量的守恒输运方程(群体平衡方程),描述颗粒性质的变化历程。因此,将求解颗粒介质的 SPH 方法称为光滑离散颗粒流体动力学(SDPH)方法,每个 SDPH 粒子表征一系列具有一定分布形态的颗粒群,属于物理近似。

SDPH 单粒子可以表征具有一系列特定粒径分布的真实颗粒群,从而使得真实颗粒系统采用较少的 SDPH 粒子来表征即可完成计算,从而大大减小了计算量。该方法突破了传统 SPH 方法材料属性固定,粒子仅作为几何质点的局限,拓展至具有物理质点特性的范畴,不仅拓展了 SPH 方法的应用范围,同时为 SPH 未来发展指明了一条可行的方向。

5.5   浓密颗粒介质弹-黏-塑性本构模型的 SDPH 离散

5.5.1   浓密颗粒介质类固态的完全拉格朗日形式的 SDPH 离散

在拉格朗日公式中,质量守恒方程可以自然满足,因此不需要数值求解。动量守恒方程的离散格式为

$$\frac{\mathrm{d}\boldsymbol{v}_i}{\mathrm{d}t} = \sum_j m_j\left(\frac{\boldsymbol{p}_i}{\rho_{0i}^2} + \frac{\boldsymbol{p}_j}{\rho_{0j}^2} - \Pi_{ij}\right)\nabla_i W(\boldsymbol{X}_{ij}) + \boldsymbol{f} \qquad (5.48)$$

式中,$\boldsymbol{p} = J\boldsymbol{F}^{-1}\boldsymbol{\sigma}$ 为第一类皮奥拉·科奇霍夫应力;$\Pi_{ij} = J\boldsymbol{F}^{-1}\boldsymbol{\pi}_{ij}$,为人工黏性。完全拉格朗日 SDPH 方法不存在拉伸不稳定问题,因为计算中采用的是参考构型。因此,无需任何其他的数值稳定项。$\boldsymbol{\sigma}$ 的计算采用类固态即弹性本构模型计算[式(2.51)]。

5.5.2   浓密颗粒介质类液态的欧拉形式的 SDPH 离散

类液态控制方程(5.13)和方程(5.14)在当前构型下可以离散为

$$\frac{\mathrm{d}\rho_i}{\mathrm{d}t} = \sum_{j=1}^{N} m_j(\boldsymbol{v}_i - \boldsymbol{v}_j)\cdot\nabla_i W(\boldsymbol{x}_{ij}) \qquad (5.49)$$

$$\frac{\mathrm{d}\boldsymbol{v}_i}{\mathrm{d}t} = \sum_{j=1}^{N} m_j\left(\frac{\boldsymbol{\sigma}_i}{\rho_i^2} + \frac{\boldsymbol{\sigma}_j}{\rho_j^2} - \pi_{ij}\boldsymbol{I}\right)\nabla_i W(\boldsymbol{x}_{ij}) + \boldsymbol{f} \qquad (5.50)$$

式中,$\nabla_i W(\boldsymbol{x}_{ij})$ 是粒子 i 在当前位置的核函数梯度估计;π_{ij} 是用于计算冲击载荷作用下,保证场变量稳定计算的人工黏性项。

$$\pi_{ij} = \begin{cases} \dfrac{-\beta_1 \bar{C}_{ij}\mu_{ij} + \beta_2 \mu_{ij}^2}{\bar{\rho}_{ij}} & v_{ij} \cdot x_{ij} \leqslant 0 \\ 0 & v_{ij} \cdot x_{ij} > 0 \end{cases}, \quad \mu_{ij} = \dfrac{h v_{ij} \cdot x_{ij}}{x_{ij}^2 + \varepsilon h^2} \qquad (5.51)$$

式中，$v_{ij} = v_i - v_j$ 为相对速度；$\varepsilon = 0.01$ 为防止两个粒子相互距离太近时出现奇异性的系数；$C = \sqrt{E/\rho}$ 为介质的声速（E 为介质的弹性模量），变量上方加直线表示它是两个粒子上的平均值。

本构方程采用第 2 章所建立的弹-黏-塑性理论公式（2.59），其中应变率和旋转应变率张量同样需要采用欧拉形式的 SDPH 进行离散，从而得到：

$$\dot{\varepsilon}_i^{\alpha\beta} = \frac{1}{2}\left(\frac{\partial v^\alpha}{\partial x^\beta} + \frac{\partial v^\beta}{\partial x^\alpha}\right) = \frac{1}{2}\left[\sum_{j=1}^{N}\frac{m_j}{\rho_j}(v_j^\alpha - v_i^\alpha)\frac{\partial W_{ij}}{\partial x_i^\beta} + \sum_{j=1}^{N}\frac{m_j}{\rho_j}(v_j^\beta - v_i^\beta)\frac{\partial W_{ij}}{\partial x_i^\alpha}\right]$$
$$(5.52)$$

$$\dot{\omega}_i^{\alpha\beta} = \frac{1}{2}\left(\frac{\partial v^\alpha}{\partial x^\beta} - \frac{\partial v^\beta}{\partial x^\alpha}\right) = \frac{1}{2}\left[\sum_{j=1}^{N}\frac{m_j}{\rho_j}(v_j^\alpha - v_i^\alpha)\frac{\partial W_{ij}}{\partial x_i^\beta} - \sum_{j=1}^{N}\frac{m_j}{\rho_j}(v_j^\beta - v_i^\beta)\frac{\partial W_{ij}}{\partial x_i^\alpha}\right]$$
$$(5.53)$$

5.5.3　浓密颗粒介质类固态和类液态之间的粒子核转变

对于类固态的拉格朗日核与类液态的欧拉核之间的转化方法，采用 Young 等[17] 提出的自适应粒子核转化方法，不仅将达到屈服之后的粒子核函数类型进行转化，同时为了防止粒子穿过失效位置进行线性插值或者防止出现非物理变形梯度，将屈服后的粒子与其相邻的粒子一起转化为欧拉核，如图 5.3 所示。假定粒子 A 达到了屈服状态，不仅将其核类型转化，同时将其支持域范围内的所有粒子都转化为欧拉核进行计算，如图中将圆形粒子转化成三角形粒子。

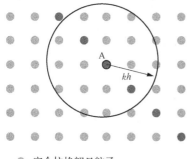 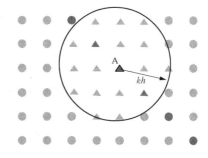

● 完全拉格朗日粒子　　　　　　　　　▲ 欧拉粒子

● 达到屈服状态的粒子　　　　　　　　▲ 达到屈服状态的欧拉粒子

图 5.3　粒子核转换示例

图 5.4 为计算浓密颗粒介质运动过程的整个算法的流程图。

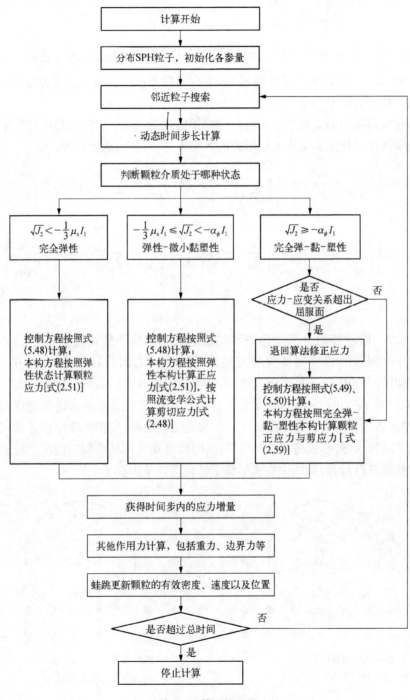

图 5.4　算法流程图

5.6　考虑内聚力浓密颗粒介质的人工应力方法

众所周知,当采用 SPH 方法模拟固体时,如果固体被压缩,粒子间会产生互相排斥作用,而当固体膨胀或者固体被拉伸时,粒子间则会互相吸引。这种吸引力就会造成 SPH 粒子之间的团聚,从而产生非物理的断裂现象。SPH 的这种不稳定性现象通常称为拉伸不稳定,首先 Swegle 等[18]进行了详细的研究,将 SPH 所受到的压力的符号和插值核函数的二阶导数的符号联系起来。有许多方法尝试消除这种数值不稳定性,其中最有效和最成功的方法是由 Monaghan[19]和 Gray 等[20]提出的称为人工应力的方法。这种方法的核心思想是在相邻粒子之间引入一个小的排斥力,防止粒子在拉伸应力的作用下靠近,人为将两个粒子排开,避免出现粒子聚集现象。根据 Monaghan[19]的论述,这种斥力必须随着两个粒子之间距离的减小而增大。Bui 等[21]通过数值计算,证明了对于无黏性土,当摩擦角较小时,该不稳定不明显,当摩擦角较大时,会发生小的拉伸不稳定现象,但是通过拉伸断裂修正的映射退回算法可以很好地消除非黏性颗粒中的拉伸不稳定。然而,对于考虑内聚力的黏性颗粒体来说,采用映射退回算法不足以消除这种严重的拉伸不稳定问题,必须采用人工应力方法才可以克服。为此,考虑人工应力的动量方程改写为

$$\frac{\mathrm{d}v_i^\alpha}{\mathrm{d}t} = \sum_{j=1}^N m_j \left(\frac{\sigma_i^{\alpha\beta}}{\rho_i^2} + \frac{\sigma_j^{\alpha\beta}}{\rho_j^2} + f_{ij}^n (R_i^{\alpha\beta} + R_j^{\alpha\beta}) \right) \frac{\partial W_{ij}}{\partial x^\beta} + g^\alpha \tag{5.54}$$

式中, n 是依赖于光滑核函数的指数,根据具体的数值离散方程[19,20]分析选择; f_{ij} 为施加的排斥作用力项,根据 Monaghan[19],用核函数方程表示:

$$f_{ij} = \frac{W_{ij}}{W(\Delta d, h)} \tag{5.55}$$

其中, Δd 是初始粒子的间距; h 是光滑长度,根据具体的变光滑长度计算更新获得。对于指数 n 的选取,Gray 等[20]建议选择 $n = 4$ 作为最佳解决方案;Bui 等[21]则根据黏性土在计算过程中出现的拉伸不稳定建议取 $n = 2.55$,本书计算的考虑内聚力的颗粒流问题与黏性土力学较为相似,因此取 $n = 2.55$。同时经过分析可知,当 $h = 1.2\Delta d$, r_{ij} 从 Δd 减小到 0 时,斥力将增加约 11 倍;而当粒子间距位于 $h \leqslant r_{ij} \leqslant 2h$ 区域时,根据公式 $(r_{ij} - 2h)^{3n}$ 可知该作用力快速降低。这确保了人工应力的影响仅限于最近的相邻粒子。在本书计算的过程中,SPH 的光滑长度根据粒子的分布在动态发生改变,在这种情况下,也可以相应地改变 n:

$$n = \frac{W(0, h)}{W(\Delta d, h)} \tag{5.56}$$

值得指出的是,这种人工应力只在颗粒发生团聚行为(即 $r_{ij} < d$)时才起作用,而在"正常"流动条件下则没有影响。

由于本书中计算的算例大部分为三维算例,假如采用传统的维度分解的方法,会非常复杂,增加计算消耗,因此,本书选取了一种较为简单同时比较有效的方法:

$$R^{\alpha\beta} = \begin{cases} -\varepsilon \dfrac{\sigma^{\alpha\beta}}{\rho^2} & \sigma^{\alpha\beta} > 0 \\ 0 & \sigma^{\alpha\beta} \leqslant 0 \end{cases} \tag{5.57}$$

5.7   二维/三维单侧颗粒堆坍塌过程数值验证

采用新建立的浓密颗粒介质的弹-黏-塑性理论及 SDPH 方法对 Bui 等[21]开展的单侧颗粒堆坍塌过程进行了数值模拟,该过程涉及由颗粒组成的土体在重力作用下坍塌引起的重力流动现象,同时土体在坍塌的过程中存在大变形、失稳破坏以及屈服流动现象。土体在屈服之前的变形运动属于类固态或准静态颗粒介质的运动;土体在屈服破坏之后的流动属于浓密颗粒介质运动问题,即颗粒类液态运动。因此,该算例可检验本书方法对于颗粒介质类固态和类液态两种状态计算的准确性,同时与实验以及传统方法计算的结果进行对比。Bui 等[21]采用基于 Drucker-Prager 屈服准则的理想弹塑性本构理论,对于屈服后的流动直接采用 Drucker-Prager 屈服准则进行模拟,由于其重点关注的是屈服剪切带发展演变,对于破坏之后的流动过程关注较少,因为该算例的最大特点是颗粒堆的高宽比较小,仅为 0.5,屈服破坏的颗粒介质流动范围较小,铺展范围小,达到屈服状态的颗粒百分比也较小,其流动特性不明显。但当颗粒堆的高宽比增大之后,达到屈服状态的颗粒逐渐增多,颗粒运动的速度增大,铺展的范围增大,这时仍采用 Drucker-Prager 屈服准则进行模拟则无法精确获得颗粒大变形流动现象,颗粒流动之后的剪切力计算不再准确,这时需要采用浓密颗粒介质的流变学理论进行模拟。

本节采用 Bui 等[21]的实验和计算结果进行对比,验证新方法在模拟低高宽比颗粒堆坍塌问题的可行性,模拟屈服剪切带问题的准确性以及颗粒类固态和类液态两种相态转变过程的有效性。

Bui 等[21]为了获得二维实验结果,采用铝条代替颗粒,仅在铝条横截面上承载类似于二维圆形颗粒的接触碰撞作用力,因此,我们首先根据该实验条件,计算二维颗粒堆坍塌过程。计算域尺寸为 $1.0\,\text{m} \times 0.1\,\text{m}$,初始铝颗粒堆尺寸为 $0.2\,\text{m} \times 0.1\,\text{m}$,如图 5.5 和表 5.1 所示。铝颗粒密度为 $2\,650\,\text{kg/m}^3$,弹性体积模量为 $0.7\,\text{MPa}$,泊松比为 0.3,摩擦角分别为 $19.8°$,颗粒相的体积分数为 0.6,颗粒间无黏性作用,设定

SDPH 粒子的尺寸为直径 0.001 m,光滑长度为 0.002 4 m,因此,计算域中共 5 000 个 SDPH 粒子,人工黏性系数分别设为 $\alpha = 0.1$, $\beta = 0.2$,人工应力系数设为 $\varepsilon = 0.3$。

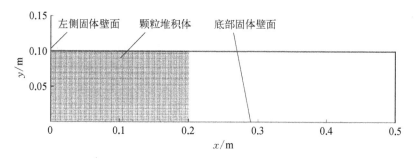

图 5.5　计算模型示意图

表 5.1　计算中的参数设置

参　　数	数　　值
整个计算域尺寸	1.0 m×0.1 m
初始颗粒堆尺寸	0.2 m×0.1 m
颗粒密度	2 650 kg/m³
颗粒的弹性体积模量	0.7 MPa
颗粒的泊松比	0.3
颗粒的内摩擦角	19.8°
初始体积分数	0.6
颗粒直径	0.001 m
$\mu(I)$ 流变学中 μ_s	tan 16.7°
$\mu(I)$ 流变学中 μ_2	tan 27.6°
$\mu(I)$ 流变学中 I_0	0.135
SDPH 粒子间距	0.002 m
SDPH 光滑长度	0.002 4 m
SDPH 粒子密度	1 590.0 kg/m³
全部 SDPH 粒子数	5 000
SPH 时间步长	0.000 01 s
SDPH 罚参数	3.0

　　图 5.6 为计算获得的不同时刻颗粒堆坍塌破坏过程,蓝色部分代表颗粒未达到完全塑性状态即处于完全弹性和弹性-微小黏塑性状态的区域,红色部分代表颗粒达到完全弹-黏-塑性状态的区域。颗粒体首先处于静止状态,在重力作用下,处于左上方悬空状态(无边界支撑)的颗粒向右前方变形运动,在变形一定程度后其所受到的应力张量不变量之间满足屈服准则后,达到屈服状态,按照塑性流动法则运动,其内部剪切力的计算发生改变,由于颗粒体在运动的过程中受到底部摩擦力和颗粒间剪切作用力的制约,处于流动状态的颗粒速度又开始降低,直至速度降低为零,又重新回到堆积状态。计算得到的休止角为 15.6°,小于摩擦角。本模拟采用关联流动塑性准则来描述颗粒介质的行为。

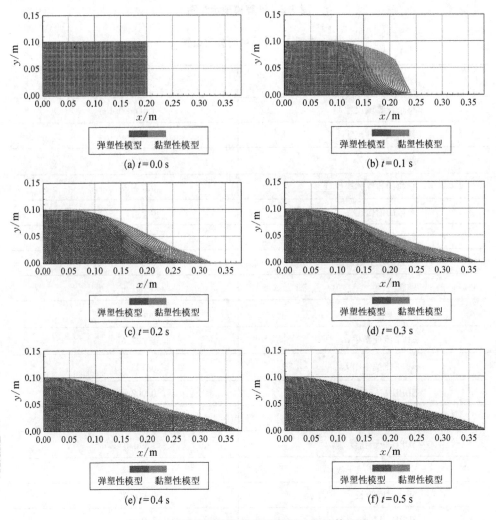

图 5.6　不同时刻颗粒堆坍塌破坏过程计算结果

　　图 5.7 为计算模拟结果与 Bui 等[21]的实验和数值模拟结果的比较,颗粒流的
表面由 SDPH 中的自由面捕捉法获得。通过检查以粒子为中心的半径球体的覆盖
范围,动态检测边界表面上的 SDPH 粒子。为每个 SDPH 粒子创建具有支持域半
径的球体。候选边界球面上的曲面圆是通过与相邻球面的相互作用得到的。使用
Dilts[22]开发的算法检查边界球面上所有曲面圆的覆盖范围。如果任何曲面圆未
完全覆盖,则候选 SDPH 粒子位于边界上。否则,SDPH 粒子为内部粒子。边界检
测方法的详细信息见文献[23]。可以看出,新模型和方法的仿真结果与实验结果
非常一致。

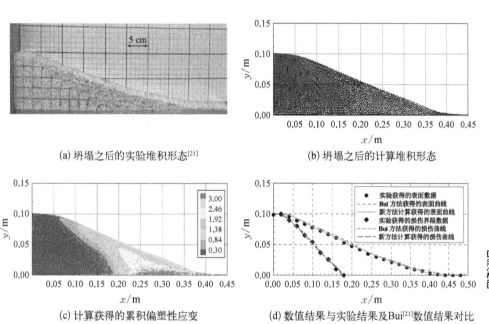

(a) 坍塌之后的实验堆积形态[21]　　　　　　(b) 坍塌之后的计算堆积形态

(c) 计算获得的累积偏塑性应变　　　(d) 数值结果与实验结果及Bui[21]数值结果对比

图 5.7　计算模拟结果与实验和其他方法计算结果的对比

　　在本试验中,将达到屈服状态的颗粒标记为破坏颗粒,并计算累积偏塑性应
变,而未达到屈服状态的颗粒标记为无破坏颗粒,且不计算其累积偏塑性应变。失
效线是失效粒子和无失效粒子之间的边界,该线通过在边界处连接粒子获得。累
积偏塑性应变如图 5.7(c)所示。损伤曲线和表面曲线如图 5.7(d)所示,可以看
出新的理论方法模拟结果与实验结果非常吻合,不仅表面形状吻合较好,而且对于
变形区和非变形区之间分离的屈服剪切带描述也非常吻合。此外,试验中颗粒体
崩塌的休止角也小于剪切试验得到的 19.8°的内摩擦角。这一结果也与先前的
SPH 模拟结果相一致。模拟结果与试验结果吻合良好,表明现有的 SDPH 模型对
非黏结性颗粒具有良好的适用性,并证实了上述弹-黏-塑性模型在 SDPH 框架下
适用于大变形和破坏流动问题。

在以上通过与实验对比验证本书理论和方法准确性的基础上,模型结构与图 5.5 保持一致,同时扩展到三维,调整计算域尺寸为 10.0 m×0.5 m×2.0 m(长×宽×高),初始颗粒堆尺寸为 4.0 m×0.5 m×2.0 m(长×宽×高),颗粒密度为 2650 kg/m³,弹性体积模量为 1.5 MPa,泊松比为 0.3,摩擦角为 20.0°,颗粒的体积分数为 0.6,颗粒间内聚力分别取 0 kPa、0.5 kPa、5 kPa。设定 SDPH 粒子的尺寸为直径 0.05 m,光滑长度为 0.06 m,因此,计算域中共 32 000 个 SDPH 粒子,人工黏性系数分别设为 $\alpha = 0.1$、$\beta = 0.2$,人工应力系数设为 $\varepsilon = 0.3$。

图 5.8 为计算获得的内聚力为 0 时不同时刻颗粒堆坍塌过程,云图表征的是颗粒堆坍塌过程中累积偏塑性应变的分布情况。首先处于静止状态,在重力作用下,处于右上方悬空状态(无边界支撑)的颗粒向右前方变形运动,在变形一定程度后其所受到的应力张量不变量之间满足屈服准则后,达到屈服状态,按照塑性流动法则运动,其内部剪切力的计算发生改变,由于颗粒体在运动的过程中受到底部摩擦力和颗粒间剪切作用力的制约,处于流动状态的颗粒速度又开始降低,直至速度降低为零,又重新回到堆积状态。计算得到的休止角为 18.3°,小于摩擦角。

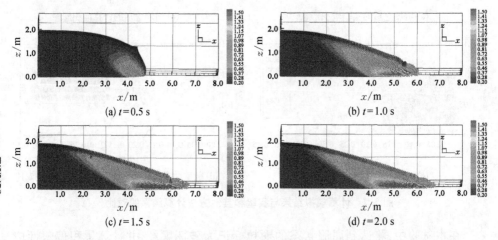

图 5.8　内聚力为 0 时颗粒堆坍塌过程(图中的颜色表示累积偏塑性应变大小)

与图 5.8 形成对比,图 5.9 为内聚力为 0.5 kPa 时不同时刻颗粒堆坍塌过程,可以看出很明显由于内聚力的作用,颗粒在坍塌的过程中累积偏塑性应变分布不再光滑有序,有一定的波动出现,损伤范围明显减小,同时右上角在坍塌的过程中易形成块状结构,如图 5.9(a)和(b)所示,最终坍塌形成的表面存在褶皱。另外,由于内聚力的作用,颗粒堆积体在运动的过程中有膨胀作用,如图 5.9(d)所示,虽然损伤区域减少了,但是整体颗粒堆铺展的范围增加了,该现象对于具有内聚力的颗粒体来说是合理的,主要是由剪切膨胀作用造成的,在 5.9 节滚筒颗粒流算例中得到证明。

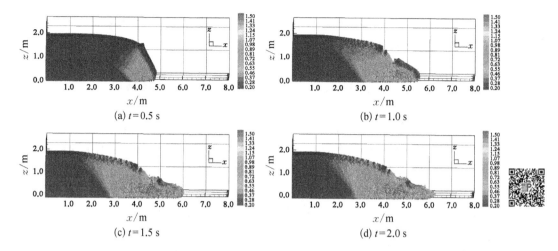

图 5.9　内聚力为 0.5 kPa 时颗粒堆坍塌过程(图中的颜色表示累积偏塑性应变大小)

　　进一步增大内聚力数值到 5 kPa,计算获得的不同时刻颗粒堆坍塌过程如图 5.10 所示。与图 5.8、图 5.9 形成对比,颗粒堆变形进一步缩小,坍塌的范围进一步减小,损伤的区域进一步减少,颗粒堆更多的是表现出整体变形运动的趋势。同时,由于内聚力的进一步增大,颗粒间的内聚作用大于剪切膨胀作用,在内聚力超过一定数值后颗粒堆的膨胀作用不再显著,颗粒堆更加表现出如固体一样。这从第 2 章所阐述的颗粒介质本构理论方面可以分析获得结论,随着内聚力的增大,处于类固态的颗粒屈服应力增大,使得更多的颗粒处于弹性变形阶段,而重力不足以引起固体的变形。这在 5.9 节算例中有很好的体现。由于本算例中很好地使用了人工应力和映射退回算法,不论在低内聚力作用下还是在高内聚力作用下都未出现拉

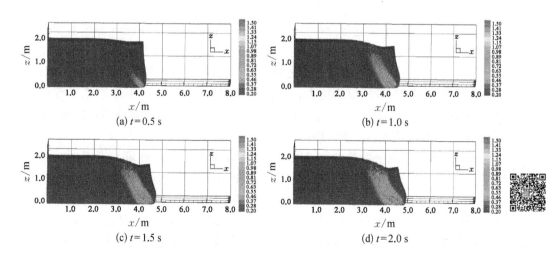

图 5.10　内聚力为 5 kPa 时颗粒堆坍塌过程(图中的颜色表示累积偏塑性应变大小)

伸不稳定问题,未出现数值断裂。这表明本书采用的方法措施很好地抑制了 SPH 方法本身存在的缺陷。

5.8　倾斜壁面上颗粒堆坍塌过程数值验证

滑坡、泥石流、火山碎屑流、雪或岩石崩塌等均是地球物理颗粒流的例子,它们通常发生在陡峭的地形上,对人类的生命和财产安全构成严重的危害。颗粒介质在失稳之后,在重力的驱动下,将快速向下游运动,颗粒的速度往往会逐渐增大,直到到达较为平缓的斜坡上才开始减速,底部的摩擦耗能克服了驱动力的作用,颗粒逐渐堆积起来。尽管对滑坡和颗粒流动力学的实验、理论以及现场观测越来越多,但是采用数值模拟完全呈现该过程,揭示该物理过程的机理,达到量化的程度还较为困难。尤其现在数值模拟大多采用的是离散单元法,计算量较大,不适于实际自然灾害问题计算。同时,由于该颗粒流位于较高的斜坡上运动,与水平壁面上的颗粒堆坍塌过程存在较大的不同,该问题中的颗粒流更容易进入类气态,尤其对于运动前端的颗粒来说,因此采用传统的描述单一颗粒流状态的本构理论或两个颗粒流状态理论相结合均无法有效模拟该问题。本节采用新的理论和方法对该过程进行数值模拟,完整地再现颗粒介质由静态到屈服流动态再到快速流动态,然后重新回到静态的动力学过程;研究坡角、颗粒堆积体体积、滑坡宽度、柱体纵横比以及可蚀性河床等因素对滑坡动力学过程和堆积体形态的影响。

通过对以上 5.7 节算例分析可以发现,由于颗粒堆是在水平面上坍塌,同时颗粒堆的高宽比较小,仅为 0.5,屈服破坏的颗粒介质流动范围较小,铺展范围小,达到屈服状态的颗粒百分比也较小,其流动特性不明显,因此,Bui 等[21]虽然未对颗粒屈服破坏之后的流动进行特殊处理,全部采用基于 Drucker-Prager 屈服准则的理想弹塑性本构理论进行描述,但是最终同样获得了较好的结果。当水平面改变为倾斜壁面或者颗粒堆的高宽比增大之后,达到屈服状态的颗粒数目逐渐增多,颗粒运动的速度增大,铺展的范围增大,这时仍采用 Drucker-Prager 屈服准则进行模拟则无法精确获得颗粒大变形流动现象,颗粒流动之后的剪切力计算不再准确,这时需要采用浓密颗粒流的流变学理论进行模拟。

另外,倾斜壁面上颗粒堆的坍塌问题与水平表面上的颗粒堆坍塌问题在颗粒流的运动机理上具有一定的不同。水平表面上的颗粒堆坍塌由于其基底表面处于水平状态,无势能转变,颗粒堆运动虽然是由重力引起的,但并非由重力主导的运动引起,重力只是起到诱导作用,颗粒间的相互作用力起了主要的作用,颗粒流动表现出一种扩散流动现象,即颗粒内部的压力作用代表了运动的主要驱动力;而对于有限尺度的倾斜壁面上的颗粒运动,不仅有扩散流动,同时重力引起的流动也占据了主要的部分;假设倾斜壁面足够陡峭、运动的路径足够长,如物料输送、雪山崩塌、滑坡灾害等,在运动方量较少的情况下,整体颗粒流动表现出浅层流动的特性,重力是主要的驱动力。本节这里涉及的是以上第二种,扩散流和重力流同时起作用的情况,传统的浅水方程计算的结果与实验存在较大误差,这里针对该问题进行数值模拟,验证新的理论方法对于此类问题求解的有效性。

Hungr 开展了倾斜壁面上颗粒堆坍塌实验[24],实验装置为一个有机玻璃组成的水槽,长 2.0 m,宽 0.35 m,高 0.2 m。干砂堆积体被一个有机玻璃门隔离,堆积体长 0.4 m、宽 0.35 m、高 0.2 m,总体积为 0.028 m³。在零时刻将封闭堆积体的垂直于床层的挡板从导轨内迅速抽出。颗粒材料为分布均匀的石英砂,呈标准的圆形颗粒,粒径为 0.5~1.0 mm。颗粒堆积时处于松散状态,体积密度为 1 630 kg/m³(即有效密度),孔隙率为 39%。水槽底部交替衬有光滑的镀锌金属板和通过将试验砂颗粒黏在一张施工纸上而制成的粗糙砂纸。数值模拟的几何结构参数与实验均保持一致,颗粒材料也与实验采用的石英砂材料参数完全一致,除上述描述的密度、粒径之外,还包括弹性模量 50 GPa,泊松比 0.3,内摩擦角 30.98°,粒径设置为恒定值 0.7 mm,对于水槽底部体现出来的摩擦特性来说,数值模拟采用设置底部摩擦系数的方式实现。采用 SDPH 方法进行离散,SDPH 粒子的密度为颗粒的有效密度 1 630 kg/m³,初始体积分数为 0.61,SDPH 粒子的直径为 5 mm,粒子总数量为 $40 \times 70 \times 80 = 224\,000$,光滑长度为 6.5 mm。图 5.11 为数值模拟所建模型与实际实验模型的对比图,完全再现实验状态。

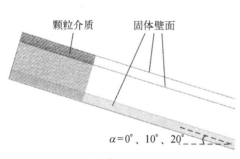

(a) 数值模拟所建模型图

(b) 实验装置图[24]

图 5.11　数值模拟所建模型图与实际实验装置图

图 5.12 为计算获得的水平表面、10°倾斜角表面和 20°倾斜角粗糙表面三种不同工况下颗粒堆坍塌运动最终形成的堆积形态图,可以看出与实验获得的三种工况下的实验结果非常吻合,不仅形态几乎相差无几,同时在堆积左端的高度、角度、颗粒流在水平方向的铺展范围、右端流动最终静止的休止角等均与实验非常吻合。

在 10°倾斜角表面条件下,左侧壁面附近的区域没有受到干扰;但是,在 20°倾斜角表面条件下,颗粒堆的左顶部完全处于颗粒堆的流动区域内。数值模拟获得的 10°倾斜角表面条件下最终颗粒流的休止角为 29°,比静态角小 2°;20°倾斜角表面条件下最终颗粒流的休止角为 27°,比静态角小 4°,其原因主要是随着倾斜角的增加,颗粒持续运动的时间延长,处于运动前端的颗粒流体积密度小于初始堆积密度,壁面倾斜角越大,该密度值越小,而颗粒介质的内摩擦角与颗粒结构的密实度息息相关,密实度越大,摩擦角越大,因此稀疏的颗粒结构体最终的休止角要明显小于密实的颗粒结构体。

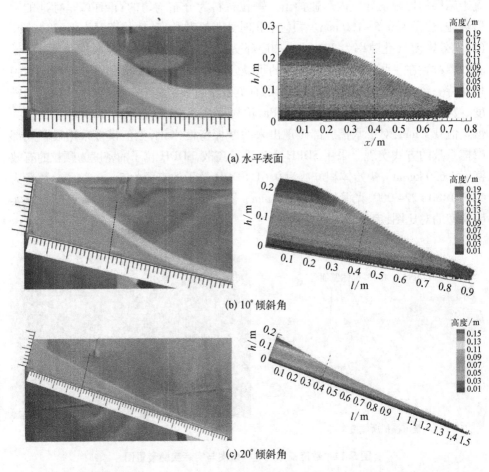

(a) 水平表面

(b) 10°倾斜角

(c) 20°倾斜角

图 5.12 三种不同倾斜角粗糙表面上颗粒堆坍塌运动最终形态与实验结果[24]对比

图 5.13 为完全光滑的表面上,在倾斜角为 0°和 10°两种情况下的颗粒流最终沉积形态图,可以看出与图 5.12 相比,同一倾斜角度下,颗粒运动的范围更广,在水平表面上,完全光滑与有摩擦情况下的运动距离增加了约 70 mm,而在倾斜角为

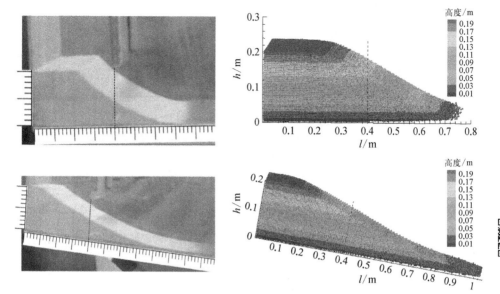

图 5.13　两种不同倾斜角完全光滑表面上颗粒堆坍塌运动最终形态与实验结果[24] 对比

10°的斜面上,完全光滑与有摩擦情况下的运动距离增加了约 160 mm,可以看出同一种壁面条件下,倾斜表面比水平表面运动的距离更大,重力流动起了很重要的作用。

图 5.14 为表面粗糙和光滑两种情况下,不同斜面倾斜角下的颗粒流表面形态曲线,图 5.15 为表面粗糙和光滑两种情况下,不同斜面倾斜角下的颗粒流运动前沿随时间变化曲线,可以看出,两种计算结果均与实验[24]吻合良好,不仅在颗粒运动过程中流动的细节可以很好地捕捉到,同时颗粒最终堆积形成的形态也能够精确计算获得,检验了新的理论方法在模拟扩散流与重力流同时起主要作用的问题上的适用性,为后续开展大型滑坡、泥石流、雪崩等问题的模拟打下了坚实的基础。

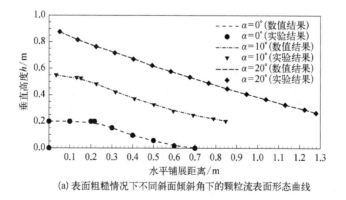

(a) 表面粗糙情况下不同斜面倾斜角下的颗粒流表面形态曲线

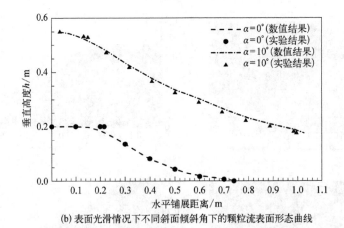

(b) 表面光滑情况下不同斜面倾斜角下的颗粒流表面形态曲线

图 5.14　表面粗糙和光滑两种情况下,不同斜面倾斜角下的颗粒流表面形态曲线

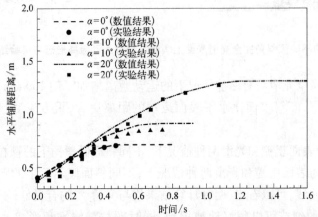

(a) 表面粗糙情况下不同斜面倾斜角下的颗粒流运动前沿随时间变化曲线

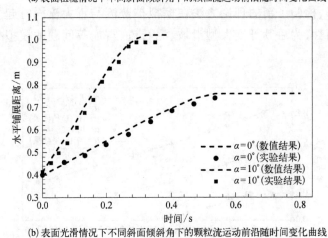

(b) 表面光滑情况下不同斜面倾斜角下的颗粒流运动前沿随时间变化曲线

图 5.15　表面粗糙和光滑情况下不同斜面倾斜角下的颗粒流运动前沿随时间变化曲线

5.9　滚筒颗粒流问题数值验证

5.9.1　滚筒内无内聚力的干颗粒材料运动过程数值模拟

除了颗粒堆的坍塌问题,我们还选择以旋转圆筒内粉末的运动过程为对象,深入研究不考虑内聚力的干颗粒的崩塌动力学过程,这是颗粒和粉末系统中普遍存在同时又非常重要的一种现象,例如与人类生产生活息息相关且广泛应用于材料加工、生物制药、公路桥梁等多领域的料斗和筒仓内颗粒的装卸载、粉末搅拌机、烘干机、涂料机、包覆机等,对人类生命和财产造成较大威胁的雪崩、山体塌方、岩石崩塌等,寻找此类问题产生的机理是长时间以来科学家孜孜不倦的追求。

本算例选取了 Alexander 等[25]开展的圆柱筒内无黏结性的干燥物质崩塌实验作为计算案例,圆柱筒长为 42 cm,直径为 14 cm,圆柱筒水平放置,颗粒为完全干燥的无黏性玻璃珠,玻璃珠直径为 0.7 mm,密度为 2 500 kg/m³,初始体积分数为 0.6,体积密度为 1 500 kg/m³,弹性模量为 72 GPa,泊松比为 0.2,内摩擦角为 24°。采用 SDPH 方法进行初始离散,SDPH 粒子的密度为颗粒的有效密度 1 500 kg/m³,SDPH 粒子的直径为 2 mm,粒子总数量为 220 650,光滑长度为 3.0 mm。图 5.16 为数值模拟所建模型与实验模型[25]示意图对比。圆柱筒以恒定的角速度($\omega = 7$ r/min)运动,筒壁与颗粒之间有壁面摩擦力存在,法向接触力按照罚函数方法计算,切向摩擦力按照摩擦力模型计算,摩擦力系数为 1.4。

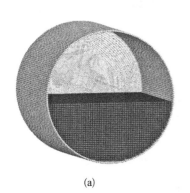

(a)　　　　　　　　　　　　　　　　(b)

图 5.16　数值模拟所建模型(a)及实验模型图(b)

图 5.17 为计算获得的干燥无黏性玻璃珠颗粒在圆柱筒旋转过程中达到稳定状态后颗粒分布情况与实验结果对比。用于确定动态休止角的方法如图 5.18 所示。主要包括两个步骤:第一步是使用 SDPH 中的自由表面捕获方法检测边界表面上的粒子(见 5.7 节)。与 5.7 节不同的是,该算例中曲面只有一个动态休止角。采用最小二乘方法对这些特征点进行拟合,得到曲面的近似直线。直线和水平线

之间的角度即滚筒颗粒流的动态休止角。从图 5.17(a)颗粒分布形态可以看出干燥无黏性的颗粒体在旋转过程中无任何的历史依赖性,颗粒材料的动态休止角基本保持不变,计算获得的动态休止角为 25.6°,实验获得的动态休止角为 26.8°,两者吻合较好,误差为 4.7%。为深入认识颗粒在筒内的运动状态,对颗粒的速度矢量进行提取分析,如图 5.17(b)所示,可以看到颗粒绕着一个中心区域形成一个稳定的涡流,不存在某一周期性的崩塌现象。为了检验粒子尺度的无关性,SDPH 粒子的直径增大到 5 mm,SDPH 粒子的数量减少至 32 742 进行了计算,如图 5.19 所示,同样通过颗粒的形态分布和速度矢量分布可以看出,虽然增大了颗粒的尺度,但是对于最终筒内颗粒的形态来说影响不大,因此可以得出这样的结论:只要颗粒的尺度在一定的范围之内,具有粒子无关性,可以采用较小的计算量获得满意的计算结果。

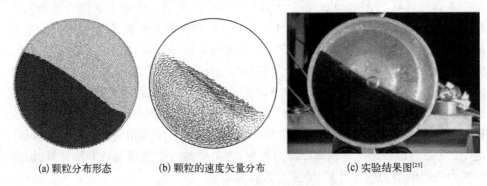

(a) 颗粒分布形态　　　　(b) 颗粒的速度矢量分布　　　　(c) 实验结果图[25]

图 5.17　计算结果与实验结果对比

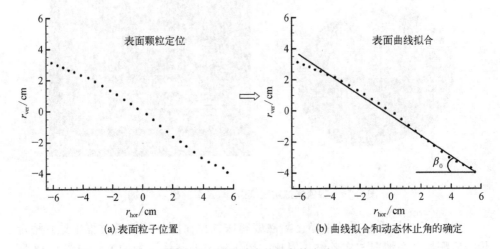

(a) 表面粒子位置　　　　　　　　(b) 曲线拟合和动态休止角的确定

图 5.18　确定动态休止角的方法

　　表征颗粒材料在滚筒内的流动特性的参量除了上面提到的动态休止角之外,还有一个参量为流动层厚度,这两个参量的定义如图 5.20 所示。Pignatel

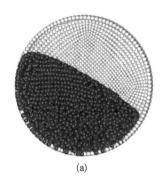
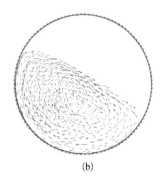

(a)　　　　　　　　　　　　　　(b)

图 5.19　增加 SDPH 粒子直径后计算获得的形态图(a)及速度矢量分布图(b)

等[26]采用实验数据拟合的方式对这两个参量的
标度率特性进行了研究,获得了不同参数影响下
的分布特性。我们在前面开展的单一工况的基础
上,对不同转速、不同颗粒直径、不同重力加速度
等参数影响下流动层厚度和动态休止角的大小进
行了计算,与实验获得的标度率曲线进行了对比,
如图 5.21 所示。图 5.21(a)为流动层厚度与干
颗粒材料的无量纲参量之间的关系曲线,实验数
据采用 Pignatel 等[26]实验获取的数据,拟合获得
的标度率曲线公式为 $\delta_0/d \approx A(Q^*)^{\alpha}$,其中,$A =$
4.6,$\alpha = 0.23$,数值模拟的结果与该曲线基本吻
合,偏差不大于 5%;图 5.21(b)为动态休止角与
无量纲参量之间的关系曲线,实验数据同样采用

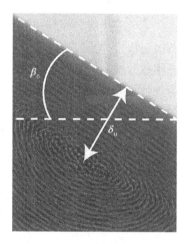

**图 5.20　流动层厚度与动态
休止角示意图[26]**

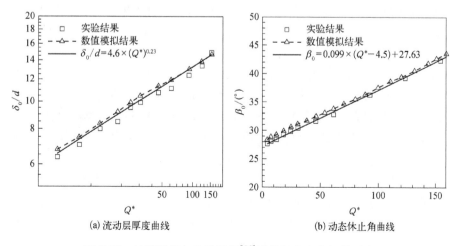

(a) 流动层厚度曲线　　　　　　　　(b) 动态休止角曲线

图 5.21　计算结果与实验数据[26]及其标度率之间的对比

Pignatel 等[26]实验获取的数据,拟合获得的标度率曲线公式为 $\beta_0 \approx A(Q^* + B) + C$, $A = 0.099$, $B = -4.5$, $C = 27.63$,数值模拟的结果与该曲线基本吻合,偏差同样不大于 5%。

5.9.2 滚筒内黏结性颗粒周期性坍塌过程数值模拟

旋转滚筒是一种广泛应用于研究粉末颗粒在松散状态和内聚状态下流动特性的装置,最为典型的是采用该装置研究颗粒堆积体的崩塌行为。进行该试验不需要大量的样品预处理,可快速进行,重复实验,无需操作人员外部干预。此外,与其他常用的颗粒堆积体运动实验(如 5.7 节和 5.8 节进行的颗粒堆坍塌实验)相比,旋转滚筒可以检测各种添加剂带来的粉末流动性的变化,具有更高的精度和复现性。早期采用旋转滚筒主要研究无黏性材料的运动规律,但近些年来,针对黏性材料的崩塌行为研究逐渐越来越多。本节就采用新建立的理论模型和数值方法对这一问题开展数值试验,对黏结性颗粒系统可能表现出来的不同流动模式和物理行为进行研究,一方面验证新理论和方法的适用性,另一方面试图揭示滚筒内黏结性颗粒的运动机理。

本算例首先选取了 Alexander 等[25,27]开展的圆柱筒内黏结性的颗粒崩塌实验作为计算案例,圆柱筒长为 20 cm,直径为 14 cm,圆柱筒水平放置,选择两种颗粒进行数值模拟,一种是具有黏聚力的湿玻璃珠,玻璃珠直径为 0.7 mm,密度为 2 500 kg/m³,初始体积分数为 0.6,体积密度为 1 500 kg/m³,弹性模量为 70 MPa,泊松比为 0.2,内摩擦角为 24°,内聚力为 50 kPa;另一种是具有黏聚力的普通磨碎乳糖,乳糖直径为 0.05 mm,密度为 1 520 kg/m³,初始体积分数为 0.6,体积密度为 912 kg/m³,弹性模量为 20 MPa,泊松比为 0.25,内摩擦角为 22°,内聚力为 100 kPa。采用 SDPH 方法进行初始离散,SDPH 粒子的密度为颗粒的有效密度,SDPH 粒子的直径为 4.0 mm,粒子总数量为 220 650,光滑长度为 6.0 mm。圆柱筒以恒定的角速度($\omega = 7$ r/min)运动,筒壁与颗粒之间有壁面摩擦力存在,法向接触力按照罚函数方法计算,切向摩擦力按照摩擦力模型计算,摩擦力系数为 1.4。

图 5.22 为计算获得的滚筒内湿玻璃珠稳定运动状态计算结果与实验结果对比,不同于干性玻璃珠稳定运动状态[26],湿玻璃珠之间的内聚力使得颗粒在滚筒内呈现周期性的崩塌现象,在崩塌前以不规则形状存在,颗粒堆积体的自由表面也不再是一个平面,而呈现出波浪状曲面,同时很明显的是在颗粒堆积体的最高点处,颗粒体不再与旋转筒壁面接触,而是呈现脱离状态,脱离的部分悬浮在空间中受到重力作用而与主颗粒体之间形成剪切带,进而周期性地塌落,直到下一个脱体部分形成。从计算结果与实验结果的对比来看,吻合较好,计算结果很好地捕捉到了典型的周期性崩塌现象,同时达到稳定状态的休止角也基本一致。

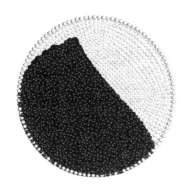 

(a) 计算获得的湿玻璃珠稳定运动状态　　　　　(b) 实验获得的湿玻璃珠运动状态[26]

图 5.22　滚筒内湿玻璃珠稳定运动状态计算结果与实验结果对比

　　进一步增大内聚力的数值,同时降低颗粒的直径,选择普通乳糖进行数值模拟,图 5.23 为计算获得的筒内乳糖稳定运动状态计算结果与实验结果对比。可以看到,随着内聚力的增加,崩塌前的动态休止角进一步增加,颗粒体的自由表面更加不规则,同时,处于颗粒堆积体最高点且不与壁面接触,处于空间悬浮状态的部分体积更大。

(a) 计算获得的普通磨碎乳糖稳定运动状态　　　(b) 实验获得的普通磨碎乳糖运动状态[27]

图 5.23　滚筒内普通磨碎乳糖稳定运动状态计算结果与实验结果对比

　　在数值模拟过程中发现,含内聚力的颗粒在不断滚动过程中体积有膨胀的趋势,通过实验也证实了该结论。同时,颗粒在滚筒内周期性坍塌,不断处于类固态和类液态的转变与共存状态。因此,通过检验滚筒内颗粒由内聚力而产生的膨胀量的大小,可以进一步验证本书理论和方法对于浓密颗粒材料内聚力计算的准确性。图 5.24 为计算的三种不同颗粒体积膨胀量随旋转次数的增加而发生变化的曲线,随着旋转次数的增加,膨胀量逐渐增大,在转动超过 1 圈到 1.5 圈左右时膨胀量基本保持不变;同时,随着内聚力的增大,膨胀量逐渐增大;我们也可以发现另外一点,内聚力大到一定程度后,随着时间的延长,膨胀量有减小的趋势,这可能与更多的颗粒间产生接触从而产生更大的内聚力而抵消掉膨胀量甚至降低膨胀量有关。

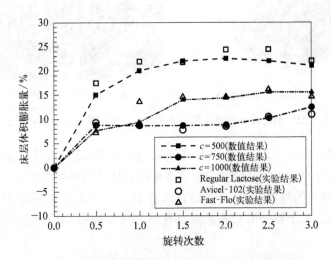

图 5.24 颗粒体积膨胀量随旋转次数的增加的变化情况

为了进一步测试转速不同对滚筒内颗粒崩塌的影响,我们对 Yang 等[28]在2016 年开展的滚筒实验进行了数值验证。滚筒尺寸为 200 mm×150 mm(内径×长度),颗粒同样为具有内聚力的磨碎乳糖粉,乳糖颗粒直径为 0.028 9 mm,密度为1 540 kg/m³,初始体积分数为 0.6,体积密度为 924 kg/m³,弹性模量为 20 MPa,泊松比为 0.25,内摩擦角为 22°,内聚力为 100 kPa。采用 SDPH 方法进行初始离散,SDPH 粒子的密度为颗粒的有效密度,SDPH 粒子的直径为 4.0 mm,粒子总数量为32 742,光滑长度为 4.8 mm。圆柱筒以角速度 $\omega = 10$ r/min 和 $\omega = 15$ r/min 转动,筒壁与颗粒之间有壁面摩擦力存在,法向接触力按照阈函数方法计算,切向摩擦力按照摩擦力模型计算,摩擦力系数为 1.4。

图 5.25 为转速为 10 r/min 时颗粒堆积体形态计算与实验对比,图 5.26 为转速为 15 r/min 时颗粒堆积体形态计算与实验对比,可以看出随着转速的增加,粉末坍塌的自由表面形态更为平坦,处于筒内势能最大的颗粒数目减小,动态休止角减小,表面同样显示出不规则性,计算结果与实验结果基本吻合,但是由于计算过程中针对大量的粉末采用有限的 SDPH 粒子表征,颗粒体的自由表面无法体现出更多的褶皱细节,需要采用更细小的粒子进行建模计算,以后进一步研究。

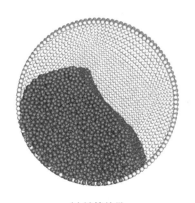
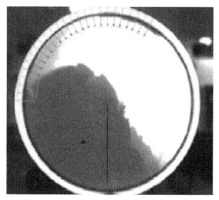

(a) 计算结果 　　　　　　　　　　　(b) 实验结果[28]

图 5.25　转速为 10 r/min 时颗粒堆积体形态计算与实验对比

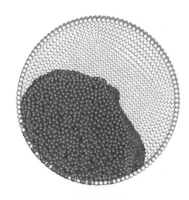
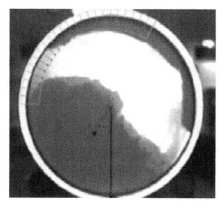

(a) 计算结果 　　　　　　　　　　　(b) 实验结果[28]

图 5.26　转速为 15 r/min 时颗粒堆积体形态计算与实验对比

2.6 节对由少量水分加入而引起颗粒间内聚的现象进行了数值模拟,通过控制内聚力系数可呈现出湿颗粒的各种现象,Liu 等[29]同样采用在颗粒中加入少量水分的方法对湿颗粒在滚筒内的运动规律进行了研究,获得了动态休止角(表面倾斜角)随时间变化曲线,本书为了验证计算获得的滚筒内颗粒周期性崩塌规律,对该过程数据进行了提取分析,与实验及 DEM 计算结果[29]进行了对比,如图 5.27所示,可以看出明显的周期性坍塌过程,在初始两个周期内由于颗粒内部的重排,颗粒表面倾斜角较大,随后进入稳定的周期性波动过程中,由于提取的时刻不能足够小,因此在每个波峰和波谷位置处,波动曲线不够光滑,同时基于连续介质力学的粒子类算法中,每个粒子的信息为其位置处相应物质信息的局部平均值,因此,获得的数值带有一定的光滑性,在波峰与波谷处数据有少量偏差,但新的方法相比于 DEM 来说计算量较少,计算参量更依赖于实验可测的宏观参量。

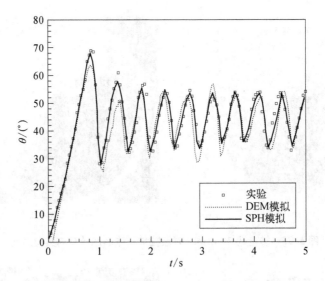

图 5.27   采用不同方法获得的动态休止角随时间变化曲线

5.10   小   结

　　基于连续介质力学理论,可以建立浓密颗粒介质的弹-黏-塑性本构模型,如第 2 章所示。在此基础上,对该模型求解需要引入合适的数值方法。通过分析发现,SPH 方法是一种较为合适的方法。但在传统 SPH 方法中,粒子携带计算的所有信息,能够在空间运动,形成了求解流体动力学守恒定律的偏微分方程的计算框架,因此,传统 SPH 方法通常用于求解连续相流体问题。由于离散颗粒与连续流体性质相差较远,传统 SPH 方法不能用于离散颗粒相的求解。因此,本章节基于浓密颗粒介质的弹-黏-塑性本构理论,通过增加 SPH 粒子所表征的颗粒的材料属性,推导了 SPH 粒子属性与颗粒属性间的关系式,将 SPH 方法改造成适于离散相求解的 SDPH 方法,可以建立 SPH 粒子与真实颗粒间的一一对应关系。

　　通过与传统 SPH 方法的对比及算例验证可以得出以下结论:① SDPH 单粒子可以表征具有一系列特定粒径分布的真实颗粒群,属于"粗粒径"的模拟方法,从而真实颗粒系统采用较少的 SDPH 粒子即可完成计算,大大减小了计算量;② 突破了传统 SPH 方法材料属性固定,粒子仅作为几何质点的局限,拓展至具有物理质点特性的范畴,不仅拓展了 SPH 方法的应用范围,同时为 SPH 未来发展指明了一条可行的方向;③ 通过 SDPH 方法计算所获得的颗粒分布等结果,虽然为"伪"颗粒的结果,但这些颗粒的属性代表真实颗粒的统计物理量,反映了真实颗粒属性的变化过程,完全再现颗粒介质的运动变化细节。

　　为了验证所建立的浓密颗粒介质 SDPH 方法对于颗粒问题求解的准确性,本章将浓密颗粒介质 SDPH 方法应用于二维/三维单侧颗粒堆坍塌过程、倾斜壁面上颗粒堆坍塌过程、滚筒内颗粒运动过程三类典型案例的数值模拟,不仅检验了干燥无黏性的浓密颗粒介质 SDPH 方法的有效性,还验证了考虑内聚力的数值方法同样对浓密颗粒介质问题计算具有较好的精度,同时稳定性好,可靠性高,适用于不同领域内的工程问题计算。另外,还对粒子无关性进行了验证,通过与实验获得的标度率曲线进行对比,表明参数适用范围广。

参考文献

[1] LIU G R, LIU M B. Smoothed particle hydrodynamics: a meshfree particle method [M]. Singapore: World Scientific Publishing Co. Pte. Ltd, 2003.

[2] MONAGHAN J J. Simulating free surface flows with SPH [J]. Journal of Computational Physics, 1994, 110(2): 399 − 406.

[3] FLEBBE O, MUENZEL S, HEROLD H, et al. Smoothed particle hydrodynamics: physical viscosity and the simulation of accretion disks [J]. Astrophysical Journal, 1994, 431(2): 754 − 760.

[4] MORRIS J P, FOX P J, ZHU Y. Modeling low reynolds number incompressible flows using SPH [J]. Journal of Computational Physics, 1997, 136(1): 214 − 226.

[5] VIOLEAU D, ISSA R. Numerical modelling of complex turbulent free-surface flows with the SPH method: an overview [J]. International Journal for Numerical Methods in Fluids, 2007, 53(2): 277 − 304.

[6] MONAGHAN J J. On the problem of penetration in particle methods [J]. Journal of Computational Physics, 1989, 82(1): 1 − 15.

[7] BRACKBILL J U, KOTHE D B, ZEMACH C. A continuum method for modeling surface tension [J]. Journal of Computational Physics, 1992, 100: 335 − 354.

[8] MORRIS J P. Simulating surface tension with smoothed particle hydrodynamics [J]. International Journal for Numerical Methods in Fluids, 2000, 33(3): 333 − 353.

[9] ISLAM M R I, PENG C. A total Lagrangian SPH method for modelling damage and failure in solids [J]. International Journal of Mechanical Sciences, 2019: 157 − 158.

[10] CHEN J K, BERAUN J E, CARNEY T C. A corrective smoothed particle method for boundary value problems in heat conduction [J]. International Journal for Numerical Methods in Engineering, 1999, 46: 231 − 252.

[11] BONET J, LOK T S L. Variational and momentum preservation aspects of smooth particle hydrodynamic formulations [J]. Computer Methods in Applied Mechanics and Engineering, 1999, 180(1): 97 − 115.

[12] CHEN F Z, QIANG H F, GAO W R. A coupled SDPH-FVM method for gas-particle multiphase flows: methodology [J]. International Journal for Numerical Methods in Engineering, 2016, 109(1): 73 − 101.

[13] CHEN F Z, QIANG H F, GAO W R. Coupling of smoothed particle hydrodynamics and finite volume method for two-dimensional spouted beds [J]. Computer and Chemical Engineering, 2015, 77: 135 − 146.

[14] CHEN F Z, QIANG H F, GAO W R. Simulation of aerolian sand transport with SPH-FVM coupled method[J]. Acta Physica Sinica, 2014, 63(13): 130202.

[15] CHEN F Z, QIANG H F, GAO W R. Numerical simulation of heat transfer in gas-particle two-phase flow with smoothed discrete particle hydrodynamics[J]. Acta Physica Sinica, 2014, 63(23): 230206.

[16] CHEN F Z, QIANG H F, GAO W R. Numerical simulation of fuel dispersal into cloud and its combustion and explosion with smoothed discrete particle hydrodynamics[J]. Acta Physica Sinica, 2015, 64(11): 110202.

[17] YOUNG J, TEIXEIRA-DIAS F, AZEVEDO A, et al. Adaptive total Lagrangian Eulerian SPH for high-velocity impacts[J]. International Journal of Mechanical Sciences, 2021, 192(3): 106 - 108.

[18] SWEGLE J W, ATTAWAY S W, HICKS D L. Smoothed particle hydrodynamics stability analysis[J]. Journal of Computational Physics, 1995, 116(1): 123 - 134.

[19] MONAGHAN J J. SPH without a tensile instability[J]. Journal of Computational Physics, 2000, 159: 290 - 311.

[20] GRAY J P, MONAGHAN J J, SWIFT R P. SPH elastic dynamics[J]. Computer Methods in Applied Mechanics and Engineering, 2001, 190: 6641 - 6662.

[21] BUI H H, FUKAGAWA R, SAKO K, et al. Lagrangian meshfree particles method (SPH) for large deformation and failure flows of geomaterial using elastic-plastic soil constitutive model [J]. Journal for Numerical and Analytical Methods in Geomechanics, 2010, 32(12): 1537 - 1570.

[22] DILTS G A. Moving least-squares particle hydrodynamics II: conservation and boundaries[J]. International Journal for Numerical Methods in Engineering, 2000, 48(10): 1503 - 1524.

[23] HAQUE A, DILTS G A. Three-dimensional boundary detection for particle methods[J]. Journal of Computational Physics, 2007, 226: 1710 - 1730.

[24] HUNGR O. Simplified models of spreading flow of dry granular material[J]. Canadian Geotechnical Journal, 2008, 45: 1156 - 1168.

[25] ALEXANDER A W, CHAUDHURI B, FAQIH A M, et al. Avalanching flow of cohesive powders[J]. Powder Technology, 2006, 164: 13 - 21.

[26] PIGNATEL F, ASSELIN C, KRIEGER L, et al. Parameters and scalings for dry and immersed granular flowing layers in rotating tumblers[J]. Physical Review E-Statistical, Nonlinear, and Soft Matter Physic, 2012, 86: 011304.

[27] FAQIH A M, CHAUDHURI B, ALEXANDER A W, et al. An experimental/computational approach for examining unconfined cohesive powder flow [J]. International Journal of Pharmaceutics, 2006, 324: 116 - 127.

[28] YANG H, JIANG G L, SAW H Y, et al. Granular dynamics of cohesive powders in a rotating drum as revealed by speckle visibility spectroscopy and synchronous measurement of forces due to avalanching[J]. Chemical Engineering Science, 2016, 146: 1 - 9.

[29] LIU P Y, YANG R Y, YU A B. Dynamics of wet particles in rotating drums: effect of liquid surface tension[J]. Physics of Fluids, 2011, 23: 013304.

第 6 章
稀疏颗粒流模拟的 SDPH 方法

6.1 引　言

　　相比于浓密颗粒流,稀疏颗粒流在自然界和工业工程中存在更为广泛,如化工中的流化床、发动机内颗粒物的流动,以及自然界中的风沙、雨雪等大部分情况下均属于稀疏颗粒流范畴。稀疏颗粒流理论发展历史也较为悠久,如经典的颗粒动理学理论是近年来发展起来的一种用于描述颗粒相运动的力学模型,其思想源于稠密气体动理学理论。作为连接微观颗粒和宏观流体间性质的桥梁,颗粒动理学利用经典力学和统计力学定律来解释和预期颗粒相的宏观性质。该模型适用于绝大多数颗粒流体系统的描述,适合于大规模工程计算,并且该模型可以与连续相模型建立很好的连接。由于稀疏颗粒流系统中的颗粒以两两间相互碰撞为主,属于能量耗散系统,在给定颗粒初始能量的基础上,动能会逐渐耗散完毕趋于静止状态,因此要保持运动状态,必须依靠外部流场的拖曳力持续给颗粒系统提供能量。

　　本章首先根据稀疏颗粒流的颗粒动理学理论建立了稀疏颗粒流模拟的 SDPH 方法,与浓密颗粒流模拟的 SDPH 方法在算法框架上保持一致;其次,根据颗粒动理学与连续介质力学相耦合的双流体模型,论述了稀疏颗粒流模拟的 SDPH 与有限体积耦合方法;在此基础上,进一步考虑颗粒的蒸发与燃烧、颗粒间的碰撞聚合与破碎现象,建立了相应的算法;最后,采用燃料空气炸药爆炸抛撒成雾与爆轰算例进行了数值验证。

6.2　稀疏颗粒流模拟的 SDPH 方法

　　描述稀疏颗粒流的 SDPH 方法与描述浓密颗粒流的 SDPH 方法基本相同,主要区别在两种不同流动状态的颗粒运动方程和本构模型上。SDPH 方法的基本思想和与传统 SPH 方法的区别见 5.4 节所述。这里将具体的方法公式描述如下。

　　对于颗粒相可近似看成不可压缩拟流体,在计算颗粒相内部黏性耗散和热传导时,由于二阶导数在计算时精度不高,并且粒子秩序较差,因此这里采用 Cleary 等[1]在模拟热传导时使用的方法,Morris 等[2]也应用此方法来近似黏性项,模拟低雷诺数不可压缩流动问题,并将该方法表述为有限差分法与 SPH 一阶导数相结合的方法。由此可得,颗粒相守恒方程(3.26)、方程(3.27)、方程(3.31)的 SDPH 离散方程组为

$$\frac{\mathrm{d}\rho_i}{\mathrm{d}t} = \sum_{j=1}^{N} m_j \boldsymbol{v}_{ij} \cdot \nabla_i W_{ij} \tag{6.1}$$

$$\frac{\mathrm{d}\boldsymbol{v}_i}{\mathrm{d}t} = -\sum_{j=1}^{N} m_j \left(\frac{\sigma_i}{\rho_i^2} + \frac{\sigma_j}{\rho_j^2} + \Pi_{ij} \right) \nabla_i W_{ij} - \frac{\nabla p}{\rho_{\mathrm{p}}} + \boldsymbol{g} + \boldsymbol{R}_{\mathrm{gp}}'^{\mathrm{sdph}} + \frac{\boldsymbol{f}_i^{\mathrm{bp}}}{\rho_i} \tag{6.2}$$

$$\begin{aligned}
\frac{\mathrm{d}\theta_{\mathrm{p}i}}{\mathrm{d}t} = \frac{2}{3} \Bigg(& \frac{1}{2} \sum_{j=1}^{N} m_j \boldsymbol{v}_{ji} \left(\frac{\sigma_i}{\rho_i^2} + \frac{\sigma_j}{\rho_j^2} - \Pi_{ij} \right) \nabla_i W_{ij} \\
& + \sum_{j=1}^{N} m_j \left(\frac{k_{\mathrm{p}}(\nabla\theta_{\mathrm{p}})_i}{\rho_i^2} + \frac{k_{\mathrm{p}}(\nabla\theta_{\mathrm{p}})_j}{\rho_j^2} \right) \nabla_i W_{ij} - N_{\mathrm{c}}\theta_{\mathrm{p}i} - \phi_{\mathrm{gp}} \Bigg)
\end{aligned} \tag{6.3}$$

式中,应力 $\sigma = -p_{\mathrm{p}}\boldsymbol{I} + \boldsymbol{\tau}_{\mathrm{p}}$,正压力的计算不同于传统 SPH 使用的弱可压缩状态方程,采用颗粒动力学的压力项计算方法,公式为式(3.42);黏性项公式为式(3.43)、式(3.44);$\boldsymbol{f}_i^{\mathrm{bp}}$ 为壁面力;ρ_i 为 SDPH 粒子 i 的密度(即颗粒相有效密度);ρ_{p} 为颗粒的实际密度;速度矢量 $\boldsymbol{v}_{ij} = \boldsymbol{v}_i - \boldsymbol{v}_j$。拟温度梯度 $\nabla\theta_{\mathrm{p}}$ 的 SDPH 离散公式为

$$(\nabla\theta_{\mathrm{p}})_i = m_i \sum_{j=1}^{N} \frac{\theta_{\mathrm{p}j} - \theta_{\mathrm{p}i}}{\rho_{ij}} \nabla_i W_{ij} \tag{6.4}$$

上述方程组中忽略颗粒相的能量守恒关系。

由于 SDPH 粒子表征一系列具有一定粒径分布的颗粒,因此作用于 SDPH 粒子上单位质量曳力 $\boldsymbol{R}_{\mathrm{gp}}'^{\mathrm{sdph}}$ 及对流换热量 $\varepsilon_{\mathrm{gp}}^{\mathrm{sdph}}$ 为

$$\boldsymbol{R}_{\mathrm{gp}}'^{\mathrm{sdph}} = \frac{F_{\mathrm{SDPH}}}{m_{\mathrm{SDPH}}} = \frac{\displaystyle\sum_k^N \boldsymbol{R}_{\mathrm{gp}}'^{k} m_k}{\displaystyle\sum_k m_k} \tag{6.5}$$

$$\varepsilon_{\mathrm{gp}}^{\mathrm{sdph}} = \frac{\phi_{\mathrm{SDPH}}}{m_{\mathrm{SDPH}}} = \frac{\displaystyle\sum_k^N \varepsilon_{\mathrm{gp}}^{k} m_k}{\displaystyle\sum_k^N m_k} \tag{6.6}$$

其中

$$m_k = \rho_{\mathrm{d}} \left(\frac{\pi d_{\mathrm{d}}^2}{4} \right) \ (\text{二维}) \tag{6.7}$$

式中,$\boldsymbol{R}_{\mathrm{gp}}'^{k}$ 为作用于颗粒 k 上的曳力;$\varepsilon_{\mathrm{gp}}^{k}$ 为作用于颗粒 k 上的对流换热量;N 为 SDPH 粒子所表征的颗粒的数量。

6.3　气体-颗粒两相流模拟的 SDPH – FVM 耦合方法

6.3.1　气体相求解的 FVM 方法

对于 FVM，在空间离散的四边形网格上构造控制体。气体相守恒方程 (4.25)、方程(4.26)在控制体上构造的动力学平衡方程如下：

$$\frac{\partial}{\partial t}\int_V \alpha_g \rho_g \mathrm{d}V + \oint_S \alpha_g \rho_g (\boldsymbol{v}_g \cdot \boldsymbol{n})\mathrm{d}S = 0 \tag{6.8}$$

$$\frac{\partial}{\partial t}\int_V \alpha_g \rho_g \boldsymbol{v}_g \mathrm{d}V + \oint_S \alpha_g \rho_g \boldsymbol{v}_g (\boldsymbol{v}_g \cdot \boldsymbol{n})\mathrm{d}S$$

$$= -\oint_S \alpha_g P_g \cdot \boldsymbol{I} \cdot \boldsymbol{n}\mathrm{d}S + \oint_S \boldsymbol{\tau}_g \cdot \boldsymbol{n}\mathrm{d}S + \int_V (\boldsymbol{R}_{gp} + \alpha_g \rho_g \boldsymbol{g})\mathrm{d}V \tag{6.9}$$

其中，$\boldsymbol{I}$ 为单位矩阵；V 为流体所占据体积；S 为占据体积边界的面积；$\boldsymbol{n}$ 为垂直于面 S 的单位法向量。方程(6.8)、方程(6.9)计算的解在交错网格上获得，如图 6.1 所示。压力、密度、黏度、拟温度、熔值及其他离散颗粒属性都定义在网格中心处，速度的水平分量定义于垂直网格面的中心，速度的垂直分量则定义于水平网格面的中心位置。

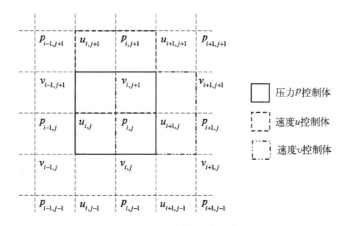

图 6.1　FVM 交错网格示意图

方程(6.8)、方程(6.9)的有限体积离散式如下：

$$\frac{(\alpha_g \rho_g \Delta V)^{n+1} - (\alpha_g \rho_g \Delta V)^n}{\Delta t} + \sum_{\text{faces}} \alpha_g \rho_g (\boldsymbol{v}_g \cdot \boldsymbol{n})\Delta S = 0 \tag{6.10}$$

$$\frac{(\alpha_g \rho_g \boldsymbol{v}_g \Delta V)^{n+1} - (\alpha_g \rho_g \boldsymbol{v}_g \Delta V)^n}{\Delta t} + \sum_{\text{faces}} (\alpha_g \rho_g \boldsymbol{v}_g (\boldsymbol{v}_g \cdot \boldsymbol{n})\Delta S)^n \tag{6.11}$$

$$= -\sum_{\text{faces}} (\alpha_g p_g \cdot \boldsymbol{I} \cdot \boldsymbol{n}\Delta S)^{n+1} + \sum_{\text{faces}} (\boldsymbol{\tau}_g \cdot \boldsymbol{n}\Delta S)^n + (\boldsymbol{R}_{gs} + \alpha_g \rho_g \boldsymbol{g})n\Delta V$$

方程组采用基于压力-速度耦合的压力关联方程的半隐式算法(semi-implicit method for pressure-linked equation, SIMPLE)[3,4]求解。该算法的主要思想即首先在交错网格的压力网格点上给定压力的初始近似值,相应在速度网格点上给定速度近似值,由动量方程式求出下一时刻速度的估计值,而后代入压力修正公式,求解出所有内部网格点上的压力修正值,进而求得下一时刻的压力值,用该值重新求解动量方程,迭代直至收敛。

6.3.2　SDPH-FVM 耦合框架

第5章基于颗粒动力学阐述了适于离散颗粒求解的 SDPH 方法,在该方法中将颗粒相等效为拟流体。而在 TFM 中,颗粒相同样类比于拟流体来进行求解。因此,基于 TFM,可以建立 SDPH 与 FVM 间耦合的桥梁。

图6.2列出了现有的五种不同方法的耦合框架示意图。可以看出,在欧拉-欧拉(Euler-Euler)方法中,颗粒相的密度由颗粒的体积分数描述,无法得到单颗粒的信息。在欧拉-拉格朗日(Euler-Lagrange)方法中,离散颗粒直接由颗粒来表征,颗粒间碰撞的结果通过概率模型计算得到,对于软球模型来说通过计算接触过程中颗粒的变形历史计算接触力,计算量大,对于硬球模型来说,假定颗粒间的相互作用为二元的且瞬时发生,造成体积分数使用受限。为了得到小尺度上的微观特征量,在拉格朗

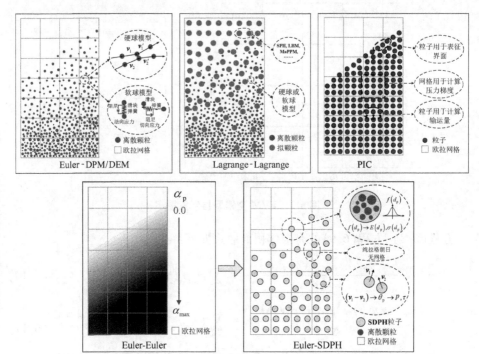

图 6.2　不同方法耦合框架对比

日-拉格朗日(Lagrange-Lagrange)耦合方法中,气体相同样离散为一系列拉格朗日粒子,造成更大的计算消耗。而在新的方法中,引入 SPH 粒子来表征一系列具有一定粒径分布特性的颗粒群,同时不同于传统的 SPH 方法,将其改造为适用于离散相求解的 SDPH 方法。在该方法中,颗粒的脉动速度通过拟温度来表征,同时颗粒相的压力和黏性应力也与该拟温度值密切相关。与 TFM 形成鲜明对比,该方法可以获得单颗粒的所有信息。另外,不同于质点格线(particle-in-cell, PIC)方法,SPH 不需要背景网格来计算空间导数,颗粒压力梯度完全采用拉格朗日方式来求解。对于颗粒相,该方法不仅可以保持宏观流体动力学的特性,颗粒间的差异同样可以由拉格朗日粒子方法再现。另外,大量的离散颗粒可以由少量的 SPH 粒子进行表征,从而大幅度减小计算量,可以有效地用于实际应用中气-粒多相流动问题的数值模拟。

这里基于 TFM 建立的耦合框架,不仅适用于 SDPH 与 FVM 的耦合,同时对于其他所有基于连续介质流体动力学的拉格朗日粒子法与欧拉网格法的耦合同样适用,耦合方法均可用于气-粒两相流动问题的有效求解,为气-粒两相流问题的研究提供了一类新的数值方法。

6.3.3　SDPH - FVM 耦合算法流程

气体中的颗粒受到气流的作用而运动,同时,伴随着颗粒轨迹的计算,颗粒沿程的质量、动量及能量的获取或损失,同样作用到随后的连续相的计算中。因此,在连续相影响离散相的同时,离散相同样对连续相产生反作用,交替求解离散相与连续相控制方程,直到二者均收敛,这样便实现了两相的双向耦合计算。对于 SDPH - FVM 耦合方法,曳力、气相压力和从连续相获取的能量源项是连续相作用于离散相的主要参量。

相应地,颗粒相对连续相的曳力反作用、热传导及由 SDPH 方法计算得到的颗粒相与连续相的体积分数为 SDPH 对 FVM 间的数据传递项。SDPH 与 FVM 间数据交换主要采用以下方式。

网格节点处的速度 v_g 采用核函数插值到 SDPH 粒子 i 所在的位置处,得到该处的虚拟速度值 $v_{g,i}$ [图 6.3(a)],进而利用该速度值计算得到 SDPH 粒子所受到的气场曳力。采用同样的方式计算得到 SDPH 粒子所受到的气场压力及热传导作用。为避免边界处由于粒子缺失造成的计算误差,采用 Randles 和 Libersky[5] 的方法进行修正:

$$f(\boldsymbol{r}_\mathrm{p}) = \frac{\displaystyle\sum_g \frac{m_\mathrm{g}}{\rho_\mathrm{g}} f(\boldsymbol{r}_\mathrm{g}) W_\mathrm{pg}(\boldsymbol{r}_\mathrm{p} - \boldsymbol{r}_\mathrm{g}, h)}{\displaystyle\sum_g \frac{m_\mathrm{g}}{\rho_\mathrm{g}} W_\mathrm{pg}(\boldsymbol{r}_\mathrm{p} - \boldsymbol{r}_\mathrm{g}, h)} \tag{6.12}$$

SDPH 粒子受到气相的曳力、压力以及能量等源项作用后,计算更新自身的速度、密度、温度、拟温度和压力等信息。随后将 SDPH 粒子更新后的速度、温度采用同样的核函数插值的方式插值到各网格节点上,如图 6.3(b) 所示。有限体积程序利用该速度和温度值计算出网格节点所受到的曳力及热传导作用,进而采用基于压力-速度耦合的 SIMPLE 算法迭代求解流场的压力、速度及温度,在迭代的过程中气体流场的速度、温度值不断进行更新,而 SDPH 粒子插值到网格节点的虚拟速度和温度值保持不变,直至收敛。图 6.3 为网格与粒子的速度插值示意图,温度值、压力梯度以及体积分数值插值方法与之相同。

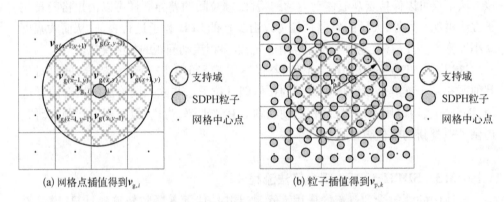

(a) 网格点插值得到 $v_{g,i}$ 　　　　　　(b) 粒子插值得到 $v_{p,k}$

图 6.3　网格和粒子的速度插值示意图

　　另一个重要的参数,气体相体积分数 α_p,由 SDPH 计算得到。由前面 5.3 节介绍可以得到,SDPH 粒子的密度即颗粒相的有效密度,由此可以计算出颗粒 i' 的体积分数:

$$\alpha_{pi'} = \frac{\rho_{SDPH}}{\rho_p} \tag{6.13}$$

进而可得到颗粒 i' 处气体相的体积分数为

$$\alpha_{gi'} = 1 - \frac{\rho_{SDPH}}{\rho_p} \tag{6.14}$$

再利用该数值采用核函数插值的方式计算得到各网格节点处气体相的体积分数值。SDPH-FVM 耦合方法的流程如图 6.4 所示。

　　设定时间积分时,对于 FVM,采用压力-速度耦合的 SIMPLE 算法求解连续相流动问题,该算法属于隐式时间积分法,对时间步长要求较低,因此 FVM 模块采用定时间步长,在每一时间步内,气体的压力和速度值迭代求解直至收敛。对于 SDPH 来说,通常采用基于蛙跳式的显式时间积分方法,应用 CFL 条件对时间步长进行估计。由于 SDPH 计算得到的时间步长通常小于 FVM 设定的时间步长,因此耦合方法的主

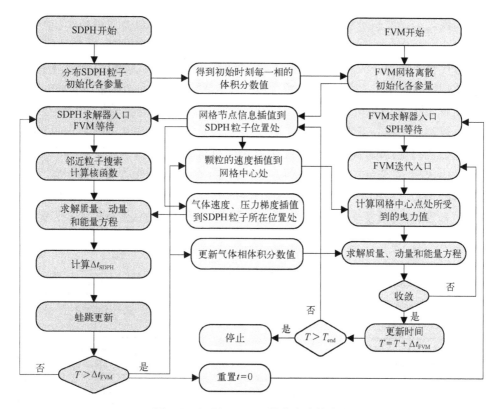

图 6.4 SDPH - FVM 耦合方法的流程

程序由 FVM 模块控制。当 FVM 一个时间步长 ΔT_{FVM} 内，SDPH 累计时间大于该步长时，SDPH 停止计算，FVM 开始一个新的时间步长内迭代求解，具体如图 6.4 所示。

6.4 考虑颗粒蒸发、燃烧过程的 SDPH - FVM 耦合方法

气流场中的颗粒除受到气体的曳力、压力作用外，同时由于两相间存在温度差，相间发生着对流换热作用，颗粒被加热或者冷却，同时颗粒吸收的热量或放出的热量反作用到气体相中，影响着气体相的能量的变化。当颗粒为含挥发分的物质时，达到其蒸发温度后，挥发分析出，颗粒的质量减少，粒径发生改变，颗粒相体积分数发生变化，挥发出来的物质进入周围气体相中，随着气流场的变化，进行输运扩散。同时在传质的过程中，伴随着相间动量、能量的相互交换。

在 6.3 节提出的 SDPH - FVM 耦合方法的基础上，引入颗粒的蒸发、燃烧模型计算含颗粒复杂化学反应的气-粒两相流动问题。SDPH 和 FVM 模块之间通过交换粒子和网格节点的速度、温度、压力以及体积分数值进行数据交换，实现耦合作

用。当颗粒的温度超过其蒸发温度时,颗粒进行蒸发反应,自身质量减小,动量和能量发生相应变化,而这些变化量反作用于网格上。在计算相间传输量的同时更新 SDPH 粒子所表征的颗粒的粒径分布,更新颗粒相以及气体相的体积分数值。根据单颗粒的蒸发量,以及 FVM 网格中所包含的颗粒计算出每个网格所获取的颗粒蒸发物质含量,进而更新计算气体相物质组分输运方程,得到各物质的空间分布。网格上的燃料蒸气在高温火源的作用下,开始燃烧化学反应,采用 EBU-Arrhenius 气相湍流燃烧模型,或者高温火源直接引燃颗粒进行表面燃烧,消耗燃料和氧气,产生新的生成物,直至反应物燃烧耗尽。对于需要计算颗粒受爆炸驱动的问题,引入描述炸药爆轰过程的 JWL 方程,计算颗粒在爆轰波作用下的运动情况。由此,考虑颗粒蒸发、燃烧以及气相燃烧、爆轰过程的 SDPH - FVM 方法流程如图 6.5 所示。

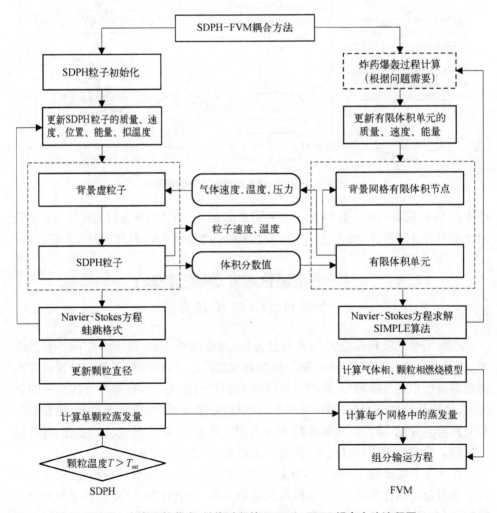

图 6.5　考虑颗粒蒸发、燃烧过程的 SDPH - FVM 耦合方法流程图

6.5　考虑颗粒碰撞聚合、破碎过程的 SDPH – FVM 耦合方法

通过对现有计算颗粒碰撞聚合、破碎等微观行为的模型分析,可以看出,群体平衡模型不仅可以计算出颗粒具体的分布,同时采用矩方法进行求解,还可以得到表征特定物理属性的低阶矩量的变化,该特性对于本书所论述的 SDPH – FVM 耦合方法具有重要的意义。因为粒数密度的零阶矩量 m_0 表征某一位置处颗粒的总数量;二阶矩量 m_2 与面积形状因子 k_A 的乘积表征颗粒的总表面积,三阶矩量 m_3 与体积形状因子 k_V 的乘积表征颗粒的总体积,进一步可以得到颗粒的平均索太尔直径 $d_{32} = m_3/m_2$,而第 5 章建立的适用于离散颗粒相求解的 SDPH 方法中,SDPH 单粒子代表具有一定分布形态的颗粒群,颗粒群的粒径均值、方差及颗粒数量由 SDPH 粒子计算表征,建立了 SDPH 粒子与真实颗粒间的一一对应关系。进一步分析可以发现,粒数密度的低阶矩量与 SDPH 粒子所表征的颗粒的粒径参量间同样可以建立对应关系,如假设颗粒的初始分布为对数正态分布,则颗粒数密度可写为

$$n(L, \pmb{x}, t) = f_1(\bar{L}, \sigma, N) \tag{6.15}$$

式中,f_1 为颗粒数密度与均值粒径、方差及颗粒数量的函数关系。

再由颗粒尺度分布函数 k 阶矩定义:

$$m_k(t) = \int_0^\infty n(L) L^k \mathrm{d}L \tag{6.16}$$

可以得到颗粒尺度分布 k 阶矩为粒径均值 $\bar{L}$、粒径方差 σ 和总颗粒数 N 的函数:

$$m_k(t) = f_2(\bar{L}, \sigma, N, k) \tag{6.17}$$

最后由对数正态方程的性质,可以求得粒径均值 $\bar{L}$、粒径方差 σ 和总颗粒数 N 为 k 阶矩 $m_k(t)$ 的函数关系:

$$\bar{L} = f_3(m_k), \ \sigma = f_4(m_k), \ N = f_5(m_k), \ k = 0, \cdots, N-1 \tag{6.18}$$

进而由各阶矩量输运方程求解出 $\bar{L}$、σ 及 N 的数值,这样便实现了采用 SDPH 方法计算出颗粒具体分布的目标。本节即采用直接矩积分方法求解群体平衡方程,引入 SDPH – FVM 耦合方法中,实现对颗粒碰撞聚合、破碎等微观过程的模拟。这里属于对新方法的探索研究,采用的聚合破碎模型为文献中成熟的模型。下步将重点对各种物理数学模型开展深入研究,尤其是对液滴间的碰撞聚合、破碎问题,在前期进行的二元液滴碰撞及单液滴破碎直接数值模拟的基础上,探索建立新的更

为准确且更为实用的物理模型,采用新方法进行模拟计算,利用前人实验及计算结论进行验证。

图 6.6 为所建立的考虑颗粒碰撞聚合、破碎过程的 SDPH-FVM 耦合方法流程。具体求解过程如下:

(1) 对问题建模和初始化,首先进行网格离散和初始化设置,而后 SDPH 模块进行粒子离散和初始化设置。

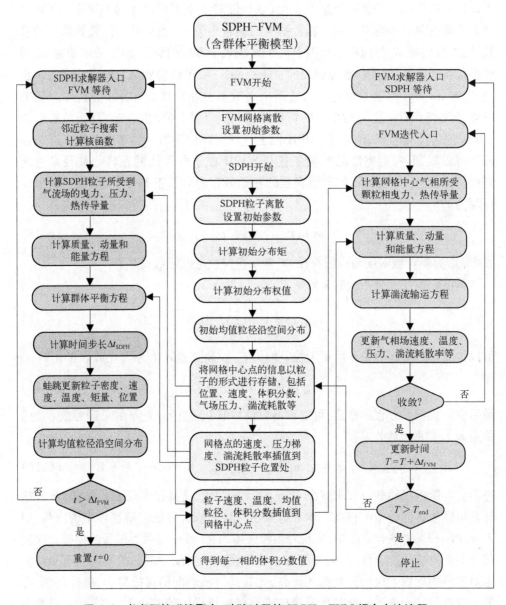

图 6.6 考虑颗粒碰撞聚合、破碎过程的 SDPH-FVM 耦合方法流程

（2）根据系统的初始分布，利用方程（6.16）求解出初始分布矩，并根据 Vandermonde 方程确定初始分布的权值 ω_i，利用方程（6.18）计算初始平均粒径沿空间分布。

（3）将网格中心点的信息以粒子的形式进行存储，包括位置、速度、体积分数、气场压力、湍流耗散等，然后开始 SDPH 程序计算，进行邻近粒子搜索和核函数计算，FVM 等待。

（4）将以粒子形式存储的网格中心处的信息以核函数插值的方式，插值到 SDPH 粒子位置处，计算 SDPH 粒子所受到的气相曳力、压力、热传导量等，作为源项添加到 SDPH 输运方程中，进而计算 SDPH 质量、动量和能量守恒方程。

（5）利用步骤（4）插值到 SDPH 粒子处的两相体积分数、气相速度以及湍流耗散值，求解群体平衡方程。

（6）由 CEL 条件计算 SDPH 下一步的时间步长，采用蛙跳更新 SDPH 粒子的密度、速度、温度、矩量以及位置等信息，根据确定的矩量，利用方程（6.18）确定该时刻平均粒径沿空间分布。

（7）判定 SDPH 计算的时间 t 是否超出 FVM 时间步长 ΔT_{FVM}，假如未超出，则转到步骤（3）循环计算，直至计算总时间大于 ΔT_{FVM}。

（8）重置 SDPH 计算的时间 $t=0$，更新两相的体积分数值，将 SDPH 粒子信息同样采用核函数反插值到网格中心位置处，开始 FVM 程序计算，SDPH 等待。

（9）FVM 利用插值到网格位置处的信息和自身网格数据，计算气相受到颗粒相的曳力、热传导量，作为源项添加到 FVM 输运方程中，同时结合 SDPH 计算得到的颗粒相粒径分布及各相体积分数值，计算 FVM 质量、动量、能量和湍流输运方程。

（10）更新气相速度、温度、压力、湍流耗散等参量，判定 FVM 计算是否收敛，收敛则更新 FVM 计算总时间，未收敛则转到步骤（8）循环计算，直至收敛。

（11）由 FVM 计算总时间判定是否完成计算，未完成计算则转到步骤（3）更新以粒子形式存储的网格信息，开始 SDPH 计算，若完成计算则停止所有程序计算。

6.6　算　例　验　证

6.6.1　燃料空气炸药爆炸抛撒成雾过程数值模拟

燃料空气炸药（fuel air explosive，FAE）作为一种多用途、高效能的新型爆炸能源，广泛应用于飞机、火箭炮、大口径身管炮、中远程弹道导弹、巡航导弹等投射打击目标，既可以用来杀伤有生力量，又可以用来毁伤设备和摧毁工事等，又被形象地称为"云爆弹"。FAE 爆轰属两相不均匀爆轰，先由引信引爆中心抛撒药柱,利用中心抛撒药爆轰所产生的高温高压气体产物将装填在战斗部内的燃料迅速向四周抛撒出去,燃料与空气混合形成可爆性云团,经适当延时后由云雾起爆引信引爆 FAE 云团,利用云雾区爆炸冲击波和燃烧消耗氧气形成的低氧环境对目标实施毁伤。因此,可将该过程分为燃料爆炸抛撒成雾及其燃烧爆炸两个过程。

现有用于 FAE 数值模拟或采用传统的气-液、气-粒两相流方法,或采用有限元方法,均为基于网格的数值方法,在对云雾团中颗粒进行追踪时存在困难,计算的效果不理想。同时,由于燃料的燃烧爆炸不仅涉及化学反应同时涉及冲击波的形成与传播,求解过程复杂,现有数值方法较难解决。因此,考虑 FAE 云雾形成及其爆炸过程的数值模拟尚未见报道。本节尝试采用新型 SDPH - FVM 方法对燃料的抛撒成雾过程进行数值模拟,同时在此基础上对燃料的爆燃过程进行探索性研究,为下一步开展 FAE 燃料以及装置的设计研究提供了一种非常有效的数值方法。

对于云雾的组成,选用液体燃料作为研究对象,同时假定初始云爆剂为颗粒状,颗粒的尺寸统一为 0.3 mm,这里重点研究形成云雾的形态参数。FAE 模型结构如图 6.7 所示,为二次起爆型燃料空气炸药战斗部,由中心抛撒装药、燃料、战斗部壳体以及上下端盖组成,尺寸分布如图 6.7(a)所示。燃料选为环氧丙烷液体,分子式为 C_3H_6O,密度为 830 kg/m³。炸药起爆方式为瞬时全起爆的方式。

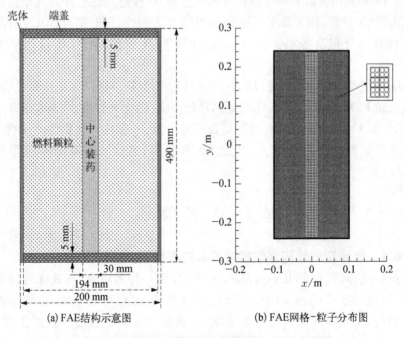

(a) FAE结构示意图   (b) FAE网格-粒子分布图

图 6.7   FAE 结构示意图及初始化网格-粒子分布图

初始化后,网格-粒子分布如图 6.7(b)所示。数值模拟中所取参数如表 6.1所示。

表 6.1　颗粒相与气体相参数列表

参　数	描　述	数　值
ρ_s	燃料密度	830 kg/m^3
d_p	燃料颗粒直径	0.3 mm
Cp_p	颗粒相比热容	1 950 J/(kg·K)
k_p	颗粒相热传导系数	0.045 4 W/(m·K)
α_s	初始颗粒相体积分数	0.6
ρ_g	气体密度	1.225 kg/m^3
μ_g	气体黏性	1.789 5×10^{-5} Pa·s
k_g	气体相热传导系数	0.024 2 W/(m·K)
Cp_g	气体相比热容	1 006.43 J/(kg·K)
N	SPH 粒子数量	19 680
Δx	SPH 粒子间距	2.0 mm
h	SPH 光滑长度	3.0 mm
ρ_{SPH}	SPH 粒子密度	498 kg/m^3
$\Delta x \times \Delta y$	FVM 网格间距	4 mm×4 mm
ΔT_{FVM}	FVM 时间步长	1×10^{-6} s

图 6.8 为计算得到的两个不同时刻燃料抛撒所形成的云雾形态,可以看到燃料抛撒过程中典型的径向运动和湍流运动状态,有一部分燃料直接飞向弹体正下方地面和正上方空中,燃料的云团扩散速度较快,使得云雾空洞尺寸增大,云雾区燃料浓度偏低,而在云雾的边缘浓度较高。在燃料抛撒的前阶段,主要受初始爆炸驱动载荷的作用,云团持续做加速运动,呈现集中运动的情形,云团边缘颗粒分布规则,而在云团中心部位的顶端逐渐开始出现波动现象,开始有整体分解为分散微团的趋势,如 4 ms 时刻云团分布;随着时间的延长,燃料受到的驱动力逐渐减小,空气阻力逐渐起到主导作用,燃料逐渐被驱散开,沿着曲线轨迹做湍流运动,燃料分散更加均匀,云团边缘颗粒浓度逐渐减小,如 50 ms 时刻云团分布形态。同时可以看出由于上下两端燃料在炸药的驱动下可以向上下两端运动,分散能量,而中心

部位的燃料只在水平方向运动,炸药驱动能量完全用于水平方向速度的增加,如图 6.9 所示 5 ms 时刻燃料颗粒速度场分布,中心部位燃料横向速度最大,最终形成的 云雾呈现典型的扁球形。而从燃料分散的角度考虑,在满足设计要求的前提下,应 尽量使燃料抛散速度的最大值出现在 FAE 装置的中部,形成半径尽可能大的扁平 状云雾。图 6.8 左上方图像为李席等[6]的实验结果图像,可以看出数值结果与实 验结果符合较好,云雾的形态吻合度较高。

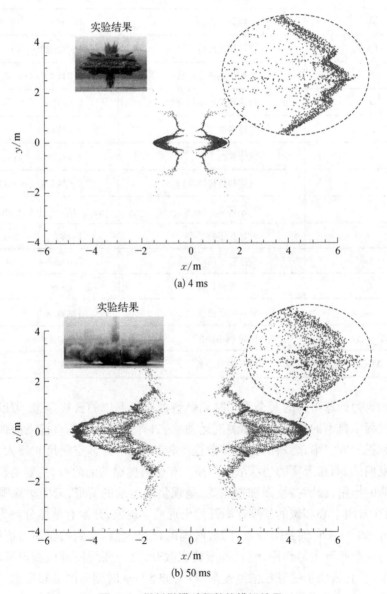

图 6.8　燃料抛撒过程数值模拟结果

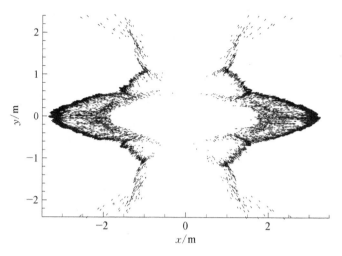

图 6.9　5 ms 时刻燃料颗粒速度场分布

图 6.10 为燃料抛撒云雾直径随时间变化曲线,图 6.11 为计算得到的边缘处燃料的分散速度与实验结果对比图。可以看到,燃料扩散直径随时间单调增加,燃料分散速度随时间呈现先增大后减小的趋势。大约 10 ms 之前燃料云团在爆炸驱动压力的持续作用下加速扩散,云雾直径增加很快,10 ms 之后由于燃料受到空气阻力作用,燃料的分散速度开始减小,云雾直径增加缓慢,大约 50 ms 之后云雾直径不再有明显的增加,燃料颗粒仅在较小的区域范围内做波动运动。数值模拟结果与实验结果较为一致,数值解略低于实验值,其原因为实验所处的环境场地较为空旷,受压缩的气体迅速向外扩散,导致空气对抛撒燃料的阻力降低。其次为本算例所采用的液滴颗粒直径为统一直径分布,比实际云雾颗粒直径稍大,因此受到的阻力偏大。

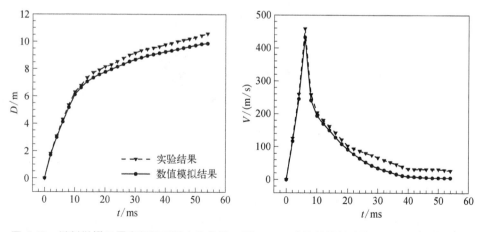

图 6.10　燃料抛撒云雾直径随时间变化曲线　图 6.11　边缘处燃料分散速度随时间变化曲线

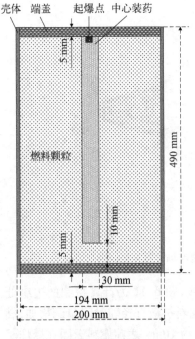

图 6.12　FAE 点起爆结构示意图

壳体　端盖　起爆点　中心装药

燃料颗粒

5 mm
490 mm
10 mm
5 mm
30 mm
194 mm
200 mm

由文献[7]分析可知,炸药的起爆方式对炸药能量的释放具有较大的影响,进而会影响云雾的形态。为了进一步深入研究燃料爆炸抛撒成雾的影响因素,这里对另一种起爆方式——点起爆下云雾的形成过程进行了模拟计算。FAE 装置结构参数与上述全起爆方式下的结构参数基本相同,为保证形成的云雾在中心部位,避免空洞的存在,在燃料的下方增加 10 mm 厚的燃料填充区,同时在起爆位置上发生改变,如图 6.12 所示。

图 6.13 为计算得到的不同时刻燃料云雾形态。与全起爆方式完全不同,点起爆云雾呈上大下小的圆台状。5 ms 时刻由于上部炸药先起爆,其爆轰作用首先撤销,空气阻力起主要作用,云雾在上部两端开始出现颗粒分散状态,颗粒分布逐渐趋于均匀,而下部主要受炸药驱动力作用继续向下方运动,在 40 ms 后,云团尺寸基本保持不变。采用点起爆方式由于炸药能量释放的不集中,同时燃料运动方向发生了改变,使得燃料抛撒形成的云雾尺寸与全起爆方式相比较小,而且形成的云雾均匀性较全起爆方式差,不建议采用该方式起爆。该计算结果与文献[8]得到的结果基本相符。

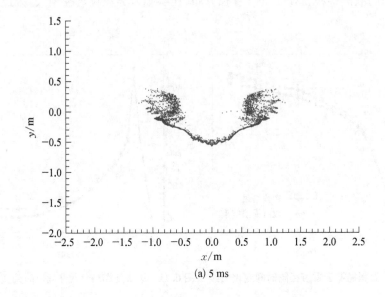

(a) 5 ms

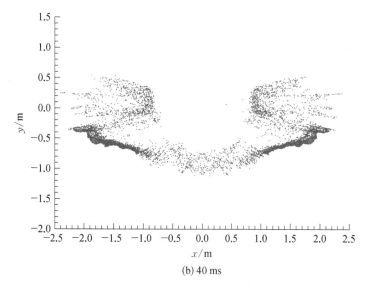

(b) 40 ms

图 6.13　炸药点起爆下燃料抛撒过程数值模拟结果

6.6.2　云雾团燃烧爆炸过程数值模拟

在前面计算燃料抛撒形成云雾的基础上,加入液滴蒸发模型及气相燃烧模型对云雾团的燃烧爆炸过程进行数值模拟研究,验证新方法在该领域中应用的通用性。设定云雾团爆炸的外部区域为 10 m × 7 m 的长方形区域。假定燃料气体在发生爆炸之前,燃料颗粒蒸发已经达到稳定状态,燃料蒸气浓度不再发生改变,与周围的空气形成稳定的气溶胶云团,如图 6.14 所示。这时在外部火源的引燃作用下进行燃料的燃烧过程。由于燃料的燃烧爆炸传播速度较快,假定其在瞬时完成,这样将起爆方式考虑为全起爆的方式,即初始设定外部区域为 1 000 K 高温起爆环境,开始起爆的时刻为 0 时刻。

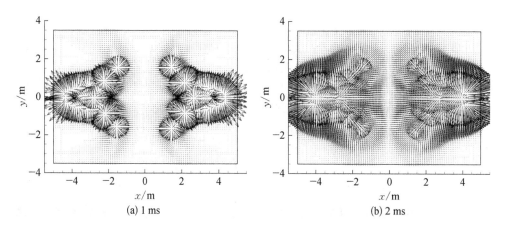

(a) 1 ms　　　　　　　　　　　　　　(b) 2 ms

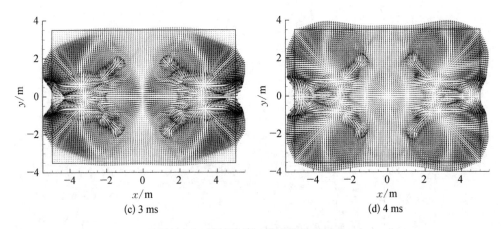

(c) 3 ms　　　　　　　　　　　　　　(d) 4 ms

图 6.14　燃料燃烧过程中速度场变化

图 6.15 为计算得到的燃料燃烧过程中速度矢量分布,可以看到燃料在 1 ms 时刻燃料基本燃烧完毕,释放出大量的能量,所形成的压力波逐渐由燃料蒸气区域向外部扩散,随着左右两端压力波相遇,水平方向动能逐渐向垂直方向动能转化,垂直方向速度逐渐增加。在 4 ms 时刻,基本全部转化为垂直方向动能,从而对外部物体造成较大的冲击损伤。图 6.16 为计算得到的 4 ms 时刻温度场分布,由于燃料的燃烧产生了大量的能量,燃料中心区域温度最高可达 2 300 K,随着压力波的扩散,高温区域也将随之扩散,对目标造成热辐射毁伤。图 6.17 和图 6.18 分别为计算得到的 4 ms 时刻氧气和二氧化碳浓度分布,燃料燃烧的过程中消耗了大量的氧气,生成了大量的二氧化碳,随着影响区域的进一步扩展,低浓度的氧气及高浓度的二氧化碳,必然将对有生力量及汽车等消耗氧气的设备造成巨大破坏。计算结果与实际现象相符合,由于实验较难获得燃料爆炸之后压力波的传播以及各物质的浓度分布参数,同时,其他数值模拟研究大多只停留在云雾团抛撒成型问题上,因此,该算例属于探索性模拟研究,验证新方法的适用性,下一步随着实验的完善,将对具体参数进行深入的对比分析。

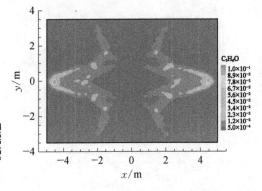

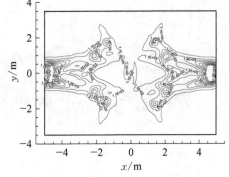

图 6.15　燃料蒸发后 C_3H_6O 浓度分布　　　图 6.16　燃料燃烧中 4 ms 时刻温度场等值线

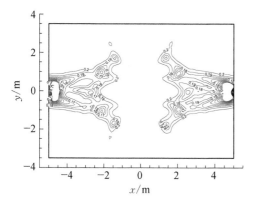
图 6.17　4 ms 时刻氧气浓度等值线

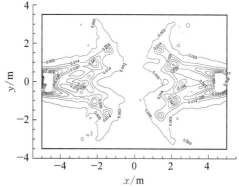
图 6.18　4 ms 时刻二氧化碳浓度等值线

6.7　小　结

本章在第 5 章论述的浓密颗粒介质模拟的 SDPH 方法的基础上,进一步阐述了基于颗粒动理学的稀疏颗粒流模拟的 SDPH 方法。同时,为了模拟自然界和工业工程中广泛存在的以稀疏颗粒流状态存在的气体-颗粒两相流问题,分别采用 SDPH 方法和 FVM 对 TFM 模型中的离散相和连续相进行求解,推导了 SDPH 和 FVM 离散方程组,搭建了 SDPH 与 FVM 耦合框架,实现了 SDPH－FVM 耦合方法流程。在此基础上,结合颗粒蒸发、燃烧、聚合与破碎等模型,论述了考虑颗粒相变、粒径改变及化学反应的 SDPH－FVM 耦合方法。

通过与现有其他算法的耦合框架对比,可以发现,SDPH－FVM 耦合方法不仅具有 TFM 的优点——计算量小,获取颗粒相宏观特性,满足大体积分数计算等,同时兼有颗粒轨道模型的优点——真实再现物理过程,捕获颗粒信息,适于引入颗粒蒸发、燃烧、聚合、破碎等模型,解决现有模型求解气-粒两相流问题遇到的难题。通过对燃料抛撒与爆轰过程的数值模拟,并与实验进行对比,验证了该方法具有较高的精度和实用性。

参考文献

[1]　CLEARY P W, MONAGHAN J J. Conduction modelling using smoothed particle hydrodynamics[J]. Journal of Computational Physics, 1999, 148(1): 227－264.

[2]　MORRIS J P, FOX P J, ZHU Y. Modeling low reynolds number incompressible flows using SPH[J]. Journal of Computational Physics, 1997, 136(1): 214－226.

[3]　PARANKAR S V. Numerical heat transfer and fluid flow[M]. New York: Hemisphere, 1980.

[4]　ANDERSON J D. Computational fluid dynamics: the basic and applications[M]. New York: McGraw-Hill, 1995.

［5］ RANDLES P W, LIBERSKY L D. Smoothed particle hydrodynamics：some recent improvements and applications［J］. Computer Methods in Applied Mechanics and Engineering，1996，139(1－4)：375－408.

［6］ 李席，王伯良，韩早，等.液固复合 FAE 云雾状态影响因素的试验研究［J］.爆破器材，2013，42(5)：23－26.

［7］ QIANG H F, WANG K P, GAO W R. Numerical simulation of shaped charge jet using multi-phase SPH method［J］. Transactions of Tianjin University, 2008, 14(S1)：495－499.

［8］ 席志德,解立峰,刘家聪,等.竖直下抛液体燃料爆炸抛撒的初步数值研究［J］.爆炸与冲击,2004,24(3)：240－244.

第7章
超稀疏颗粒流模拟的离散单元法

7.1 引　言

对于超稀疏颗粒流来说,传统的基于宏观连续介质力学的方法,如有限体积法、有限元法、SPH方法、MPM方法等均不再适用,需要采用基于单颗粒轨道追踪的数值方法,即将超稀疏颗粒介质看成是离散的单元,每个颗粒为一个独立的单元,根据全过程中的每一时刻各颗粒间的相互作用计算接触力,再运用牛顿运动定律计算单元的运动参数,这样交替反复运算,实现对象运动情况的预测。该方法是模拟颗粒介质材料非常有效和直接的一种方法,但假如采用该方法对颗粒场中所有的颗粒建模计算,不可避免地存在计算消耗巨大的问题,因此,采用前面章节介绍的基于连续介质力学的粒子方法可以较好地解决该问题。仅对那些体积分数小于一定数值后,无法满足连续介质力学假设的颗粒采用该方法模拟,不仅可以减小颗粒类固态、类液态和类气态三种相态下颗粒模拟的计算量,还可以更好地再现超稀疏状态下的颗粒运动细节,是对流体粒子方法的有力补充。因此,本章将对离散单元法进行详细的介绍,为后面章节建立与其他粒子方法的耦合方法提供理论支撑。

7.2　离散单元法简介

离散单元法(discrete element method, DEM)是求解与分析复杂离散系统的运动规律与力学特征的一种数值方法,它与求解复杂连续系统的有限元法、有限体积法、有限差分法、边界元法等具有相似的物理含义和平行的数学概念,但具有不同的离散化模型与求解策略。离散单元法认为系统由离散的个体组成,个体之间存在接触、黏结和脱离,存在相互运动与接触力之间的联系,为离散世界、微观世界的复杂问题提供了数值模拟手段,同时也为社会系统、思维系统、管理系统等复杂系统中的系统工程问题提供了一种定量模拟方法。

7.2.1　离散单元法的起源

离散单元法的最早起源于岩土力学的研究中。从本质上讲,岩土材料都是由离散的、尺寸不一、形状各异的颗粒或块体组成的,例如,土就是松散颗粒的堆积物。同样,天然岩体也是由被结构面切割而成的大小不一、形态各异的岩石块体组成的。散粒岩土材料的力学特性有着重要的工程应用,如泥沙的沉淀,土堤、土(岩)坡、铁路道砟等的稳定性研究,散粒岩土材料的力学特性研究是岩土力学中最基本的也是最重要的问题之一。传统的方法都是采用连续介质力学方法进行分析。连续介质力学把散粒体作为一个整体来考虑,研究的重点放在建立粒子集合的本构关系上,从粒子集合整体的角度研究散粒体介质的力学行为。该方法存在的不足是不能体现颗粒间的复杂相互作用及高度非线性行为,不能真实刻画散体材料的流动变形特征。有学者尝试将多颗粒看成是多体动力学问题进行模拟,由于多体动力学需要对颗粒间频繁的接触和分开采用控制方程描述,同时需要频繁改变系统运动方程来描述依附于滑动间的过渡行为,因此,多体动力学方法只能描述少数散体体系的力学行为,对于大量散体组成的岩土材料则相当困难。

离散单元法是由英国皇家工程院院士、美国工程院院士 Peter Cundall 博士于 1971 年在伦敦大学帝国学院攻读博士学位时首次提出的[1]。该方法是借鉴分子动力学的思想而提出的。分子动力学模拟是一种用来计算一个经典多体体系的平衡和传递性质的方法。所谓的经典意味着颗粒体系的运动遵守经典力学定律。该方法最初是用来描述分子运动的(当处理一些较轻的原子或分子时,才需要考虑量子效应)。分子动力学方法模拟分子的运动时,邻近分子间存在吸引力或排斥力。该方法可以模拟大量分子的运动。去除分子间作用力,将分子动力学中的小尺度粒子作为散粒岩土材料中的颗粒,并引入颗粒间及颗粒与边界间的相互作用描述,即是 Cundall 离散单元法的最初思路。

7.2.2　离散单元法的发展历史

Cundall 最早在 1971 年提出二维角-边(面)接触离散单元法模型[1-3],用于准静力或者动力条件下岩石边坡的运动分析。该模型可以有效地描述岩体等非连续介质及其颗粒散体的运动,适用于研究在准静态或动力条件下的节理系统或块体集合的力学问题。它允许单元之间改变原有的接触关系,对分析大变形大位移甚至发生接触面脱落的问题都很有效。1974 年 Cundall 研究了离散单元法程序中交互式计算机输入/输出问题[4];1977 年离散与元素法程序已具有屏幕输出的交互会话功能[5],二维的离散单元法程序趋于成熟,并应用在岩石边坡的离散单元法分析中[6]。但由于受到计算机内存的限制,不少程序是用汇编语言编写的。1978 年离散单元法程序全部被翻译成 Fortran Ⅳ 的版本,它成为离散单元法的基本程序[7]。Cundall 和 Strack[8] 共同提出了单体圆盘之间的速度、加速度、作用力传递的离散数值模型,用于研究岩土学问题,同时两人还共同开发出用于研究颗粒介质的二维圆形单元计算程序 BALL。1979 年 Cundall 和 Strack 的成果在 *Geotechnique* 中发表[8],引起学术界的普遍关注和高度重视,并正式使用"Discrete Element Method"这一学术术语。他们研究了颗粒介质的力学行为,证明了离散单元法是研究颗粒本构关系的有效工具,所得结果与 Drescher 等[9]用光弹性技术的实验结果一致,使 BALL 程序在研究颗粒介质的本构方程方面显示出强大的生命力。以文献"Discrete Numerical Model for Granular Assemblies"和程序 BALL 为标志,离散单元法的力学地位得到确立。另外,Cundall 还开发了三维 TRUBAL 程序(后发展成商业软件 PFC-3D),与二维程序的基本原理相同,不同之处在于两者的数据结构 BALL 程序以圆盘作为颗粒的模型,TRUBAL 程序以球体作为颗粒的模型,两者分别用于模拟二维和三维状态下的散体系统的力学行为[10,11]。1980 年,Cundall[12]对颗粒材料的微观机制模型进行了分析总结,讨论了颗粒的新模型和本构关系,展开了对二维、三维离散单元法的模型与程序开发广义化的研究。1988 年,Cundall 所在的 ITASCA 咨询公司推出针对三维块体元的 3DEC 程序[13]。至此,离散单元法的理论体系基本形成。

7.2.3　离散单元法求解问题的基本思想及定义

最初,离散单元法的研究对象主要是岩石等非连续介质的力学行为,它的基本思想是将不连续体分离为刚性元素的集合,使各个刚性元素满足运动方程,用时步迭代的方法求解各刚性元素的运动方程,继而求得不连续体的整体运动形态。离散单元法允许单元间的相对运动,不一定要满足位移连续和变形谐调条件,计算速度快,所需存储空间小,尤其适合求解大位移和非线性问题。主要思路是采用牛顿运动定律描述颗粒运动,通过颗粒间及颗粒与边界间的相互作用传递载荷,求解方法是解耦的。存在的理论难点主要在于接触力模型与接触发现算法。

离散单元法中的单元形状形形色色,但它只有一个基本节点(取单元的形心点),是一种物理元。这种单元与有限元法、边界元法等数值方法采用的由一组基本节点连成的单元相比有明显的不同。另外,离散单元法中节点间的关联又具有明确的物理意义,同差分法等数值方法从数学上建立节点间的关联又有明显的差异。因此,我们可以将离散单元法简单地定义为:通过物理元的单元离散方式构成具有明确物理意义的节点关系来建立有限离散模型的数值计算方法。

7.3　离散单元法基本原理

7.3.1　离散化模型

离散单元法把分析对象看成充分多的离散单元,每个颗粒或块体为一个单元,根据全过程中的每一时刻各颗粒间的相互作用计算接触力,再运用牛顿运动定律计算单元的运动参数,这样交替反复运算,实现对象运动情况的预测。根据几何特征不同,可将离散体单元分为颗粒和块体两大类,如图 7.1 所示。前者面向各种颗粒形状的散体或粉体,而后者则主要是针对岩石或岩土问题提出的,其区别在于形体特征引起的接触模型和相关的计算、搜索、信息存储等方面的差别。

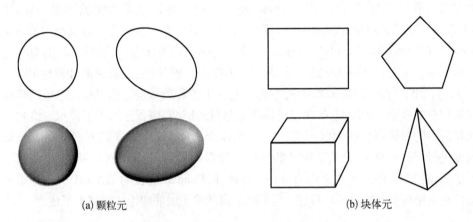

(a) 颗粒元   (b) 块体元

图 7.1   颗粒元和块体元示意图

块体元中最常用的有四面体元、六面体元;对于二维问题可以是任意多边形元,但应用范围不广。每个离散单元只有一个基本节点(取形心点)。颗粒元主要是采用球体元;对于二维问题采用圆盘形单元。还有人采用椭球体单元和椭圆形单元,但不常用。由于本书重点对以球形颗粒为代表的颗粒介质进行研究,所以对离散单元法的使用也仅限于球形颗粒元。

7.3.2   运动描述

离散单元法的基本假设为:假定速度和加速度在每个时间步长内为常量;选取的时间步长应该足够小以至于在单个时间步长内扰动的传播不会超过当前与之相邻的粒子。

对于球形颗粒元离散单元法来说,对其运动描述为:处于一个理想散体中的任意一个颗粒,具有 6 个自由度、3 个平动自由度与 3 个转动自由度,可通过牛顿第二定律分别描述。其中,平动方程为

$$m_i \frac{\mathrm{d}\boldsymbol{v}_i}{\mathrm{d}t} = \sum_{j=1}^{k_i} (\boldsymbol{F}_{\mathrm{c},ij} + \boldsymbol{F}_{\mathrm{d},ij}) + m_i \boldsymbol{g} \tag{7.1}$$

式中,m_i 和 $\boldsymbol{v}_i$ 分别为颗粒 i 的质量和速度;t 为时间;$m_i\boldsymbol{g}$ 为颗粒的重力;$\boldsymbol{F}_{\mathrm{c},ij}$ 和 $\boldsymbol{F}_{\mathrm{d},ij}$ 分别为颗粒 i 与颗粒 j 的接触力和黏性接触阻尼力;k_i 为所有与颗粒接触的颗粒总数。颗粒 i 与颗粒 j 的接触力可分解为法向与切向接触力,即

$$F_{e,ij} = F_{cn,ij} + F_{ct,ij} \qquad (7.2)$$

同理,黏性接触阻尼力也可分解为法向与切向分量形式,即

$$F_{d,ij} = F_{dn,ij} + F_{dt,ij} \qquad (7.3)$$

　　颗粒间的接触力作用在两个颗粒的接触点上,而不是作用在颗粒的中心,所以这些接触力(除法向接触力 $F_{cn,ij}$ 外)将会对颗粒产生力矩 T_i:

$$T_i = R_i \times (F_{ct,ij} + F_{dt,ij}) \qquad (7.4)$$

式中,R_i 为从颗粒 i 的质心指向接触点的矢量,其幅值为 R_i(颗粒的半径)。由力矩产生的颗粒的转动方程为

$$I_i \frac{d\boldsymbol{\omega}_i}{dt} = \sum_{j=1}^{k_i} T_i \qquad (7.5)$$

式中,I_i 与 $\boldsymbol{\omega}_i$ 分别为颗粒 i 的转动惯量与角速度,对于球形颗粒 I_i 为

$$I_i = \frac{2}{5} m_i R_i^2 \qquad (7.6)$$

7.3.3　运动方程求解

　　对于运动方程(7.1)和方程(7.5)的求解一般有两种方法,一种是中心差分法,公式为

$$\dot{X}_{n+\frac{1}{2}} = \dot{X}_{n-\frac{1}{2}} + \ddot{X}_n h \qquad (7.7)$$

$$X_{n+1} = X_n + \dot{X}_{n+\frac{1}{2}} h \qquad (7.8)$$

其中,X 表征颗粒的位移,$\dot{X}$ 表征颗粒的平动和转动的速度之和,$\ddot{X}$ 表征颗粒的平动和转动的加速度之和。

　　另一种方法是 Verlet 显式积分法,通过积分可获得粒子的新位置,积分时需要粒子的当前及上一步长的位置数据,而不需要粒子的速度数据。

　　Verlet 积分法求解过程如图 7.2 所示,分别定义 $\dot{X}_n$ 和 $\ddot{X}_n$ 如下:

$$\dot{X}_n \approx \frac{X_{n+1} - X_{n-1}}{2h} \qquad (7.9)$$

$$\ddot{X}_n = \frac{\dot{X}_{n+1} - \dot{X}_{n-1}}{2h} = \frac{X_{n+2} - 2X_n + X_{n-2}}{4h^2} \approx \frac{X_{n+1} - 2X_n + X_{n-1}}{h^2} \qquad (7.10)$$

从而推导出:

$$X_{n+1} = 2X_n - X_{n-1} + \ddot{X}_n h^2 \qquad (7.11)$$

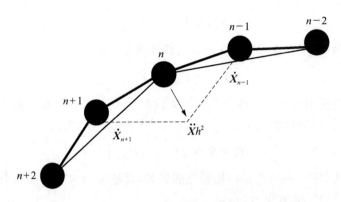

图 7.2　标准 Verlet 显式积分法数值解示意图

7.3.4　接触发现算法

在一个由众多颗粒组成的体系中,直接判别颗粒是否接触需要耗费大量的计算时间。因而,为了节约计算时间,提高计算效率,一般不直接判别任意两个颗粒间是否存在接触,而是分两个步骤判别颗粒间的接触是否存在:首先,对一个颗粒,判别其潜在的邻居数量;然后,准确确定该颗粒与每个邻居是否接触。虽然在确定邻居数量时也要耗费一定的计算时间,但是仍旧比逐个准确判别颗粒间接触是否存在要节约时间。因而,接触发现算法的效率在多颗粒体系力学行为模拟中至关重要。

这里介绍三种针对球形颗粒的接触发现算法。

1. Verlet 邻居目录法

当需要判别体系中某个颗粒的邻居数量时,在该粒子周围构建一个球(称为参考球,称该颗粒为核心颗粒),参考球半径为体系中最大粒子半径的若干倍,那么参考球所包围的所有粒子为该球中心粒子的邻居。参考球半径的选取取决于粒子的运动速度及体系中粒子的密度。对于每个粒子,都可生成一个邻居粒子的目录。为了得到邻居目录,对每一个粒子而言,所有标号大于该粒子的粒子都必须被检验,判断是否位于该粒子的参考球中,而对于标号小于该粒子标号的粒子则没有必要被检验,因为邻居是互相的,没有必要对一个邻居对检验两次。Verlet 邻居目录及粒子存储目录示意图如图 7.3 所示。

对于 n 个颗粒组成的体系,用 Verlet 邻居目录法需要 $n(n-1)/2$ 次计算,也就是说计算次数仍旧为 $o(n^2)$ 量级。然而,并不需要在每个时间步长上都对邻居目录进行更新。更新的频率取决于体系中粒子的密度、粒子的运动速度以及参考球的半径。参考球的半径也可以根据颗粒体系的稠密程度及运动速度进行动态调整,并且参考球半径与邻居目录的更新频率呈反比关系,参考球半径越小,邻居目录的更新频率越高;但是参考球半径越大,则有更多的粒子位于球体内,所以判别是否为邻居就需要较长的时间。

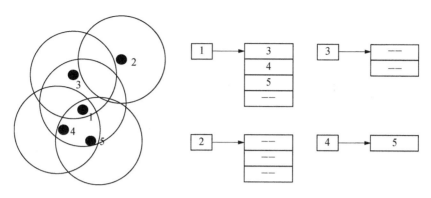

图 7.3　Verlet 邻居目录及粒子存储目录

2. 连接单元法

将颗粒体系所占据的空间划分成规则的网格,对于三维体系,可以划分为 $m \times m \times m$ 个立方体单元;对于二维体系,则划分为 $m \times m$ 个正方形单元;对于颗粒体系所占据空间形状不规则时,也可采用其他形状单元划分。但是所有单元的尺寸必须大于粒子的尺寸。与 Verlet 邻居目录法的主要区别在于:连接单元法中的单元不依附于粒子,单元不随粒子的运动而运动。如果粒子就当前的位置被分配到某个单元,显然,只有在同一个单元或直接相邻单元内的粒子间才可能发生相互作用,也就是说,只有相邻单元内的粒子才能成为邻居。

例如,对一个二维体系而言,只有在 9 个不同的单元内可能包含邻居粒子,对于三维体系,则只有在 27 个不同单元内可能包含邻居粒子。与前面介绍的 Verlet 邻居目录法相同,每个粒子对只需要检验一次,这样,没必要对 9 个单元都进行检验,只需检验中心单元及邻居单元的一半即可,即在二维情况下,只需检验 5 个单元,在三维情况下,只需检验 14 个单元。如图 7.4 所示,对于左图单元 6 中的粒子来说,理论上应检测 1、2、3、7、11、10、9、5、6 这 9 个单元,但实际操作时,只需检测如右图所示的 6、2、3、7、11 这 5 个单元即可。

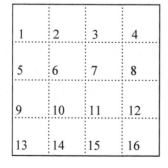 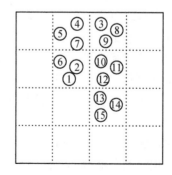

图 7.4　二维体系中的连接单元法

3. 边界盒法

这种方法与前述两种方法不同。首先,在每一个粒子周围构建一个边界盒,边界盒的尺寸按这样的方式选取:使每个粒子刚好放进它的边界盒内。边界盒的边为直线,并且与体系的坐标轴平行。在判别颗粒的邻居时,把边界盒投影到体系的坐标轴上。通过边界盒在坐标轴上投影的起点和终点来判别是否为邻居。

在判别颗粒的邻居时,把边界盒投影到体系的坐标轴上。例如,图 7.5(a)表明了粒子及边界盒的位置,图 7.5(b)为图 7.5(a)中的边界盒在体系 x 轴的投影。通过边界盒在坐标轴上投影的起点和终点来判别是否为邻居,基于这个原因,投影的起点和终点序列被存储在目录中。

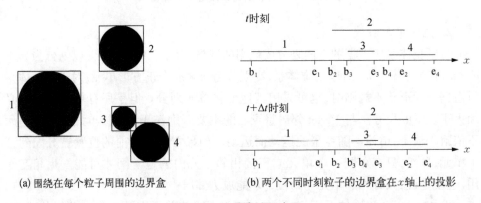

(a) 围绕在每个粒子周围的边界盒　　　　(b) 两个不同时刻粒子的边界盒在 x 轴上的投影

图 7.5　边界盒法示意图

对于三维体系,必须将边界盒子在三个坐标轴上投影,所以生成三个目录。如果一个粒子的边界盒在某个坐标轴上投影的起点和终点间包含另外一个粒子边界盒投影的起点、终点或起点和终点,就说明这两个粒子的边界盒在该坐标轴上的投影发生了重叠。如果两个边界盒的投影在每一个坐标轴上都发生重叠,那么就说明这两个边界盒发生了接触。

更新存储目录,检查一个边界盒在每一个坐标轴的投影是否在另外一个边界盒投影的起点和终点之间仍旧需要花费很多计算时间。但是,尽管这些目录在每个计算时间步长上都必须被更新,所用的计算时间仍旧可以被减少到与体系中粒子数量成比例的量级,因为在每一个新步长上所需要做的只是对旧目录的更新,并且对旧目录的更新只是对旧目录的重新分类,因而,更新的过程非常简单,只需要对旧目录进行顺序的检查,判断是否在顺序上有新的变化即可。这种变化仅仅是位置的变化。

通过对接触发现算法进行分析可以发现,该接触发现算法的思路与 SPH 方法的邻近粒子搜索的思路基本一致,因此,离散单元法与 SPH 相耦合在邻近接触粒子搜索方面也存在很多相通性,不需要改变算法和数据存储结构便可实现两种算法的自由切换。为了与 SPH 邻近粒子搜索算法保持一致,离散单元法选择边界盒法,也就是 SPH 方法的盒子搜索算法。

7.3.5　时间步长确定

只有当选取的时间步长小于临界时间步长时,数值计算才是稳定的,这是模型采用显式积分的结果。临界时间步长可以通过计算估计,然后,根据临界时间步长确定计算所采用的时间步长。可以采用质量为 m、刚度为 k 的弹簧与地面相连接的单自由度体系来估计,这种情况下,临界步长为

$$\Delta t \leqslant c\sqrt{(m/k)} \tag{7.12}$$

式中, m 为颗粒的质量; k 为颗粒的刚度系数; c 为时间步长系数。

7.3.6　算法流程

离散单元算法的流程如图 7.6 所示。

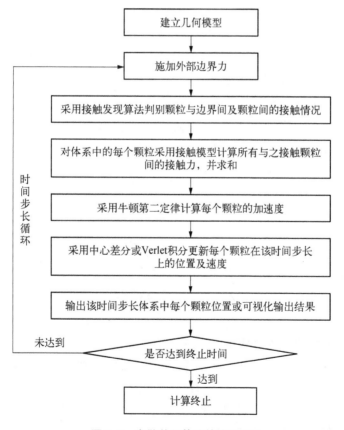

图 7.6　离散单元算法的流程图

7.4   离散单元法的主要接触模型

关于接触力的计算模型已有大量的研究成果,目前仍旧是一个活跃的研究领域,特别是对于切向力的计算方法。对于理想散体颗粒(无粘连),采用赫兹接触(Hertz)理论描述法向作用,而采用 Mindlin-Deresiewicz 理论描述切向作用;对于存在粘连的散体颗粒,法向接触力是在赫兹接触理论基础上考虑粘连力的 JKR(Johnson-Kendall-Roberts)理论确定的,切向接触力增量则根据 Savkoor 和 Briggs 理论与 Mindlin 和 Deresiewicz 理论相结合形成的理论确定。

在定义接触力模型之前,需要明确几个参量的表达式。对于两个处于接触中的颗粒单位法向量为

$$\hat{\boldsymbol{n}} = \boldsymbol{R}_i / R_i \tag{7.13}$$

对于两个处于接触中的颗粒单位切向量为

$$\boldsymbol{t} = \frac{\boldsymbol{V}_{ij} - (\boldsymbol{V}_{ij} \cdot \hat{\boldsymbol{n}}) \hat{\boldsymbol{n}}}{|\boldsymbol{V}_{ij} - (\boldsymbol{V}_{ij} \cdot \hat{\boldsymbol{n}}) \hat{\boldsymbol{n}}|} \tag{7.14}$$

单位切向量之所以通过两个颗粒的相对速度来计算,是因为接触力与黏性阻尼力的方向与相对速度的方向相同。

两个处于接触中的颗粒接触点的相对速度为

$$\boldsymbol{V}_{ij} = \boldsymbol{V}_j - \boldsymbol{V}_i + \boldsymbol{\omega}_j \times \boldsymbol{R}_j - \boldsymbol{\omega}_i \times \boldsymbol{R}_i \tag{7.15}$$

法向相对速度为

$$\boldsymbol{V}_{\mathrm{n},ij} = (\boldsymbol{V}_{ij} \cdot \hat{\boldsymbol{n}}) \hat{\boldsymbol{n}} \tag{7.16}$$

切向相对速度为

$$\boldsymbol{V}_{\mathrm{t},ij} = \boldsymbol{V}_{ij} - (\boldsymbol{V}_{ij} \cdot \hat{\boldsymbol{n}}) \hat{\boldsymbol{n}} \tag{7.17}$$

或者改写为

$$\boldsymbol{V}_{\mathrm{t},ij} = -(\boldsymbol{V}_{ij} \times \hat{\boldsymbol{n}}) \times \hat{\boldsymbol{n}} \tag{7.18}$$

7.4.1   无滑动接触力模型

无滑动接触力模型中,法向力分量基于赫兹接触理论[14],切向力模型基于 Mindlin-Deresiewicz 理论[15,16]。法向力和切向力均具有阻尼分量,如文献[17]描述阻尼系数和恢复系数有关。切向摩擦力遵守库仑摩擦定律[8],滚动摩擦力通过接触独立定向恒转矩模型实现[18]。

法向接触力 F_n 为法向重叠量 δ_n 的函数,表达式如下:

$$\boldsymbol{F}_{cn,ij} = -\frac{4}{3}E^* \sqrt{R^*} \delta_n^{3/2} \hat{\boldsymbol{n}} \qquad (7.19)$$

其中,当量杨氏模量 E^* 为

$$\frac{1}{E^*} = \frac{(1-v_i^2)}{E_i} + \frac{(1-v_j^2)}{E_j} \qquad (7.20)$$

当量半径 R^* 为

$$\frac{1}{R^*} = \frac{1}{R_i} + \frac{1}{R_j} \qquad (7.21)$$

E_i 和 E_j 分别为处于接触的颗粒 i 和颗粒 j 的杨氏模量;v_i 和 v_j 分别为颗粒 i 和颗粒 j 的泊松比;R_i 和 R_j 分别为颗粒 i 和颗粒 j 的半径;δ_n 为颗粒 i 与颗粒 j 接触时的侵入深度,公式为

$$\delta_n = R_i + R_j - |\boldsymbol{R}_j - \boldsymbol{R}_i| \qquad (7.22)$$

法向黏性接触阻尼力 $\boldsymbol{F}_{dn,ij}$ 公式为

$$\boldsymbol{F}_{dn,ij} = -2\sqrt{\frac{5}{6}}\beta\sqrt{S_n m^*} v_n^{rel} \hat{\boldsymbol{n}} \qquad (7.23)$$

其中,m^* 为当量质量:

$$m^* = \left(\frac{1}{m_i} + \frac{1}{m_j}\right)^{-1} \qquad (7.24)$$

v_n^{rel} 是相对速度的法向分量,$v_n^{rel} = \boldsymbol{v}_{ij} \cdot \hat{\boldsymbol{n}}$;$\beta$ 和 S_n(法向刚度)表达式如下:

$$\beta = \frac{\ln e}{\sqrt{\ln^2 e + \pi^2}} \qquad (7.25)$$

$$S_n = 2E^* \sqrt{R^* \delta_n} \qquad (7.26)$$

e 为恢复系数。

　　处于接触中的两个颗粒的切向作用,从本质上讲,是一种摩擦行为,按照摩擦机理,摩擦力包括:滑动摩擦、滚动摩擦与静摩擦,其中滑动摩擦与静摩擦属于切向摩擦力;滚动摩擦是由于法向接触应力的不均匀分布产生的。

　　切向接触力取决于切向重叠量 $\boldsymbol{\delta}_t$ 和切向刚度 S_t:

$$\boldsymbol{F}_{ct,ij} = -S_t \boldsymbol{\delta}_t \qquad (7.27)$$

其中

$$S_t = 8G^* \sqrt{R^* \delta_n}, \quad (\boldsymbol{\delta}_t)_N = (\boldsymbol{\delta}_t)_{N-1} + \left[(\boldsymbol{V}_{ij} \times \hat{\boldsymbol{n}}) \times \hat{\boldsymbol{n}} \right] \Delta t \qquad (7.28)$$

G^* 为当量剪切模量。此外,切向阻尼力公式为

$$\boldsymbol{F}_{dt,ij} = - 2\sqrt{\frac{5}{6}} \beta \sqrt{S_t m^*} v_t^{rel} \hat{\boldsymbol{t}} \qquad (7.29)$$

其中,v_t^{rel} 是相对速度的切向分量。切向力受库仑摩擦 $\mu_s \boldsymbol{F}_{cn,ij}$ 的限制,最大不会超过库仑摩擦力,μ_s 为静摩擦系数。

对于一些情况下需要计算颗粒之间的滚动摩擦,它通过在接触表面施加一个力矩来考虑:

$$\boldsymbol{\tau}_i = - \mu_r \boldsymbol{F}_n R_i \boldsymbol{\omega}_i \qquad (7.30)$$

式中,μ_r 为滚动摩擦系数;R_i 为接触点到质心的距离;$\boldsymbol{\omega}_i$ 为物体在接触点处单位角速度矢量。

7.4.2 无滑动滚动摩擦接触力模型

无滑动滚动摩擦接触力模型和 7.4.1 节的无滑动接触力模型的不同在于计算滚动摩擦的方式。在这个模型中,滚动摩擦取决于一对相互接触的单元旋转速度采用文献[19]中建议的方法。在该方法中的相对旋转速度通过两个单元接触时的瞬时旋转速度计算,确保在三个维度适当的功能性而不会影响计算时间。

特别地,这个接触模型通过在表面施加一恒定力矩来考虑滚动摩擦。这个力矩取决于两相互接触的颗粒的相对旋转速度,颗粒 i 和颗粒 j 无滑动滚动摩擦接触力计算公式如下,

$$\boldsymbol{\tau}_j = - \mu_r F_n R^* \hat{\boldsymbol{\omega}}_{rel} \qquad (7.31)$$

$$\boldsymbol{\tau}_j = \boldsymbol{\tau}_i \qquad (7.32)$$

其中,μ_r 是滚动摩擦系数;R^* 是两个相互接触单元的当量半径。相对旋转速度的单位向量 $\hat{\boldsymbol{\omega}}_{rel}$ 采用以下公式计算:

$$\hat{\boldsymbol{\omega}}_{rel} = \hat{\boldsymbol{n}} \times \frac{\boldsymbol{v}_{t,ij}}{|\boldsymbol{v}_{t,ij}|} \qquad (7.33)$$

$$\boldsymbol{v}_{t,ij} = \begin{cases} - \dfrac{1}{2} (\boldsymbol{\omega}_i + \boldsymbol{\omega}_j) \times \boldsymbol{r}_{ij} & \text{颗粒-颗粒接触} \\ - R_i \boldsymbol{\omega}_i \times \hat{\boldsymbol{n}}_{ij} & \text{颗粒-几何接触} \end{cases} \qquad (7.34)$$

7.4.3　考虑黏结的接触力模型

采用考虑黏结的 Hertz-Mindlin 接触模型来计算颗粒之间的黏结,它采用一个有限大小的"黏结剂"黏结。这个黏结可以承受切向和法向位移,直到达到最大的法向和切向剪应力,即黏结断裂点。此后,颗粒作为硬球相互作用[20]。这个模型特别适用于模拟混凝土和岩石结构。假定颗粒在黏结生成时间 t_{BOND} 内黏结在一起。在这个时间之前,颗粒间相互作用通过标准的 Hertz-Mindlin 接触模型计算。黏结以后,颗粒上的力($F_{n,t}$)和力矩($M_{n,t}$)被设置为 0,并在每个时间步通过以下公式逐步进行调整:

$$\delta F_n = -v_n S_n A \delta_t \tag{7.35}$$

$$\delta F_t = -v_t S_t A \delta_t \tag{7.36}$$

$$\delta M_n = -\omega_n S_t J \delta_t \tag{7.37}$$

$$\delta M_t = -\omega_t S_n \frac{J}{2} \delta_t \tag{7.38}$$

式中,$A = \pi R_B^2$;$J = \frac{1}{2}\pi R_B^4$,R_B 为黏结半径;S_n 和 S_t 分别是法向刚度和切向刚度;δ_t 是时间步长;v_n 和 v_t 分别是颗粒法向和切向平动速度;ω_n 和 ω_t 分别是颗粒法向和切向角速度。当方向和切向剪应力超过某个预定义的值时,黏结破裂:

$$\sigma_{max} < \frac{-F_n}{A} + \frac{2M_t}{J}R_B \tag{7.39}$$

$$\tau_{max} < \frac{-F_t}{A} + \frac{M_n}{J}R_B \tag{7.40}$$

这些黏结力、力矩是额外加到标准 Hertz-Mindlin 力中的。由于这个模型可以在颗粒没有实际接触时起作用,接触半径应该被设置成比实际半径大。这个模型只能应用于颗粒与颗粒之间的黏结力。

7.4.4　考虑内聚力的接触力模型

考虑内聚力的接触力模型采用基于 JKR(Johnson-Kendall-Roberts)内聚力的 Hertz-Mindlin 接触模型,可以考虑在接触区域中范德华力的影响和允许用户模拟强黏性的系统,如干燥的粉末或湿颗粒。在这个模型中,法向弹性接触力的实现基于 JKR 理论[21]。基于 JKR 内聚力的 Hertz-Mindlin 接触模型使用和无摩擦作用的 Hertz-Mindlin 接触模型一样的方法来计算以下形式的力:切向弹性力、法向耗散力、切向耗散力。JKR 法向力基于重叠量 δ 和相互作用参数、表面能量 γ:

$$F_{JKR} = -4\sqrt{\pi\gamma E^*}\,\alpha^{3/2} + \frac{4E^*}{3R^*}\alpha^3 \tag{7.41}$$

$$\delta = \frac{\alpha^2}{R^*} - \sqrt{\frac{4\pi\gamma\alpha}{E^*}} \tag{7.42}$$

式中,E^* 为当量杨氏模量;R^* 为当量半径。

当 $\gamma = 0$,变成了 Hertz-Mindlin 法向力:

$$F_{Hertz} = \frac{4}{3}E^*\sqrt{R^*}\,\delta_n^{3/2} \tag{7.43}$$

即使颗粒并不直接接触,该模型也将提供内聚力,颗粒间有非零内聚力的最大间隙通过下式计算:

$$\delta_c = \frac{\alpha_c^2}{R^*} - \sqrt{\frac{4\pi\gamma\alpha_c}{E^*}} \tag{7.44}$$

$$\alpha_c = \left[\frac{9\pi\gamma R^{*2}}{2E^*}\left(\frac{3}{4} - \frac{1}{\sqrt{2}}\right)\right]^{\frac{1}{3}} \tag{7.45}$$

当 $\delta > \delta_c$,内聚力为 0。当颗粒非实际接触且间隔小于 δ_c 时,内聚力达到最大值。这个最大内聚力称为拉脱力:

$$F_{pullout} = -\frac{3}{2}\pi\gamma R^* \tag{7.46}$$

摩擦力计算和无摩擦的 Hertz-Mindlin 接触模型不同,主要区别在于 JKR 摩擦模型中法向力的正向排斥部分。因此,JRK 摩擦模型在接触力的内聚力分量更大时,提供一个更大的摩擦力。

虽然这个模型是为细干颗粒设计的,它也可以用于模拟湿颗粒。将两个颗粒分开所需的力取决于液体表面张力 γ_s 和润湿角 θ:

$$F_{pullout} = 2\pi\gamma_s\cos(\theta)\sqrt{R_iR_j} \tag{7.47}$$

7.5 小　结

离散单元法作为一种传统的用于模拟颗粒介质问题的数值方法,自问世以来,在岩土工程和粉体(颗粒散体)工程这两大传统的应用领域中发挥了其他数值算法不可替代的作用。本书中对于颗粒介质处于超稀疏状态、不遵循连续介质力学定律的颗粒采用该方法模拟。因此,本章对离散单元法进行了详细的阐述,包括该方法的起源、发展历史和基本思想;重点对离散单元法的基本原理以及使用的主要接触模型进行了论述。离散单元法虽然对于各类颗粒问题均能有效模拟,但是不可否认该方法属于"细粒度"的模拟方法,所模拟的层次也属于微观单颗粒层次,虽然可以结合概率抽样方法、颗粒包表征方法等使用较少的代表性颗粒模拟较多的实际颗粒,但是该方法的本质决定了计算颗粒间的接触作用必须依赖于接触模型,所使用的较多参数无法通过宏观实验直接获得。因此,本书通过分析不同方法的优缺点,考虑颗粒介质的不同相态特征,取长补短,建立颗粒介质全相态的数值方法。

参考文献

[1] CUNDALL P A. The measurement and analysis of accelerations in rock slopes[D]. London: University of London, Imperial College of Science and Technology, 1971.

[2] CUNDALL P A. A computer model for simulating progressive large scale movements in blocky system[C]. Proceedings of the Symposium of the International Society of Rock Mechanics, Rotterdam: Balkama A. A, 1971,(1): 8 - 12.

[3] CUNDALL P A. Discussion in symposium on rock fracture[C]. Proceedings of the Symposium of the International Society for Rock Mechanics, Nancy, France, 1971,2: 129 - 132.

[4] CUNDALL P A. Rational design of tunnel supports a computer model for rock mass behavior using interactive graphics for the input an output of geometrical data[R]. Technical Report MRD - 2 - 74, N Missouri River Division, US Army Corps of Engineers, 1974.

[5] CUNDALL P A. Computer interactive graphics and the distinct element method[C]. Rock Engineering for Foundations and Slopes (Proceedings of the ASCE Specialty Conference, University of Colorado,1976), New York: ASCE, 1977, 2: 193 - 199.

[6] CUNDALL P A, VOEGELE M D, FAIRHURST C. Computerized design of rock slopes using interactive graphics for the input and output of geometrical data[M]. In: FAIRHURST C, CROUCH S L. Design Methods in Rock Mechanics. New York: ASCE, 1977, 1 - 10.

[7] SHACK O D L, CUNDALL P A. The distinct element method as tool for research in granular media — Part 1: Department of civil and mineral engineering. University of Minnesota[R]. National Science Foundation, 1978.

[8] CUNDALL P A, STRACK O D L. A discrete numerical model for granular assemblies[J]. Geotechnique, 1979, 29(1): 47 - 65.

[9] DRESCHER A, JONG J. Photoelastic verification of a mechanical model for the flow of a granular material[J]. Journal of the Mechanics and Physics of Solids, 1972, 20: 337 - 351.

[10] CUNDALL P A, STRACK L. The distinct element method as a tool for research in granular media[R]. National Science Foundation, 1979.

[11] CUNDALL A, KUNAR R R, MARTI J, et al. Solution of infinite dynamic problems by finite modelling in the time domain[C]. Proceedings of the 2nd International Conference on Applied Numerical Modelling, London: Pentech Press, 1979: 341 - 351.

[12] CUNDALL P A. UDEC-A generalized distinct element program for modeling jointed rock[R]. U. S. Army, Peter Cundall Associates European Research Office, 1980.

[13] CUNDALL P A. Formulation of a three-dimensional distinct element model — part I: a composed of many polyhedral blocks[J]. International Journal of Rock Mechanics and Mining Sciences & Geomechanics Abstracts, 1988, 25(3): 117 – 122.

[14] HERTZ H. Ber die berührung fester elastischer krper [J]. Journal für die reine und angewandte Mathematik (Crelles Journal), 1882, 1882(92): 156 – 171.

[15] MINDLIN R D. Compliance of elastic bodies in contact[J]. Journal of Applied Mechanics, 1949, 16: 259 – 268.

[16] MINDLIN R D, DERESIEWICZ H. Elastic spheres in contact under varying oblique forces [J]. ASME, 1953: 327 – 344.

[17] TSUJI Y, TANAKA T, ISHIDA T. Lagrangian numerical simulation of plug flow of cohesionless particles in a horizontal pipe[J]. Powder Technology, 1992, 71: 239 – 250.

[18] SAKAGUCHI E, OZAKI E, IGARASHI T. Plugging of the flow of granular materials during the discharge from a silo[J]. International Journal of Modern Physics B, 1993, 7: 1949 – 1963.

[19] ZHOU Y C, WRIGHT B D, YANG R Y, et al. Rolling friction in the dynamic simulation of sandpile formation[J]. Physica A: Statistical Mechanics and its Applications, 1999, 269: 536 – 553

[20] POTYONDY D O, CUNDALL P A. A bonded-particle model for rock[J]. Journal of Rock Mechanics and Mining Sciences, 2004, 41: 1329 – 1364.

[21] JOHNSON K L, KENDAL K, ROBERTS A D. Surface energy and the contact of elastic solids [J]. Proceedings of the Royal Society of London Series A, 1971, 324: 301 – 313.

第8章
颗粒介质全相态模拟的 SDPH－DEM 耦合方法

8.1 引　　言

从本质上讲,颗粒介质材料都是由离散的、尺寸不一、形状各异的颗粒或块体组成的,例如,土就是松散颗粒的堆积物,同样,天然岩体也是由被结构面切割而成的大小不一、形态各异的岩石块体组成的。颗粒介质材料的力学特性有着重要的工程应用,如泥沙的沉淀,土堤、土(岩)坡、铁路道砟等的稳定性研究,颗粒介质材料的力学特性研究是岩土力学中最基本的也是最重要的问题之一。

前面已经讲了很多,包括描述浓密颗粒介质的弹-黏-塑性本构理论,描述稀疏颗粒流的颗粒动理学理论等,均是基于连续介质力学理论建立的,把散状颗粒体作为一个整体来考虑,研究的重点是建立颗粒集合的本构关系,从颗粒集合整体的角度研究散体颗粒介质的力学行为。存在的不足是,当散体颗粒分散到一定程度即颗粒相的体积分数小到一定程度,颗粒的流动时间尺度明显大于颗粒之间的碰撞时间尺度时,颗粒的二体碰撞假设也不再满足,这时颗粒不再遵从连续介质力学假设,不能再采用前面介绍的本构理论进行描述了,这时需要引入描述单一颗粒行为的离散单元法进行计算。由于离散单元法是对单元中的每一个实际的颗粒建模进行分析,真实体现颗粒间的复杂相互作用及高度非线性行为,真实刻画散体材料的流动变形特征,对于单一颗粒来说计算精度非常高,但是其计算量非常大,不适用于工程计算。而本书引入的离散单元法是针对那些偏离连续介质力学假设的颗粒才使用的方法,因此其不仅增加不了计算量,同时又将处于此种特殊状态的颗粒运动特性揭示清楚,是一个非常有价值的思路,尤其对于高位远程滑坡、化工中的快速颗粒流、风沙跃移等均在颗粒流的周围存在这种极其稀疏的颗粒的运动。

8.2 浓密颗粒介质数值方法与稀疏颗粒 介质数值方法之间算法的转化

采用 SDPH 方法不论是求解浓密颗粒相还是稀疏颗粒相,计算粒子与实际颗粒之间的对应关系不会发生改变,如 5.4.1 节所阐述的那样,只不过在求解的本构模型上存在不同。决定颗粒介质是处于浓密态还是稀疏态的参数是体积分数。

　　不论是浓密颗粒介质还是稀疏颗粒介质,SDPH 粒子在表征颗粒的性质方面是相同的,均承载了颗粒的质量、速度、位置、压力等传统参量,同时承载了颗粒的粒径分布形态、体积分数以及由颗粒动理学引入的拟温度等颗粒属性,只不过本构模型不同而已。浓密颗粒介质的 SDPH 与稀疏颗粒介质的 SDPH 之间转化主要由颗粒的体积分数值控制,而颗粒的体积分数主要由颗粒的有效密度即 SDPH 的密度决定,公式如下:

$$\varphi_{\mathrm{p}} = \frac{\rho}{\rho_{\mathrm{p}}} \tag{8.1}$$

式中,φ_{p} 为颗粒体积分数;ρ 为颗粒有效密度,也就是 SDPH 粒子的密度;ρ_{p} 为颗粒的实际密度。ρ 的计算遵循质量守恒定律。图 8.1 展示了转变策略。如果计算粒子 M 的体积分数 φ_{p} 大于 $\varphi_{\mathrm{l,min}}$,它表示该粒子正处于颗粒固相和液相。当 φ_{p} 降低至小于 $\varphi_{\mathrm{l,min}}$,它表示颗粒已经转变为稀疏颗粒状态或颗粒气相。我们将变换后的计算粒子标记为 N。粒子 M 和粒子 N 之间的变量关系如图 8.1 所示。

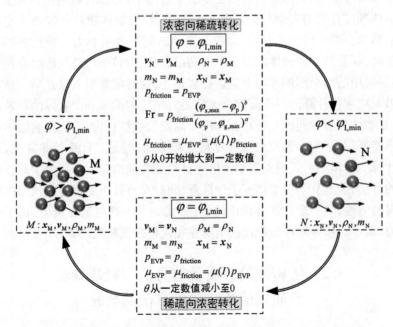

图 8.1　浓密颗粒介质与稀疏颗粒介质的 SDPH 方法间的转换策略

8.2.1 由浓密颗粒介质算法向稀疏颗粒介质算法转化的原则

在由浓密颗粒状态向稀疏颗粒状态转化时,在转化界面上需要保证正应力和剪切力相同。首先要保持粒子的物性参量均不变,包括粒子的位置、速度、密度、能量等,主要区别在于粒子间相互作用力。由于浓密颗粒介质的正应力采用弹性定律计算,剪应力采用弹性剪应力与塑性剪应力加和的方式计算,在向稀疏颗粒算法转变时,这两个作用力也应该保持不变,即由浓密颗粒介质计算的弹性正应力转化为稀疏颗粒介质的摩擦正应力,见式(3.50),由式(3.50)反向计算求得 Fr 作为不变量,而后根据体积分数 α_p 的变化更新由摩擦产生正应力的值;对于摩擦剪应力则继续采用 $\mu(I)$ 流变学剪应力公式计算,$\tau = \mu(I)p|\dot{\gamma}|/\dot{\gamma}$,只不过这时的 p 开始由式(3.50)计算;对于由长时接触产生的弹性剪应力则置零;以上是对于 SDPH 采用摩擦动力学在过渡区产生的正应力与剪应力的数值计算,保证了转化的动量的守恒;同时从转化开始,拟温度的值由零开始计算,从而由碰撞产生的正应力和剪应力逐渐增大,直到过渡区完全部转化为颗粒动理学模型计算。

8.2.2 由稀疏颗粒介质算法向浓密颗粒介质算法转化的原则

同样地,首先保持粒子的物性参量不变,包括粒子的位置、速度、密度、能量等,主要区别在于粒子间相互作用力。由稀疏颗粒的拟温度值反向从过渡区开始逐渐降低,两两相互碰撞的应力值逐渐降低,而摩擦正应力值 $p_{friction}$ 逐渐增加,摩擦剪应力值同样增加,采用流变学剪应力公式计算,Fr 数值按照之前的计算确定数值,直到转化点开始,颗粒介质由类气态进入类液态。这时保证类液态中弹性正应力的值等于摩擦正应力的值,塑性流动剪应力的值继续按照流变学剪应力公式计算,由于剪切力逐渐减小,弹性剪应力逐渐增加,颗粒速度逐渐降低,体积分数逐渐增大,按照塑性流动法计算颗粒介质材料的卸载过程,直至恢复到静止状态,由于颗粒经历了流动过程,因此颗粒介质无法恢复到初始状态,处于另一个位置和状态下的准静态。

同样地,对于颗粒从稀疏态转化为浓密态时,粒子变量值应该保持不变,包括粒子的密度、速度、能量、坐标等。两个状态的粒子存在的差别主要在于内力的计算。从稀疏态到浓密态过程中,颗粒的拟温度值逐渐降低,颗粒间的碰撞频次也逐渐降低,而由摩擦作用产生的正应力和剪切力数值则逐渐增加。在转化的界面上,由摩擦作用产生的正应力和剪切力与颗粒液相计算的正应力和剪切力相同。在转化为浓密颗粒态之后,颗粒间的塑性剪应力逐渐降低,弹性剪应力逐渐增加,颗粒速度逐渐降低,体积分数逐渐增加,按照塑性流动法则计算颗粒介质材料的卸载过程,直至恢复到静止状态。

8.3 浓密颗粒介质算法与稀疏颗粒
介质算法之间的相互作用

在浓密颗粒流和稀疏颗粒介质同时存在的状况下,两种相态颗粒之间存在着相互作用,计算两种相态的颗粒之间也存在着相互作用,如图8.2所示。SDPH方法依赖于邻近粒子搜索,因此当两种不同相态的粒子作为邻近粒子时需要判定两者之间是否参与到对方的计算之中。首先以稀疏颗粒介质的SDPH粒子为搜索粒子,浓密颗粒介质的SDPH粒子作为被搜索粒子时,在计算以二体碰撞为假设的颗粒间的正应力和剪应力时,浓密颗粒流状态的颗粒对稀疏颗粒流状态的颗粒产生类似于二体碰撞的应力,只要两两粒子相互作用时,其中一个粒子处于稀疏状态,即可认为其和另一个粒子之间也处于二体碰撞假设范围内,因此浓密颗粒介质SDPH粒子对稀疏颗粒介质SDPH粒子之间具有贡献,浓密颗粒介质SDPH粒子参与稀疏颗粒介质SDPH粒子的速度梯度计算;那么以浓密颗粒介质SDPH粒子为搜索粒子时,浓密颗粒流的计算主要是依赖于长时接触的理想弹-黏-塑性本构理论,而当稀疏颗粒介质SDPH作为浓密颗粒介质SDPH粒子的邻近粒子时,由于稀疏颗粒介质粒子表征的颗粒的间距超出了长时接触的范围,因此稀疏颗粒介质SDPH粒子无法向浓密颗粒介质SDPH粒子提供长时接触的作用力,稀疏颗粒介质SDPH粒子不参与浓密颗粒介质SDPH粒子的速度梯度计算。另外,稀疏颗粒介质SDPH粒子计算得到的正应力和剪应力与浓密颗粒介质SDPH粒子计算得到的总应力相互参与对方的计算中。

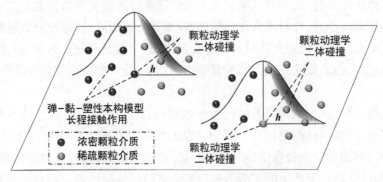

**图8.2 浓密颗粒介质类液态与稀疏颗粒介质类
气态之间的算法相互作用关系**

左边图表示以稀疏颗粒介质的SDPH粒子为搜索粒子,
右边图表示以浓密颗粒介质的SDPH粒子为搜索粒子

8.4 稀疏颗粒介质 SDPH 方法与超稀疏
颗粒介质 DEM 方法耦合

8.4.1 SDPH 与 DEM 之间算法的转化

在稀疏颗粒介质 SDPH 粒子的体积分数降到一定阈值后($\varphi_{g,min}$),其不再遵循二体碰撞假设的颗粒动理学模型,因此将 SDPH 粒子转化为 DEM 粒子进行计算。图 8.3 显示了 SDPH 和 DEM 之间算法的转换方案。

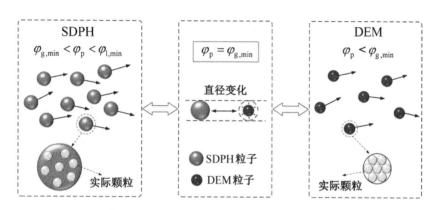

图 8.3 SDPH 和 DEM 之间算法的转换方案

转化有两种策略:一种是较为简单的策略,将一个 SDPH 粒子转化为一个 DEM 粒子,SDPH 粒子的质量、速度、刚度、位置等参数与转化后的 DEM 的粒子相同,DEM 粒子的密度为实际表征的颗粒的密度,因此根据 DEM 粒子的质量和密度便可计算出 DEM 粒子在转化后的粒径大小,即

$$m_{SDPH} = m_{DEM} \tag{8.2a}$$

$$v_{SDPH} = v_{DEM} \tag{8.2b}$$

$$x_{SDPH} = x_{DEM} \tag{8.2c}$$

$$\rho_{DEM} = \rho_{particle} \tag{8.2d}$$

$$r_{DEM} = \sqrt{\frac{3}{4} \frac{m_{DEM}}{\pi \rho_{DEM}}} \tag{8.2e}$$

与每个 SDPH 粒子表征具有一定分布的颗粒群一样,采用该方法转化之后的 DEM 粒子也是代表一个颗粒群,代表的颗粒群的属性和变量与 SDPH 粒子相同。不同之处是,DEM 粒子中的颗粒体积分数为 1,DEM 粒子的密度只有一个值即真实颗粒

的密度。因此,DEM 粒子的尺寸明显小于 SDPH 粒子的尺寸。

该方法使得颗粒体积分数小到一定数值之后能够采用准确的模型进一步计算模拟,在保证计算量不增加的同时,提高物理模型的保真度。

第二种方法是在第一种方法的基础上,引入粒子分裂算法,将达到转化阈值的 SDPH 粒子按照粒子分裂的原则分裂成指定数量的 DEM 粒子,更真实地逼近实际颗粒体,比第一种方法的精度更高。对于粒子分裂的数量按照二维一分四、三维一分八的原则,当然,实际 SDPH 粒子表征的实际颗粒的数量不会按照分裂原则来表征,因此我们尽可能真实地等价逼近数值,实际表征的颗粒数目与分裂的数量越接近,计算的准确度越高。

以二维一分四分裂算法进行说明,采用了沿坐标轴向的正方形粒子分裂模型(图 8.4)。该粒子分裂模型将大粒子分裂为四个小粒子,小粒子分布在以大粒子为中心的正方形的四个角上,正方形的边与坐标轴平行。为保证在粒子分裂过程中的质量、动量及动能守恒,本书参照 Feldman[1] 的研究成果,对分裂后形成小粒子的质量、密度、速度、粒径做如下规定:

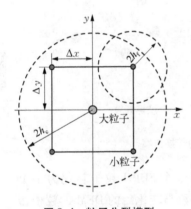

图 8.4 粒子分裂模型

$$m_{DEM} = \frac{1}{4} m_{SDPH} \tag{8.3a}$$

$$\rho_{DEM} = \rho_{particle} \tag{8.3b}$$

$$v_{DEM} = v_{SDPH} \tag{8.3c}$$

$$r_{DEM} = \sqrt{\frac{3}{4} \frac{m_{DEM}}{\pi \rho_{DEM}}} \tag{8.3d}$$

式中,下标 DEM、SDPH、particle 分别代表 DEM 粒子、SDPH 粒子和实际颗粒的相关物理量。SDPH 粒子与分裂形成的 DEM 粒子之间的间距 Δx、Δy 设定为

$$\Delta x = \Delta y = 0.5 \varepsilon \cdot dp_{SDPH} \tag{8.4}$$

式中,dp_{SDPH} 表示大粒子的初始粒子间距;ε 称为分离系数(separation parameter),它定义了 SDPH 粒子与 DEM 粒子间的水平和竖直距离。

与 Reyes López 等使用的沿坐标轴向的正方形粒子分裂模型[2] 相比,本书粒子分裂模型的分离系数 ε 固定为 0.5,这样做的优势是,$\varepsilon = 0.5$ 有助于减小粒子分裂后小粒子之间的重叠,改善粒子秩序。

8.4.2 SDPH 粒子与 DEM 粒子之间作用力传递

假如在计算颗粒介质过程中,空间中既有 SDPH 粒子,又有 DEM 粒子,当它们之间处于相互接触的状态时,需要计算它们之间的接触作用力。采用 DEM 粒子之前的接触力计算方法进行计算,将 SDPH 粒子隐形地转化成 DEM 粒子后计算 SDPH 与 DEM(等效两个 DEM 粒子)之间的相互作用力,包括接触力 $\boldsymbol{F}_{\text{c},ij} = \boldsymbol{F}_{\text{cn},ij} + \boldsymbol{F}_{\text{ct},ij}$ 和法向接触阻尼力 $\boldsymbol{F}_{\text{d},ij} = \boldsymbol{F}_{\text{dn},ij} + \boldsymbol{F}_{\text{dt},ij}$。图 8.5 显示了 SDPH 粒子与 DEM 粒子之间作用力计算策略。

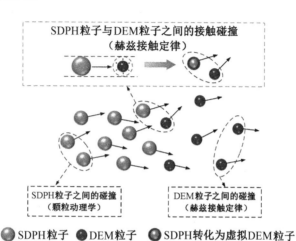

图 8.5　SDPH 粒子与 DEM 粒子之间作用力计算策略

作用在 SDPH 粒子和 DEM 粒子两者之间的作用力大小相等、方向相反,作为动量方程源项加入各自方程计算中,公式如下。

考虑 DEM 粒子对 SDPH 粒子作用的 SDPH 方法的动量方程:

$$\frac{\mathrm{d}\boldsymbol{v}_{i,\text{SDPH}}}{\mathrm{d}t} = \sum_{j=1}^{N} m_j \left(\frac{\boldsymbol{\sigma}_i}{\rho_i^2} + \frac{\boldsymbol{\sigma}_j}{\rho_j^2} \right) \frac{\partial W_{ij}}{\partial \boldsymbol{x}} + \boldsymbol{g} + \boldsymbol{F}_{\text{DEM}} \tag{8.5}$$

考虑 SDPH 粒子对 DEM 粒子作用的 DEM 方法的动量方程:

$$m_i \frac{\mathrm{d}\boldsymbol{v}_{i,\text{DEM}}}{\mathrm{d}t} = \sum_{j=1}^{k_i} \left(\boldsymbol{F}_{\text{c},ij} + \boldsymbol{F}_{\text{d},ij} \right) + m_i \boldsymbol{g} + \boldsymbol{F}_{\text{SDPH}} \tag{8.6}$$

式中,$\boldsymbol{F}_{\text{DEM}}$ 为 DEM 粒子作用于 SDPH 粒子上的作用力矢量;$\boldsymbol{F}_{\text{SDPH}}$ 为 DEM 粒子作用于 SDPH 粒子上的作用力矢量。

8.5　颗粒介质全相态模拟的 SDPH－DEM 耦合方法流程图

在 8.2 节到 8.4 节所建立的不同相态之间算法耦合的基础上再结合第 10 章的边界力计算方法、5.2.4 节的 SPH 方程积分方法和 7.3.3 节的 DEM 运动方程求解方法,便构成了颗粒介质全相态模拟的 SDPH - DEM 耦合方法的流程,流程图如图 8.6 所示。

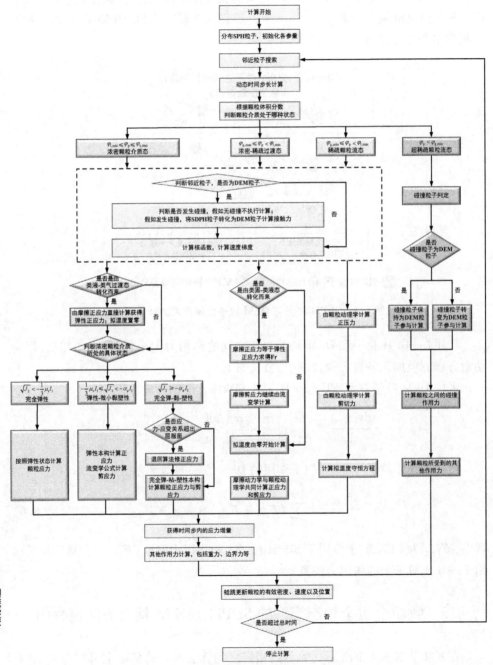

图 8.6　颗粒介质全相态模拟方法流程图

8.6　三维水平表面单侧颗粒堆坍塌过程数值验证

颗粒堆坍塌问题是认识颗粒材料运动规律、检验模型方法有效性的基础案例，之前的坍塌过程数值模拟工况大多为高宽比较小的案例[3-10]，颗粒基本上远离快速流化状态，也就是处于类固态和类液态，采用浓密颗粒流本构理论便可实现有效计算，但对于高宽比较大、颗粒铺展范围较大的工况较少涉及，本算例选择Lajeunesse 等[11]在 2005 年开展的实验为测试案例，检验新的理论方法在三维高宽比工况问题上的适用性。

图 8.7 为所建模型结构示意图，左、前、后、下四面均为固壁边界，颗粒堆位于最左端，零时刻假定位于颗粒堆右侧的挡板快速移除，颗粒堆由静止状态开始运动。计算的区域为一个长方体区域，长度为 100 cm，高度为 30 cm，厚度为 4.5 cm，颗粒堆的厚度与计算区域的厚度同为 4.5 cm，颗粒堆的长和高根据算例工况不同而不同（不同高宽比）。颗粒为球形的玻璃珠，密度为 2 500 kg/m³，直径为 1.15 mm，长方体区域的底部为具有砂纸特性的摩擦边界，颗粒的弹性模量为 72 GPa，泊松比为0.2，内摩擦角为 25°，初始体积分数为 0.62，体积密度为 1 550 kg/m³，与边界的摩擦系数为 0.6。设置 SDPH 粒子的直径为 1 mm，粒子的光滑长度为 1.3 mm，根据计算的颗粒堆的尺寸不同，SDPH 粒子的数量也有所不同。SDPH 人工黏性系数分别设为 $\alpha = 0.1$，$\beta = 0.2$，人工应力系数设为 $\varepsilon = 0.3$。

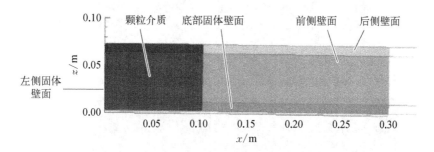

图 8.7　所建模型结构示意图

图 8.8 为计算获得的三种不同工况下颗粒堆坍塌过程与实验结果对比，（a）为$a = 0.6$，$M = 470$ g，$L = 102$ mm；（b）为 $a = 2.4$，$M = 560$ g，$L = 56$ mm；（c）为 $a =16.7$，$M = 170$ g，$L = 10$ mm。图中可以看出，在工况（a）条件下，颗粒堆未完全坍塌，存在左侧部分区域未达到屈服破坏状态，仅有右侧部分颗粒出现流动扩散，最终呈现截断式的沉积状态，即部分流动，部分静止。当 a 增加时，左侧未达到屈服状态的颗粒数目减少，出现不同流动状态，整个上表面弯曲塌陷，仅有左下方少部分颗粒（三角区）存在静止状态，颗粒堆完全塌陷形成近似标准的锥形，如图 8.8（b）计算

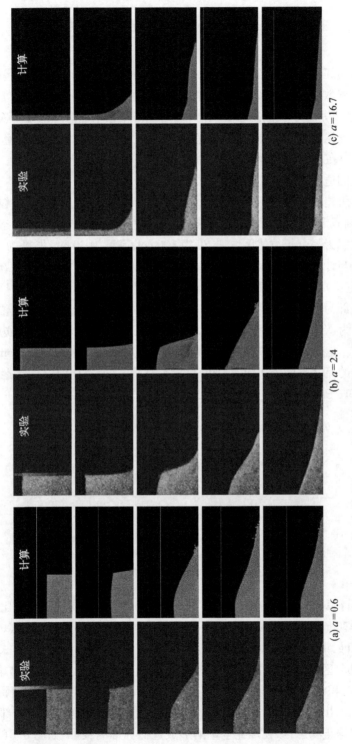

图 8.8　三种工况下颗粒堆坍塌过程计算结果与实验结果对比

结果;继续增加 a, 可看到由于处于上部颗粒堆体积较大,当颗粒堆下方与壁面接触已经开始沿边界向外运动时,上部的颗粒堆不再从柱体边缘开始坍塌,而是整体保持原始形状,沿垂直方向整体向下方运动,最终形成的堆积物也与前两种工况不同,在沉积物表面上存在一个明显的拐点,将上方处于圆锥状的部分和下方处于平坦状的部分分开。这三种运动过程计算结果与实验获得的典型时刻图像吻合较好,典型的形态结果均被很好地捕捉到了。另外,新的理论方法不仅对于从静止态到屈服流动态获得了较好的结果,同时对于从流动态重新回到静止态的过程也能被很好地捕捉到,这是采用传统的单一一种模型方法较难准确获得的。

图 8.9 为计算获得的初始工况条件为 $a = 3.2$, $M = 650\,\text{g}$, $L = 53\,\text{mm}$ 下的不同时刻颗粒堆积体形态轮廓线与实验结果的对比,可以看到数值模拟与实验结果在

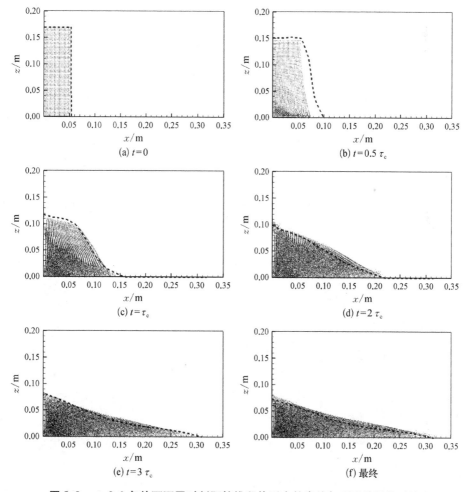

图 8.9　$a = 3.2$ 条件下不同时刻颗粒堆积体形态轮廓线与实验结果的对比

$$\tau_c = \sqrt{H_i/g}$$

大部分时间点上吻合较好,主要存在两点差别:一个是数值模拟在初始坍塌阶段与实验存在一定的偏差,其原因是数值模拟从零时刻开始有一个速度启动过程,初始时刻布置的颗粒位置较为均匀,内部颗粒会经历重排和位置调整,然后在重力作用下向水平方向铺展;另一个是数值模拟计算获得的轮廓线稍高于实验结果,表明计算获得的颗粒堆的膨胀性稍大一些,主要与算法的精度有关,下一步可尝试采用精度更高的数值离散格式计算提高计算精度。

　　为了进一步体现新的理论方法在捕获颗粒介质流动特性方面的优势,我们提取了处于流动屈服的颗粒体的速度矢量演化过程,如图 8.10 所示,与实验通过 PIV 测得的流动层中的速度矢量分布进行了对比,可以看到在大高宽比下,同时在高的高宽比下,两种方法获得速度矢量均吻合较好。在较小的高宽比 a 值条件下[图 8.10(a)],颗粒的流动是由颗粒堆的边缘破坏引起的,沿着一个明显的断裂面,在断裂面上方,材料集体向下方滑动,在断裂面下侧方颗粒介质保持静止状态。在较大的高宽比 a 值条件下[图 8.10(b)],颗粒堆体的流动完全发展,初始颗粒堆体的高度远高于屈服面的顶部,由于重力作用,大部分颗粒堆沿垂直方向下落,当它们到达屈服面的顶点后,颗粒流开始沿水平方向运动,消耗掉自由落体的动能。随着时间的延长,初始颗粒堆完全坍塌,并演变成三角形桩体,沿此表面方向形成表面流。通过不同工况对比,我们发现,随着 a 值的增加,不仅颗粒铺展的范围增加,同时颗粒流前缘的运动速度增加,一些颗粒运动甚至沿着自由表面持续了很长时间,这些颗粒的运动再仅仅采用传统的弹塑性本构理论或流变学理论很难精确获得它们的剪应力,需要采用更好描述颗粒快速流动状态的类气态颗粒动理学理

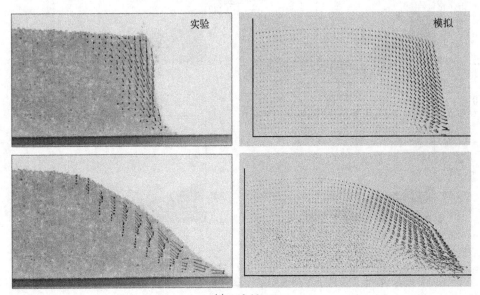

(a) $a=0.46$

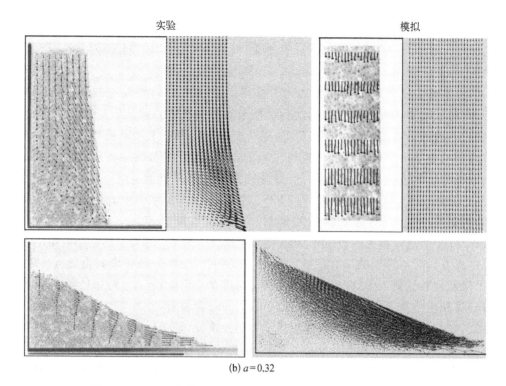

(b) $a = 0.32$

图 8.10 不同 a 条件下不同时刻的速度矢量分布与实验结果对比

论更为合适,从结果来看,与实验吻合度较高。

为了验证实验获得的颗粒堆积体形态与高宽比 a 之间的关系,我们获得了不同 a 值条件下,颗粒流铺展形态数据变化曲线,如图 8.11 所示,尽管颗粒流动过程中现象较为复杂,但是最终铺展长度以及堆积高度均与高宽比之间呈幂律曲线关系,与实验总结得到的规律相同,进一步验证了数值模拟的准确性和较宽范围的适用性。

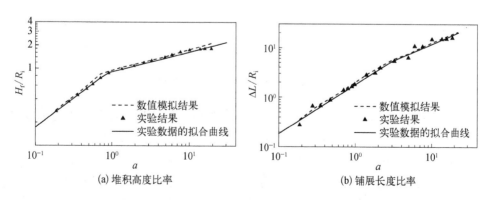

(a) 堆积高度比率   (b) 铺展长度比率

图 8.11 不同 a 值条件下计算获得的铺展形态数据比率曲线与实验结果对比

8.7　三维倾斜表面单侧颗粒堆坍塌过程数值验证

由于 Hungr[12] 的实验主要是为了获得扩散占主导的颗粒流的理论预测模型,其对于改变多种参数获得的实验结果未能有效获取。因此,在 Hungr 实验的基础上,进一步对 Farin 等[13] 在 2014 年开展的倾斜表面上不同高宽比条件下颗粒流体动力学与沉积特性实验进行了数值再现,对不同参数对于流动形态和沉积范围的影响进行了深入的研究。计算域为长为 3 m,滑槽宽度可以在 10 cm 和 20 cm 之间变化,倾斜角可以在 0° 和 35° 之间变化,颗粒堆长度 r_0 可在 10 cm 到 30 cm 之间变化,具体颗粒堆的几何尺寸由两个参量决定,一个是高宽比 $a = H/L$,另一个是体积 $V = HLW$,具体的高度 H_0、L_0 和 W_0 的大小根据不同工况而发生改变。对本算例结果有影响的参数主要包括坡角 θ、颗粒堆高宽比 a、体积 V。颗粒材料选择与实验相同的玻璃珠,密度为 2 500 kg/m³,初始体积分数为 0.6,体积密度为 1 500 kg/m³,粒径为 0.7 mm,弹性模量为 72 GPa,泊松比为 0.2,内摩擦角为 24°。对于滑槽底部摩擦特性来说,数值模拟采用设置底部摩擦系数的方式实现。采用 SDPH 方法进行离散,SDPH 粒子的密度为颗粒的有效密度(1 500 kg/m³),SDPH 粒子的直径为 5 mm,粒子总数量根据工况不同而发生改变,光滑长度为 6.5 mm。图 8.12 为数值模拟所建模型示意图,颗粒堆周围四边均为固壁边界。

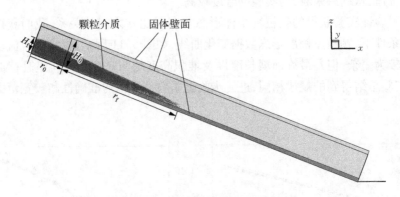

图 8.12　数值模拟所建模型示意图

图 8.13 为计算获得的体积为 12 600 cm³ 颗粒堆坍塌后表面形态随时间变化曲线,滑槽倾斜角为 22°,可以看到颗粒体首先处于静止状态,在重力作用下,包括颗粒堆上表面在内的表层颗粒都将发生变形运动,与颗粒堆在水平面坍塌存在平面状的屈服带不同,很快便形成了三角形状的倾斜颗粒堆,上表面为一平面,随着时间的延长,颗粒堆继续沿斜坡向下运动,铺展的面积进一步增加,颗粒堆表面与

水平面之前的夹角进一步减小,直到速度降低为零,铺展长度约为 2 m,数值模拟获得的表面形态与实验结果吻合较好。由于倾斜表面颗粒坍塌的速度较快,未出现 8.6 节在水平表面颗粒堆坍塌过程中出现的在初始铺展阶段与实验存在一定偏差的问题。

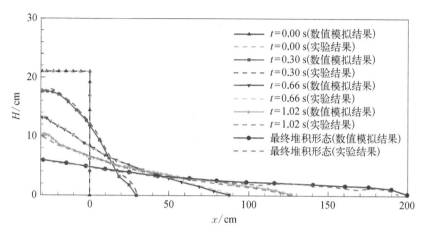

图 8.13　体积为 12 600 cm³ 颗粒堆坍塌后表面形态随时间变化曲线

图 8.14 为不同工况下计算获得的颗粒堆体最终沉积形状剖面与实验结果的对比,虽然颗粒堆的高宽比不同,但是总体积保持不变。可以看到随着高宽比的增加,虽然颗粒堆体积量不变,但是颗粒的铺展长度呈增加趋势,这主要是由于高宽比增加,颗粒堆所具有的势能增加,需要在铺展的过程中通过颗粒-颗粒间的摩擦和颗粒-底部边界之间的摩擦消耗能量。另外,铺展保留在左端的颗粒堆积形态几种工况基本相同,主要区别在 60 cm 长度以后的部分,对于较小的高宽比,则可获

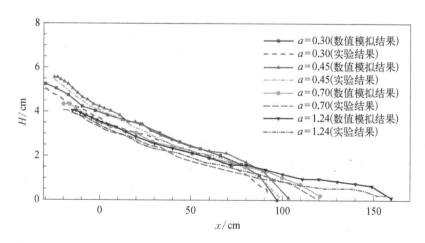

图 8.14　不同工况下计算获得的颗粒堆体最终沉积形状剖面与实验结果的对比

得较陡的前缘,相反对于较大的高宽比则获得较平坦的前缘,前缘休止角较小,这也与高宽比较大情况下前缘流动速度较快相关。

图 8.15 为计算获得的颗粒流前缘速度随时间变化曲线,在铺展的前期阶段由于铺展的范围较小,与底部边界接触面积较小,颗粒所受到的阻力较小,大部分的重力势能均转化为颗粒运动的动能,颗粒加速运动明显,这一阶段对应于图 8.13 中 0.3 s 时刻左右颗粒堆自由表面呈现曲线状态;直到速度达到一定峰值后开始降低,这时对应于颗粒堆自由表面呈现直线状态,颗粒铺展的长度足够大,可以很好地抵消势能转化的动能;由于颗粒铺展的长度是由小到大,而势能转变是由快到慢,因此当铺展的长度产生的摩擦阻力能量消耗可以抵消势能转化后,颗粒的速度开始快速下降,而当速度下降到一定数值后,颗粒铺展的长度增速放缓,颗粒速度下降的坡度也变缓,直到速度降至零。同时,通过图 8.15 可以看到,随着高宽比 a 值的增加,同一时刻颗粒堆前缘运动的速度增加,速度的最大值也增大,但铺展速度增大意味着铺展的长度增大,能量的消耗速度加快,相比于较小高宽比的工况,较大高宽比下颗粒铺展的时间也缩短。数值模拟很好地捕捉到了这些铺展规律。

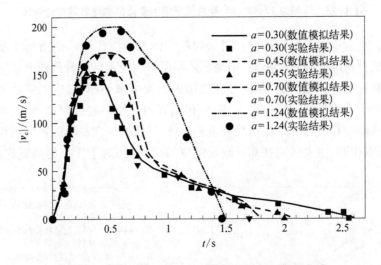

图 8.15   计算获得的颗粒流前缘速度随时间变化曲线

图 8.16 为颗粒流前缘运动铺展长度随时间变化曲线,与图 8.15 分析得到的铺展规律相同,在铺展的前期阶段铺展长度线性增加,当颗粒堆自由表面呈现平直状态时,进入缓慢铺展阶段,直到铺展长度不再增加,颗粒速度降低为零;随着高宽比 a 值的增加,铺展消耗的时间缩短,甚至在 $a = 1.24$ 工况下,基本不存在缓慢的铺展阶段,虽然颗粒的速度发生了较大的改变,但是一直保持一定的铺展速度直到铺展结束。

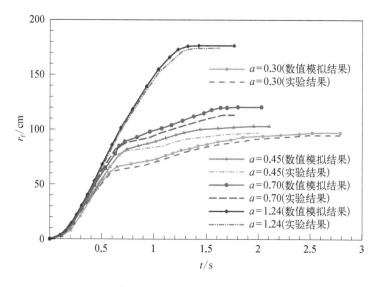

图 8.16　颗粒流前缘运动铺展长度随时间变化曲线

　　不论是计算获得的不同时刻颗粒流的铺展形态、铺展的速度、铺展长度等参数,还是不同高宽比条件下铺展的特性,通过与实验获得的结果对比,可以看到两者吻合均较好,验证了新理论和新方法对于颗粒运动规律捕捉较好,同时对于改变不同参数的工况来说适用性较强。

8.8　三维水平表面圆柱形颗粒堆坍塌过程数值模拟

　　颗粒堆坍塌问题是认识颗粒材料运动规律、检验模型方法有效性的最基础案例。很多学者已经对二维单侧颗粒堆坍塌过程进行了数值模拟,但由于在厚度方向受限于前后壁面的制约,很多三维的现象无法获取。同时,之前的坍塌过程数值模拟工况仅限于长径比较小的案例,颗粒基本上远离快速流态化状态,也就是基本处于类固态和类液态,采用浓密颗粒流本构理论便可实现有效计算,但对于长径比较大的案例未曾涉及。这里选取不同长径比下的轴对称圆柱形颗粒堆坍塌算例进行数值模拟,捕捉全三维颗粒堆坍塌过程中一些典型现象,如截锥形结构、圆锥形结构、圆球形顶部结构以及"墨西哥帽"结构等,检验新的理论和方法在描述这种全三维、多相态问题上的有效性,同时深入认识和理解其物理机理。

　　算例模型示意图如图 8.17 所示。三维圆柱形颗粒堆高度为 H_0,半径为 R_0(具体数值根据算例不同而发生改变)。在实验的过程中,初始由空心圆形容器固定,在 $t = 0$ 时刻,将空心圆形容器沿垂直方向提升,并假定容器移除速度非常快,颗粒流不受其影响。而数值模拟实施过程中,颗粒堆从零时刻开始计算,即表征圆形容器已经移除。颗粒介质由初始静止状态,开始沿径向塌陷,重力势能转化为运动动能,像流体一样流动,在流动的过程中,存在于颗粒堆中的能量逐渐耗散,流动逐渐转变为准静态,流速降低,流动性减小,形成一个对称的堆积体。假定最终沉积时的状态中颗粒介质的高度用 H_f 表示,半径用 R_f 表示,通过相关实验研究[14-16]表明,颗粒的材料、粒径、表面粗糙度以及初始颗粒堆的几何形态均对最终的沉积形态以及颗粒流的运动过程具有显著的影响,其中,初始长径比起着至关重要的作用。因此,我们本书重点通过改变结构的初始参数(柱体的高度、半径和体积)获得颗粒流动的标度定律,与实验进行对比验证。同时,我们通过分析浓密颗粒流中颗粒的流动以及最终沉积规律,揭示形成不同流动特征的机理,为实际自然现象规律的揭示提供支撑。

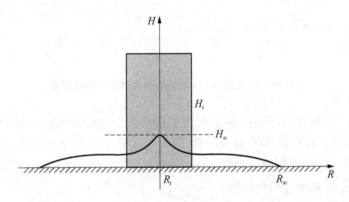

图 8.17   模型示意图

算例中的颗粒材料设定为干燥无黏性沙子,颗粒直径为 0.32 mm,实际密度为 2 600 kg/m³,初始体积分数为 0.6,体积密度为 1 560 kg/m³,弹性模量为 20 GPa,泊松比为 0.3,内摩擦角为 30°。采用 SDPH 方法进行初始离散,SDPH 粒子的密度为颗粒的有效密度(1 560 kg/m³),初始体积分数为 0.6,SDPH 粒子的直径为 5 mm,粒子总数量根据工况不同而发生改变,光滑长度为 6.5 mm。底部边界与颗粒之间存在法向作用力和切向摩擦力,法向接触力按照阈函数方法计算,切向摩擦力按照摩擦模型计算,摩擦力系数为 0.6。

图 8.18 为计算获得的在 $a = 0.55$ 工况下,不同时刻的颗粒运动过程及最终沉积形态图。可以看到,在 148 ms 时刻,处于圆柱体上部外层的颗粒已经开始斜向下向四周坍塌运动,而处于内层的颗粒则一直处于静止状态,它们之间存在一个明显的间隔面将外部坍塌区域与内部非变形区域分开,这在固体力学领域称为剪切带。随着时间的延长,剪切带进一步向内部中心移动,外层坍塌的区域进一步扩展形成类似"平头帽"状形态。由于底部摩擦力的作用以及颗粒-颗粒间接触作用和重力作用的共同影响,最终颗粒停止运动后,在柱体顶部留有一部分未受任何干扰的区域,该区域保持在初始高度 H_0,并且其与周围自由表面坡形成一个约为静态

模拟结果：斜视图　　　　模拟结果：侧面视图　　　　实验结果

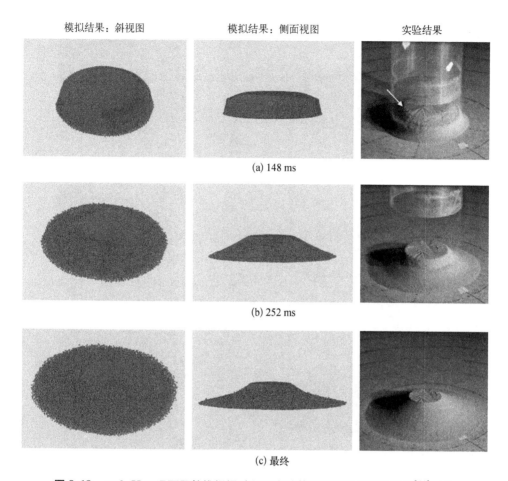

(a) 148 ms

(b) 252 ms

(c) 最终

图 8.18　$a = 0.55$ 工况下颗粒堆坍塌过程形态计算模拟结果与实验结果[14] 对比

休止角的状态。

　　图 8.19 为计算获得的在 $a = 0.9$ 工况下,不同时刻的颗粒运动过程及最终沉积形态图。相比于 $a = 0.55$ 工况下的计算结果,该流动更加复杂。它不像 $a = 0.55$ 工况下直接在静态区和非静态区之间形成分割面,而是由外层一层层向内坍塌扩散,分割面不清晰,自由表面的坡度从流动前沿到柱体的上顶部逐渐变陡。随着屈服颗粒一层层的侵蚀,最终整个颗粒堆的上表面完全达到屈服状态,仅在最高峰处留下一个尖尖的锥形角,最终形成的坡度也明显小于静态休止角。与图 8.18 不同的是,由于该工况下最终堆积形态的最高峰不再是初始高度值,因此数值模拟结果采用高度等高线进行云图显示。通过图像可以看出本书的数值模拟完全捕获到了该实验现象,与实验图像吻合非常好。

　　图 8.20 为 $a = 3.0$ 工况下颗粒堆在不同时刻的运动过程形态计算结果与实验结果对比。可以看出从 0 时刻整个上表面开始向下运动,位于柱体底部外侧的颗

模拟结果   实验结果

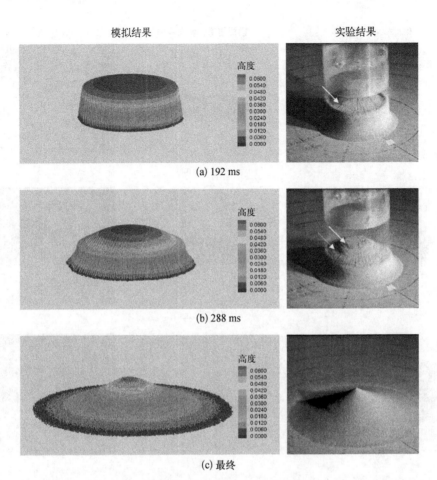

(a) 192 ms

(b) 288 ms

(c) 最终

图 8.19　$a=0.9$ 工况下颗粒堆坍塌过程形态计算模拟结果与实验结果[14]对比

粒则开始向外运动,在颗粒堆前沿两侧观察到较大的速度。由于柱体高度较大,柱体顶部的粒子以较高的速度坍塌,可以看到处于柱体周围的颗粒已经有少部分处于快速流态化状态,但位于柱体顶部的颗粒表面形态不发生改变。在柱体向下运动一段距离后,由于柱体周围颗粒受重力和剪切力作用,柱体顶部变形形成一个凸形圆顶形态,其曲率半径也随着时间的延长而逐渐变小。由于水平面上速度较大的粒子可以在水平表面的两个方向上同时对称地运动,因此,其逐渐转变成正弦函数的形状。Lajeunesse 等[15]对颗粒堆积体沿轴线进行了剖分,获得了剖面形态,可分为三个区域,一是中心未发生任何改变的静态区域,半径与初始柱体半径相同;二是颗粒流先到达的区域;三是外部的扩展流动区域。本书数值模拟同样观察到了该现象,与实验吻合较好。

　　继续增大初始长径比至 $a=13.8$,颗粒堆的表面速度扩展更大,从图 8.21(b)和(c)显示的柱体部分颗粒的分布即可看出,柱体表面的颗粒已经出现很大的速度

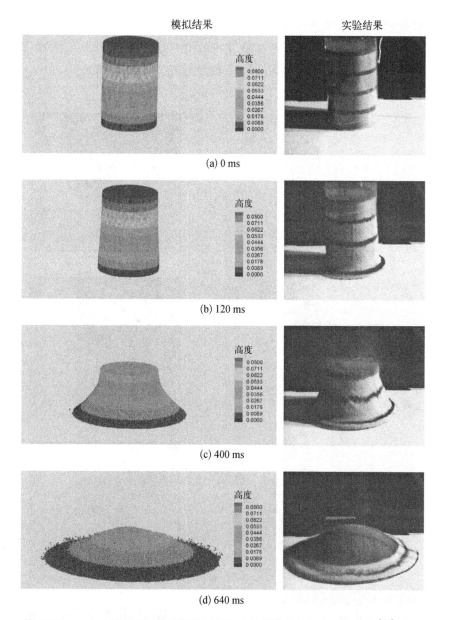

图 8.20　$a = 3.0$ 工况下颗粒堆坍塌过程形态计算模拟结果与实验结果[14]对比

波动,处于明显的快速流态化状态。在 484 ms 上部柱体已经完全消失,由于向下运动的颗粒堆速度较高,到达铺展表面的颗粒仍有垂直向下运动的趋势,造成对铺展表面颗粒堆的冲击,在中心铺展区域形成一个环形凹状结构,随着时间推移,凹状结构进一步扩大,同时能量进一步耗散,直到 514 s 后基本达到稳定状态。在此基础上进一步增大长径比至 $a = 16.7$,如图 8.22 所示,凹状结构更加明显,形成明

显的墨西哥帽形态,中心是一个尖型的锥角,四周形成一个脊状。通过与实验结果
对比,除了中心锥角的角度稍大于实验获得的锥角角度之外,脊状的位置、脊状的
高度、铺展的范围等数值均与实验结果[16]吻合较好。

模拟结果　　　　　　　　　　实验结果

(a) 0 ms

(b) 308 ms

(c) 434 ms

(d) 484 ms

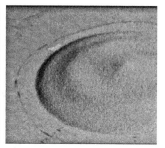

(e) 514 ms

图 8.21　$a = 13.8$ 工况下颗粒堆坍塌过程形态计算模拟结果与实验结果[14]对比

模拟结果　　　　　　　　　　　　　　实验结果

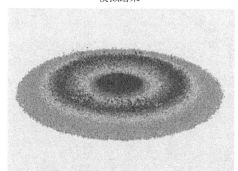

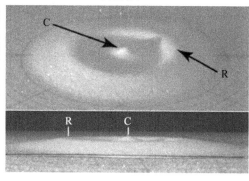

图 8.22　$a = 16.7$ 工况下颗粒堆最终铺展形态计算模拟结果与实验结果[16]对比
R 表示凸起的边缘;C 表示中心

　　在本书模拟算例中,对于较大长径比的三维颗粒堆来说,其颗粒运动的速度较大,铺展的范围也很大,一些颗粒从主体颗粒堆中分离出来,不再遵循颗粒的类固态和类液态假设,颗粒的体积分数变化较大,颗粒之间的接触不再以长时碰撞接触为主,属于快速颗粒流动,具有较大的惯性数,剪切速率较高,堆积的围压接近于零,这时必须采用类气态颗粒流模型和离散单元模型进行求解。不论颗粒是处于流动的类液态还是快速流动的类气态,其最终都将在底部摩擦力以及颗粒间摩擦力的作用下,能量耗散,速度降低,重新回到堆积状态,这时根据颗粒的体积分数情况判定其所处的相态,从而采用合适的理论和方法进行模拟,获得全部的物理现象。

　　图 8.23 为 $a < 1.7$ 情况下颗粒铺展范围随长径比 a 不同的变化曲线,该曲线理论上为一条线性直线,因为在这个高径比范围内,颗粒铺展的范围有限,中心部分的颗粒堆基本保持不变,只有超出一定半径范围之后的颗粒参与铺展运动,初始颗粒堆的高度直接决定了该铺展范围,而与初始的颗粒堆半径无关,因此该直线等价于铺展范围 $R_\infty - R_0$ 与初始颗粒堆高度 H_0 之间的关系,从量纲角度分析其必定是线性关系,实验拟合数据比例系数为 1.24,从图 8.23 可以看出数值模拟结果与

实验结果[14]吻合较好。图 8.24 为不同 a 值条件下颗粒堆高度与铺展范围半径之间的关系曲线,可以看出在 a 值较小的情况下 ($a < 1.0$),由于颗粒堆顶部部分中心颗粒未受到坍塌扰动作用,其高度与铺展面积之间无相关关系。在 $1.0 < a < 10.0$ 范围内,颗粒铺展面积与高度基本呈线性关系,随着 a 值增大,同样铺展面积情况下堆积的厚度值更大;随着 a 值进一步增大,在铺展初期堆积形成的高度存在

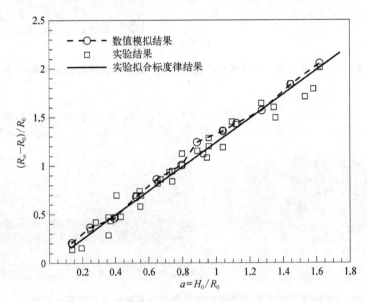

图 8.23　颗粒堆铺展范围随着 a 不同的变化曲线 ($a < 1.7$)

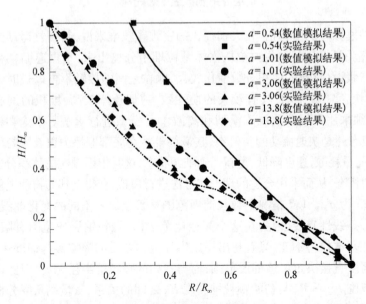

图 8.24　不同 a 值条件下颗粒堆高度比率与铺展范围半径比率之间的关系曲线

一定的不稳定,在铺展过程中会存在一个平缓的坍塌过程,该过程中堆积高度基本保持不变,仅铺展面积增加,随后又重新进入一个线性铺展过程。图 8.25 为三种不同 a 值条件下颗粒堆铺展范围随时间变化曲线,随着 a 值增大,铺展的时间延长,铺展的范围增加,曲线基本上呈 S 形,在初始阶段铺展较为缓慢,主要与速度启动存在一定的滞后有关,最终在底部摩擦力和内部剪切作用力下能量耗散,缓慢回到静止状态。从数值模拟结果和实验结果[14]对比可以看出,两者数据吻合较好。

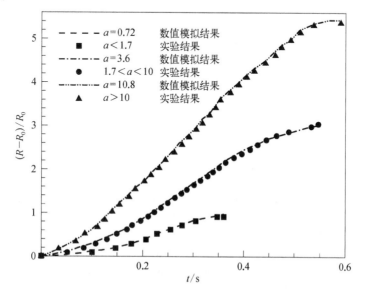

图 8.25　颗粒堆铺展范围随时间变化曲线

8.9　小　　结

在颗粒介质全相态本构模型的基础上,引入了最适合描述颗粒介质拉格朗日运动行为的两种数值方法进行模拟: SDPH 方法和 DEM 方法,分析表明采用 SDPH 方法不仅可以追踪颗粒的轨迹,同时可以采用较少的计算粒子即可实现对颗粒运动过程的计算,计算量相比于纯 DEM 方法大大降低,同时相比于 MPM、LBM 方法无需任何网格,计算灵活性更大,可实现对浓密颗粒和稀疏颗粒的有效模拟,即只要颗粒间相互作用遵循连续介质力学假设的区域(类固态、类液态和类气态)均可采用 SDPH 进行模拟。对于超稀疏颗粒流区域即颗粒不再遵循连续介质力学假设,颗粒间的相互碰撞频率非常小,这时再采用 DEM 方法进行追踪,既可以实现对超稀疏颗粒的有效模拟,又不增加计算量,是对 SDPH 方法的有力补充。本书重点对浓密颗粒介质与稀疏颗粒介质之间、稀疏颗粒介质与超稀疏颗粒之间的耦合方法进行论述,通过实践证明 SDPH - DEM 耦合方法是模拟颗粒介质全相态的有效方法。

通过三维水平面单侧颗粒堆坍塌过程案例和三维倾斜表面单侧颗粒堆坍塌过程案例两个案例进行了数值验证,获得的颗粒流运动形态和堆积形态与实验吻合较好,同时速度矢量分布、不同长径比下的铺展范围标度律、颗粒铺展瞬态特征等均与实验误差较小。另外颗粒运动过程中的准静态、缓慢流动状态、快速流动状态等不同流态均得到了很好的捕捉,验证了本书理论和数值方法的准确性以及宽参数范围的适用性。

最后,对不同长径比情况下的三维圆柱形颗粒堆坍塌过程进行了数值模拟,不仅捕捉到了低长径比情况下颗粒堆顶部截锥形"平头帽"状形态、尖锥形形态、圆球形形态,同时还观测到了高长径比情况下最终铺展形成的"墨西哥帽"形态,验证了新的模型方法对处于浓密颗粒介质状态的问题可以有效模拟,同时对于达到快速流动状态的颗粒流问题可以精确捕捉各种现象。

参考文献

[1] FELDMAN J. Dynamic refinement and boundary contact forces in smoothed particle hydrodynamics with applications in fluid flow problems[D]. Swansea: University of Wales Swansea, 2006.

[2] REYES LÓPEZ Y, ROOSE D, RECAREY MORFA C. Dynamic particle refinement in SPH: application to free surface flow and non-cohesive soil simulations [J]. Computational Mechanics, 2013, 51(5): 731 - 741.

[3] BUI H H, FUKAGAWA R, SAKO K, et al. Lagrangian meshfree particles method (SPH) for large deformation and failure flows of geomaterial using elastic-plastic soil constitutive model [J]. International Journal for Numerical & Analytical Methods in Geomechanics, 2010, 32 (12): 1537 - 1570.

[4] NGUYEN C T, NGUYEN C T, BUI H H, et al. A new SPH-based approach to simulation of granular flows using viscous damping and stress regularisation[J]. Landslides, 2017, 14: 69 - 81.

[5] IKARI H, GOTOH H. SPH-based simulation of granular collapse on an inclined bed[J]. Mechanics Research Communications, 2016, 73: 12 - 18.

[6] MINATTI L, PARIS E. A SPH model for the simulation of free surface granular flows in a dense regime[J] Applied Mathematical Modelling, 2015, 39: 363 - 382.

[7] CHAMBON G, BOUVAREL R, LAIGLE D, et al. Numerical simulations of granular free-surface flows using smoothed particle hydrodynamics [J]. Journal of Non-Newtonian Fluid Mechanics, 2011, 166(12 - 13): 698 - 712.

[8] XU T, JIN Y C, TAI Y C, et al. Simulation of velocity and shear stress distributions in granular column collapses by a mesh-free method[J]. Journal of Non-Newtonian Fluid Mechanics, 2017, 247: 146 - 164.

[9]　IONESCU R, MANGENEY A, BOUCHUT F, et al. Viscoplastic modeling of granular column collapse with pressure-dependent rheology [J]. Journal of Non-Newtonian Fluid Mechanics, 2015, 219: 1 – 18.

[10]　PENG C, GUO X, WU W, et al. Unified modelling of granular media with smoothed particle hydrodynamics [J]. Acta Geotechnica, 2016, 11(6): 1231 – 1247.

[11]　LAJEUNESSE E, MONNIER J B, HOMSY G M. Granular slumping on a horizontal surface [J]. Physics of Fluids, 2005, 17: 103302.

[12]　HUNGR O. Simplified models of spreading flow of dry granular material [J]. Canadian Geotechnical Journal, 2008, 45: 1156 – 1168.

[13]　FARIN M, MANGENEY A, ROCHE O. Fundamental changes of granular flow dynamics, deposition, and erosion processes at high slope angles: insights from laboratory experiments [J]. Journal of Geophysical Research Earth Surface, 2014, 119(3): 504 – 532.

[14]　LUBE G, HUPPERT H E, SPARKS R S J, et al. Axisymmetric collapses of granular columns [J]. Journal of Fluid Mechanics, 2004, 508: 175 – 199.

[15]　LAJEUNESSE E, MANGENEY-CASTELNAU A, VILOTTE J P. Spreading of a granular mass on a horizontal plane [J]. Physics of Fluids, 2004, 16(7): 2371 – 2381.

[16]　ROCHE O, ATTALI M, MANGENEY A, et al. On the run-out distance of geophysical gravitational flows: insight from fluidized granular collapse experiments [J]. Earth and Planetary Science Letters, 2011, 311(3 – 4): 375 – 385.

第 9 章
液体-颗粒两相流模拟的
SPH – SDPH – DEM 耦合方法

9.1 引　　言

　　描述流体流动主要有两种方法：拉格朗日方法和欧拉方法,两种方法在不同体系框架下进行计算,分别着眼于流体质点和流动空间。对于颗粒流的数值模拟采用拉格朗日方法较为合适,可直接追踪颗粒的运动,适于加入蒸发、燃烧等物理化学过程,如前面章节所介绍的颗粒流全相态的 SDPH – DEM 耦合方法,虽然为两种不同的方法,但是均在拉格朗日体系下求解,耦合也较为自然。传统的对于气体相的模拟来说,因为涉及气相的可压缩、激波、化学反应、湍流等问题,采用欧拉网格法描述最为合适,可以通过提高精度的方式,模拟更加复杂的流动现象。但对于含有界面的液体流动来说,此种方法具有一定的缺陷:如需要显式追踪液体的相界面,假如计算的液体流动的范围足够广,那么需要在初始时刻布置覆盖所有范围的固定的欧拉网格,从而每一时间步都需要全场网格求解,计算量大大增加。而假如对于流动的液体相同样采用拉格朗日法进行模拟,则可以很好地解决以上问题,既可以自然地追踪界面,又可以只计算对象的运动情况,同时还可以只按照单相对对象进行模拟,是模拟大尺度的液体相问题较好的方法。因此,本章即针对液体与颗粒相混合问题,采用 SPH 方法模拟连续的液体相流动,采用 SDPH – DEM 耦合方法模拟颗粒介质的全相态流动情况,建立新的拉格朗日粒子法与多相态颗粒流拉格朗日粒子法耦合框架,该耦合框架适用于所有基于连续介质流体动力学的拉格朗日粒子法-基于连续介质力学与离散质点动力学耦合方法之间的耦合。

　　本章首先介绍基于颗粒流全相态理论的双流体模型,采用 SPH 方法和 SDPH – DEM 耦合方法对该模型进行离散,推导出 SPH 和 SDPH – DEM 离散方程组,搭建 SPH – SDPH – DEM 耦合框架,并与现有模型框架进行对比分析;其次,通过控制方程的源项作用及体积分数数值的交换,实现 SPH – SDPH – DEM 算法间双向数据传递,建立耦合算法流程,以溃坝侵蚀颗粒床层案例进行数值验证。

9.2　求解双流体模型中连续相的 SPH 方法

对于颗粒相来说,采用第 8 章阐述的 SDPH - DEM 耦合方法进行模拟,具体公式和求解过程不再赘述。对于液体相来说,采用传统 SPH 方法进行模拟。本书液体相模拟中不考虑热传导及化学反应,考虑液体的黏性及表面张力作用,采用如下形式的拉格朗日描述的流体动力学 Navier-Stokes 方程:

$$\frac{\mathrm{d}\rho}{\mathrm{d}t} = -\rho \, \nabla \cdot \boldsymbol{v} \tag{9.1}$$

$$\frac{\mathrm{d}\boldsymbol{v}}{\mathrm{d}t} = -\frac{1}{\rho} \nabla p + \boldsymbol{F}^{(v)} + \boldsymbol{F}^{(s)} + \boldsymbol{g} \tag{9.2}$$

式中,$\dfrac{\mathrm{d}}{\mathrm{d}t}$ 为物质导数;p 为压力;$\boldsymbol{F}^{(v)}$ 为流体的黏性项;$\boldsymbol{F}^{(s)}$ 为表面张力项;$\boldsymbol{g}$ 为体积力项。

连续性方程(9.1)可写为

$$\frac{\mathrm{d}\rho}{\mathrm{d}t} = -\nabla \cdot (\rho \boldsymbol{v}) + \boldsymbol{v} \cdot \nabla\rho \tag{9.3}$$

对式(9.3)应用 SPH 离散可得连续性密度方程:

$$\frac{\mathrm{d}\rho_i}{\mathrm{d}t} = \sum_{j=1}^{N} m_j \boldsymbol{v}_{ij} \cdot \nabla_i W_{ij} \tag{9.4}$$

动量方程(9.2)中的压力梯度项可写为

$$-\frac{1}{\rho} \nabla p = -\left(\frac{1}{\rho} \nabla p + \frac{p}{\rho^2} \nabla\rho \right) \tag{9.5}$$

对于同种材料,$\nabla\rho = 0$,将上式代入动量方程(9.2)并进行 SPH 离散可得

$$\frac{\mathrm{d}\boldsymbol{v}_i}{\mathrm{d}t} = -\sum_{j=1}^{N} m_j \frac{p_i + p_j}{\rho_i \rho_j} \nabla_i W_{ij} + \boldsymbol{F}_i^{(v)} + \boldsymbol{F}_i^{(s)} + \boldsymbol{g}_i \tag{9.6}$$

上式即为动量方程的 SPH 离散式。在 SPH 方法中,粒子的运动方程为

$$\frac{\mathrm{d}\boldsymbol{r}_i}{\mathrm{d}t} = \boldsymbol{v}_i \tag{9.7}$$

式(9.4)、式(9.6)和式(9.7)共同构成了液体模拟的 SPH 形式的基本控制方程组,为使该方程组封闭,还需要求解出流场的压力值,这里采用了弱可压缩(weakly compressible)SPH 方法[1]。弱可压缩 SPH 方法将所有理论上不可压缩的流体看作是弱可压缩的,采用状态方程显式求解流场压力,最常用的状态方程形式是

$$p = p_0 \left[\left(\frac{\rho}{\rho_0} \right)^{\gamma} - 1 \right] \tag{9.8}$$

式中, ρ_0 为流体的初始密度; p_0 为参考压力; γ 是常数, 一般取 $\gamma = 7$, 参考压力 $p_0 = \dfrac{c_s^2 \rho}{\gamma}$, c_s 为流场中的声速, 在 SPH 方法中, 声速 c_s 是人工选择的, 一般为流场的最大速度的 10 倍左右, 以控制流体的密度振荡幅度在 1% 以内。

流体的黏性可表示为

$$\boldsymbol{F}^{(v)} = \boldsymbol{F}^{(pv)} = \frac{1}{\rho} \nabla \cdot \boldsymbol{\tau} \tag{9.9}$$

式中, $\boldsymbol{\tau}$ 为剪切力张量:

$$\boldsymbol{\tau} = \eta(\dot{\gamma}) \boldsymbol{\gamma} \tag{9.10}$$

式中, $\boldsymbol{\gamma} = \nabla \boldsymbol{v} + (\nabla \boldsymbol{v})^{\mathrm{T}}$, 为剪切速率张量; $\eta(\dot{\gamma}) = K\dot{\gamma}^{n-1}$, 为广义黏性, K 为稠度系数, n 为流动指数。对于牛顿流体, $n = 1$, $\eta(\dot{\gamma}) = \mu$; 对于幂律型流体, $n < 1$, $\eta(\dot{\gamma})$ 随剪切速率 $\dot{\gamma}$ 的增大而减小。将式(9.10)及剪切速率表达式 $\boldsymbol{\gamma} = \nabla \boldsymbol{v} + (\nabla \boldsymbol{v})^{\mathrm{T}}$ 代入式(9.9)可得

$$\boldsymbol{F}^{(v)} = \frac{1}{\rho} \nabla \cdot \left\{ \eta(\dot{\gamma}) \left[\nabla \boldsymbol{v} + (\nabla \boldsymbol{v})^{\mathrm{T}} \right] \right\} \tag{9.11}$$

对于式(9.11)包含的速度二阶导数项, SPH 方法的处理方式有三种, 一是直接将函数的二阶导数转换为核函数的二阶导数的方法求解(直接求导法)[2]; 二是利用两次求解核函数一阶导数嵌套的方法求解(嵌套求导法)[3]; 三是利用有限差分等其他方法求解一阶导数, 而后利用 SPH 方法再求导的方法求解(混合求导法)[4-6]。研究表明[7], 直接求导法和嵌套求导法对于粒子秩序非常敏感, 不适于处理凝胶推进剂撞击雾化这类粒子秩序较为混乱的问题, 混合求导法在处理此类问题时更为健壮有效。因此, 这里采用了 Morris 等[4] 提出的 SPH 与有限差分相结合的方法求解式(9.11)中的黏性项:

$$\left(\frac{1}{\rho} \nabla \cdot \boldsymbol{\tau} \right)_i = \sum_{j=1}^{N} m_j \frac{\eta_i + \eta_j}{\rho_i \rho_j} \boldsymbol{v}_{ij} \frac{\boldsymbol{r}_{ij} \cdot \nabla_i W_{ij}}{r_{ij}^2} \tag{9.12}$$

对于非牛顿流体, 式(9.12)中广义黏度 η_i、η_j 随剪切速率的变化而变化, 因此, 必须首先计算出剪切速率, 剪切速率中的速度梯度求解式为

$$(\nabla \boldsymbol{v})_i = \sum_j \frac{m_j}{\rho_j} \boldsymbol{v}_{ij} \nabla_i^C W_{ij} \tag{9.13}$$

式中, $\nabla_i^C W_{ij}$ 为修正核函数梯度[8]:

$$\nabla_i^C W_{ij} = L(\boldsymbol{r}_i) \nabla_i W_{ij} = \left[\sum_{j=1}^{N} \frac{m_j}{\rho_j} \nabla_i W_{ij} \otimes (\boldsymbol{r}_j - \boldsymbol{r}_i) \right]^{-1} \nabla_i W_{ij} \tag{9.14}$$

9.3 SPH－SDPH－DEM 耦合框架及算法流程

9.3.1 SPH－SDPH－DEM 耦合框架

在 6.3 节所述的 SDPH－FVM 耦合框架的基础上,将计算连续相的 FVM 替换为 SPH 方法,将计算颗粒相的 SDPH 替换为 SDPH－DEM 耦合方法,连续相和颗粒相在任意位置可以相互贯穿,两相的体积分数之和为 1。SPH－SDPH－DEM 耦合框架如图 9.1 所示。

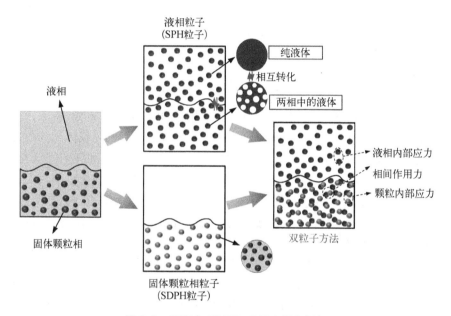

图 9.1　SPH 与 SDPH－DEM 耦合框架

9.3.2 SPH－SDPH－DEM 耦合算法流程

对于 SPH－SDPH－DEM 耦合方法,曳力、气相压力和从连续相获取的能量源项是连续相作用于离散相的主要参量。相应地,颗粒相对连续相的曳力反作用、热传导及由颗粒相计算得到的两相的体积分数为 SDPH－DEM 对 SPH 间的数据传递项。不论是 SPH 还是 SDPH,均采用邻近粒子搜索的方式获得邻近粒子信息,从而由邻近粒子更新搜索粒子信息。对于各相在计算各相的内力作用过程中,仅搜索同一相的粒子,不同相的粒子不参与搜索和计算。在计算相间相互作用力的过程中,以搜索粒子为核心建立和搜索粒子处于相同位置的另一相的虚粒子,虚粒子的参量(密度、速度、压力、能量等)采用与之同相的邻近粒子核函数插值的方式获得,从而计算搜索粒子所受到的另一相的相间相互作用力。SPH 与 SDPH－DEM

之间数据交换主要采用以下方式。

　　将 SPH 处的速度 v_{SPH} 采用核函数插值到 SDPH 或 DEM 粒子 i 所在的位置处，得到该处的虚粒子的速度值 $v_{SPH,i}$，进而利用该速度值计算得到 SDPH 粒子所受到的气场曳力。采用同样的方式计算得到 SDPH 或 DEM 粒子所受到的气场压力及热传导作用。同样为避免边界处由于粒子缺失造成的计算误差，采用 CSPM 方法进行修正。SDPH 或 DEM 粒子受到液体相的曳力、压力以及能量等源项作用后，计算更新自身的速度、密度、温度、拟温度和压力等信息。随后将 SDPH 或 DEM 粒子更新后的速度、温度采用同样的核函数插值的方式插值到各 SPH 粒子处的虚粒子上。SPH 利用该速度和温度值计算出网格节点所受到的曳力及热传导作用，进而采用 SPH 方法计算液体相的压力、速度及温度。另一个重要的参数——液体相体积分数 α_p，由 SDPH 或 DEM 粒子计算得到。

　　由于 SPH 方法是基于密度的压力求解方法（弱可压缩状态方程），粒子之间的作用力大小体现为密度波动的大小，因此 SPH 方法对于密度的变化较为敏感。然而，这里涉及的液体-颗粒两相流问题中，由于颗粒相可以经历稠密、稀疏、超稀疏甚至是完全无颗粒状态，颗粒的体积分数变化范围从 0 至最大转载体积分数，造成液体的体积分数同样变化范围非常广（颗粒与液体体积分数之和在空间任意位置处始终为 1），从而造成液体的有效密度（即 SPH 粒子的密度）变化范围较大，同时该密度值并非通过 SPH 的连续性密度法求解得到，而是通过体积分数与实际密度乘积直接得到，采用该密度值参与液体的压力计算则造成计算错误，因此，需要对该问题进行特殊处理。

　　首先将液体模拟的 SPH 分为纯液体相和混合相两种状态，对于可以搜索到 SDPH 的 SPH 粒子来说为混合相，由于粒子分布的不均匀性问题，采用 CSPM 修正的方法修正计算得到的体积分数，使得含有少量颗粒的液体相也归为混合相的范围；对于无法搜索到任何 SDPH 的 SPH 粒子来说为纯液体相，如图 9.2 所示。对于纯液体相来说，采用 SPH 方法的连续性密度法更新液体的密度，从而基于弱可压缩状态方程计算液体的压力；对于混合相来说，区分为液体的实际密度和液体的有效密度两种，液体的实际密度更新采用 SPH 方法的连续性密度法，同时采用液体的实际密度计算液体内部压力；液体的有效密度更新采用液体的实际密度与颗粒相的体积分数反推获得的液体相的体积分数乘积获得，液体的有效密度主要用于液体-颗粒两相之间的相互作用力计算。

　　对于液体相和混合相之间的过渡转化来说，在每个时间步内都要进行判断，对于液体相来说，只有液体的实际密度一个参量；假如新的时间步内，有颗粒进入到液体粒子的搜索范围内，则判定其开始转化为混合相，液体的有效密度启用，否则则继续保持原纯液体相计算。

　　对于 SPH 与 SDPH-DEM 方法之间的耦合算法流程图如图 9.3 所示。颗粒相

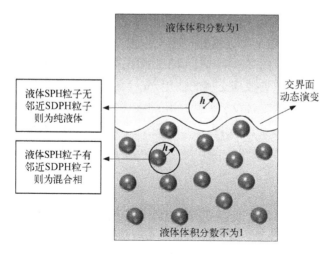

图 9.2　液体的纯液体相和混合相两种状态

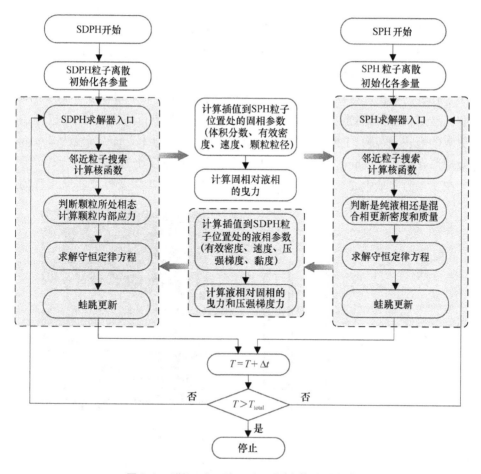

图 9.3　SPH - SDPH - DEM 耦合算法示意图

在连续相中运动的过程中,颗粒受到连续相的曳力作用,同时颗粒之间频繁地发生碰撞反弹作用,另外颗粒又对连续相产生反作用,影响连续相流场演变分布,因此颗粒相在自身内力计算的过程中与连续相数据相互交互。SPH 与 SDPH‐DEM 之间的耦合模块便起到这种数据交换的作用,交换的数据包括曳力、压力等,而曳力的计算需要相同位置的背景粒子承载,插值得到相同位置上另一相的速度值,从而计算得到曳力数值。另外,由于两相同时占据空间位置,所以体积分数共享。设定时间积分时,耦合方法的时间步长由 SPH 和 SDPH‐DEM 两种方法之间的最小时间步长决定。

9.4   溃坝侵蚀颗粒床层过程数值模拟

选取液体溃坝侵蚀颗粒床层算例进行数值模拟,验证 SPH‐SDPH‐DEM 耦合方法求解液体‐颗粒两相流问题的有效性。计算结果分别与文献中的两组实验数据进行比较[9],分别为在台北(台湾大学)和鲁汶大学开展的实验。这两组实验结构基本相同,初始水深均为 10 cm,在水槽中的可侵蚀颗粒床层上释放。两组实验不同的是实验所使用的颗粒材料。对于在 Capart 和 Young[10]中展示的台北实验,采用了较轻的堆积颗粒物。直径为 6.1 mm,颗粒密度为 1 048 kg/m³,水的密度为 1 000 kg/m³,使得材料重量几乎与水相同。在鲁汶大学进行的新实验中,选择了密度更大的堆积颗粒物,主要为圆柱形的 PVC 颗粒,直径为 3.2 mm,高度为 2.8 mm,等效球形直径为 3.5 mm,密度为 1 540 kg/m³,相应的密度比为 1.54。

图 9.4 为文献中展示的用于两个系列试验的仪器类型以及鲁汶实验装置的照

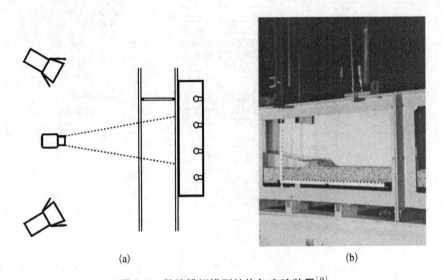

(a)   (b)

图 9.4   数值模拟模型结构与实验装置[9]

片。实验在矩形横截面的水平棱柱水槽中进行。台北实验的水槽长度 1.2 m,宽度 20 cm,侧壁高度 70 cm。对于鲁汶实验,水槽长度 2.5 m,宽度 10 cm,侧壁高度 35 cm。在每次运行之前,将颗粒材料放置在实验范围内,并将其铺展为一层 5~6 cm 的恒定厚度层。为了代表理想的坝体,安装有水密接缝的泄水闸下降到实验河段中心的水槽底部。水从闸门下游引至颗粒层水平,以使沉积物充分饱和。在上游,水位上升至颗粒层顶部以上 10 cm 的高度。然后快速提升水闸门,释放溃坝。

图 9.5 和图 9.6 分别展示了台北实验和鲁汶实验结果与本书采用新的模型方法计算得到的结果的对比。可以看到溃坝坍塌后,右侧前缘液体向前运动,但是由于颗粒床层的存在,前缘运动的过程中遇到障碍而发生卷曲,颗粒床层也被卷起成挂钩型,而右上角的液体则逐渐向下塌缩,尖角抓紧消失,由于惯性的作用,坍塌一直持续到在液体前缘形成凹面,随着运动的持续,前缘挂钩型和凹面逐渐向右扩展,逐渐趋于水平面。由于图 9.5 和图 9.6 中颗粒的密度不同,颗粒密度越大,水的曳力则越小,颗粒表面不再容易侵蚀,溃坝形成的卷曲现象减弱,下凹表面也较弱,最后混合物流体恢复到平面状态。实验结果和数值模拟结果吻合较好,验证了耦合方法的准确性,为后续深入开展液体-颗粒两相流的数值模拟提供一种很好的工具。

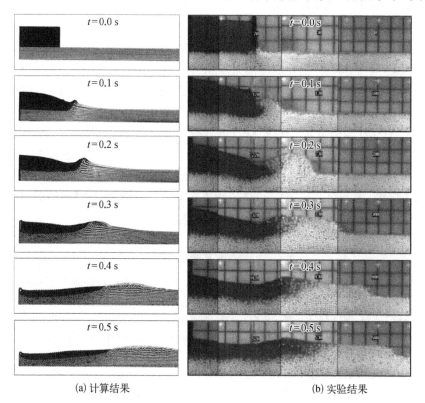

(a) 计算结果   (b) 实验结果

图 9.5 台北实验过程中计算结果与实验结果的对比

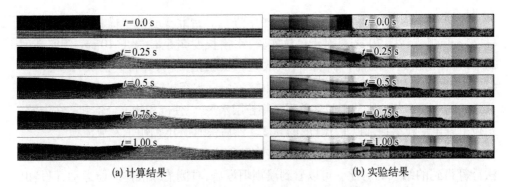

(a) 计算结果　　　　　　　　　　　　(b) 实验结果

图9.6　鲁汶实验过程中计算结果与实验结果的对比

9.5　小　结

在颗粒介质全相态的 SDPH - DEM 算法的基础上,基于液体-颗粒两相流理论模型,进一步引入传统求解连续介质力学模型的 SPH 方法对液体相进行模拟,构建了 SPH - SDPH - DEM 耦合方法,实现对液体-颗粒两相流的有效模拟,所获得结论如下:

(1) SPH 方法作为无网格粒子方法在模拟自由表面流方面存在一定的优势,不需要像 FVM 方法一样在界面模拟时必须引入追踪方法,SPH 对于大尺度液体流动问题,采用液体单相便可实现对界面的自动捕捉,大大减小计算量,所以采用 SPH 与 SDPH - DEM 耦合是解决液体-颗粒两相流问题的一条更为合理的途径。

(2) 在 SPH 与 SDPH - DEM 耦合求解液体-颗粒两相流问题时,由于 SPH 模拟液体流动采用的是弱可压缩状态方程,是基于密度的方法,而该密度的变化是由液体自身的流动造成的;而 SPH 表征的连续相的有效密度和体积分数均是由颗粒相计算决定的,因此由两种不同的路径所决定的密度是该耦合问题的关键。本章采用分割两者计算的方法,巧妙地解决了该问题。

参考文献

[1]　MONAGHAN J J. Simulating free surface flows with SPH[J]. Journal of Computational Physics, 1994, 110(2): 399 - 406.

[2]　TAKEDA H, MIYAMA S M, SEKIYA M. Numerical simulation of viscous flow by smoothed particle hydrodynamics[J]. Progress of Theoretical Physics, 1994, 92(5): 939 - 960.

[3]　FLEBBE O, MUNZEL S, HEROLD H, et al. Smoothed particle hydrodynamics: physical viscosity and the simulation of accretion disks[J]. Astrophysical Journal, 1994, 431: 754 - 760.

[4]　MORRIS J P, FOX P J, ZHU Y. Modeling low reynolds number incompressible flows using

SPH[J]. Journal of Computational Physics, 1997, 136(1): 214－226.

[5]　VIOLEAU D, ISSA R. Numerical modelling of complex turbulent free-surface flows with the SPH method: an overview[J]. International Journal for Numerical Methods in Fluids, 2007, 53(2): 277－304.

[6]　CLEARY P W. Modelling confined multi-material heat and mass flows using SPH[J]. Applied Mathematical Modelling, 1998, 22(12): 981－993.

[7]　BASA M, QUINLAN N J, LASTIWKA M. Robustness and accuracy of SPH formulations for viscous flow[J]. International Journal for Numerical Methods in Fluids, 2009, 60(10): 1127－1148.

[8]　BONET J, LOK T S L. Variational and momentum preservation aspects of smooth particle hydrodynamic formulations[J]. Computer Methods in Applied Mechanics and Engineering, 1999, 180(1): 97－115.

[9]　FRACCAROLLO L, CAPART H. Riemann wave description of erosional dambreak flows[J]. Journal of Fluid Mechanics, 2002, 461: 183－228.

[10]　CAPART H, YOUNG D L. Formation of a jump by the dam-break wave over a granular bed [J]. Journal of Fluid Mechanics, 1998, 372: 165－187.

第 10 章
颗粒介质边界力施加方法

10.1 引 言

对于颗粒介质的模拟,不论是 SDPH 方法还是 DEM 方法,均属于拉格朗日粒子方法,此类方法中边界力的施加是一个非常关键同时又不容易解决的问题。本章主要对颗粒介质边界力施加方法进行介绍,不仅包括常用的罚函数边界力施加方法、势函数边界力施加方法、虚粒子边界力施加方法、赫兹边界点接触力施加方法等,同时还对适用于大范围边界力施加的动态边界力计算方法进行了阐述,旨在构建颗粒介质数值模拟的算法基础。

10.2 颗粒介质边界力分解

颗粒介质全相态模拟主要采用 SDPH 与 DEM 两种方法耦合实现,因此,分别针对 SDPH 和 DEM 粒子施加边界接触力。不论是哪一种方法,均将颗粒与边界之间的作用力拆分成法向边界力 f^n 和切向边界力 f^τ,如图 10.1 所示,分别对这两个

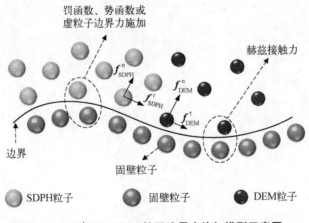

图 10.1 SDPH/DEM 粒子边界力施加模型示意图

作用力采用相应的方法计算。

　　SDPH 作为无网格方法,在边界处由于粒子缺失,不满足 Kronecker δ 函数条件,不能像网格方法那样直接将界面力施加在边界点上,因此边界条件对于 SDPH 求解是一个难点。本章主要介绍基于罚函数的 SDPH 边界法向力施加方法、基于势函数的 SDPH 边界法向力施加方法、基于动态边界粒子生成技术的 SDPH 边界法向力施加方法以及基于虚粒子方法的 SDPH 固壁边界法向力施加方法。

　　对于 DEM 方法来说,采用将边界粒子等效为 DEM 粒子的方式,通过接触判断,采用赫兹接触模型给 DEM 粒子与边界粒子之间的接触施加作用力,具体模型见 7.4 节。

10.3　基于罚函数的 SDPH 边界法向力施加方法

　　罚函数方法是一种边界力方法,即通过边界粒子对内部粒子直接施加罚函数形式的排斥力,采用 f_{ij}^B 表示颗粒粒子 i 所受到的边界粒子 j 的作用力,B 为边界粒子的集合,$\boldsymbol{n}_j$ 为边界粒子 j 处的法向量。本节利用 Galerkin 加权余量法对罚函数的形式进行推导,并讨论基于罚函数的非滑移边界施加方法。

10.3.1　基于 Galerkin 加权余量法的排斥力模型

流体动力学中,自由滑移边界条件可用下式表示:

$$\hat{v} \cdot \boldsymbol{n} = \bar{v} \cdot \boldsymbol{n} \tag{10.1}$$

式中,$\bar{v}$、$\hat{v}$ 分别表示固体壁面速度的真实值和数值计算值;$\boldsymbol{n}$ 为壁面法向量,其方向指向流体区域。对自由滑移边界条件,只考虑法线方向上的不可穿透条件,而不考虑固体壁面处的切向作用力。

　　基于 Galerkin 加权余量法原理,可将动量方程写为如下形式:

$$\int_{\Omega} \rho \frac{\mathrm{d}\hat{v}^{\alpha}}{\mathrm{d}t} \delta\hat{v}^{\alpha} \mathrm{d}\Omega = -\int_{\Omega} \hat{\sigma}^{\alpha\beta} \frac{\partial \delta\hat{v}^{\alpha}}{\partial x^{\beta}} \mathrm{d}\Omega + \int_{\Gamma} \hat{\sigma}^{\alpha\beta} n^{\alpha} \delta\hat{v}^{\alpha} \mathrm{d}\Gamma + \int_{\Omega} \rho g^{\alpha} \delta\hat{v}^{\alpha} \mathrm{d}\Omega \tag{10.2}$$

式中,右侧第一项为内力项;第二项为边界力项;第三项为体力项,$\delta\hat{v}^{\alpha}$ 代表权函数分量,$\hat{v}^{\alpha}$ 代表试函数分量,其余变量的定义同上文。

　　在 Galerkin 加权余量法中,权函数及其梯度可作如下近似:

$$\delta\hat{v}^{\alpha} = \sum_{i=1}^{N} \delta v_i^{\alpha} W_i V_i \tag{10.3}$$

$$\frac{\partial \delta\hat{v}^{\alpha}}{\partial x^{\beta}} = \sum_{i=1}^{N} \delta v_i^{\alpha} \nabla_{x^{\beta}} W_i V_i \tag{10.4}$$

对试函数 $\hat{v}^\alpha$, 基于 Petrov-Galerkin 原理[1]取如下形式:

$$\hat{v}^\alpha = \sum_{j=1}^{N} v_j^\alpha \delta(\boldsymbol{x} - \boldsymbol{x}_j) = v^\alpha \tag{10.5}$$

对方程(10.2)中的边界力项,根据自由滑移边界条件(10.1),可得与边界力对应的罚函数变分形式:

$$\delta \Psi^B = \varepsilon \int_\Gamma \delta \hat{v}^\alpha n^\alpha (\hat{v}^\alpha n^\alpha - \bar{v}^\alpha n^\alpha) \mathrm{d}\Gamma \tag{10.6}$$

式中, ε 为罚参数; Ψ^B 为罚函数。将式(10.6)代入式(10.2)中可得

$$\int_\Omega \rho \frac{\mathrm{d}\hat{v}^\alpha}{\mathrm{d}t} \delta \hat{v}^\alpha \mathrm{d}\Omega = -\int_\Omega \hat{\sigma}^{\alpha\beta} \frac{\partial \delta \hat{v}^\alpha}{\partial x^\beta} \mathrm{d}\Omega + \int_\Omega \rho g^\alpha \delta \hat{v}^\alpha \mathrm{d}\Omega + \varepsilon \int_\Gamma \delta \hat{v}^\alpha n^\alpha (\hat{v}^\alpha n^\alpha - \bar{v}^\alpha n^\alpha) \mathrm{d}\Gamma$$

$$\tag{10.7}$$

将式(10.3)、式(10.4)、式(10.5)代入式(10.7)可得

$$\sum_{i=1}^{N} \delta v_i^\alpha V_i \left[\int_\Omega \rho \frac{\mathrm{d}v^\alpha}{\mathrm{d}t} W_i \mathrm{d}\Omega + \int_\Omega \sigma^{\alpha\beta} \frac{\partial W_i}{\partial x^\beta} \mathrm{d}\Omega - \int_\Omega \rho g^\alpha W_i \mathrm{d}\Omega \right. \tag{10.8}$$

$$\left. + \varepsilon \int_\Gamma (v^\alpha n^\alpha - \bar{v}^\alpha n^\alpha) n^\alpha W_i \mathrm{d}\Gamma \right] = 0$$

式(10.8)对任意的函数 δv^α 都成立,从而可得

$$\int_\Omega \rho \frac{\mathrm{d}v^\alpha}{\mathrm{d}t} W_i \mathrm{d}\Omega + \int_\Omega \sigma^{\alpha\beta} \frac{\partial W_i}{\partial x^\beta} \mathrm{d}\Omega - \int_\Omega \rho g^\alpha W_i \mathrm{d}\Omega + \varepsilon \int_\Gamma n^\alpha (v^\alpha n^\alpha - \bar{v}^\alpha n^\alpha) W_i \mathrm{d}\Gamma = 0$$

$$\tag{10.9}$$

依据 SPH 方法的积分近似思想,可将式(10.9)的积分方程转化为微分方程:

$$\frac{\mathrm{d}v_i^\alpha}{\mathrm{d}t} = -\frac{1}{\rho_i} \sum_{j=1}^{N} \sigma_j^{\alpha\beta} \frac{\partial W_{ij}}{\partial x_j^\beta} V_j + g^\alpha + \sum_{j \in B} f_{ij}^{B\alpha} \tag{10.10}$$

$$f_{ij}^{B\alpha} = -\frac{\varepsilon}{\rho_i} (v_i^\beta - \bar{v}_j^\beta) n_j^\beta W_{ij} A_j n_j^\alpha \tag{10.11}$$

式中, $f_{ij}^{B\alpha}$ 为罚力的张量分量; A_j 为与边界粒子 j 相关的系数。

式(10.11)的矢量形式为

$$\boldsymbol{f}_{ij}^{B\alpha} = -\frac{\varepsilon}{\rho_i} (\boldsymbol{v}_i - \bar{\boldsymbol{v}}_j) \cdot \boldsymbol{n}_j W_{ij} A_j \boldsymbol{n}_j \tag{10.12}$$

考虑到实际流体与壁面相互作用时,仅当流体靠近壁面时才受边界力作用,而

流体远离壁面时不受边界力作用。因此,引入了相对速度对边界力的作用,强洪夫及其合作者[2]提出以下罚力形式:

$$f_i^{Bp} = \begin{cases} -\varepsilon \sum_{j \in B} \left(\dfrac{2h_i}{|x_{ij}|}(v_i - v_j^B) \cdot n_j W_{ij} A_j n_j \right) & v_i \cdot n_j < 0 \\ 0 & v_i \cdot n_j \geqslant 0 \end{cases} \quad (10.13)$$

式中,ε 是罚参数,介于 0.1 和 100 之间。

式(10.13)中,罚参数 ε 的选取较为困难,为此,强洪夫等[3]对式(10.13)进行了改进,取 $\varepsilon = \dfrac{0.01\rho_j c_j^2}{|x_{ij} \cdot n_j|} = \dfrac{\rho_i (0.1c_j)^2}{|x_{ij} \cdot n_j|} = \dfrac{\rho_i V_{max}^2}{|x_{ij} \cdot n_j|}$,$H_{ij} = h_{ij}^D$,$h_{ij} = (h_i + h_j)/2$,其中,$D$ 为求解问题的维数,对于二维问题,$D = 2$;对于三维问题,$D = 3$。提出了以下改进罚函数的方法:

$$f_{ij}^B = \begin{cases} -\left(V_{max}^2 \cdot \dfrac{\min((v_i - \bar{v}_j) \cdot n_j, -1)W_{ij}H_{ij}n_j}{|x_{ij} \cdot n_j|} \right) & (v_i - \bar{v}_j) \cdot n_j < 0 \\ 0 & (v_i - \bar{v}_j) \cdot n_j \geqslant 0 \end{cases}$$

$$(10.14)$$

10.3.2　基于罚函数的非滑移边界施加方法

对于模拟液体相的 SPH 来说,假如流动为低雷诺数情况,SPH 流体粒子与壁面粒子之间的切向作用力不能忽略,此时,必须施加非滑移边界条件。这里也将基于罚函数的非滑移边界施加方法一并进行介绍。具体算法如下。

在对求解的问题进行 SPH 离散时,固壁边界处需要设置 3 种类型的虚粒子:边界粒子(BP)、镜像粒子(MP)以及与之对应的虚粒子(IP),如图 10.2 所示。其中,边界粒子位于固壁边界上,边界粒子的尺寸与流体粒子一致,对每一个边界粒子,都在计算域的外部设定两个镜像粒子,同时在计算域内部设定两个虚粒子,镜像粒子与虚粒子一一对应,且与边界粒子的距离相等,二者的连线与边界垂直。

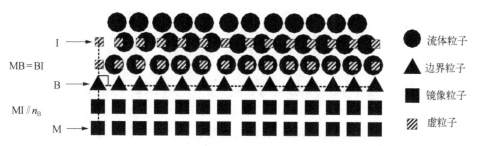

图 10.2　基于罚函数的非滑移边界施加模型

n_B 表示边界法向

对边界粒子,其密度和动力黏度通过移动最小二乘(MLS)法[4]插值获得,表达式为

$$f_i = \sum_j \frac{m_j}{\rho_j} f_j W_{ij}^{\mathrm{MLS}} \tag{10.15}$$

式中,W_{ij}^{MLS} 为修正核函数。对于二维问题,W_{ij}^{MLS} 的表达式为

$$W_{ij}^{\mathrm{MLS}} = [\beta_0 + \beta_x(x_i - x_j) + \beta_y(y_i - y_j)] W_{ij} \tag{10.16}$$

$$\begin{bmatrix} \beta_0 \\ \beta_1 \\ \beta_2 \end{bmatrix} = \left(\sum_j W_{ij} \boldsymbol{A} \frac{m_j}{\rho_j} \right)^{-1} \begin{bmatrix} 1 \\ 0 \\ 0 \end{bmatrix} \tag{10.17}$$

$$\boldsymbol{A} = \begin{bmatrix} 1 & x_i - x_j & y_i - y_j \\ x_i - x_j & (x_i - x_j)^2 & (x_i - x_j)(y_i - y_j) \\ y_i - y_j & (x_i - x_j)(y_i - y_j) & (y_i - y_j)^2 \end{bmatrix} \tag{10.18}$$

在获得边界粒子的信息后,可通过对边界粒子及流体粒子插值得到虚粒子的密度、速度及动力黏度,插值公式采用式(10.16)。在此基础上,通过式(10.19)得到镜像粒子的速度、密度及动力黏度。

$$\begin{cases} \rho_{\mathrm{MP}} = 2\rho_{\mathrm{BP}} - \rho_{\mathrm{IP}} \\ \boldsymbol{v}_{\mathrm{MP}} = 2\bar{\boldsymbol{v}}_{\mathrm{BP}} - \boldsymbol{v}_{\mathrm{IP}} \\ \eta_{\mathrm{MP}} = 2\eta_{\mathrm{BP}} - \eta_{\mathrm{IP}} \end{cases} \tag{10.19}$$

式中,$\bar{\boldsymbol{v}}_{\mathrm{BP}}$ 表示边界的运动速度,$\bar{\boldsymbol{v}}_{\mathrm{BP}}$ 为已知量。

上述方法的主要优势体现在:无论流体粒子如何运动,虚粒子始终均匀分布在计算域内,确保了计算精度,进而保证了镜像粒子的插值精度。

基于罚函数固壁边界施加模型的动量方程可写作:

$$\frac{\mathrm{d}\boldsymbol{v}_i}{\mathrm{d}t} = - \sum_{j=1}^{N} m_j \left(\frac{p_i + p_j}{\rho_i \rho_j} + \Pi_{ij} \right) \cdot \nabla_i W_{ij} + \boldsymbol{g} + \sum_{j=1}^{N} \frac{m_j}{\rho_i \rho_j} \frac{(\eta_i + \eta_j)\boldsymbol{x}_{ij} \cdot \nabla_i W_{ij}}{r_{ij}^2} \boldsymbol{v}_{ij} + \omega \sum_{j \in B} \boldsymbol{f}_{ij}^B \tag{10.20}$$

式中,ω 为控制参数,当低雷诺数流动($Re < 0.1$)时,取 $\omega = 0$,此时不考虑边界对流体粒子的排斥力;当 $Re \geqslant 0.1$ 时,取 $\omega = 1$,此时考虑边界对流体粒子的作用力。式(10.20)用来控制流体粒子的运动,对靠近边界的流体粒子,若在其支持域内存在边界粒子和镜像粒子,则边界粒子和镜像粒子参与式(10.20)的计算,而虚粒子仅用来更新镜像粒子的信息,不参与式(10.20)的计算。

10.4　基于势函数的 SDPH 边界法向力施加方法

首先,借助于有限元方法中的加权余量法的概念,接触力可定义如下:

$$f_{\mathrm{c}} = \int_{\Omega_{\mathrm{CBL}}} \mathbf{N}^{\mathrm{T}} \mathbf{b}_{\mathrm{c}} \mathrm{d}V \tag{10.21}$$

式中,$\mathbf{N}$ 是形函数矩阵;$\mathbf{b}_{\mathrm{c}}$ 表示接触的体力;V 表示单元体积。

基于 Zienkiewicz 的思想[5]:体力可以通过势函数的梯度得到。为了计算不同粒子之间的接触力,首先定义一个接触势:

$$\phi(x_{\mathrm{A}}) = \int_{\Omega_{\mathrm{CBL}}} K \left(\frac{W(x_{\mathrm{A}} - x_{\mathrm{B}})}{W(\Delta p_{\mathrm{avg}})} \right)^{n} \mathrm{d}V \tag{10.22}$$

当 x_{A} 和 x_{B} 属于同一体时,$W(x_{\mathrm{A}} - x_{\mathrm{B}}) = 0$, K 和 n 是用户自定义参数,K 与有限元接触算法中的接触刚度类似,与材料性质和接触速度相关。该势函数满足以下三个条件:

(1)在定义域内该势函数为 0。

(2)该势函数通常为正值。

(3)该势函数随着两点间距的减小而增大。

将式(10.22)进行 SPH 粒子近似得到势函数:

$$\phi(x_i) = \sum_{j}^{\mathrm{NCONT}} \frac{m_j}{\rho_j} K \left(\frac{W(r_{ij})}{W(\Delta p_{\mathrm{avg}})} \right)^{n} \tag{10.23}$$

式中,NCONT 表示粒子 i 支持域内的邻近粒子数;r_{ij} 是粒子间距;Δp_{avg} 是粒子间光滑长度的平均值。图 10.3 显示了接触势函数随粒子间距的变化规律。

使用该接触势函数,则接触力定义为

$$\mathbf{b}_{\mathrm{c}}(x_i) = \nabla \phi(x_i) = \sum_{j}^{\mathrm{NCONT}} \frac{m_j}{\rho_j} Kn \frac{W(r_{ij})^{n-1}}{W(\Delta p_{\mathrm{avg}})^{n}} \nabla_{x_i} W(x_i - x_j) \tag{10.24}$$

将式(10.24)代入式(10.21)得到接触力矢量:

$$\mathbf{f}_{\mathrm{c}}(x_i) = \int \mathbf{N}_i^{\mathrm{T}} \mathbf{b}_{\mathrm{c}}(x) \mathrm{d}V = \int \mathbf{N}_i^{\mathrm{T}} \left\{ \sum_{j}^{\mathrm{NCONT}} \frac{m_j}{\rho_j} Kn \frac{W(r_{ij})^{n-1}}{W(\Delta p_{\mathrm{avg}})^{n}} \nabla_{x} W(x - x_j) \right\} \mathrm{d}V \tag{10.25}$$

采用 SPH 粒子近似得到:

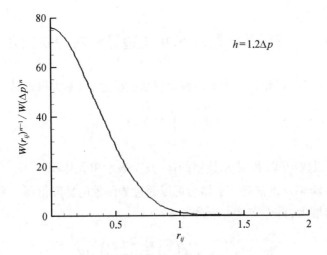

$$h = 1.2\Delta p$$

图 10.3 接触势函数随粒子间距的变化规律

$$\begin{aligned}
\boldsymbol{f}_{\mathrm{c}}(x_i) &= \int \boldsymbol{N}_i^{\mathrm{T}} \boldsymbol{b}_{\mathrm{c}}(x)\,\mathrm{d}V \\
&= \boldsymbol{b}_{\mathrm{c}}(x_i) \int \frac{m_i}{\rho_i} W(r_{ij})\,\mathrm{d}V \\
&= \boldsymbol{b}_{\mathrm{c}}(x_i)\,\frac{m_i}{\rho_i} \\
&= \sum_j^{\mathrm{NCONT}} \frac{m_j}{\rho_j}\frac{m_i}{\rho_i} Kn \frac{W(r_{ij})^{n-1}}{W(\Delta p_{\mathrm{avg}})^n} \nabla_{x_i} W(r_{ij})
\end{aligned} \tag{10.26}$$

接触力的方向由 SPH 光滑核函数的梯度确定。

在 SPH 粒子上施加该接触力,需要对 SPH 动量方程进行如下修正:

$$\frac{\mathrm{d}v_i^{\alpha}}{\mathrm{d}t} = \sum_{j=1}^{N} m_j\left(\frac{\boldsymbol{\sigma}_i^{\alpha\beta}}{\rho_i^2} + \frac{\boldsymbol{\sigma}_j^{\alpha\beta}}{\rho_j^2} - \Pi_{ij}\right)\frac{\partial W_{ij}}{\partial x_i^{\beta}} - \frac{\boldsymbol{f}_{\mathrm{c}}(x_i)}{m_i} \tag{10.27}$$

10.5 基于边界粒子动态生成技术的 SDPH 边界法向力施加方法

传统的 SPH 方法一般在建模阶段均将边界构建好,将边界离散为特定数目的粒子,从初始时刻开始作为边界粒子参与计算。在计算的过程中不论流场中的粒子是否与边界粒子发生接触,所有的边界粒子均处于计算之中。该方法在边界范围较小、边界粒子数有限的情况下对计算量的影响可以忽略。但是,相反地,假如计算的区域中边界非常宽广,颗粒运动范围也非常大,如高位远程滑坡动力学问题中底层边界范围非常大的问题,这时再采用传统的方法,仅边界粒子的数量就将超出普通计算机内存可承受的范围,因此,发展新的动态边界力计算方法迫在眉睫。

本节主要针对该问题,发展了基于边界粒子动态生成技术的 SDPH 边界法向力施加方法。该方法的流程图如图 10.4 所示。

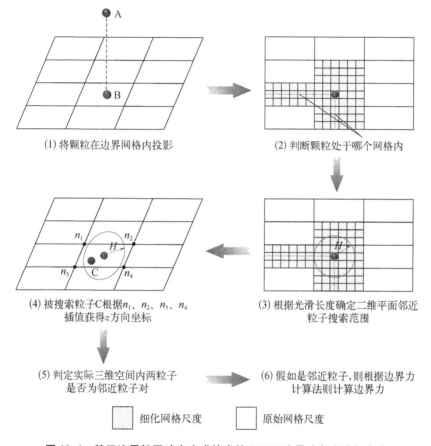

(1) 将颗粒在边界网格内投影　　　　(2) 判断颗粒处于哪个网格内

(4) 被搜索粒子C根据n_1、n_2、n_3、n_4　　(3) 根据光滑长度确定二维平面邻近
　　插值获得z方向坐标　　　　　　　　　　　粒子搜索范围

(5) 判定实际三维空间内两粒子　　　(6) 假如是邻近粒子,则根据边界力
　　是否为邻近粒子对　　　　　　　　　计算法则计算边界力

　　■ 细化网格尺度　　　　　□ 原始网格尺度

图 10.4　基于边界粒子动态生成技术的 SDPH 边界法向力施加方法

（1）假设空间中存在运动的粒子 A,其在 t 时刻运动到边界表面附近,首先将粒子 A 投影到该边界表面上,投影点设为 B。假如该边界表面为平面,则投影面为该平面,假如边界表面为曲面,则投影面为由该边界表面四个极值点(x 方向最大最小值和 y 方向最大最小值两两组合而成的四个点)所确定的平面。

（2）判断粒子 B 处于投影表面的哪个网格(盒子搜索算法中的盒子)内,网格的大小由原始网格和计算过程中进一步细化后的粒径决定,即与 SDPH 粒子尺寸相当的网格。

（3）根据粒子 B 的光滑长度大小,在投影面内确定处于搜索范围内的网格。

（4）将处于搜索范围内的网格转化为相同体积的 SDPH 粒子。

（5）对处于搜索范围内的 SDPH 粒子确定原始方向坐标值,具体是根据被搜索粒子 C 在投影面的坐标以及其所处的原始网格的四个节点坐标(原始网格为四边形网格),采用四节点三次线性插值方法获得粒子 C 在空间中的三维坐标。

（6）根据粒子 A 和粒子 C 的三维坐标,确定粒子 C 是否为粒子 A 的邻近粒子。

（7）假如是邻近粒子,则根据法向边界力计算方法(罚函数、势函数均可)、切向边界力模型(10.7 节)计算粒子 A 所受到的边界力大小。假如不是邻近粒子,则不进行计算。

10.6 基于虚粒子方法的 SDPH 固壁边界法向力施加方法

10.6.1 流体-固壁作用方程

固壁边界对流体的作用力一般满足: ① 作用力的方向必须沿界面的法线方向; ② 边界与流体之间只存在斥力作用; ③ 对于滑移边界条件,当流体沿壁面切线方向运动时,边界与流体之间没有相互作用。

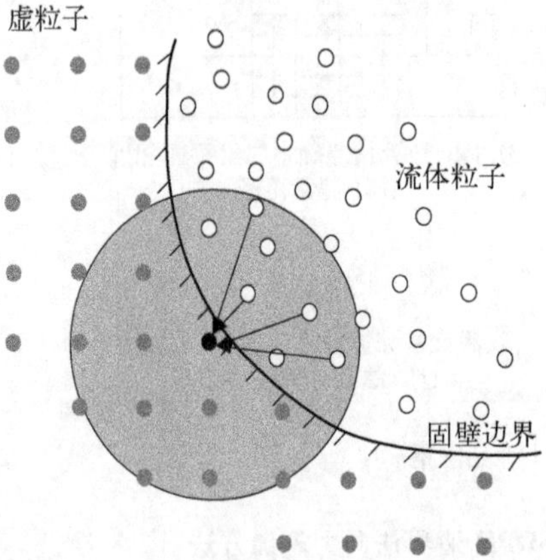

为满足以上条件,强洪夫等[6] 提出了一种虚粒子法施加固壁边界条件,该方法的基本配置及与流体粒子作用的基本原理为: 虚粒子的配置如图 10.5 所示,根据流体粒子光滑长度,在流体外部沿边界曲线布置 3~4 层虚粒子,虚粒子具有与流体粒子相同的几何尺寸,固壁边界位于最内侧虚粒子与流体粒子中间;虚粒子可以看作流体粒子的扩展,根据一定的条件的参与连续性方程的计算,当流体粒子与边界虚粒子沿边界法线方向靠近或远离时,流体粒子的密度相应升高或降低,密度变化通过弱可压缩状态方程作用于流体的压力场,而后,通过对流体压力场进行插值得到虚粒子的压力,当流体与固壁边界有相对靠近的趋势时,虚粒子通过压力梯度对流体粒子施加斥力,防止流体粒子对固壁边界的穿透。

图 10.5 基于虚粒子方法的流体粒子与固壁边界粒子配置示意图

强洪夫等[6] 提出的流体-固壁作用方程为

$$\left(\frac{\mathrm{d}\rho_i}{\mathrm{d}t}\right)_b = \begin{cases} m_b \boldsymbol{v}_{ib} \cdot \nabla_i W_{ib} & \boldsymbol{v}_{ib} \cdot \boldsymbol{n}_b \neq 0 \\ 0 & \text{其他} \end{cases} \tag{10.28}$$

$$\left(\frac{\mathrm{d}\boldsymbol{v}_i}{\mathrm{d}t}\right)_b = \begin{cases} \left[-m_b\left(\frac{p_i+p_b}{\rho_i\rho_b}\right)\boldsymbol{n}_b\cdot\nabla_iW_{ib}\right]\boldsymbol{n}_b & (p_i+p_b)>0 \\ 0 & (p_i+p_b)\leqslant0 \end{cases} \quad (10.29)$$

其中,式(10.28)、式(10.29)分别是对连续性方程、动量方程的改进,$\left(\dfrac{\mathrm{d}\rho_i}{\mathrm{d}t}\right)_b$、

$\left(\dfrac{\mathrm{d}\boldsymbol{v}_i}{\mathrm{d}t}\right)_b$分别表示流体粒子 i 受到的边界虚粒子 b 的作用而产生的密度、速度增量,

$\boldsymbol{n}_b$ 表示虚粒子 b 的单位法向, $\boldsymbol{v}_{ib}=\boldsymbol{v}_i-\boldsymbol{v}_b$。

　　由式(10.28)可得,当流体粒子 i 沿边界虚粒子 b 的切线方向运动时,虚粒子 b 对流体粒子 i 的密度变化不产生影响;由式(10.29)可得,当流体粒子 i 与边界虚粒子 b 的压力和为正时,虚粒子通过压力梯度对流体粒子施加 $\boldsymbol{n}_b$ 方向的斥力作用,防止流体粒子 i 穿透壁面;反之,当二者压力和为负时,虚粒子对流体不施加作用力。

10.6.2　虚粒子物理量求解

　　考虑相互作用的边界虚粒子 b 及流体粒子 j,将 b 点的压力在 j 点处泰勒展开可得

$$\langle p_b\rangle_j = p_j + \frac{\partial p_j}{\partial n_i}\boldsymbol{n}_b\cdot(\boldsymbol{r}_j-\boldsymbol{r}_b) + \frac{\partial p_j}{\partial \tau_b}\boldsymbol{\tau}_b\cdot(\boldsymbol{r}_j-\boldsymbol{r}_b) + o(\parallel\boldsymbol{r}_j-\boldsymbol{r}_b\parallel^2)$$

$$(10.30)$$

式中,$\langle p_b\rangle_j$ 表示在流体粒子 j 处泰勒展开得到的虚粒子 b 的估计压力值; $\boldsymbol{n}_b$、$\boldsymbol{\tau}_b$ 分别为虚粒子 b 的法线和切线方向单位矢量。流体粒子 j 在虚粒子 b 的法线及切线方向的压力梯度的求解公式为

$$\frac{\partial p_j}{\partial \tau_b} = \rho\boldsymbol{g}\cdot\boldsymbol{\tau}_b \quad (10.31)$$

$$\frac{\partial p_j}{\partial n_b} = -\rho\left(\boldsymbol{g}\cdot\boldsymbol{n}_b + \frac{c_s(\boldsymbol{v}_j\cdot\boldsymbol{n}_b)}{(\boldsymbol{r}_j-\boldsymbol{r}_b)\cdot\boldsymbol{n}_b}\right) \quad (10.32)$$

将式(10.31)、式(10.32)代入式(10.30)得

$$\langle p_b\rangle_j = p_j - \rho c_s\boldsymbol{v}_j\cdot\boldsymbol{n}_b - \rho\boldsymbol{g}\cdot(\boldsymbol{r}_j-\boldsymbol{r}_b) \quad (10.33)$$

边界虚粒子的压力最终通过对各点估计的 CSPM[7] 插值获得

$$p_b = \frac{\sum\limits_{j=1}^{N} \dfrac{m_j}{\rho_j} \langle p_b \rangle_j W_{bj}}{\sum\limits_{j=1}^{N} \dfrac{m_j}{\rho_j} W_{bj}} \tag{10.34}$$

在弱可压缩SPH方法中,密度的主要作用是求解压力场,对于边界虚粒子,压力通过流体粒子插值后,密度变化对计算影响不大,因此,将边界虚粒子的密度设为定值,一般与流体密度相同。

对于非滑移边界,需要考虑边界虚粒子的速度场,首先,将流体粒子的速度插值到边界虚粒子上:

$$\langle \boldsymbol{v}_b \rangle = \frac{\sum\limits_{j=1}^{N} \dfrac{m_j}{\rho_j} \boldsymbol{v}_j W_{bj}}{\sum\limits_{j=1}^{N} \dfrac{m_j}{\rho_j} W_{bj}} \tag{10.35}$$

而后,得到边界虚粒子的速度:

$$\boldsymbol{v}_b = 2\boldsymbol{v}_{\text{wall}} - \langle \boldsymbol{v}_b \rangle \tag{10.36}$$

式中,$\boldsymbol{v}_{\text{wall}}$ 为指定的边界运动速度。

10.7 颗粒介质的切向边界力施加模型

颗粒与边界之间的切向作用力,采用 Hungr[8] 提出的"等效流体"假设,将复杂的颗粒材料流体运动等效为一种理想流体物质,这种物质具有简单的内部变形和阻力关系,颗粒与边界的切向力采用摩擦模型或者 Voellmy 模型计算。

10.7.1 摩擦模型

摩擦模型适用于颗粒材料边界摩擦阻力的计算,边界剪切力与颗粒流正应力呈正比关系,孔隙水压力的存在起着关键作用。

$$f_i^{\tau} = f_i^{n} \tan \phi \tag{10.37}$$

式中,$\tan \phi$ 为颗粒流与边界的摩擦系数,ϕ 为摩擦角。

10.7.2 Voellmy 模型

该模型的运动形式是颗粒摩擦和湍流运动的组合形式。Voellmy 模型是 1955 年 Voellmy 提出的,对于一些实例分析中,包括雪崩、岩质崩滑、流动性滑坡、碎屑流、泥石流等,该流变模型更适用于块体运动的研究分析。

$$f_i^\tau = \left(f_i^n \tan\phi + \frac{\rho g v^2}{\xi} \right)$$

其中, $\tan\phi$ 为颗粒流与底部边界的摩擦系数; ξ 为颗粒拟流体的湍流系数,该系数表征流速和表面空气作用的影响; ρ 为颗粒流密度; v 为颗粒流运动速度; f_i^n 为碎屑流正应力; g 为重力加速度。

10.8 小　结

本章旨在构建颗粒介质全相态数值模拟的边界力施加方法。从颗粒介质边界力分解出发,分别针对法向力和切向力采用适当的方法和模型计算。一方面,介绍了传统的 SPH 法向边界力施加方法,如基于罚函数、势函数以及虚粒子的施加方法;另一方面,针对颗粒运动范围较广的边界,采用边界粒子动态生成技术,对 SDPH 法向边界力施加方法进行了论述。

本章主要结论如下:

(1)罚函数和势函数排斥力模型可处理复杂形状边界,能有效防止粒子非物理穿透壁面边界。罚函数对人工参数依赖性较小,不同工况条件适应性较强,但是必须已知边界的法向量;势函数对人工参数依赖性较大,但不必获得边界的法向量信息。

(2)虚粒子固壁边界模型可以简单、有效地施加固壁边界条件,方便应用于具有复杂几何边界、强流体-固壁作用的问题,获得稳定的流场形态、规则的粒子秩序及良好的速度、压力等参量的分布,但是该方法最大的缺点是必须在边界外部提供充足的边界虚粒子,对于范围较广的边界来说计算量将大大增加。

(3)基于边界粒子动态生成技术的边界力施加方法,对于颗粒运动范围较广的边界来说是一种有效的解决办法,摆脱了对未接触边界的作用力计算。由于该方法需要进行插值获得中间插值点的位置坐标,因此计算结果依赖于插值方法的计算精度;另外,该方法采用将颗粒投影到底部然后搜索邻近粒子的方式寻找接触粒子,因此对底部边界的形状提出了较高的要求,对于不规则的边界来说,在一些曲率较大的位置处,计算的精度降低。

参考文献

[1] ATLURI S N, ZHU T. A new meshless local Petrov-Galerkin (MLPG) approach in computational mechanics[J]. Computational Mechanics, 1998, 22: 117-127.

[2] 强洪夫,韩亚伟,王坤鹏,等.基于罚函数 SPH 新方法的水模拟充型过程的数值分析[J]. 工程力学,2011,28(1):245-250.

［3］　韩亚伟,强洪夫,赵玖玲,等.光滑粒子流体动力学方法固壁处理的一种新型排斥力模型[J].物理学报,2013,62(4):44702.

［4］　LIU G R,GU Y T.无网格法理论及程序设计[M].王建明,周学军,译.济南:山东大学出版社,2007.

［5］　ZIENKIEWICZ O. The finite element method[M]. New York:McGraw Hill, 1991.

［6］　刘虎,强洪夫,陈福振,等.一种新型光滑粒子动力学固壁边界施加模型[J].物理学报,2015,64(9):94701.

［7］　CHEN J K, BERAUN J E, CARNEY T C. A corrective smoothed particle method for boundary value problems in heat conduction [J]. International Journal for Numerical Methods in Engineering, 1999, 46: 231 - 252.

［8］　HUNGR O. A model for the runout analysis of rapid flow slides, debris flows, and avalanches [J]. Canadian Geotechnical Journal, 1995, 32(4):610 - 623.

第 11 章
颗粒介质全相态理论及方法在工程中的应用

11.1 引　言

颗粒介质运动问题渗透在人们的日常生活、工业过程、生态环境等各方面,它与提高人类生活水平、发展国民经济密切相关。颗粒介质系统的研究涉及与物质转化过程相关的所有工程领域以及数学、力学、物理等诸多基础领域,属于跨学科、跨领域的研究范畴。然而,鉴于颗粒介质系统的复杂性及其实验手段的局限性,目前计算机模拟已成为颗粒介质运动系统研究的有力工具,并在相关领域的模拟仿真中发挥着举足轻重的作用。

为克服现有理论模型和数值模拟方法存在的缺陷,本书阐述了一种可描述颗粒介质全部相态的理论模型,同时采用拉格朗日粒子方法进行模拟,不仅可描述颗粒介质在不同条件下的运动状态,同时还兼具计算量可控、宏观描述更贴近实际的优点。同时,在此基础上还论述了颗粒体与液体混合形成的悬浮液的理论模型和数值方法。本章在这些理论模型和求解方法的基础上,选取了不同领域的典型问题进行了数值模拟,分析了典型的颗粒流动过程以及液体-颗粒两相流动过程,并与相关实验结果和其他数值方法得到的结果进行对比,进一步验证了新方法的准确性及其应用的可行性,同时揭示相关物理机理,为相关问题研究提供指导。

11.2　在航空航天动力系统中的应用

11.2.1　航空发动机涡轮叶片前缘模型颗粒沉积数值模拟研究

航空发动在恶劣天气下会吸入颗粒污染物,颗粒吸入发动机后一方面会冲击进气道和压气机叶片的表面,造成气动性能下降甚至部件表面损伤;另一方面颗粒会在涡轮叶片表面、气膜冷却孔、叶片冷却通道等部位黏附沉积,造成冷却性能下降、涡轮叶片寿命减短,从而影响涡轮的动力输出,由此可见对航空发动机中颗粒介质运动问题的研究具有重要意义。本章对 Albert 等[1]进行的涡轮叶片前缘模型颗粒沉积实验进行了数值模拟,并与实验中的结果进行对比。

对颗粒在前缘模型表面沉积的处理方式为：通过颗粒在壁面处达到力平衡的状态来实现颗粒的沉积，颗粒在边界处受到流体的曳力、边界法向作用力和边界摩擦力，在这些力达到平衡后，颗粒便会达到沉积的状态。此外，针对这里的数值模拟做出以下假设：① 不考虑传热过程，不考虑颗粒熔化变为熔融态，认为颗粒一直保持固态；② 颗粒始终保持球体状，且无旋转。

1. 无冷却孔叶片前缘模型颗粒沉积数值模拟

1）模型和方案

在 Albert 等[1]进行实验的模型基础上，为了节省计算资源对模型做出一些简化处理，建立了颗粒沉积数值模拟的几何模型，如图 11.1 所示。图 11.1（a）为数值模拟几何模型的外型示意图，主流通道为矩形管道，其厚度为 2 mm；模型高度为154 mm，与实验模型高度保持一致；对模型长度和宽度做了缩减处理，长度由2400 mm 缩减为 800 mm，宽度由 610 mm 缩减为 204 mm。主流空气从矩形管道的主流入口流入，入口速度为 15 m/s，从主流出口流出。图 11.1（b）为数值模拟几何模型的内部结构示意图，涡轮叶片前缘模型安装于主流流道的下游，其几何外形为半圆柱状。叶片前缘模型的长度与主流通道的宽度（204 mm）一致，其直径为 50.8 mm。

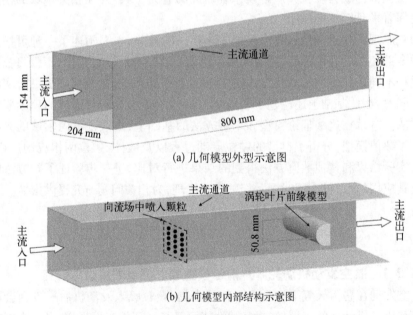

(a) 几何模型外型示意图

(b) 几何模型内部结构示意图

图 11.1　数值模拟几何模型示意图

数值模拟中颗粒材料选择与实验相同的蜡颗粒，在前缘模型的上游被喷入流场，实验中使用喷嘴将颗粒喷出，数值模拟中采用不断向流场中加入颗粒的方式来代替这一过程。颗粒在受到主流空气的作用力下随流运动，最后冲击前缘模型表面进行沉积。此外,数值模拟中的模型去掉了实验模型中的湍流发生器,在后续数值计算中加入湍流模型并设定湍流强度与实验中的数值一致,以此来代替湍流发生器。

2) 流场计算域网格

流场计算所需的网格采用 Gambit 软件来生成,本节采用的 SDPH 方法根据六面体网格单元来生成粒子,因此网格采用结构化六面体网格,六面体网格单元数量为 400 000。为了保证模型附近流场对颗粒作用力的计算的准确性,对前缘模型边界处及模型附近流场做网格加密处理。此外,尽可能将前缘模型边界网格划分为正方形,为了后续 SDPH 数值计算时生成高质量的边界,防止颗粒 SDPH 粒子穿透边界。图 11.2 为最终选择的计算域网格,其中图 11.2(a)为整体网格,图 11.2(b)为前缘模型处局部网格细节,图 11.2(c)为前缘模型边界网格。

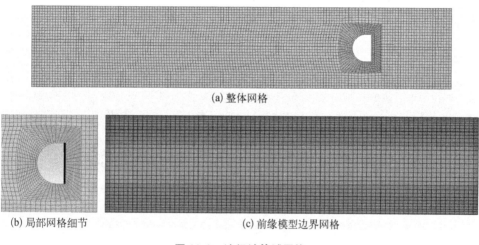

(a) 整体网格

(b) 局部网格细节　　　　　　　(c) 前缘模型边界网格

图 11.2　流场计算域网格

3) 数值模拟参数设置

无冷却孔叶片前缘模型颗粒沉积数值模拟的流场计算采用 FVM 方法,主流气体选择空气,物性采用不可压缩理想气体。将数值模拟几何模型中的主流入口设置为速度入口,速度为 15 m/s,主流出口设置为自由出口,压力为标准大气压。湍流强度取 12%(实验中颗粒喷嘴未开启时为 7%,颗粒喷嘴开启后局部最高为 16%,此处取二者中间值)。压力与速度耦合的方式采用 SIMPLE 方法,各物理量的离散格式均选择二阶离散格式。

对于颗粒运动和沉积的计算采用描述颗粒介质全相态的 SDPH – DEM 耦合方法,将初始流场、颗粒介质、叶片前缘模型边界和主流通道边界初始离散为一系列 SDPH 粒子,流场和边界 SDPH 粒子的总数为 400 000。颗粒材料选择与实验相同的 RT42 蜡颗粒,密度为 880 kg/m³,初始体积分数为 0.6,粒径为 0.05 mm,弹性模量为 250 MPa,泊松比为 0.4,内摩擦角为 10°。初始颗粒 SDPH 粒子的密度为颗粒的有效密度(528 kg/m³),直径为 2.5 mm,光滑长度为 3.25 mm。计算时间步长取 10^{-6} s,总时间为 1.2 s。在前 1 s 内每间隔 0.02 s 向流场中加入一次 SDPH 粒子,加入粒子的位置为前缘模型上游 450 mm 处,共计加入 50 次粒子,粒子总数为 1 200 000,从而模拟实验中向流场中喷入颗粒,颗粒的初速度取 5 m/s。

4) 结果与分析

(1) 流场计算结果。图 11.3 为计算得到流场速度云图,图中的截面为沿主流流动方向的竖直截面,云图表示的是沿主流流动方向的速度。由图可看出,主流在未到达叶片前缘模型时流动稳定、流速分布均匀,在撞击到前缘模型表面后速度减小,之后绕过前缘模型表面。在前缘模型上部和下部由于流道变窄,主流速度增大,在经过前缘模型后,在模型背部形成负速度的回流区。综合流场计算的结果和分析可以说明,流场计算结果正确反映了主流的流体动力学特征。

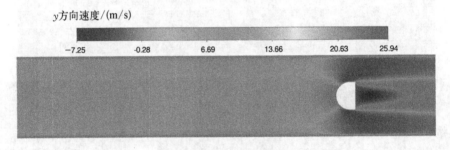

y方向速度/(m/s)

−7.25   −0.28   6.69   13.66   20.63   25.94

图 11.3　流场速度云图

(2) 颗粒运动和沉积计算结果。图 11.4 为颗粒在无冷却孔叶片前缘模型颗粒沉积过程的示意图,反映了前缘模型颗粒沉积样貌随时间的变化情况,图中深灰色粒子代表叶片前缘模型 SPH 粒子,白色粒子代表颗粒 SDPH 粒子。图 11.4(a)为 0.1 s 时刻的颗粒沉积样貌,该时刻已经向流场中加入了 5 次颗粒,可见在滞止区已经有一些颗粒沉积,但是沉积量较少,并未覆盖滞止区。滞止区即为前缘模型迎风面与主流流动方向几乎垂直的区域,即图 11.4(a)黄色虚线圈出的区域。需要注意的是图中并非所有颗粒处于沉积状态,远离滞止区处的颗粒大多处于运动状态。图 11.4(b)为 $t = 0.2$ s 时刻的颗粒沉积样貌,对比图 11.4(a)可看出滞止区的颗粒沉积量有所增大,远离滞止区处的颗粒数量变化不大,由此说明滞止区是最容易发生颗粒沉积的区域,而在远离滞止区处是不容易发生沉积的区域,大多数颗粒属于运动状态。因为在滞止区,颗粒受到前缘模型表面的反作用力在主流流动反方向上的分量最大,可以更好地抵抗主流对其的曳力作用,因此更容易达到力平衡状态。而在远离滞止区的区域,颗粒受到前缘模型表面的反作用力沿主流流动反方向的分量较小,虽然颗粒还受到模型表面对其的摩擦力,但是摩擦力较反作用力来说较小,且其在主流流动反方

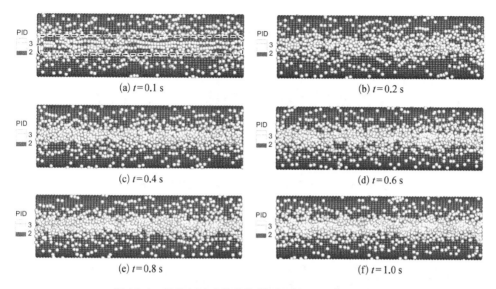

(a) $t=0.1$ s

(b) $t=0.2$ s

(c) $t=0.4$ s

(d) $t=0.6$ s

(e) $t=0.8$ s

(f) $t=1.0$ s

图 11.4　无冷却孔叶片前缘模型颗粒沉积过程示意图

向上的分量也更小,因此不足以抵抗主流对其的曳力作用,更容易随流运动。

由图 11.4(c)至图 11.4(f)可看出,不断有颗粒在前缘模型滞止区发生沉积,一部分颗粒在前缘模型表面发生沉积,另一部分颗粒与已沉积的颗粒发生碰撞摩擦后沉积,滞止区的颗粒沉积量越来越大,最终将滞止区完全覆盖。图 11.4(f)为 $t=1.0$ s 时刻的颗粒沉积样貌, $t=1.0$ s 为最后一次加入颗粒的时刻,在远离前缘模型滞止区的区域还有大量黏附或运动的粒子。为了更加清楚地观察最终颗粒沉积的样貌,在之后的 0.2 s 中不再加入颗粒,使得当前颗粒持续受到流场的曳力作用,无法沉积的颗粒随主流离开前缘模型表面,以获得最终颗粒沉积的样貌。

图 11.5 为无冷却孔叶片前缘模型实验的沉积样貌图,图 11.6 为数值模拟最终颗粒沉积样貌。从图 11.5 可看出实验结果中颗粒沉积主要发生在前缘模型滞止区,且滞止区的沉积量最大、沉积层厚度最厚,沿着前缘模型周向沉积量逐渐减小、沉积层厚度逐渐变薄,最终到达一定区域颗粒沉积几乎消失。滞止区即为前缘模型迎风表面与主流流动方向几乎垂直的区域,即图 11.5 红色虚线圈出的区域。

从图 11.6(a)和(b)可看出,数值模拟结果中颗粒主要发生沉积的区域也是在滞止区,且沉积量最大、沉积厚度最厚,沿着前缘模型周向沉积量逐渐减小,说明数值模拟能够较为准确地预测颗粒沉积的部位和不同部位沉积量的变化趋势。但是沉积量由滞止区向前缘模型周向的过渡不够平滑,这是由于颗粒 SDPH 粒子粒径相较于真实颗粒太大,SDPH 粒子间的缝隙较大导致的。此外,由图 11.6(b)可看出,颗粒沉积的厚度要大于真实颗粒沉积的厚度,这是由于图中一个颗粒 SDPH 粒子代表的是多个真实颗粒组成的颗粒团,属于宏观的表示方法,这也是 SDPH 方法

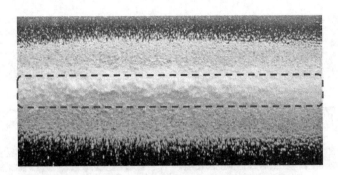

图 11.5　无冷却孔叶片前缘模型实验颗粒沉积样貌[1]

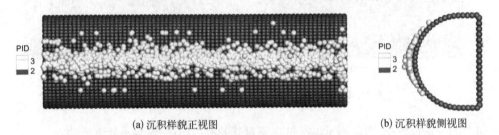

(a) 沉积样貌正视图　　　　　　　　　(b) 沉积样貌侧视图

图 11.6　无冷却孔叶片前缘模型数值模拟最终颗粒沉积样貌

与 DEM 方法的区别之处。这就使得 SDPH 粒子的直径要远大于真实颗粒的直径,因此在模拟中的颗粒质量流量要远大于实验中的质量流量,SDPH 粒子与实验中的颗粒无法定量对比,只能定性对比,因此无法对沉积厚度进行对比。后续可以减小 SDPH 粒子大小,使计算过程与实际物理过程更接近。

2. 有冷却孔叶片前缘模型颗粒沉积数值模拟

1) 模型和方案

实验中的有冷却孔叶片前缘模型是在无冷却孔叶片前缘模型的基础上加入了三排气膜冷却孔,如图 11.7 所示,并且在实验过程中有冷却气体从冷却孔流出,以观察气膜冷却气流对颗粒运动和沉积的影响。基于实验中有冷却孔叶片前缘模型并做出一些简化从而建立数值模拟的几何模型:① 为减小数值模拟的整体尺度,缩减模型的几何尺寸,缩小流道的长度、宽度和高度,前缘模型的长度缩短但径向尺寸依旧保持与实验相同。此外,为了提高模拟的精度,缩小初始 SDPH 粒

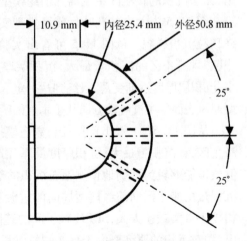

图 11.7　有冷却孔叶片前缘模型
冷却孔示意图[1]

子的直径以增加 SDPH 粒子的数目。② 为保证流场计算网格的质量,降低网格划分的难度,对气膜冷却孔做出简化,在叶片前缘模型上只保留滞止区的两个冷却孔。

简化后的几何模型如图 11.8 所示,图 11.8(a)为几何模型的外型示意图,主流通道的宽度为 62 mm,长度为 400 mm,高度为 102 mm,厚度 1 mm。图 11.8(b)为物理模型内部结构示意图,可见其与无孔模型的内部结构几乎一致,唯一的区别是叶片前缘模型表面多了两个气膜冷却孔。

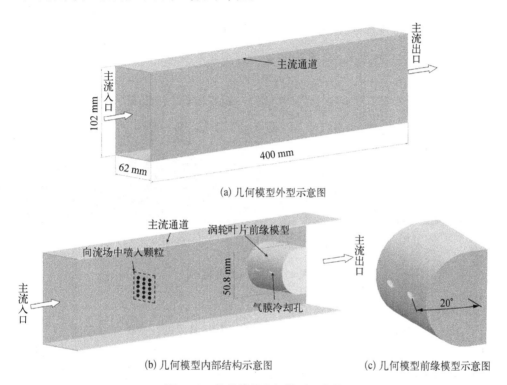

(a) 几何模型外型示意图

(b) 几何模型内部结构示意图 　　　　　　(c) 几何模型前缘模型示意图

图 11.8　数值模拟几何模型示意图

图 11.8(c)为前缘模型几何结构示意图,气膜冷却孔的直径为 3.18 mm,其与前缘模型表面的夹角为 20°,两孔间距为 24.168 mm,上述尺寸与实验中的尺寸保持一致。冷却气流沿着冷却孔流出,由实验中给出的数据可计算得到冷却气流的流速为 21.32 m/s。数值模拟方案相关的其他细节与前面的无冷却孔叶片前缘模型数值模拟完全一致,此处不再做重复说明。

2) 流场计算域网格

网格划分采用 Gambit 软件工具来实现,采用结构化六面体网格,六面体网格单元数量为 2 500 000。为了保证前缘模型附近主流和气膜冷却气流对颗粒的作用力计算的准确性,对前缘模型表面和气膜冷却孔附近的网格进行加密处理。此外,尽可能将前缘模型边界网格划分为正方形,为了后续数值模拟计算时生成高质量

的边界,防止颗粒粒子穿透边界。图 11.9 为计算域网格,其中图 11.9(a)为整体
网格,图 11.9(b)为前缘模型处局部网格放大细节,图 11.9(c)为前缘模型气膜冷
却孔处边界网格,图 11.9(d)前缘模型边界网格。

(a) 整体网格

 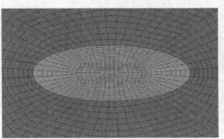 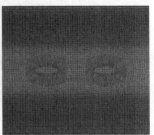

(b) 前缘模型处局部　　　(c) 气膜冷却孔处边界网格　　　　(d) 前缘模型边界网格
网格放大细节

图 11.9　计算域网格

3) 数值模拟参数设置

有冷却孔叶片前缘模型的流场计算也采用 FVM 方法,主流气体选择空气,采
用不可压缩理想气体。将数值模拟模型中的主流入口设置为速度入口,入口速度
为 15 m/s,主流出口设置为自由出口,压力为标准大气压。湍流强度取 12%(实验
中颗粒喷嘴未开启时为 7%,颗粒喷嘴开启后局部最高为 16%,此处取二者中间
值)。压力与速度耦合的方式采用 SIMPLE 方法,各物理量的离散格式均选择二阶
离散格式。除此之外,将两个气膜冷却孔处的边界面设置为速度入口,冷却气流沿
孔的轴向流入主流通道,绝对速度值为 21.32 m/s,速度在主流方向的分量为负值。
对于颗粒运动和沉积的计算采用 SDPH - DEM 方法,将流场、颗粒、叶片前缘模型
边界和主流通道边界离散为一系列 SDPH 粒子,其中流场粒子和边界粒子总数为
2 600 000。颗粒材料选择与实验相同的 RT42 蜡颗粒,密度为 880 kg/m³,初始体积
分数为 0.6,体积密度为 528 kg/m³,粒径为 0.05 mm,弹性模量为 250 MPa,泊松比为
0.4,内摩擦角为 10°。初始颗粒 SDPH 粒子的密度为颗粒的有效密度(528 kg/m³),
直径为 1 mm,光滑长度为 1.3 mm。总时间为 0.6 s,前 0.5 s 内每间隔 0.01 s 向流
场中加入一次 SDPH 粒子,加入粒子的位置在前缘模型上游 200 mm 处,共计加入

50 次粒子,粒子总数为 180 000。

4) 结果与分析

(1)流场计算结果。图 11.10 为流场速度分布云图,其中图 11.10(a)中的面为沿主流流动方向的竖直截面,云图表示的是主流流动方向的速度。由图可看出,主流在未到达叶片前缘模型时流动稳定、流速分布均匀,在撞击到前缘模型表面后速度减小,之后饶过前缘模型表面。在前缘模型上部和下部由于流道变窄,主流速度变大,在经过前缘模型后,在模型背部形成负速度的回流区。

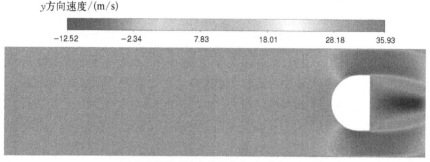

(a)沿主流流动方向的竖直截面 y 方向云图

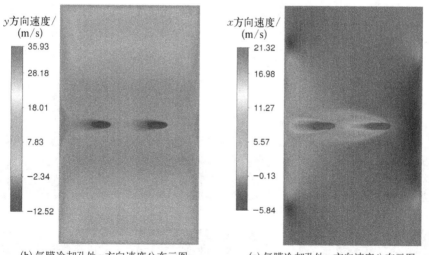

(b)气膜冷却孔处 y 方向速度分布云图　　(c)气膜冷却孔处 x 方向速度分布云图

图 11.10　流场计算结果速度云图

图 11.10(b)中的椭圆截面为气膜冷却孔处的速度入口面,矩形面为垂直于主流流动方向的竖直截面,该截面在前缘模型上游 1 mm 处,云图为沿主流流动方向的速度云图。由图 11.10(b)可知,从冷却孔流出的冷却气流在主流流动方向上的速度分量在-7 m/s 左右,在前缘模型上游 1 mm 处,由于冷却气流的影响,在气膜

冷却孔周围的流场速度也出现负值,为-6~0 m/s。图 11.10(c)与图 11.10(b)中的截面完全相同,不同的是速度云图表示的速度为垂直于主流流动方向的水平方向的速度。由图 11.10(c)可知,从冷却孔流出的冷却气流在水平方向的速度分量为 20 m/s 左右,冷却气流对流场速度的影响非常大,在前缘模型上游 1 mm 处冷却孔附近的流场的水平速度可以达到 10~20 m/s。综合以上述流场计算的结果和分析可以说明,计算结果正确反映了主流和冷却气流的流体动力学特征。

(2)颗粒运动和沉积计算结果。图 11.11 为有冷却孔叶片前缘模型颗粒沉积过程示意图,反映了前缘模型颗粒沉积样貌随时间的变化情况,图中深灰色粒子代表叶片前缘模型 SPH 粒子,白色粒子代表颗粒 SDPH 粒子。图 11.11(a)为 0.05 s时刻的颗粒沉积样貌,在该时刻已经向流场中加入 5 次颗粒,可见在滞止区已经有一些颗粒沉积,但是沉积量较少,并未完全覆盖滞止区。滞止区即为前缘模型迎风表面与主流流动方向几乎垂直的区域,即图 11.11(a)黄色虚线圈出的区域。其次在前缘模型冷却孔附近,沿着冷却气流流动方向的区域,没有颗粒发生沉积。这是由于冷却气流方向与主流方向相反且在水平方向有较大的速度分量,因此颗粒在气膜冷却孔附近受到冷却气流较强的曳力作用,先减速再沿水平方向流动,直到离开冷却孔附近区域才有可能在前缘模型表面沉积。图 11.12 为颗粒受到冷却气流作用力后运动过程的示意图,对冷却孔附近的区域局部放大,可以明显看出颗粒在冷却孔附近受到主流的曳力作用从而水平运动。此外,图 11.11(a)中并非所有颗粒是处于沉积状态,远离滞止区处的颗粒大多处于运动状态。图 11.11(b)为 $t=$

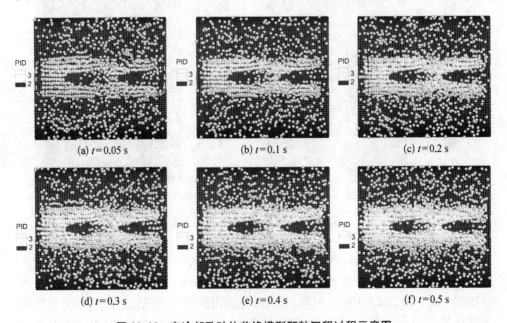

(a) $t=0.05$ s　　　　　(b) $t=0.1$ s　　　　　(c) $t=0.2$ s

(d) $t=0.3$ s　　　　　(e) $t=0.4$ s　　　　　(f) $t=0.5$ s

图 11.11　有冷却孔叶片前缘模型颗粒沉积过程示意图

0.1 s 时刻的颗粒沉积样貌,对比 $t = 0.05$ 时刻可看出滞止区的颗粒沉积量有所增大,远离滞止区处的颗粒数量变化不大,由此说明滞止区是最容易发生颗粒沉积的区域,而在远离滞止区处是不容易发生沉积的区域,大多数颗粒属于运动状态。因为在滞止区,颗粒受到前缘模型表面的反作用力在主流流动反方向上的分量最大,可以更好地抵抗主流对其的曳力作用,因此更容易达到力平衡状态。而在远离滞止区的区域,颗粒受到前缘模型表面的反作用力沿主流反方向的分量较小,虽然颗粒还受到模型表面对其的摩擦力,但是摩擦力较反作用力来说较小,且其在主流流动反方向上的分量也更小,因此不足以抵抗主流对其的曳力作用,更容易随流运动。

由图 11.11(c) 至图 11.11(f) 可看出,不断有颗粒在滞止区发生沉积,一部分颗粒在前缘模型表面发生沉积,另一部分颗粒与已沉积的颗粒碰撞摩擦后发生沉积,滞止区的颗粒沉积量越来越大,最终将整个滞止区除冷却孔之外的区域完全覆盖。图 11.11(f) 为 $t = 0.5$ s 时刻的颗粒沉积样貌,$t = 0.5$ s 为最后一次加入颗粒粒子的时刻,在远离前缘模型滞止区的区域还有大量黏附或运动的粒子。为了更加清楚地观察最终颗粒沉积的样貌,在之后的 0.1 s 中不再加入颗粒,使得当前颗粒持续受到流场的曳力作用,无法沉积的颗粒随主流离开前缘模型表面,以获得最终颗粒沉积的样貌。

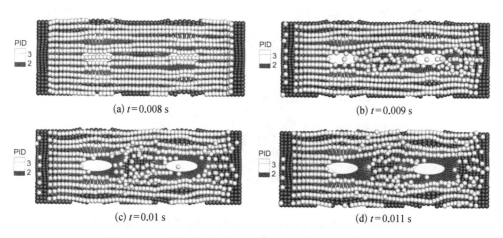

(a) $t = 0.008$ s

(b) $t = 0.009$ s

(c) $t = 0.01$ s

(d) $t = 0.011$ s

图 11.12　颗粒受到冷却气流作用力后运动过程的示意图

图 11.13 为有冷却孔叶片前缘模型实验颗粒沉积样貌图,由于数值模拟中对前缘模型做出了简化,只保留了两个位于滞止区的冷却孔,因此实验结果中应该重点关注滞止区冷却孔附近的颗粒沉积,即图 11.13 中红色虚线框出的区域。由该区域可看出,位于冷却孔下游的颗粒沉积量明显减小、沉积层明显变薄,出现了凹槽状结构。这些凹槽状结构本应是沿着水平方向发展的,但是实验中由于前缘模

型安装出现了微小的倾斜,导致沉积凹槽也出现了倾斜。此外,从实验结果可以看出,颗粒在滞止区的沉积量最大、沉积厚度最厚,沿着滞止区向前缘模型周向发展,沉积量逐渐减小、沉积厚度逐渐变薄,最后在某一部位沉积几乎消失。图 11.14 为数值模拟中最终颗粒沉积的样貌图,图中白色粒子表示颗粒 SDPH 粒子,深灰色粒子表示前缘模型边界粒子。数值模拟结果中颗粒在前缘模型滞止区的沉积量最大,沿着滞止区向前缘模型周向颗粒沉积量逐渐减小,不同部位的沉积量和变化趋势与实验较好地吻合,说明数值模拟能够较为准确地预测颗粒沉积的部位和沉积量。

图 11.13　有冷却孔叶片前缘模型实验颗粒沉积样貌图[1]

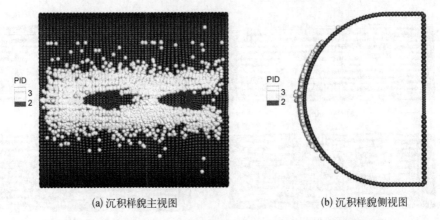

(a) 沉积样貌主视图　　　　　　　　　(b) 沉积样貌侧视图

图 11.14　有冷却孔叶片前缘模型数值模拟最终颗粒沉积样貌图

此外,可见颗粒在前缘模型冷却孔下游的沉积量非常小,这与实验中颗粒在此处沉积量较小的趋势是吻合的,可见数值模拟反映出了冷却气流对颗粒沉积的影响。

11.2.2　航空发动机燃油雾化问题数值模拟

在航空发动机工作过程中,燃油雾化作为燃烧过程的初始阶段,其性能的好坏对发动机的燃烧效率和燃烧稳定性有重大影响,研究燃油的雾化机理和喷注单元的雾化特性对发动机设计具有重要意义[2]。离心式雾化喷嘴由于具有良好的雾化性能、点火性能、燃烧性能,并且结构简单、运行可靠,其不仅作为单独喷嘴使用,同时还作为空气雾化喷嘴的第一级使用,在航空发动机及其他诸如火箭发动机、内燃机和工业锅炉等动力设备上应用较为广泛。

　　本节采用连续相模拟的 SPH 方法与离散相模拟的 SDPH – DEM 方法相耦合的方法对航空发动机离心式雾化过程进行了数值模拟,具体方法是在液滴破碎之前采用 SPH 方法模拟,在液滴生成之后根据颗粒介质的全相态理论采用 SDPH – DEM 方法进行模拟。计算中使用的单油路离心式喷嘴模型的几何结构如图 11.15 所示。喷油器总长度为 $l_0 = 2.27$ mm,喷嘴直径 $d_s = 2.0$ mm,切向孔径 $d_p = 0.55$ mm,切向孔数目 $n = 3$,切向孔轴线与喷油器中心轴线之间的距离为 $r_t = 0.725$ mm,进气速度为 $U = 30$ m/s。为了与文献中实验结果进行对比,使用水代替航空燃料。水的物性参数为:密度 $\rho_p = 962$ kg/m^3、表面张力 $\sigma = 60$ mN/m、动力学黏度取值范围为 $1.15 \times 10^{-3} \sim 3.8 \times 10^{-3}$ N·s/m^2。时间步长取 10^{-5} s[3]。

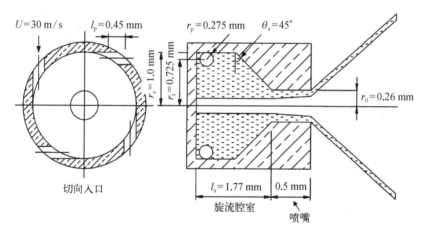

图 11.15　喷嘴几何结构图和相关参数[4]

　　图 11.16 为计算得到的锥形液膜三维喷雾场结构形态,可以看到锥形液膜破碎形成液滴要经过复杂的过程,液体从离心式喷嘴出口首先形成环形的液膜,随后液膜锥角逐渐形成并渐渐张开,随着向外扩张,液膜逐渐变薄,液膜前缘逐渐开始破碎脱落成液丝,进而拉伸破碎成大液滴,液丝、大液滴又开始二次雾化形成小液滴,最终形成整个雾化场。流场中,液滴随着轴向距离的增加而逐渐增多,液滴粒径随着轴向距离的增加而逐渐减小,沿径向变化趋势也是如此,外围液滴较小。计算结果表明,可以细致地捕捉到雾化过程中液丝、液滴等的各种细节结构,与高速摄影拍摄的锥形液膜雾化破碎过程基本吻合,如图 11.17 所示。可见,新方法很好

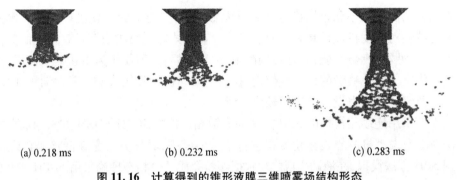

(a) 0.218 ms　　　　　(b) 0.232 ms　　　　　　(c) 0.283 ms

图 11.16　计算得到的锥形液膜三维喷雾场结构形态
$(p = 3\,\text{MPa},\ \nu = 3.8 \times 10^{-3}\,\text{N} \cdot \text{s/m}^2)$

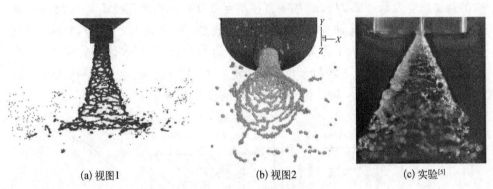

(a) 视图1　　　　　　　(b) 视图2　　　　　　　(c) 实验[5]

图 11.17　模拟结果和实验结果的对比

地捕捉到了锥形液膜雾化破碎过程的细节。

　　图 11.18 为增大射流的压强同时降低液体的黏度获得的液体雾化过程,与图 11.16 形成鲜明对比,该雾化条件下,雾化液滴数目众多,在液丝形成的瞬间将直接破碎成液滴,液滴在空间中分布均匀,形成典型的锥形状,与 Davanlou 等[6]所获得的实验结果相吻合,雾化锥角为 67.8°,与实验误差小于 5%,如图 11.19 所示。

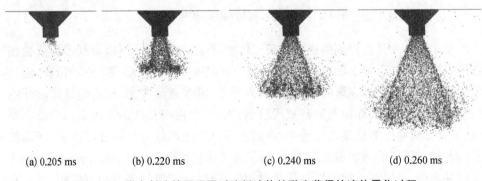

(a) 0.205 ms　　　　(b) 0.220 ms　　　　(c) 0.240 ms　　　　(d) 0.260 ms

图 11.18　增大射流的压强同时降低液体的黏度获得的液体雾化过程
$(p = 7\,\text{MPa},\ \nu = 1.15 \times 10^{-3}\,\text{N} \cdot \text{s/m}^2)$

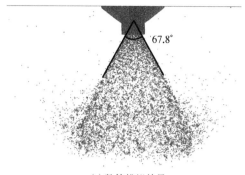
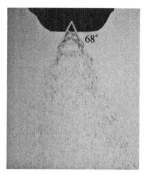

(a) 数值模拟结果　　　　　　　　　　(b) 实验结果[6]

图 11.19　数值模拟结果与实验结果对比 ($p = 7$ MPa, $\nu = 1.15 \times 10^{-3}$ N·s/m²)

　　液滴直径的概率密度函数是通过统计流场中液滴的数量和体积获得的,如图 11.20 所示。可以看出,液滴直径最大值和最小值两端的液滴数都较小,而中等粒径的液滴数较大,这与雾化实验结果一致。图 11.21(a)显示了液滴表面粗糙度 (SMD)与入口压力的关系,给出了喷射器结构,并保持了液体的物理参数不变。图 11.21(b)显示了恒定进口压力为 3 MPa 时液滴 SMD 与液体黏度的关系。结果表明,数值模拟结果与实验结果一致,平均液滴尺寸的最大相对误差为 4.8%。

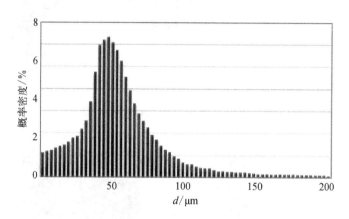

图 11.20　液滴直径概率密度分布

　　图 11.22 为液体进入旋流室,在喷嘴内旋转流动的过程。可以看到由于液体切向流入,在径向存在一个角速度,贴着管壁形成旋转流场,在到达喷嘴出口时,在轴向方向上有一段时间停止,待旋流室内充满流体后,产生内部压力,挤压液体从喷嘴流出。由于在径向方向上始终有一定的运动动能,因此在液体流出喷嘴出口时,同样保持着一定的旋转,造成在液膜流出喷嘴后形成切向剪切力,加速液膜的破碎,如图 11.23 所示,可清楚地看到在液体流出喷嘴后形成的旋转液膜,以及剪切力造成的液膜破裂过程。可见,新方法可以清楚地捕捉到雾化破碎过程的结构特征。

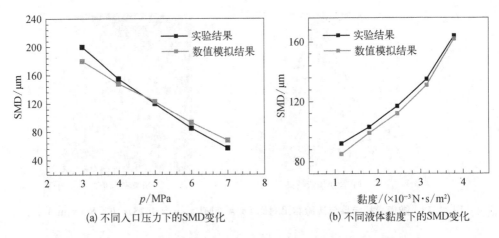

(a) 不同入口压力下的SMD变化

(b) 不同液体黏度下的SMD变化

图 11.21   不同入口压力和不同液体黏度下的 SMD 变化曲线

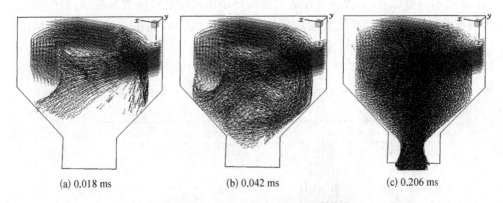

(a) 0.018 ms   (b) 0.042 ms   (c) 0.206 ms

图 11.22   喷嘴旋流室内液体速度分布

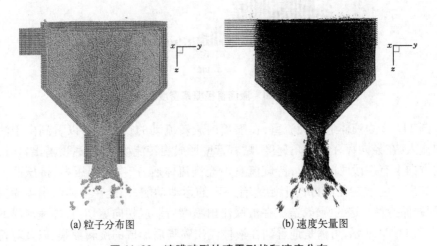

(a) 粒子分布图   (b) 速度矢量图

图 11.23   液膜破裂的喷雾形状和速度分布

11.2.3　固体火箭发动机尾喷管受颗粒流侵蚀过程数值模拟

以往对于颗粒侵蚀喷管喉部的研究,主要是在高浓度颗粒流下的烧蚀实验基础上进行。实验中颗粒冲击复合材料的角度为 45°~75°。对于喷管内气体-颗粒两相流动问题,笔者前期已经采用自主研发的 SDPH - FVM 耦合方法进行了数值模拟和实验验证工作[7]。本节在此基础上,采用考虑材料强度的 SPH 方法对喷管喉部受冲击后的损伤破坏过程进行动态捕捉,获得大量颗粒对喷管喉部的冲刷动力学过程。喷管结构如图 11.24(a)所示,图 11.24(b)是喷管和 Al_2O_3 固态颗粒进行粒子离散后的状态图像。

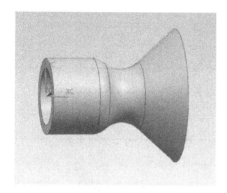

(a) 喷管结构图

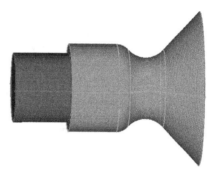

(b) 喷管和Al_2O_3固态颗粒进行粒子
离散后的状态图像

图 11.24　喷管和颗粒体的几何与粒子离散模型

为了清晰地展示计算结果,同时与实验和其他软件结果进行对比,这里选取了一个典型案例进行结果分析。案例中,入口处气流为亚声速,给定气流的压强、温度和马赫数。在计算得到流场稳态解的基础上,加入 Al_2O_3 颗粒进行非稳态计算。颗粒以一定速度从入口边界加入气流场中,入口速度为 10 m/s,在喷管内部 Al_2O_3 颗粒与喷管之间产生冲击作用,计算喷管受颗粒冲击的损伤破坏情况。颗粒与气体参数如表 11.1 所示。从图 11.25 可知,在 0.5 s、0.75 s、1.0 s 三个时刻,随着时间的延长,喷管喉部的损伤逐渐恶化,其中颗粒流直接撞击到的喷管的具体部位——收敛段和喉衬接触部位的损伤最为严重,另外也可看出,喷管喉颈部位的损伤同样较为严重。随着时间的延长,喉部的损伤逐渐累加。将数值计算结果与文献[8]采用 Fluent 软件计算的结果[图 11.25(d)]进行了对比,吻合度较好,粒子造成的侵蚀率最大位置均位于靠近喉衬的前部。

表 11.1　颗粒与气体参数表

参　　数	物　理　量	数　　值
ρ_g	气体密度	1.225 kg/m³
μ_g	气体黏度	1.789 5×10⁻⁵ Pa·s

参　　数	物　理　量	数　　值
ρ_p	颗粒密度	4 004. 62 kg/m³
d_p	颗粒直径	0. 01 mm
α_m	颗粒的初始质量分数	0. 3
p_0	入口总压	1. 034 2 MPa
T_0	入口总温	500 K
θ	入口方向角	0°
n	单个 SDPH 粒子表征颗粒数目	1. 48
Δx_{SDPH}	SDPH 粒子间距	1. 27 mm
h	SDPH 粒子光滑长度	1. 905 mm
ρ_{SDPH}	SDPH 粒子密度	0. 367 5 kg/m³

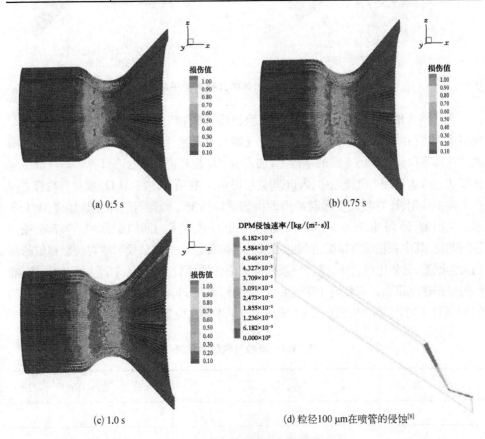

(a) 0.5 s

(b) 0.75 s

(c) 1.0 s

(d) 粒径100 μm在喷管的侵蚀[8]

图 11.25　不同时刻喉部损伤情况

图 11.26 为案例计算所获得的侵蚀过程中 4 个不同时刻的 Al_2O_3 颗粒速度分布情况。结果反映了不同时刻颗粒相在喷管内部的运动,可见颗粒在到达喉衬的时刻,由于喉径的阻挡作用,部分颗粒的轨迹发生了偏移,大部分颗粒沿着喷管的壁面方向向前方运动到达喷管的扩张段,造成对喉衬的冲击作用,少部分颗粒发生反弹,沿着颗粒初始运动的反方向运动,由于本算例中设定的颗粒量一定,燃烧室中没有充足的粒子对反方向粒子的运动进行限制,因此出现了该现象,对于此算例所要关注的喉部受冲击损伤情况影响不大。图 11.27 为不同时刻喷管喉部受冲击损伤后失效的材料的分布情况,从结果可以看出,喉部受冲刷损伤的物质的量逐渐增大,对这些物质进行统计便可得到喷管受冲刷的物质质量多少。

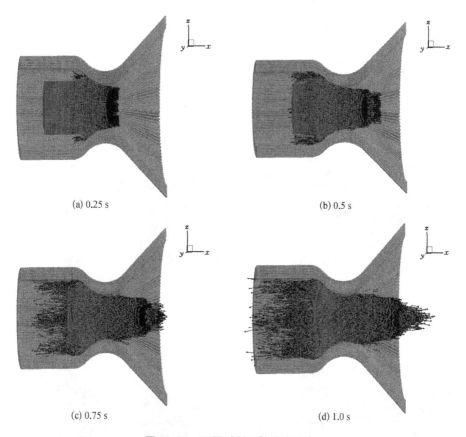

(a) 0.25 s

(b) 0.5 s

(c) 0.75 s

(d) 1.0 s

图 11.26　不同时刻颗粒速度分布

1) 颗粒密度对复合材料冲刷的影响分析

现考察 Al_2O_3 颗粒不同浓度对喉衬用轴编 C/C 复合材料的机械冲刷的影响,图 11.28 为 0.25 s、0.5 s、0.75 s 和 1.0 s 四个时刻不同颗粒密度冲刷下的喷管损伤情况对比。从结果可以看出,在颗粒浓度较大的情况下,喷管喉部的损伤明显更为

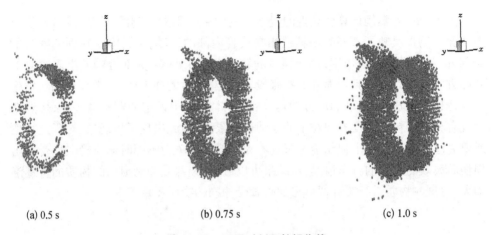

(a) 0.5 s　　　　　　　(b) 0.75 s　　　　　　　(c) 1.0 s

图 11.27　不同时刻颗粒损伤值

严重,其原因主要是随着 Al_2O_3 颗粒浓度的增加,颗粒总的机械侵蚀动能增加,冲击后转变为喷管喉部的变形增大,破坏增强,损伤更为严重。

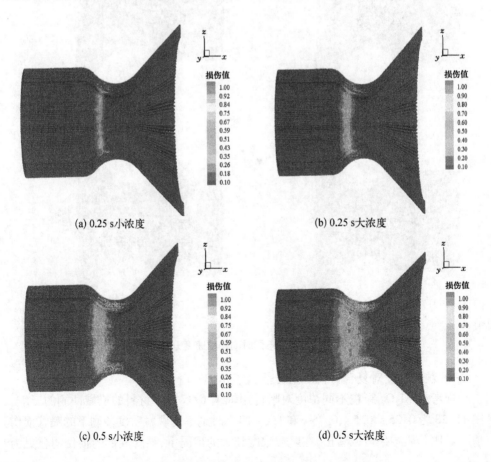

(a) 0.25 s小浓度　　　　　　　　　　　　(b) 0.25 s大浓度

(c) 0.5 s小浓度　　　　　　　　　　　　(d) 0.5 s大浓度

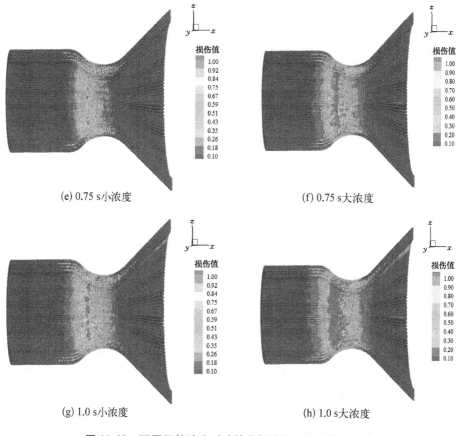

(e) 0.75 s小浓度　　　　　　　　　　　　(f) 0.75 s大浓度

(g) 1.0 s小浓度　　　　　　　　　　　　(h) 1.0 s大浓度

图 11.28　不同颗粒浓度对喷管喉部的冲击损伤情况对比

2）颗粒速度对复合材料冲刷的影响分析

在 Al_2O_3 颗粒机械侵蚀过程中,除了喷管内部的压强和温度对机械侵蚀过程有影响外,颗粒的浓度、颗粒入射角和颗粒速度都可能是影响机械侵蚀的因素。前面的内容已经讨论分析了不同颗粒浓度对喉衬及收敛段的机械侵蚀损伤影响,针对颗粒入射角参数对机械侵蚀的影响,一些文献中已经做了许多研究,结论为随着入射角度的减小,质量烧蚀率基本不变,线烧蚀率逐渐减小。

为了考察颗粒速度对喉衬损伤量的影响,现以颗粒质量浓度为 $0.3\ kg/m^3$ 的模型为基础,通过改变颗粒的速度,计算不同的算例,分析颗粒速度对喷管损伤量的影响,结果如图 11.29 所示。纵坐标损伤量的获得是按照颗粒损伤值统计计算的结果。从图 11.29 的预测结果可知,随着 Al_2O_3 颗粒速度的增大,经过统计计算的质量烧蚀率逐渐增大,并且其结果小于实验结果,其原因是实验中没有除去烧蚀掉炭化层的影响。

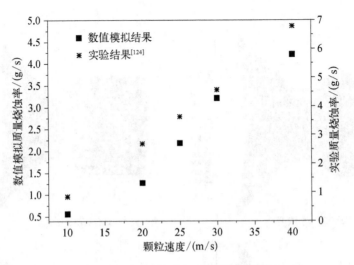

图 11.29 Al_2O_3 颗粒速度对质量烧蚀率的影响

3) 粒子大小无关性分析

在数值模拟的过程中,需要首先对物质进行离散,而离散所采用的网格或粒子的大小对计算结果的精度具有一定的影响,网格或粒子尺度越小,精度越高,但同时计算量越大,因此需要在计算消耗与计算精度间做出取舍。为此,本书对喷管不同粒子大小离散状况下的计算精度进行了检验。如图 11.30 为粒子大小分别为 1 mm 和 2 mm 下的冲刷损伤结果对比。可以看出,两个不同粒子大小情况下获得的损伤量和位置基本一致。为定量对比两种情况下的损伤情况,表 11.2 列出了质量烧蚀率的情况,可以看出粒子大小对质量烧蚀率影响较小,因此,我们在实际的工程应用中便可选择尺寸较大的粒子进行离散求解,大大提高计算效率,满足工程需求。

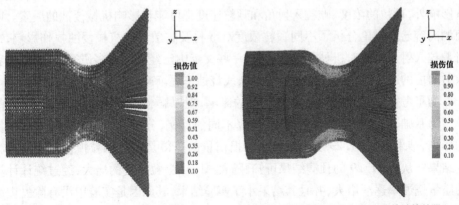

(a) 0.5 s时刻粒子大小为2 mm的计算结果   (b) 0.5 s时刻粒子大小为1 mm的计算结果

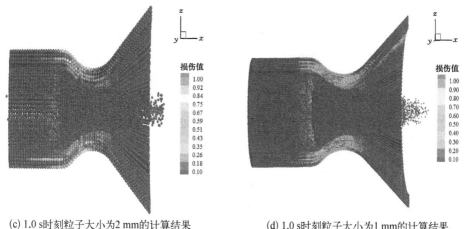

(c) 1.0 s时刻粒子大小为2 mm的计算结果　　　　(d) 1.0 s时刻粒子大小为1 mm的计算结果

图 11.30　粒子大小分别为 1 mm 和 2 mm 下的冲刷损伤结果对比

表 11.2　不同 SPH 粒子大小对质量烧蚀率的影响

项　　目	0.5 s	1.0 s
粒子大小为 1 mm 时的烧蚀率/(g/s)	0.36	0.56
粒子大小为 2 mm 时的烧蚀率/(g/s)	0.358	0.556

11.3　在工业工程中的应用

11.3.1　磨料射流切割 HTPB 固体推进剂过程数值模拟

射流切割过程是射流与材料之间的相互作用过程。在一定的切割进给速度下,磨料射流以恒定的速度射向材料,其中一部分磨料被返溅回来,这部分磨料只是给材料以打击力,而且返回的磨料对于来流的流体有削弱作用;材料在流体的作用下产生微裂纹等破坏。另一部分流体进入材料,在这个过程切割分为两段,第一段磨料以小角度冲击产生相对光滑的表面,这一阶段射流对材料以磨蚀切割为主。随着切割深度增加,射流的切割能力减弱,在进给相反方向切割面出现弯曲。射流轴线与弯曲切割面之间的夹角逐渐增大,磨料射流也就沿进给相反方向偏转得越多。磨粒自身质量较大导致惯性也较大,并不随水射流产生相同的偏转,因而导致磨粒与水射流分离及磨粒在局部过分集中冲蚀。磨粒加速度越大,分离折射角越大,集中冲蚀就越剧烈。磨料集中冲蚀使得沿切割面的磨削量明显增加,从而在切割面上形成阶梯。在形成阶梯的过程中,阶梯以上的射流偏转角度不断增大,使射流越发偏离切割面,阶梯以下的磨削量则越来越小,且仅限于在局部继续维持磨削过程。从阶梯以下到阶梯与射流方向垂直为止,切割面形状不断变化,此刻磨粒冲蚀的密度最大。随着切割进给,切割面沿进给方向重新转变为平滑切割磨削,上述的阶梯形成和由平滑切割磨削过渡到变形冲蚀磨削的过程又重新开始,即进入切割的循环过程。在切割循环过程中,整个切割面继续转变为行程间隔。由于磨料射流在切割过程中的偏转近似弧线,所以沿进给方向形成了弧形波纹间隔的切割断面。磨料水射流切割是一种流态磨削,磨料水射流随着材料切割深度的增加,出现偏转和分离。材料断面上部为平滑切割磨削区,下部为变形冲蚀磨削区,断面形貌受过程参量等的影响而呈周期性循环变化。

　　本节针对前混合磨料水射流冲蚀过程,进行了冲蚀试验及仿真研究,从试验中得到了材料冲蚀损伤形貌特征。采用 SPH – SDPH – DEM 耦合方法对液体-磨料两相流动过程进行数值模拟,采用 SPH 方法对被切割物体进行模拟,从而实现对固体推进剂受冲蚀过程的模拟分析,揭示了材料损伤形貌特征产生的机理。

　　图 11.31 为磨料射流切割推进剂方坯试验过程中所使用的喷嘴、磨料和方坯实物图,方坯尺寸: 20 cm×10 cm×5 cm,此尺寸作为本算例的参考,用于衡量切割效率,射流工作压力 50 MPa,试验在 2 分 30 秒切断(贯穿厚度是 20 cm)。同时,在方坯中埋植 4 个温度传感器,主要用于测量不同出口压力下切割推进剂端面温度的变化。图 11.32 为磨料射流切割推进剂方坯试验过程。

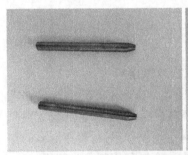

(a) 磨料射流喷嘴实物图　　　　　　(b) 磨料射流中所使用的磨料

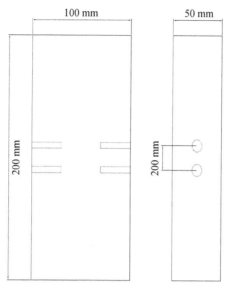

(c) 方坯中埋植4个温度传感器

图 11.31 试验中的所用结构件

图 11.32 磨料射流切割推进剂方坯试验过程

图 11.33 为喷嘴射流横移速度条件下材料冲蚀断面宏观形貌,可以看出,材料冲蚀损伤断面不同深度处的宏观形貌存在较大差别。上部断面区域十分平整,中、下部断面区域十分粗糙,出现明显的切割条纹和拖尾现象,并且材料断面的粗糙程度及拖尾角度随着冲蚀深度的增加而增加,在断面底部的拖尾角度达到最大值。

这种现象与磨料射流对材料的作用机理有着密切联系。材料损伤的形貌和磨料运动特性息息相关,而磨料运动特性难以通过试验方法进行观测。因此本书中采用数值模拟方法分析磨料运动特性及其冲蚀过程,以探究材料冲蚀损伤形貌产生的机理。

图 11.33 喷嘴射流横移速度条件下材料冲蚀断面宏观形貌

前混合磨料水射流包括液固两相,分别采用不同的材料模型描述两相特性。将水定义为空材料,通过设定状态方程来定义水的属性,其状态方程满足弱可压缩方程。磨料颗粒为棕刚玉,属于弹塑性材料,采用线弹性材料模型反映其属性。由于推进剂材料属于非线性黏弹性体,用含损伤的黏弹性模型定义靶体材料,通过设定损伤值实现靶体材料冲击失效的定义,当满足失效条件时,通过粒子生死技术,使失效粒子按照惯性颗粒进行计算,在后处理中显示失效粒子。

由于磨料水射流束在切割时会存在较大的变形,因此采用 SPH 方法建立磨料水射流模型,水体采用 SPH 粒子单元建模,磨料采用求解离散颗粒相的 SDPH 建模,推进剂方坯同样采用 SPH 建模求解。图 11.34 为前混合磨料水射流装置喷嘴结构的粒子模型和固体推进剂的粒子模型。

图 11.35 为磨料射流喷射过程典型图像。射流共分为四段,即初始段、转折段、基本段和消散段。在射流的初始段,虽然射流一离开喷嘴就会由于与环境介质的能量转换而发生剧烈的紊动和扩散,但射流的速度基本不变,且射流的轴线方向上的密度和动压力值基本上是保持不变的。在转折段,射流的大小和方向会有一个突变,因此该段称为转折段。在转折段后有一段较长的射流段,成为射流的基本段。在基本段中射流的动压力值和轴向速度值都逐渐减小,均呈有规律的减小趋势,而在垂直于轴线的断面上,射流的动压力值和轴向速度值则是呈高斯曲线分布。射流的最后一段为射流的消散段,在该段中,射流与射出的环境介质已经完全

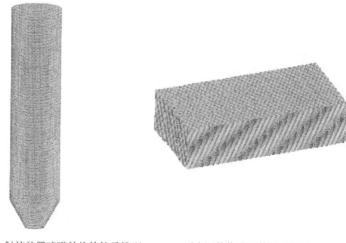

(a) 前混合磨料水射流装置喷嘴结构的粒子模型　　(b) 固体推进剂的粒子模型

图 11.34　所建的粒子模型

融合,此时射流的动压力值和轴向速度都很小。根据不同的需求对射流的不同段加以利用,使射流达到最大的使用率和能量转换率。本节中利用射流进行切割加工,所以需要射流具有较大的动压力值和轴向速度,因此一般选用射流的初始段进行切割加工。初始段的能量相对比较集中,所以切割效率高;而且初始段的射流扩散较小,有利于提高切割精度。而对于清洗等用途的射流,则应该选择射流的基本段或者消散段,有利于射流的扩散,提高清洗效率,同时减小射流的动压力值和轴向速度值,延长清洗件的使用寿命。

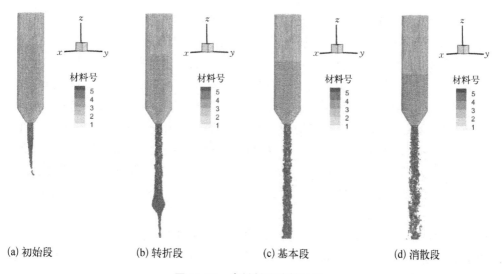

(a) 初始段　　　　(b) 转折段　　　　(c) 基本段　　　　(d) 消散段

图 11.35　磨料射流喷射过程

图 11.36 为磨料射流典型时刻结果与实验结果对比,可以看出在不同的压力下形成的射流分散效果与实验结果较为吻合。在本模拟实验中,水作为不可压缩流体,以 200∶1 的压力比进入喷嘴,经过收缩段收缩后水的压力比初始压力更大,然后进入水平的过渡段,水平的过渡段对水射流有一定的稳定作用,最后射入空气中,各喷嘴的动压力值明显减小,呈尖帽状分布。同时,可发现水射流进入喷嘴后经过收缩段收缩后经过一段水平的过渡段,此时速度达到最大,也即拥有最大的能量。经过过渡段稳定后的水射流,射入空气中后速度减小,且均有一定的发散,最后以尖帽状分布。射流就是在高压的情况下,经过细小的喷嘴加速,固-液两相混合射流即是通过被加速的水带动磨料加速,从而实现工件的切割。

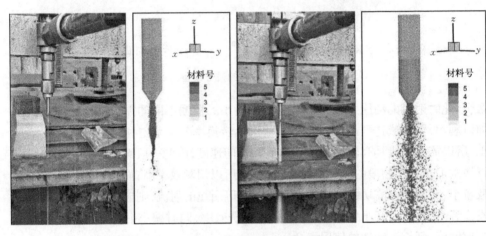

图 11.36　磨料射流典型时刻结果与实验结果对比

图 11.37 为磨料射流切割推进剂三维数值模拟过程,射流压力为 40 MPa,横移速度为 0.013 8 m/s,从结果可以看出,磨料水射流与靶体材料接触后,受到磨料颗粒的高频高速冲击,材料应变超过极限而失效,形成切缝。射流与材料接触,完成冲击后,在后续射流的排挤作用下,一部分沿冲击反方向向材料表面飞溅运动,还有一部分沿着切缝向射流横移反方向运动。随着射流的持续冲击,切缝不断向前拓展,切缝深度不断加深。在经历短暂的时间后,射流穿透推进剂方坯,此后的磨料与靶材形成一定的运动关系,冲蚀逐渐趋于一种稳定的动态循环过程。图 11.38为磨料射流切割典型时刻结果与实验对比,两者不仅在固体推进剂损伤现象上面较为吻合,在射流切割后的飞溅上面也较为吻合。图 11.39 为磨料射流切割推进剂三维数值模拟断面损伤结果,可以看出,当射流与材料接触后,射流的冲蚀方向逐渐发生偏转。在初始时刻,射流沿垂直方向冲击,随着切割深度的增大,射流受到排挤作用逐渐向左侧偏转,导致射流与材料冲蚀接触时的冲蚀角度逐渐增大。

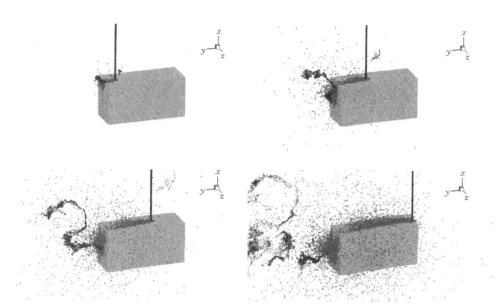

图 11.37　磨料射流切割推进剂三维数值模拟过程

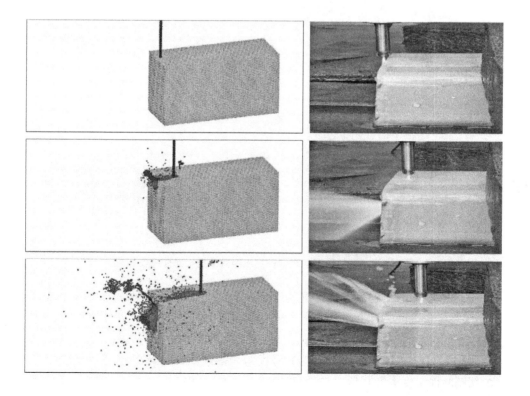

图 11.38　磨料射流切割典型时刻结果与实验对比

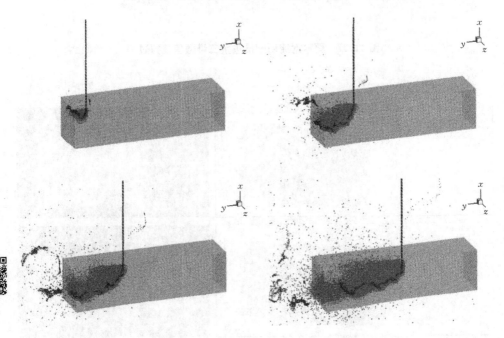

图 11.39　磨料射流切割推进剂三维数值模拟断面损伤结果

　　图 11.40 为磨料射流切割推进剂三维数值模拟断面温度场结果,可以看出,由于磨料与推进剂间相互摩擦作用造成的温度场变化,在切割部位温度值最大,向周围逐渐降低,最大值为 30°左右,与实验得到的结果较为吻合。

　　图 11.41 为不同射流压力下计算得到的切割断面温度场分布,随着压力的增大,切割断面温度逐渐降低,与实验较为吻合,分析原因:出口压力越大,射流速

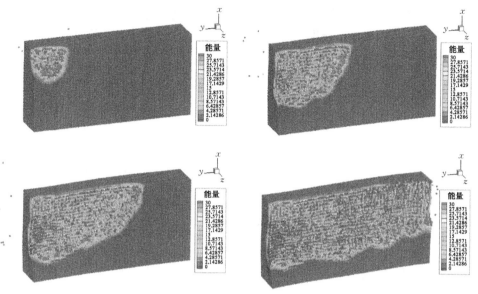

图 11.40 磨料射流切割推进剂三维数值模拟断面温度场结果

度越大;磨料射流在切割的过程除磨料产生能量之外,水对推进剂有降温的效果,射流速度越大,降温效果越明显。同时,可看出水射流的水或金刚砂产生的冲击力无法达到 HTPB(端羟基聚丁二烯)冲击起爆的临界点,也无法达到推进剂的分解温度,推进剂安全。

图 11.42 为不同射流压力下计算得到的切割时间变化曲线,随着射流压力的增大,切割时间逐渐缩短,因为在相同切割深度的情况下,压力越大,射流速度越大,所以横向移动的时间缩短,切割的时间缩短。

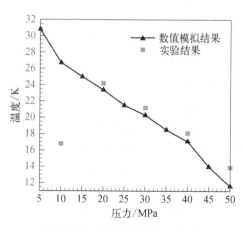

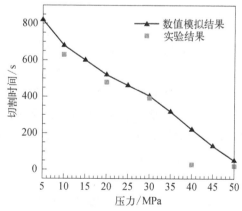

图 11.41 不同射流压力下切割
断面温度场分布

图 11.42 不同射流压力下切割
时间变化曲线

图 11.43 为不同射流压力下计算得到的切割深度变化曲线。随着射流压力的增大,在相同的横向移动速度下,切割深度会增大,因为射流压力增加,则射流速度增大,射流的动能增加。

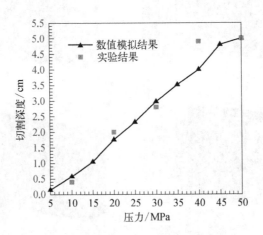

图 11.43　不同射流压力下切割深度变化曲线

11.3.2　喷动流化床流化过程数值模拟

喷动床作为一种可以有效提供固体混合及气体-颗粒接触面积的技术,已经广泛应用于众多工业领域中,如农业、石化、能源、食品、医药、冶金等。喷动床最常见的为圆锥形,由圆锥底部通入恒定的气体,床体内颗粒由气流吹动,形成三个典型的区域:向上运动的稀相喷动区、向下运动的密相环核区以及喷泉区,颗粒在三个区域间循环流动。由于喷动床在颗粒接触效率、颗粒快速搅动等方面具有比普通流化床更优越的性能,因此对于喷动床内颗粒以及气相场运动状态的研究很有必要。

本章节采用新方法对二维喷动床问题进行数值模拟,通过对喷动床内形成的颗粒流动的形态与实验值[9]、DEM 方法[9]以及 TFM(Fluent6.3.2 计算得到)得到的结果进行对比,验证新方法对喷动流化床应用的可行性。

选取一个 V 形二维喷动床进行数值模拟研究,模型与 Zhao 等[9]的实验模型相同,如图 11.44 所示。喷动床锥形底部宽 15 mm,上部出口处宽 152 mm,锥形角度为 60°,喷动床体高 100 mm,锥形区域高 115 mm,总高度为 300 mm,床体内充满体积分数为 55% 的玻璃珠,所有颗粒直径相同,为 2.03 mm,密度 $2.38 \times 10^3 \text{ kg/m}^3$,底部充入气体的表观速度 U_g 为 1.58 m/s。计算中,FVM 离散网格均为四边形网格,SDPH 粒子半径为 2.375 mm,密度即颗粒相的有效密度 $1.309 \times 10^3 \text{ kg/m}^3$,每个 SDPH 粒子表征 0.75 个统计颗粒,光滑长度 h 取 1.5 倍粒子间距,FVM 时间步长为 $5 \times 10^{-5} \text{ s}$,SDPH 时间步长由 CFL 条件计算得到。计算中所用参数如表 11.3 所示。

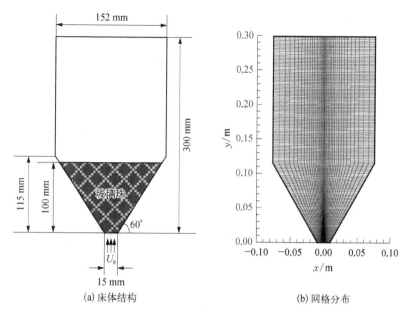

(a) 床体结构　　　　　　　　　(b) 网格分布

图 11.44　喷动床结构及初始化网格分布

表 11.3　计算中参数设置

参　　数	描　　述	数　　值
ρ_p	颗粒相密度	$2\ 380\ \text{kg/m}^3$
ρ_g	气相密度	$1.225\ \text{kg/m}^3$
μ_g	气相黏度	$1.789\ 5\times10^{-5}\ \text{Pa}\cdot\text{s}$
d_p	颗粒直径	$2.03\ \text{mm}$
α_p	装载体积分数	0.55
U_g	充气速度	$1.58\ \text{m/s}$
n	SDPH 粒子表征的颗粒数目	0.75
Δx_{SDPH}	SDPH 粒子间距	$2.375\ \text{mm}$
h	SDPH 光滑长度	$3.562\ 5\ \text{mm}$
ρ_{SDPH}	SDPH 粒子密度	$1\ 309\ \text{kg/m}^3$
ΔT_{FVM}	FVM 时间步长	$5\times10^{-5}\ \text{s}$

1. 喷动床流动形态对比

图 11.45 为采用不同方法得到的颗粒流动形态对比图。气体初始由喷嘴底部充入床体内,随后床体中间形成一个大的气泡,随着颗粒沿着垂直壁面和喷嘴壁面

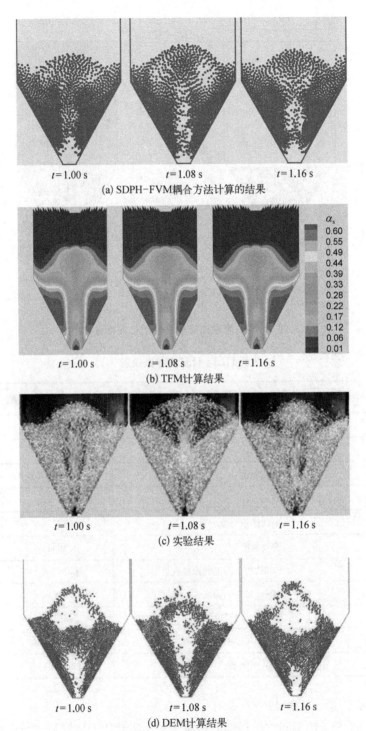

(a) SDPH-FVM耦合方法计算的结果

(b) TFM计算结果

(c) 实验结果

(d) DEM计算结果

图 11.45 采用不同方法得到的颗粒流动形态对比图

向床体的底部滑动,床体逐渐形成稳定的流化形态。该稳定的状态主要是由于颗粒与气体间相互作用,颗粒受到的作用力逐渐达到平衡,保持恒定的运动速度。从图中可以看到三个典型的流态化区域:喷动区、喷涌区和环核区。每个周期内,颗粒的速度由环核区向下,到达喷嘴底部后逐渐改变为喷动区速度向上,此时速度的绝对值比环核区速度增大,随后颗粒逐渐运动到喷动区顶端,最终以爆破的方式向四周散开,颗粒返回落到环核区。该现象已经过不同的实验观测到,采用本书新方法同样捕捉到了颗粒运动的细节。除此之外,可以观测到颗粒在喷动区主要以成团的方式运动。通过与 DEM 和 TFM 对比可以发现,新方法得到的结果与实验得到的结果更加吻合,在喷动区颗粒的体积分数小于环核区颗粒的体积分数。喷动周期为 150 ~ 160 ms,与实验及 DEM 数值结果都较吻合。DEM 计算得到的结果中颗粒在喷嘴底部聚集严重,在床体中心部分较稀少,而本书得到的结果颗粒在床体底部较稀少,在喷动的区域较为连续。TFM 计算得到的颗粒相体积分数在床体达到稳定状态之后基本保持不变,主要是由于颗粒相的速度、密度和气体颗粒属性均为网格上的平均值,同时通过 TFM 计算的结果无法得到单颗粒的运动情形。为进一步分析新方法的准确性,选取了表征喷动特性的几何参数,如喷动区和喷涌区尺寸与其他结果进行对比,定义的几何参数如图 11.46 所示。对比的数据如表 11.4 所示,可以看出 SDPH - FVM 耦合方法得到的结果与实验值更为接近。

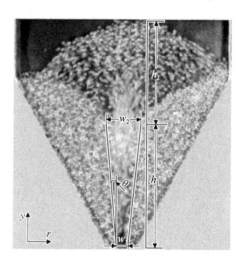

图 11.46　喷动床中定义的特征参数

表 11.4　喷动床中特征参数对比

	h_1/mm	h_2/mm	w_1/mm	w_2/mm	θ/(°)
SDPH - FVM	99.12	53.86	10.23	40.22	8.66
DEM	96.14	55.44	12.10	36.87	7.18
TFM	103.45	66.06	11.59	45.74	9.61
实验值	98.84	51.05	9.8	38.12	8.15

2. 颗粒速度特性对比

图 11.47 为采用 SDPH - FVM 方法计算得到的 1.08 s 时刻颗粒瞬态速度矢量

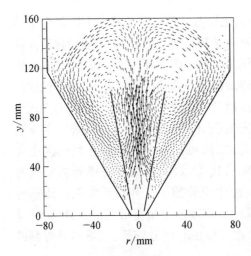

图 11.47　新方法计算得到的喷动床流动区域内颗粒的瞬时速度

分布。在三个不同区域每个颗粒的运动情况都可以被清晰地捕捉到。颗粒在床体内周期性运动,在喷动区颗粒的速度与环核区及喷涌区速度相比最大。计算得到的喷动床内颗粒在流动区域的速度时间均值与实验对比结果如图 11.48 所示。在计算流动特性的时间均值时,SDPH 粒子的值首先插值到背景固定的网格上,而后在所有区域上求解时间均值。在喷动区,颗粒速度与实验结果吻合较好,而在喷涌区和环核区,数值计算的速度较实验值偏大。分析原因为:此处 SDPH 施加的边界力偏向于滑移边界,颗粒受到的边界影响较小,而实际中边界由于不完全光滑造成颗粒动能的损失。该问题将在下一步改进边界条件后加以解决。图 11.49 同时标记出了颗粒垂直速度分量为零的喷动区边界,由此得到的喷动区宽度与实验结果同样较为一致。

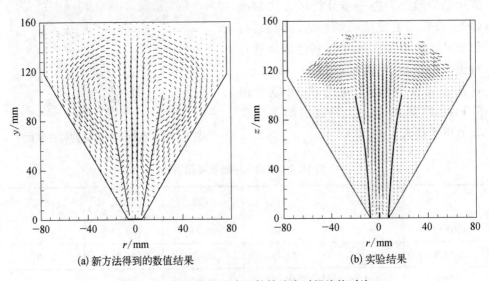

(a) 新方法得到的数值结果　　　　　(b) 实验结果

图 11.48　喷动床区域内颗粒的速度时间均值对比

图 11.49 为采用不同方法得到的沿喷动轴线方向颗粒的垂直速度分量定量对比图。结果显示喷嘴周围颗粒速度增加明显,在较长的喷动区内颗粒速度达到最大值并且基本保持恒定,而后在喷涌区逐渐减速。通过新方法计算得到的颗粒最

大速度高于 DEM 计算的结果,与实验值最大速度值更为接近。同时沿床体轴线方向得到的颗粒垂直速度分量变化趋势与实验结果更为吻合,而 TFM 结果偏差较大。但是,新方法计算的结果在初始速度上升段与实验结果有一定偏差。另外还计算得到了不同床体位置处沿横向方向颗粒的垂直速度分量,并与实验值进行了对比,如图 11.50 所示。该速度值沿着床体的横向方向随着半径的增加而减小,呈三次方曲线函数分布。可以看出,在所有床体部位,数值计算的结果与实验值都较吻合。

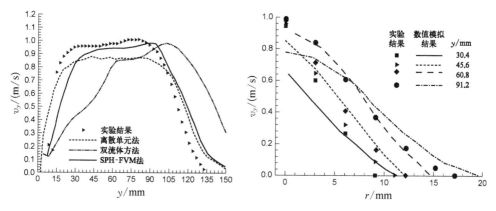

图 11.49　沿喷动轴线方向颗粒的
垂直速度分量对比

图 11.50　在喷动区不同床体位置处沿床体
横向方向垂直速度分量对比

正如文献[9,10]中所阐述,气相场分布对于评测喷动床内气固相间接触作用具有重要的意义。图 11.51 展示了喷动床内气流场速度时间均值等值线分布。可以看出,喷动区的气体速度高于环核区,与 DEM 数值结果相一致。喷动区喷嘴附近的速度梯度与 TFM 及 DEM 数值结果相同。同时,数值结果显示约 80%的气体流经喷动区,其余气体流经环核区。气相湍动能时间均值分布结果对比如图

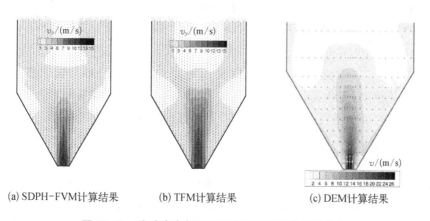

(a) SDPH-FVM计算结果　　　(b) TFM计算结果　　　(c) DEM计算结果

图 11.51　喷动床内气流场速度时间均值等值线分布

11.52 所示。可以看到,在中心区域两侧具有两个峰值,主要是由于喷动区和环核区之间具有较大的速度梯度。采用三种数值方法得到的湍动能时间均值分布趋势基本相同。

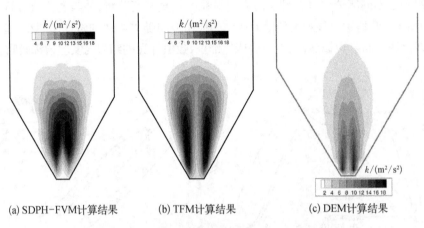

(a) SDPH-FVM计算结果   (b) TFM计算结果   (c) DEM计算结果

图 11.52　气相湍动能时间均值等值线对比图

11.4　在冲击动力学领域内的应用

在冲击动力学领域中,弹丸冲击砂体类材料形成撞击坑问题是近些年研究的一个热点,该问题的研究对于解决弹体侵彻、夯实地基、矿山爆炸、山体滚落冲击、星体表面陨石坑的形成等[11]具有重要的意义。砂体类材料包括土壤、沙子、混凝土、复合材料等,根据颗粒材料的组成,不同弹丸侵彻行为也会发生改变,同时弹丸的尺寸和结构不同同样会影响到侵彻结果。

实验研究是对弹丸冲击砂体类材料问题研究的核心手段,但是受限于颗粒材料的光学弱透射性,如何实现在侵彻过程中对弹体轨迹和颗粒运动特性的光学探测是实验研究需解决的核心问题,因此,通过开发先进的实验技术如数字弹丸跟踪[12]、光弹性[13]、激光扫描颗粒尺度粒子追踪[14]、高速摄影与粒子图像测速(PIV)[15]等技术,逐渐实现了对弹丸冲击过程中弹体行为和颗粒材料行为的有效探测。最近的工作还利用透明土壤[16,17]来详细研究了不同速度侵彻过程中颗粒与弹体结构的相互作用。

另一类研究是在实验获得最终冲击特性数据的基础上,基于简化的流体力学分析近似,直接获得侵彻特性如贯入深度、弹丸侵蚀、轨迹偏斜、弹坑尺寸等随着弹丸直径、冲击速度、靶板材料属性、边界条件等初始参量之间的经验关系式,通过这些经验关系式直接预测未知的侵彻特性。弹丸在颗粒类材料中的侵彻模型研究最早可以追溯到 1742 年[18]，由 Robins 和后来的 Euler[19]通过假设砂体施加于弹体上的力为常数，获得了弹丸线性运动轨迹，被后来称为 Robin-Euler 侵彻深度公式。在此基础上，人们通过将作用力设置为不同的形式，提出了许多经验模型[20-27]，如至今仍在使用的有 Young[26] 和 Corbett 等[27]提出的模型。Iskander 等[28]和 Omidvar 等[29]对砂中的弹丸低速和高速冲击侵彻模型进行了较为全面的综述。

　　虽然通过实验和理论模型可以对弹丸冲击砂体类材料特性进行一定的研究和预测，但是受实验手段制约和理论模型的过度简化，对冲击侵彻机理认识还存在很多不足。随着数值方法和高性能计算机的发展，对侵彻过程进行完整数值模拟，动态再现整个侵彻过程成为可能。其中应用最为广泛的一类是基于离散颗粒模型的介观尺度模拟，另一类是基于宏观连续介质框架的宏观尺度模拟。颗粒介质的离散单元法（DEM）最早是由 Cundall 和 Strack[30] 提出的，将每一离散颗粒作为一个单独的实体来处理，该方法已经写入 PFC2D/3D、LIGGGHTS、EDEM、MatDEM 等软件程序中，可用于模拟岩石破碎[31]、颗粒坍塌运动[32,33]以及颗粒材料的冲击侵彻问题等[34-37]。与 DEM 方法类似，离散粒子方法（DPM）[38]也获得了广泛的应用，该方法也是以离散的粒子替代实际中的颗粒，只不过粒子与粒子之间的碰撞区别于 DEM 中离散单元之间的碰撞而采用概率模型的方式处理。该方法已经在商用显式非线性有限元程序 Afea-Solver[39]中实现，Børvik 等[40-43]对其进行了详细描述，并将其用于砂土受结构冲击和爆炸荷载作用运动过程数值模拟。但不论是 DEM 方法还是 DPM 方法，其均属于介观尺度方法，一方面，表征实际颗粒的粒子或单元数量众多，计算量对于实际工程问题来说较难承受；另一方面，处于介观尺度的参量如粒子间摩擦系数、碰撞能量耗散系数、颗粒弹性模量等均采用宏观实验较难获得，与宏观可测特征量较难对应。因此，基于宏观连续介质框架的数值模拟思路应运而生，为实际工程问题的解决提供了一条有效途径。该思路中包含两个核心点，一个是描述颗粒介质宏观力学特性的本构模型，如理想弹塑性模型（Mohr-Coulomb 模型[44,45]、Drucker-Prager 模型[46]）、黏塑性模型［Bagnold 应力应变二次关系模型[47]、$\mu(I)$ 流变学模型[48]］、多孔介质模型（$p-\alpha$[49]、$p-\lambda$[50]或 $p-\varepsilon$[51]模型）、连续的 MO−颗粒模型[52]等，另一个是离散求解宏观运动方程的数值方法，如有限元法（finite element method，FEM）、有限体积法（finite volume method，FVM）、物质点法（material point method，MPM）、移动粒子半隐式法（moving particle semi-implicit，MPS）、裂解颗粒方法（cracking particles method，CPM）、对偶作用范围尺寸的近场动力学（dual-horizon peridynamics，DH−PD）方法、扩展有限元（extended finite element method，XFEM）方法、光滑粒子流体动力学（smoothed particle hydrodynamics，SPH）方法等。很多学者已经采用以上模型和数值方法对弹丸侵彻颗粒类材料动力学过程进行了数值模拟[43,53-55]，观察到了一些的现象，补充了实验数据。然而，颗粒类材料在冲击侵彻的过程中可以表现出多种不同的流态现象[56-59]，如远离冲击区域的颗粒变形较小表现出类似于固体介质的弹性特征；在冲击区域附近或侵彻孔周围的颗粒基本上离开了自己的初始位置，表现出类似于流体的流动状态；直接受到弹丸的冲击而向周围飞溅的颗粒基本上脱离了原来的砂床区域，运动距离增加，颗粒间以两两碰撞为主，表现出类似于气体的扩散状态；处于颗粒飞溅边缘，摆脱飞溅颗粒的束缚，以独自惯性运动为主，则表现出单颗粒的惯性运动状态[60,61]。这时再采用以上单一的物理模型和方法不足以描述颗粒介质在受冲击侵彻过程中所表现出来的多种流态性，因此，需要发展新的耦合模型和耦合数值方法。

本书提出了一种描述颗粒介质全相态的理论模型和数值模拟方法，采用该理论和方法对球形弹丸、细长体弹丸和尖锥形弹丸高速侵彻砂粒床体过程进行了数值模拟，深入研究沙粒堆积体在弹体侵彻下的冲击、穿透和空腔形成过程，揭示非均匀颗粒类材料的侵彻动力学机理，通过与实验结果和理论模型预测结果对比，验证新的模型和方法对于该问题的适用性和有效性，为以后大规模工程应用提供有效的工具。

由于本节计算的案例中弹体侵彻的是较为松软的颗粒，弹体变形较小，可以忽略，所以忽略弹丸的变形与损伤细节，将弹丸假定为刚体处理。刚体的运动状态由动量和动量矩守恒方程决定，其中刚体质心的运动方程为

$$\frac{\mathrm{d}}{\mathrm{d}t}(m\boldsymbol{v}_\mathrm{C}) = \boldsymbol{F} \tag{11.1}$$

其中，m 为刚体的总质量；$\boldsymbol{v}_\mathrm{C}$ 为刚体质心的速度；$\boldsymbol{F}$ 为合外力，该外力包括表面力、重力等。动量矩定理描述如下：

$$\frac{\mathrm{d}}{\mathrm{d}t}\boldsymbol{L}_\mathrm{C} = \boldsymbol{M}_\mathrm{C}(\boldsymbol{F}) \tag{11.2}$$

该式表示刚体对质心的动量矩方程，式中，$\boldsymbol{M}_\mathrm{C}(\boldsymbol{F})$ 为外力对质心的主矩矢量，$\boldsymbol{L}_\mathrm{C}$ 为刚体对质心的动量矩，其表达式为

$$\boldsymbol{L}_\mathrm{C} = \boldsymbol{J}_\mathrm{C}\boldsymbol{\omega} \tag{11.3}$$

其中，$\boldsymbol{J}_\mathrm{C}$ 为刚体对通过质心且与运动平面垂直的轴的转动惯量，$\boldsymbol{\omega}$ 为角速度。刚体上任意处的速度可表示为

$$\boldsymbol{v} = \boldsymbol{v}_\mathrm{C} + \boldsymbol{\omega} \times (\boldsymbol{r} - \boldsymbol{R}) \tag{11.4}$$

在本节中，通过与基于网格的方法（即有限元法）的比较，检查颗粒介质全相态理论和方法应用于岩土材料的准确性。具体地说，进行了承载力标准问题的研究，并与 Chen 和 Mizuno[62] 的解析解和有限元解进行了比较。以下是 Chen 和

Mizuno[62]考虑的结构：3.14 m(10.28 ft)宽的条形基脚位于由刚性、完全粗糙的基础支撑的浅地层上。水平地层从基脚中心水平延伸 7.32 m(24 ft)，地层深度为 3.66 m(12 ft)。垂直边界假定为完全光滑和刚性，条形基础假定为刚性和完全粗糙。有限元计算中使用的土壤常数为杨氏模量 $E = 207$ MPa(3 000 psi)，泊松比 $v = 0.3$，凝聚力 $c = 69$ kPa(10 psi)，内摩擦角为 20°。忽略了土壤重量。这些曲线线性上升到约 449 kPa，然后表现出非线性行为，对应于塑性荷载，直到达到破坏荷载。在塑性荷载作用下，SPH 模拟得到的荷载-位移曲线略低于相应的有限元模拟结果，但是 SPH 中非相关土模型得到的极限荷载与有限元模拟结果基本吻合(图 11.53)。

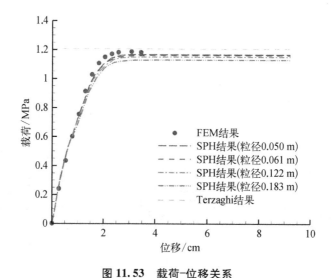

图 11.53　载荷-位移关系

11.4.1　球形弹丸侵彻土体过程数值模拟

该算例采用的是 Borg 等[15]在 2013 年开展的侵彻实验进行模拟。弹丸为球形，直径为 4 mm，弹体材料为铜，密度为 8 960 kg/m³，质量为 0.235 g，弹体的侵彻速度为 141 m/s。被侵彻的颗粒类材料为纯石英组成的沙子，密度为 2 600 kg/m³，体积分数为 0.6，有效密度为 1 560 kg/m³，假定颗粒均为球形，直径为 0.5 mm，颗粒的内摩擦角为 25°，颗粒的弹性模量为 50 GPa，沙子装在一个高 350 mm、长 250 mm、宽 180 mm 的容器中。设置 SPH 粒子的直径为 1 mm，粒子的光滑长度为 1.3 mm，根据计算的颗粒堆的尺寸不同，SPH 粒子的数量也有所不同。SPH 人工黏性系数分别设为 $\alpha = 0.1$，$\beta = 0.2$，人工应力系数设为 $\varepsilon = 0.3$。弹体采用与砂体同样的离散尺度，弹体与砂体之间接触采用赫兹接触模型。

图 11.54 为计算获得的球形弹丸侵彻砂体过程，可以看到，在弹丸高速冲击下，颗粒堆积体表面形成溅射状物质反向运动，类似于皇冠状飞溅，由于球体速度

较大,球体很快侵彻进入颗粒堆积体中,首先形成一个漏斗状空腔,随着冲击波在颗粒介质中传播,空腔周围颗粒体继续向四周运动,由于半无限靶体的制约,向四周运动的颗粒在将动能传递给附近的颗粒之外,其运动方向也发生了一定的改变,流向自由区域即上表面。由于越接近颗粒堆积体表面,其所受到的束缚越少,因此这些颗粒逃逸颗粒堆积体的速度也越大,这也是造成最终侵彻形态为倒三角的原因。如图 11.55 所示为计算最终获得的颗粒堆中空腔的形状与实验图像的对比,

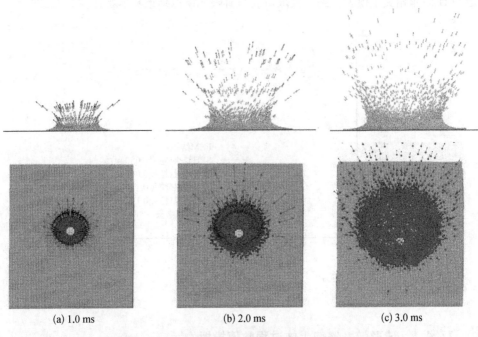

(a) 1.0 ms　　　　　　(b) 2.0 ms　　　　　　(c) 3.0 ms

图 11.54　不同时刻球形弹丸侵彻砂体过程飞溅现象

上图为侧面剖面图;下图为上视图

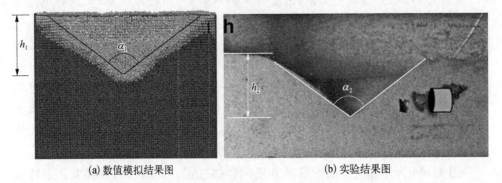

(a) 数值模拟结果图　　　　　　(b) 实验结果图

图 11.55　砂体侵彻后最终形态与实验结果[15]的对比

两者在形态和尺寸上均与实验吻合较好。

图 11.56 为计算过程中颗粒相态分布图,大部分的床层颗粒为蓝颜色,处于浓密颗粒介质状态,该区域的颗粒有小的位移,但整体变形较小,体积分数变化范围较小。随着冲击波的传播,侵彻孔附近的颗粒位移逐渐增加,体积分数进一步减小,突破类液态和类气态之间的转化阈值,转变为黄色的类气态颗粒。随着中心侵彻孔附近颗粒不受堆积体颗粒的约束,进一步增大运动范围,部分颗粒体积分数减小到 2%以下,达到了超稀疏状态,转变为红色的惯性态离散单元。数值模拟很好地捕捉到了不同流态的转变和共存现象。

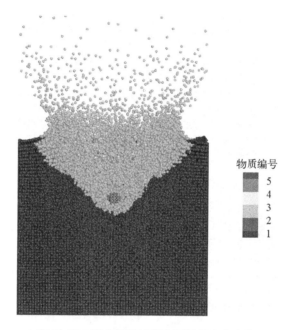

物质编号

5
4
3
2
1

图 11.56 弹丸侵彻过程中颗粒相态分布图

图 11.57 所示的弹丸所受作用力显示,阻力朝峰值平稳增加。然后,力水平稳定,直到最后一个局部力达到最大值。我们观察到接近终端位移的穿透阻力突然上升。这种现象以前曾在低速和高速冲击下的土壤中观察到;该力峰值的一个可能解释是砂土中惯性阻力向摩擦阻力的转变。能量时程曲线如图 11.58 所示。可以看出,冲击动能和势能都随时间而减小,因为这些能量主要转化为沙中的内能(颗粒间摩擦能)和颗粒与弹丸之间的摩擦能。

图 11.59 为选取颗粒材料中处于坐标位置(砂床表面以下 4.5 cm,偏离中心线 2.1 cm)的粒子点进行分析,获得的应力随时间变化的曲线与实验结果对比图。实验[15]也是在相同位置进行信号测量获得的结果。从图中可以看到,在弹丸冲击后,第一个冲击波能量最大,直接在第一个冲击波到达时刻,压力就达到了峰值,随

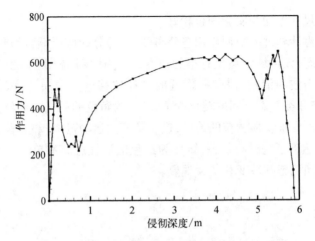

图 11.57 弹丸所受作用力随侵彻深度的变化曲线

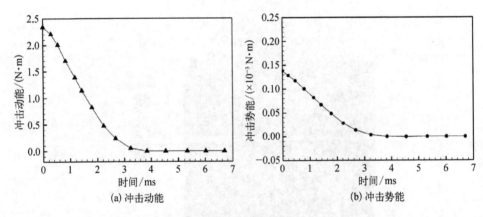

(a) 冲击动能

(b) 冲击势能

图 11.58 能量时程曲线

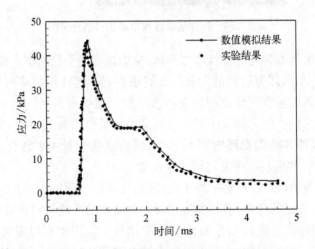

图 11.59 应力值随时间变化曲线与实验对比

后由于能量继续向外传播,该处的能量逐渐降低,在 1.6 ms 时刻由于侵彻过程的发展,弹丸运动到该测点同一水平位置时,存在一个能量的反弹,但反弹的趋势不大,而后继续下降直至恢复到初始的零能状态。该应力变化曲线与侵彻一般均质的连续性的固体材料的变化曲线基本一致,表明颗粒堆积体在准静态的条件下完全呈现固体的性质,所以称该状态为类固态较为形象和准确。

将球形弹丸速度降至 128 m/s,重新计算该过程分析观测点所在位置(砂床表面以下 4.5 cm,偏离中心线 2.1 cm)砂体颗粒速度随时间变化关系,获得的关系曲线与实验及其他数值模拟结果对比如图 11.60 所示,可以看到,由于初始 0 时刻为弹丸与砂床表面开始接触的时刻,随着高速运动弹丸的侵彻作用,观测点处颗粒首先受到波的传播引起的震动作用,速度瞬间直线上升达到一个峰值,随着波峰继续向周围传播,该点处的速度有一个降低过程,但随着弹丸侵彻过程的进行,中心附近形成了锥形的孔洞,周围屈服面积进一步扩大,颗粒运动的范围也进一步增大,因此,该点处的颗粒位移增大,速度又重新开始上升。从与实验结果[15]对比来看,整体趋势基本吻合,但是由于实验测量引入的误差和颗粒宏观模型的精度问题,与实验还有一定的差距,相比于传统的采用 Mie-Grüneisen 状态方程和多孔介质模型等效计算的结果来说精度改善不少。

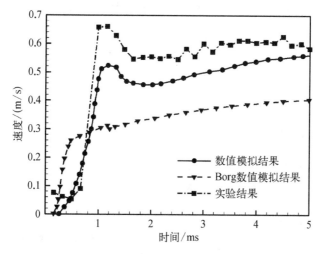

图 11.60　砂体颗粒速度随时间变化曲线与
实验及其他数值模拟结果对比

图 11.61 显示了侵彻速度随时间变化曲线。侵彻速度随时间逐渐减小,直至达到零。侵彻速度越高,曲线越陡,这主要与侵彻过程中的阻力有关。图 11.62 显示了两种不同射速下的侵彻深度-时间曲线。正如预期的那样,初始喷丸速度会影响穿透深度。

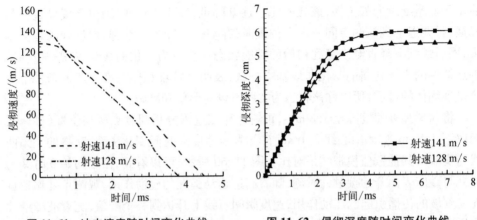

图 11.61　冲击速度随时间变化曲线　　图 11.62　侵彻深度随时间变化曲线

图 11.63 比较了半经验唯象方法和上述经验方法得出的末端侵彻深度对侵彻速度的依赖性。大多数方法预测了侵彻速度对撞击速度的类似依赖性,特别是在 100 m/s 以下,与速度平方呈对数关系,除了 Resal 和 Robins 的预测。前者预测了速度与一次方的对数关系,后者预测了侵彻速度与撞击速度的二次关系。不同方法之间的差异随着侵彻速度的增加而增大。然而,应注意的是,上述大多数方法都是针对亚声速侵彻速度而开发的,因此应注意将其预测外推到校准它们的参数空间之外。

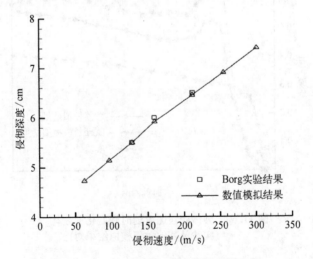

图 11.63　侵彻深度随侵彻速度变化曲线

11.4.2　细长体弹丸侵彻土体过程数值模拟

球形弹丸为中心对称的弹丸,其在侵彻过程中现象也基本上是对称的。因此,为进一步验证新的理论和方法,在球形弹丸侵彻砂体的基础上,改变弹丸的形状为细长圆柱形进行侵彻数值模拟,观测不同形状弹丸对侵彻现象的影响。圆柱直径为 4 mm,弹体材料为铜,密度为 8 960 kg/m³,质量为 0.235 g,弹体的侵彻速度为 35 m/s,砂床以及 SDPH 粒子参量均与 11.4.1 节参数相同。

图 11.64 为计算获得的不同时刻细长圆柱形弹丸侵彻砂体过程,可以看到,与图 11.54 球形弹丸侵彻砂体过程不同,在初始侵彻时刻,砂床不再以半球形损伤屈服面扩展,而是以不规则带有波浪的损伤面扩展,主要是因为侵彻初期与砂床接触的弹丸形状不同,球形弹丸与砂床接触的也是球形,振动波向四周均匀传播,因此形成的屈服面也是球面形态,而圆柱体与砂床接触的前端带有棱角边缘,容易引起应力集中,是造成损伤面不规则的主要原因。在砂床表面开孔周围同样形成反溅颗粒群分布。随着侵彻的深入,侵彻形态基本上为细长的倒三角状,但很明显的一点是在侵彻部位的中间区域会存在一个颈缩,颈缩的上部为大的漏斗状,颈缩的下部为细长的倒三角状,图 11.65 更加显著地展示了该侵彻现象。图 11.65(b) 为文献[15]实验获得的侵彻结果,可以看到实验中获得的上部空腔更加明显,文献中也给出了这是由于冲击前端压缩空气所致,当排除该空气之后不会看到如此大的空腔。侵彻的开孔形状与本书数值模拟结果基本吻合。

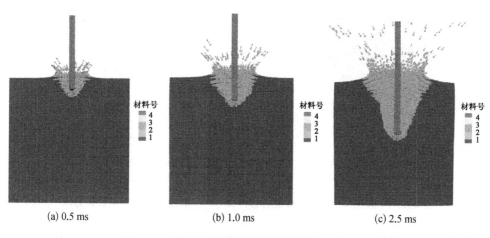

(a) 0.5 ms　　　　(b) 1.0 ms　　　　(c) 2.5 ms

图 11.64　不同时刻侵彻状态

图 11.66 为数值模拟获得的 2.5 ms 时刻速度矢量分布与实验测得的速度矢量分布对比。由于数值模拟获得的是多个 SDPH 粒子速度矢量分布结果,所以矢量箭头分布较为密集。从矢量的大小和方向来看与实验吻合非常好。通过分析矢量场可以进一步明确各种侵彻机制:如在砂床表面颗粒出现反向飞溅,随着时间的延长,部分颗粒在重力的作用下返回到床层表面;开孔的上部是一个较大的空腔,主要是由于在半无限的砂床上部是自由空间,上部的颗粒运动空间更广,

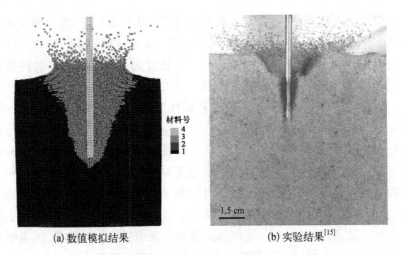

材料号
4
3
2
1

1.5 cm

(a) 数值模拟结果　　　　　　　　　　　　(b) 实验结果[15]

图 11.65　细长形弹丸侵彻砂体形态计算结果与实验结果对比

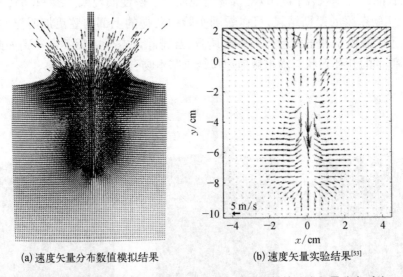

(a) 速度矢量分布数值模拟结果　　　　　　　(b) 速度矢量实验结果[53]

图 11.66　数值模拟获取的速度矢量分布与实验测得的速度矢量分布对比

有更多的颗粒向床层上部运动,造成上部开孔较大,这与实验获得的由弹丸前端空气压缩波造成的更大的空腔存在差别;随着侵彻的深入,开孔逐渐减小,处于弹丸正前方与弹丸头部接触的沙子的速度方向与圆柱体的速度方向一致,但除去弹丸头部,其他圆柱体左右两侧沙子的速度与圆柱体侵彻方向成 90°以适应圆柱体的侵彻,几乎没有向前的动量从弹丸传输到沙子,大部分动量是径向传输到沙子中的。

　　图 11.67 为测得的距离砂床表面 3.81 cm、距离侵彻中线 2.54 cm 点处应力值随时间变化的曲线与实验结果对比图。从图中可以看到,与球形弹丸侵彻获得的

测量点处的应力值变化趋势基本一致,第一个冲击波能量最大,应力达到峰值,随后由于能量的传播,该处的能量逐渐降低,到 4.5 ms 时刻由于侵彻的发展,当弹丸头部运动到该位置同一水平位置处时有一个小的波动,而后重新降低直至恢复到初始的零能状态。

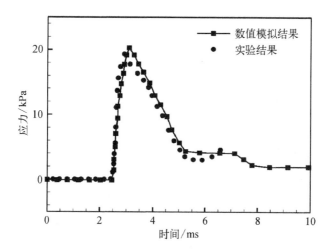

图 11.67　应力值随时间变化曲线与实验结果[15]对比

图 11.68 为细长圆柱形弹丸侵彻砂体过程中,测点砂体(距离砂床表面3.81 cm,距离侵彻中线 2.54 cm)速度随时间变化曲线,与球形弹丸侵彻砂体过程类似,该测点速度呈现先增大后减小的趋势,与球形弹丸侵彻存在的不同是实验获得的速度波动较明显,这也与圆柱形弹丸头部不规则侵彻有关,但数值模拟由于是

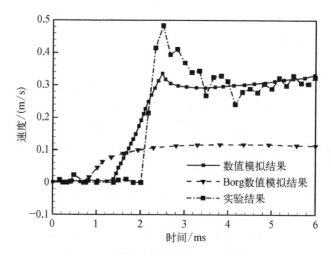

**图 11.68　测点速度随时间变化曲线与实验
及其他数值模拟结果[15]对比**

基于宏观的统计平均的方法,一些较大的波动无法捕获,但是整体的趋势与实验较为吻合,同时本书所采用的理论模型和数值方法结果相比文献中采用的 Mie-Grüneisen 状态方程和多孔介质模型等效计算的结果来说精度有所改善。同时,本书的理论模型和方法成功捕捉到了颗粒的不同流态,包括侵彻孔附近的流态和反溅颗粒的运动形态。

11.4.3   25 mm 子弹侵彻土体弹跳过程数值模拟

前面两节主要针对中心对称和轴对称弹丸的侵彻过程进行了数值模拟,获得的结果显示弹丸基本处于稳定状态,无偏斜现象发生,与实验结果较为吻合。然而,实际的弹丸在侵彻砂体的过程中往往是不规则形状,这些弹丸在砂体类材料中侵彻,由于所受到的作用力是由局部不均匀的离散颗粒产生的,因此往往出现不稳定形态。如尖锥形子弹在砂体中侵彻,当弹体以较小的撞击角或者较高的倾角与砂体相互作用时,弹体质心的速度矢量常常偏离初始目标方向,致使弹体出现弹跳行为。弹体的弹跳角度和弹跳速度通常与弹体的撞击速度、倾角、弹体质量、几何形状、质心位置、惯性矩以及目标砂体的颗粒属性等相关。弹体侵彻颗粒类砂体产生弹跳行为的研究对于掌握侵彻毁伤机理、设计优化防护装置、认识不同星体表面地貌形成规律等具有重要意义。案例中弹体直径为 25 mm,长度为 100 mm,弹头锥角为 30°,弹体冲击速度为 589 m/s,砂子的密度 1 670 kg/m³,初始体积分数为 0.668,砂粒粒径为 0.1 cm,弹性模量为 50 GPa,泊松比为 0.3,内摩擦角为 30.98°,砂床的长度为 50 cm,高度为 15 cm,宽度为 9 cm。采用 SDPH 方法进行离散,SDPH 粒子的密度为颗粒的有效密度(1 670 kg/m³),粒子的直径为 2 mm,粒子总数量为 846 077,光滑长度为 1.3 倍粒子直径。弹体采用刚体计算,不计算弹体的变形,弹体与砂粒之间的作用力采用罚函数法(10.3.1 节)和摩擦力模型(10.7.1 节)计算,摩擦力系数为 0.6。

图 11.69 为冲击角为 25°时不同时刻弹体的侵彻与弹跳过程,随着侵彻的深入,由于砂粒堆积体在侵彻过程中表现出全局受力不均匀性,同时弹体的非对称性引起作用在弹体上的力矩不为零,因此弹体出现形态偏斜。弹体与床层表面的夹角逐渐减小,在 0.85 ms 左右弹体姿态基本上与床层表面相平行,弹头所处的侵彻深度最深,实验[43]测得的侵彻深度为 10 cm,数值模拟获得该数值为 10.8 cm,相对误差约为 8%;随着时间的推进,弹体姿态进一步发生改变,产生了向床层表面运动的速度分量,在 1.8 ms 左右,弹体冲出床层重新回到自由空间中。实验[43]测得弹体冲出床层的位置距离入射时的位置差为 44 cm,这里计算的该距离差为 46 cm,高出约 5%。从数值模拟获得的弹体侵入时砂粒反溅形态和弹体冲出砂粒堆积体时形成的飞溅形态来看,与实验结果[43]形态吻合较好。但数值模拟结果与实验结果存在的最大不同在于时间上,相同时刻数值模拟获得的形态比实验要超前,虽然与

实验不同,但是和前人采用 Autodyn 和 Afea 软件计算的结果[43]一致,因此,实验获得的结果有待进一步确认验证。

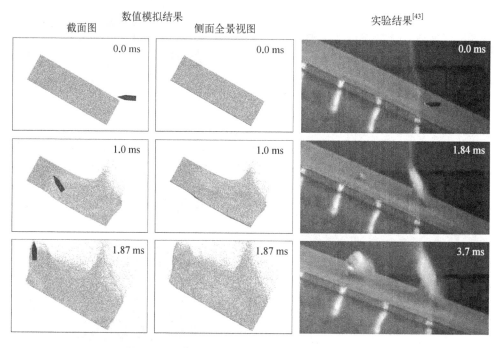

数值模拟结果　　　　　　　　　　　实验结果[43]
截面图　　　　　侧面全景视图

图 11.69　冲击角为 25°时弹体的侵彻与弹跳过程

图 11.70 为冲击角为 12.5°时弹体在砂体中的侵彻与弹跳过程计算结果与实验结果[43]的对比,由于冲击角度变小,弹体在砂体中的停留时间、侵彻深度和运动距离均有所降低,在 0.3 ms 弹体调整到与床层表面相平行的角度,在 1.0 ms 从砂床中跳出,实验测得的弹体飞出速度为 440 m/s,采用 Afea 求解器计算得到的飞出速度为 408 m/s,本书计算得到的飞出速度为 421 m/s,与实验相对误差为 4.3%,与实验更加吻合。另外,从弹体的运动时间来看冲击角为 12.5°时计算结果与实验结果吻合较好,同时弹体入射和弹跳出床层时产生的颗粒飞溅形态与实验同样吻合非常好。本节采用了 840 000 个 SDPH 粒子即实现了对冲击动力学过程的精确计算,而文献[43]中采用的 Afea 求解器使用了 5 000 000 个离散单元粒子才获得较好的结果,与传统的离散单元法相比本书计算量大大减小。

图 11.71 为初始冲击角度为 25°和 12.5°两种工况下计算获得的弹体偏斜角度随时间变化曲线,可以看到两种不同冲击角度下,弹体偏斜的变化曲线形态基本一致,均为类似 S 形曲线,初始时刻由于侵彻的深度较小,弹体受到颗粒的作用力仅有一部分作用在弹体上,其他部分弹体仍处于外部空气中,因此弹体偏斜角度变化缓慢,随着侵彻的深入,弹体偏斜角度变化加快且基本处于匀速状态,

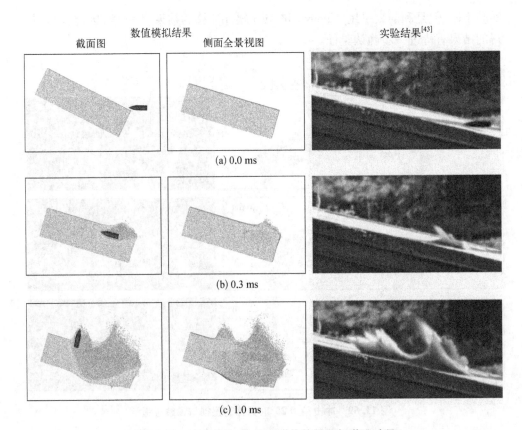

数值模拟结果

截面图　　　　　　　　　侧面全景视图　　　　　　　实验结果[43]

(a) 0.0 ms

(b) 0.3 ms

(c) 1.0 ms

图 11.70　冲击角为 12.5° 时弹体的侵彻与弹跳过程

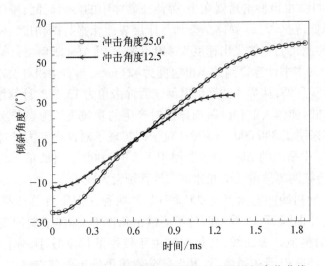

图 11.71　不同冲击角度下子弹偏斜角度随时间变化曲线

直到弹头钻出颗粒堆积体后,弹体偏斜角度改变逐渐放缓,同时逐渐达到稳定状态。从两条曲线对比来看,初始冲击角度较小时,弹体在颗粒体中运动的时间也缩短。

　　在上述不同冲击角度对子弹偏斜影响研究的基础上,又通过改变不同的子弹入射速度、子弹的质心位置以及子弹的质量等参数,子弹在侵彻过程中出现了子弹无法弹出(图 11.72)、子弹跃出(图 11.73)、子弹打水漂(图 11.74)、子弹整体弹出(图 11.75)等不同现象,再次验证了颗粒堆积体在不同的冲击状态下将表现出不同的力学性能,为后续开展深入系统的研究提供了较好的计算模拟工具。

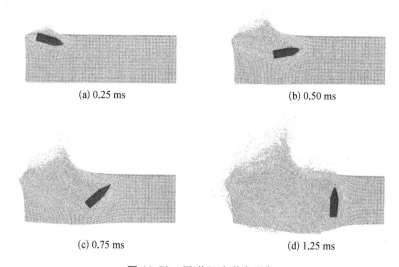

(a) 0.25 ms

(b) 0.50 ms

(c) 0.75 ms

(d) 1.25 ms

图 11.72　子弹无法弹出现象

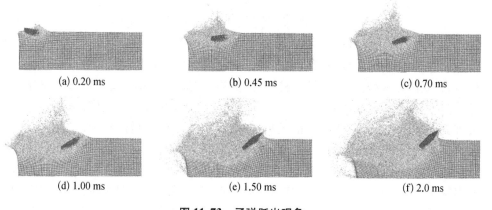

(a) 0.20 ms

(b) 0.45 ms

(c) 0.70 ms

(d) 1.00 ms

(e) 1.50 ms

(f) 2.0 ms

图 11.73　子弹跃出现象

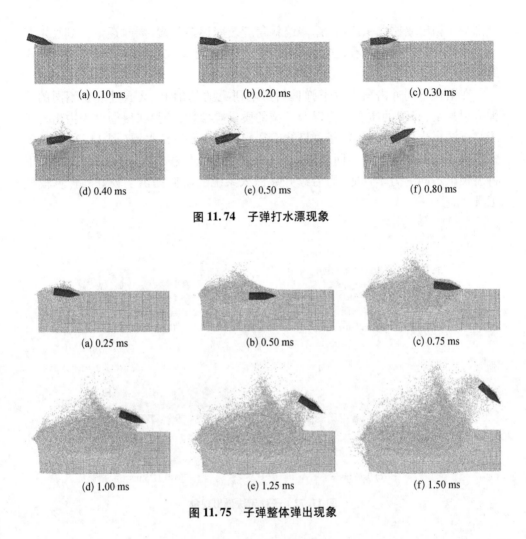

(a) 0.10 ms　　　　　　(b) 0.20 ms　　　　　　(c) 0.30 ms

(d) 0.40 ms　　　　　　(e) 0.50 ms　　　　　　(f) 0.80 ms

图 11.74　子弹打水漂现象

(a) 0.25 ms　　　　　　(b) 0.50 ms　　　　　　(c) 0.75 ms

(d) 1.00 ms　　　　　　(e) 1.25 ms　　　　　　(f) 1.50 ms

图 11.75　子弹整体弹出现象

11.5　在地质灾害预防领域内的应用

近年来,由于全球极端气候和地震活动影响,加之人类工程活动日益频繁、规模增大,我国特大型高位崩滑灾害的发生频率日趋增加,链式成灾特点愈发显著,导致群死群伤、堵江断流、堰塞坝溃决等突发性灾难不断发生。通常高位远程崩滑灾害的链式成灾模式具有极端的破坏力,对人类的生命和财产安全带来极大的威胁。高速远程滑坡的研究方法主要有数值模拟方法和实验方法。目前远程滑坡运动堆积数值模拟研究方法较多,主要分为基于拟流体的连续介质力学方法和颗粒流离散元算法。在地质灾害防灾减灾领域,针对不同滑坡类型能够快速高效地对影响区域进行预测和评估,才能真正地发挥数值模拟技术的实用价值。在前期滑坡灾害运动机理相关研究的基础上,开展滑坡运动数值模拟方法研究对于预测和预防灾害的发生、减少生命和财产损失具有重要的现实意义。

11.5.1　滑槽液-固两相流动过程数值模拟

液-固两相(液体和固体)滑坡后破坏运动过程往往呈现流态化,具有运动速度快、冲击能量大和影响范围广的灾害特征。该类型滑坡通常在极端降雨、冰雪冻土融化和城市渣土场坡体饱水情况下,极易发生灾难性的滑坡事件,如六盘水水城"7.23"滑坡、西藏易贡滑坡和深圳"12.20"渣土场滑坡等。流化滑坡具有液-固两相流相互作用共同运动的特征,流体运动性强,运动距离较远,成灾范围广;固体颗粒冲击能量大,运动性相对较弱。在流化滑坡的风险评估和危险区划分的定量分析中,数值仿真技术的反演和预测方法发挥着至关重要的作用。本书第 9 章通过采用 SPH 离散求解液体连续相运动方程模拟两相流滑体中的流体介质,采用SDPH - DEM 耦合方法离散求解颗粒相类固体或类流体运动方程,同时考虑液-固两相之间的拖曳效应等耦合作用。解决水动力作用下液-固两相流流化滑坡后破坏的动力学过程,为两相流流化滑坡的风险评估和危险区划分提供技术支撑。

滑槽宽和高均为 500 mm,滑槽部分长度为 3 000 mm,底部平面长度同样为3 000 mm,底部平面宽度为 2 000 mm,颗粒为碎石子,碎石子总质量为 200 kg,弹性模量为 15 000 MPa,泊松比为 0.23,内聚力参数为 34 000 kPa,内摩擦角为 32°,密度为 2 200 kg/m^3,颗粒半径为 0.05 m。将颗粒分别置于泥浆中和纯水中进行两组实验,再与无水和泥浆的纯颗粒的滑动过程进行对比,揭示外部流体对颗粒运动的作用机理。泥浆的密度为 1 200 kg/m^3,黏度为 1.6×10^{-3} N·s/m^2;水的密度为1 000 kg/m^3,黏度为 1.0×10^{-3} N·s/m^2;初始颗粒的体积分数均设定为 0.6。

图 11.76 为纯颗粒在滑槽内坍塌滑动过程的数值模拟和实验结果的对比,可以看到,在打开挡板之后,颗粒堆在重力的作用下坍塌滑动,由于滑槽底部的摩擦作用,颗粒还未达到底部水平面时,速度已经降至 0,说明干颗粒与壁面的摩擦力较大抑制住了滑体的远程滑动,计算结果和实验结果吻合较好。图 11.77 为泥浆-石子混合物滑槽滑动过程的数值模拟与实验结果的对比,与纯颗粒的滑动不同,颗粒在运动过程中,与泥浆紧紧融合在一起,不再有单独运动的颗粒出现,泥浆-石子整体滑动的距离也增加了,部分混合物在底部水平面上堆积,主要是因为泥浆与底部的摩擦力小于颗粒与底部的摩擦力,颗粒在泥浆的拖曳力作用下,一起运动到了底部;同时由于滑槽左右两侧施加给泥浆和石子摩擦力,混合物的速度在沿滑槽截面上呈现抛物线形态,即中间部位速度高,两侧速度低。不论是混合物的运动距离,还是混合物在平面上的堆积形态,计算结果与实验结果均吻合较好。图 11.78为水-石子混合物滑槽滑动过程的数值模拟与实验结果的对比。与干颗粒和泥浆-石子混合物滑动不同,该混合物滑动的距离更远,因为水的黏性更低,水和底部的

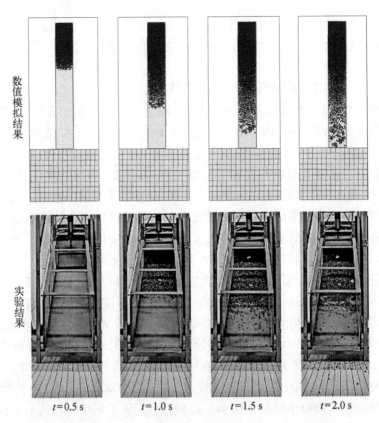

$t=0.5\,\text{s}$ $t=1.0\,\text{s}$ $t=1.5\,\text{s}$ $t=2.0\,\text{s}$

图 11.76 纯颗粒在滑槽内坍塌滑动过程的数值模拟与实验结果的对比

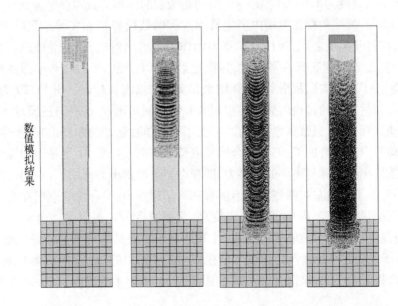

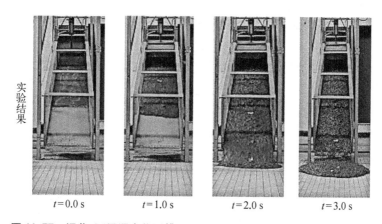

图 11.77 泥浆-石子混合物滑槽滑动过程的数值模拟与实验结果的对比

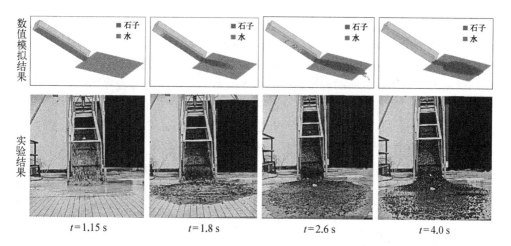

图 11.78 水-石子混合物滑槽滑动过程的数值模拟与实验结果的对比

摩擦力较小,颗粒在水的拖曳作用下,大部分均运动到了水平表面上,同时也由于水的密度和黏度较低,水和石子之间的拖曳力相比于泥浆和石子的拖曳力来说较小,造成水流出实验范围的量比石子流出实验范围的量大,水和石子之间有较大的滑移速度产生。不论是水-石子还是泥浆-石子,计算结果均与实验结果吻合较好,说明新的理论和方法对于不同液体属性下的混合物流动均能很好地模拟。

11.5.2 滑槽铲刮过程数值模拟

1. 滑槽铲刮四种模式再现

在高位远程滑坡过程中,速度高达 20 m/s 的滑体同周围山体发生动力接触,造成周围山体的明显冲击铲刮和动力粉碎效应,导致次级滑坡发生或其他岩土体汇入,形成灾害连锁反应,滑坡体积可增大至初始滑体体积的 1~4 倍,灾害规模放大明显。例如瑞士 Fidaz 滑坡(1939 年),滑坡体积放大至初始滑体体积的 4 倍[63];中国贵州水城鸡场滑坡(2019 年 7 月 23 日),滑坡体积放大至初始滑体体积的 2 倍[64]。因此,针对滑坡铲刮问题进行研究,提出一种可有效模拟铲刮动力学过程的数值模拟方法具有重要的价值和意义。本书提出了一种颗粒介质多相态理论模型和数值方法,不仅可以对内聚影响下的坚硬岩体进行模拟,同时对于忽略内聚影响下的干颗粒流同样可以进行模拟。这里为了验证新理论和方法的有效性,对高位远程滑坡的冲击铲刮成灾特征的四种典型模式[65]进行了数值验证,分别为嵌入铲起模式、裹挟夹带模式、平推滑移模式和冲击飞溅模式。

这里对于不同属性的颗粒类材料之间的接触力计算采用赫兹接触模型(7.4.1 节)。图 11.79 为所建立的滑槽试验模型,滑体是尺寸为 0.5 m×0.5 m×0.5 m 的立方体,由岩石颗粒组成,颗粒的真实密度为 2 700 kg/m³,颗粒的有效密度为 1 600 kg/m³,颗粒的直径为 10 mm,弹性模量为 2.6 GPa,泊松比为 0.25,内聚力分别取 340 kPa 和 0 kPa 用于模拟硬岩岩块和硬岩碎屑块体,内摩擦角为 32°;铲刮层由碎石颗粒组成,颗粒的直径为 10 mm,碎石的密度、弹性模量、内聚力、泊松比以及内摩擦角根据铲刮层材料的不同而取不同的参量,如表 11.5 所示。滑体与底部边界摩擦模型的摩擦系数为 0.09,铲刮层与底部边界摩擦模型的摩擦系数为 1.2。滑槽斜坡长度总共 2.0 m,宽为 0.5 m,高为 0.5 m;铲刮层的长度为 2.0 m,厚度为 0.215 m,宽度为 0.5 m。采用 SPH 粒子对滑体和铲刮层进行离散,SPH 粒子的直径为 0.025 m,光滑长度为 0.032 5 m,滑体 SPH 粒子数量为 8 000,铲刮层 SPH 粒子数量为 13 240。

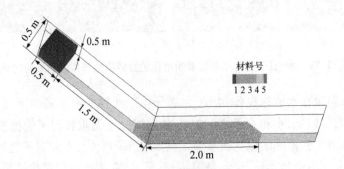

图 11.79 滑槽试验模型图

表 11.5 铲刮层材料的计算参数

材料	质量/kg	弹模/MPa	泊松比	内聚力/kPa	内摩擦角/(°)	密度/(g/cm³)
试验一	—	4	0.2	10	25	1.8
试验二	—	16 000	0.25	28 000	30	2.2

续　表

材料	质量/kg	弹模/MPa	泊松比	内聚力/kPa	内摩擦角/(°)	密度/(g/cm³)
试验三	—	40 000	0.2	6 000	42	2.66
试验四	—	4	0.4	0	20	1.8

首先计算嵌入铲起式铲刮过程,如图 11.80 所示,滑体为硬岩碎屑块体,铲刮层为较软的颗粒体,滑体以竖向撞击为主,滑体前缘嵌入了铲刮层中,在铲刮层上形成一个鼓包,塑性区以竖向发展为主,滑体大多数在撞击点位置处堆积,铲刮层被铲起后继续向前运动。

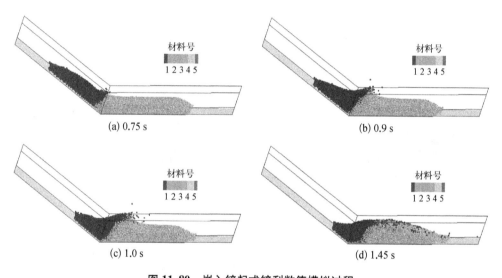

(a) 0.75 s

(b) 0.9 s

(c) 1.0 s

(d) 1.45 s

图 11.80　嵌入铲起式铲刮数值模拟过程

保持滑体为硬岩碎屑块体不变,铲刮层增大弹性模量和内聚力,同时颗粒的密度也增加,滑体在铲刮过程中以水平剪切运动为主,如图 11.81 所示。该模式在实际滑坡过程中最为常见,滑体具有较大切向剪切力,塑性区以切向发展为主,滑体易对铲刮层材料进行剪切—卷起—裹挟汇入滑体中,使滑体体积增加和运动距离放大。

继续增加铲刮层的弹性模量、密度和内聚力,同时假设铲刮层由多层材料组成,层与层之间有分界线,获得的铲刮模式为平推滑移式铲刮,如图 11.82 所示。滑体以水平推压运动为主,该种类型下垫层岩土材料一般为泥页岩等性质相对较差的薄层状岩土体,且前部临空或阻挡较差,滑体下滑冲击后先是在撞击点导致铲刮层应力集中破坏,随后冲击铲刮层岩体整体向前运动。图 11.83 进一步展示了

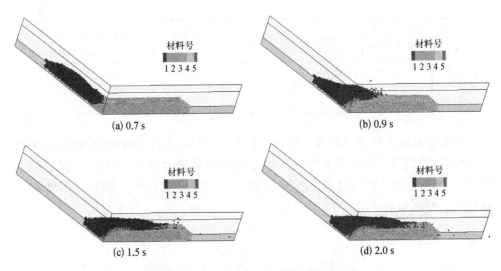

图 11.81　裹挟夹带式铲刮数值模拟过程

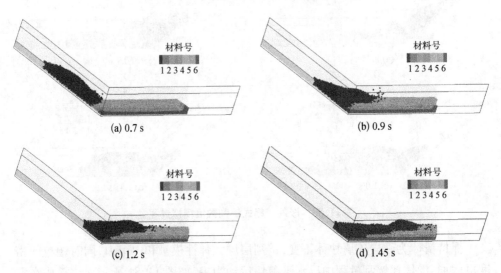

图 11.82　平推滑移式铲刮数值模拟过程(双层推移)

在平推滑移过程中速度矢量分布。

　　最后,对冲击飞溅模式进行了数值验证。该模式下,滑体通常为坚硬的岩块,铲刮层为碎屑堆积体,滑体与堆积体之间几乎为弹性撞击接触,力学作用方式以能量传递为主,导致被撞击体松散解体后飞溅形成远距离运动。采用该算例可以检验新的理论模型和方法对于内聚力较大情况下的坚硬岩体模拟的有效性,同时可以检验新的理论模型和方法对于内聚力为零情况下完全干燥的松散碎屑体模拟的有效性,对于两者之间的作用力的传递也可以进行检验。

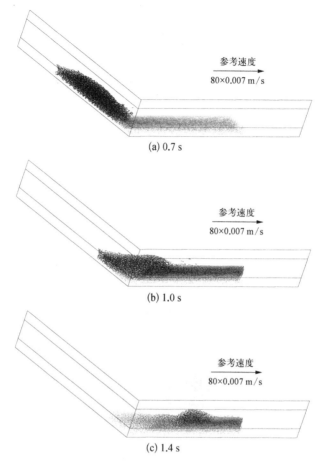

(a) 0.7 s

(b) 1.0 s

(c) 1.4 s

图 11.83　平推滑移式铲刮速度矢量分布(双层推移)

　　图 11.84 为计算获得的不同时刻滑体对铲刮层作用形成的飞溅铲刮形态,从 0 时刻开始滑体开始不受束缚在重力作用下向下滑动,由于滑体内部强烈的内聚作用,其在滑动的过程中基本不发生变形仍然保持立方体形状,如图 11.84(a)所示在 0.5 s 时刻运动形态。随着更多的重力势能转化为动能,在 0.8 s 时刻滑体开始与铲刮层相互接触,将滑体的动能传递给铲刮层碎石颗粒,由于碎石颗粒间接触以弹性松散接触为主,铲刮层解体形成飞溅形态[图 11.84(c)],向前方运动一定距离后在重力的作用下以抛物线形状回到铲刮层表面和滑槽底部,而滑体也在能量传递后自身能量降低逐渐恢复静止状态。为了更清晰地认识铲刮过程中滑体与铲刮层之间相互作用机理,图 11.85 展示了铲刮过程中的速度矢量分布,从图 11.85(a)看出在 0.8 s 时刻滑体已经将部分动能传递给相接触的碎石颗粒,接触前缘颗粒有向前运动的速度,同时在滑体的后部也有部分碎石颗粒受到挤压而沿着滑槽斜坡反向运动,在 1.0 s 时刻已经飞溅出部分颗粒,同时滑体速度进一步降低,而由

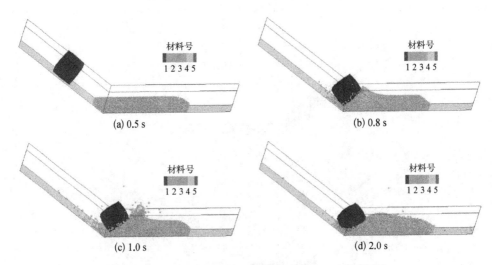

图 11.84　不同时刻滑体对铲刮层形成的飞溅铲刮形态

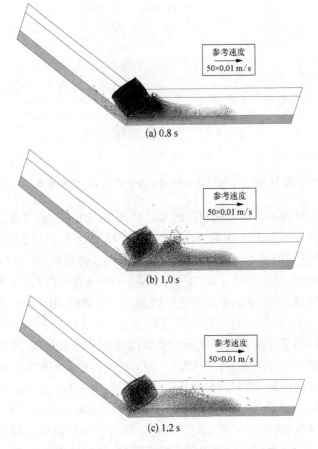

图 11.85　不同时刻滑体飞溅铲刮过程中速度矢量分布

于滑体在初始较大冲击能量下将铲刮层侵蚀形成了一个斜坡,滑体首先运动到该斜坡的顶端而动能降低为零,进而在重力作用下沿着铲刮层斜坡反向运动,产生一个反向的速度,最终回到了被铲刮形成的表面的最底端。从图 11.86 所展示的滑体运动速度随时间变化曲线可清晰看到该现象。从 0 时刻到 0.65 s 时刻滑体处于斜坡自由运动加速阶段,势能不断转化为动能,到 0.65 s 时刻滑体开始与铲刮层相接触,运动速度直线下降,在 1 s 时刻,运动速度下降为零,在该时刻并不是代表滑体从此静止,而是滑体正处在铲刮形成的斜坡的顶端,而后在重力的作用下沿斜坡向后运动,由于铲刮形成的斜坡高度非常有限,所以滑体运动速度也非常微小,直到在滑动过程中能量耗散而速度彻底降为零。受实验数据的制约,虽然本案例计算结果未能与相关实验进行对比验证,但是通过分析实际滑坡动力学过程,可得到该案例计算结果在定性方面与实际滑坡铲刮过程[66,67]吻合较好,后续可以采用该方法对相关滑坡铲刮问题进行数值模拟,验证本书理论方法对于工程问题的适用性。

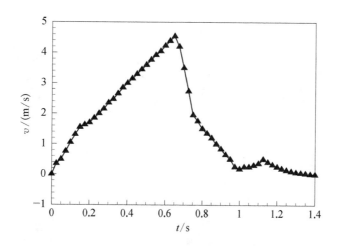

图 11.86　滑体的运动速度随时间变化曲线

2. 滑槽三段式铲刮计算过程

上节主要对两段式滑槽铲刮过程进行了数值验证,铲刮层位于平面上,而实际在滑坡过程中,铲刮层往往位于斜坡上,从而形成更大方量的滑体向下运动,因此,为了更加真实地再现滑坡过程中的铲刮现象,计算了三段式铲刮问题[68],试验槽设计了陡坡加速段及坡度相对较缓的铲刮段两部分,使碎屑流经过加速具有一定的速度然后在缓坡段进行铲刮。同时为了模拟滑坡运动过程中地形的变化,上下两段滑槽之间设计一个 20 cm 的落差。试验槽总长 5.1 m,高 3.5 m,宽 0.4 m,深0.5 m,由上下两段及顶部料斗三部分组成。上半段长 3.0 m,与地面夹角为 41°;下半段长 3.1 m,与地面夹角为 25°;料斗尺寸为 70 cm×40 cm×70 cm(长×宽×高),底板与水平面夹角为 24°,其容积为 154 L。

　　计算铲刮过程如图 11.87 和图 11.88 所示。碎屑流经过陡坡加速阶段,以一定的角度冲击基底物质并将其铲起来,造成基底物质的高速飞溅,如图 11.88(b)所示,这可以解释很多高速碎屑流前端出现岩土浪及尘浪这一现象。随着滑坡运动过程的发展,基底堆积物的侵蚀深度不断增大并逐渐被碎屑流覆盖;同时滑坡碎屑的运动能量被冲击和摩擦作用而逐渐消散,后期运动侵蚀效应主要表现为基底松散堆积物质在滑坡碎屑的裹挟和剪切作用下继续向前运动,直到整个滑坡运动停止。

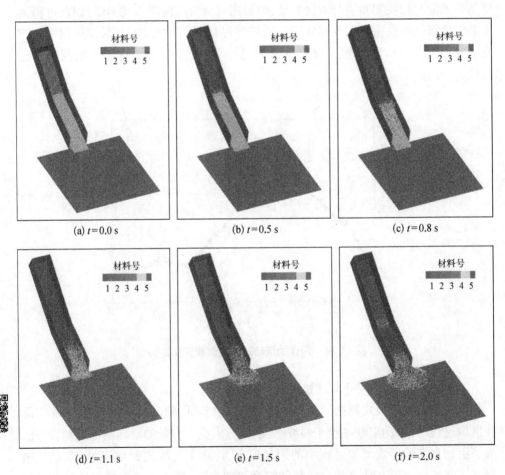

(a) $t=0.0$ s　　　　　　(b) $t=0.5$ s　　　　　　(c) $t=0.8$ s

(d) $t=1.1$ s　　　　　　(e) $t=1.5$ s　　　　　　(f) $t=2.0$ s

图 11.87　滑槽三段式铲刮数值模拟过程(正视图)

　　在铲刮过程中,铲刮起来的基底物质大部分在冲击部位前端堆积,从而造成如图 11.87(f)所示的堆积形态。由于冲击造成大量的能量损耗,滑坡物质主要在冲

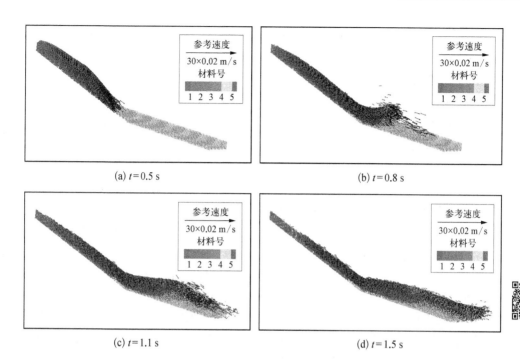

(a) $t=0.5\ \mathrm{s}$　　　　(b) $t=0.8\ \mathrm{s}$

(c) $t=1.1\ \mathrm{s}$　　　　(d) $t=1.5\ \mathrm{s}$

图 11.88　滑槽三段式铲刮数值模拟过程(侧视图与速度矢量分布)

击部位附近堆积,还有少量颗粒挤入堆积体内部,其余的则裹挟基底物质继续向前运动并沿途堆积。

3. Anja Dufresne 实验室滑槽铲刮实验过程再现

为了与实验结果进行定量对比以验证计算的准确性,本算例选取 Anja Dufresne[69]所开展的滑槽铲刮实验为测试案例,对本书中的全相态理论和数值方法进行了测试。实验过程和数值模拟几何构型图如图 11.89 所示。

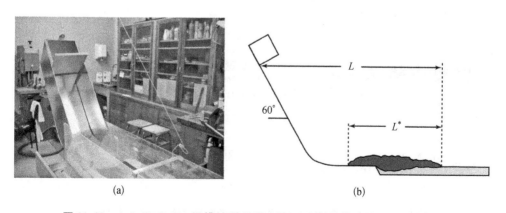

(a)　　　　　　　　(b)

图 11.89　Anja Dufresne 滑槽铲刮实验过程(a)和数值模拟几何构型图(b)

　　为了观察两种颗粒介质的相互作用,使用了一个 30 cm 宽的水槽,水槽由有机玻璃板侧壁和 100 cm 长的金属加速坡度组成,固定在 60°倾斜坡面上(图 11.89)。移动滑体碎屑流和基底材料的接触与滑体运动方向平行,消除了倾斜冲击对基底材料的影响,因此重点关注沿运动路径的滑体-基底相互作用。在斜坡顶端一个 30 cm×30 cm 的容器内装有 6 L 干煤块体(碎屑大小为 5~20 cm),松散状倒入,并以静止的角度靠在可活动挡板上。快速手动打开挡板释放出静态颗粒物,引发沿金属斜坡和水平运动路径的滑坡坍塌。

　　首先在无可侵蚀、可变形基底的情况下,观察到滑体崩塌行为的明显变化:滑体碎屑整体滑动中未观察到明显的颗粒旋转或搅动,如图 11.90 所示。分别选取了三种不同基底进行模拟,分别为光滑的金属表面、黏接有沙粒的基底以及黏接有 PVC 颗粒的基底。在光滑的金属表面上,颗粒滑动较远;黏接有沙粒的基底,滑动路径的粗糙度增加了,但整体仍然表现出整体运动性,然而,在粗糙的表面上,基底上的颗粒发生搅动,以碎屑旋转的形式传播到主滑体中,出现了轻微的颗粒体积膨胀。黏接有 PVC 颗粒的表面粗糙度更大,一旦遇到粗糙基底,在流动前沿形成颗粒溅射,垂直流动膨胀高达 75 cm,而其他流程中的平均动态流动前沿高度为 2~3 cm。较厚的主流体底部的颗粒与粗糙的基底咬合在一起,从而显著地延缓了流动后部的前进,而没有任何颗粒搅动的滑动运动也具有较低的滞后流动性。粗糙表面路径上的扩散流动前沿在运动停止时坍缩成薄的沉积面。数值模拟和实验[69]获得的前沿运动距离吻合较好。

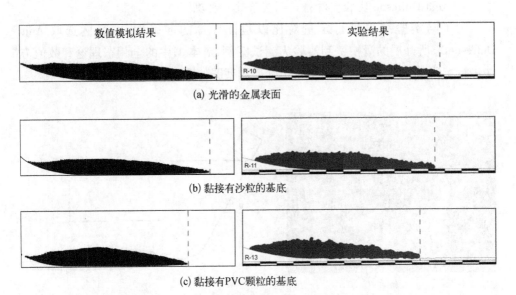

(a) 光滑的金属表面

(b) 黏接有沙粒的基底

(c) 黏接有PVC颗粒的基底

图 11.90　无可侵蚀、可变形基底条件下数值模拟结果与实验结果对比

　　图 11.91 为细粒面粉基底条件下,滑体侵蚀铲刮过程计算结果与实验结果的对比,当滑体前缘与面粉基底相互接触时,由于前缘颗粒数量尚少,所以以平推为主,由于前缘颗粒速度较大,所以存在少量的颗粒溅射,随着滑体量的增加,滑体铲刮的动能增加,使得部分滑体颗粒进入基底的内部形成犁耕状,同时前部颗粒运动更为剧烈,甚至颗粒出现解体以分散颗粒向前方运动;随着铲刮的继续进行,下部形成的凹陷区域继续向前扩展,而处于滑体前缘的颗粒与基底颗粒逐渐混合在一起;随着滑体的冲击能量在铲刮过程中的消耗,滑体下部即铲刮层上表面颗粒首先速度降低为零,而滑体的上表面由于后部颗粒的惯性运动还会继续向前运动一定的距离,最终恢复静止状态。图 11.92 展示了三种不同基底条件下的铲刮计算结果和实验结果[69]的对比,可以看到在光滑和粗糙两种不同的基底条件下,滑体铲刮运动距离存在较大的差别,光滑基底条件下,摩擦损耗的能量较小,大部分能量用于铲刮和向前运动。以面粉为基底的铲刮介于以上两者之间,滑体运动的距离也位于两者之间。从实验和计算获得的基底铲刮形态、滑体运动距离以及滑体铺展范围来看,均吻合较好,进一步验证了理论和方法的准确性与有效性。

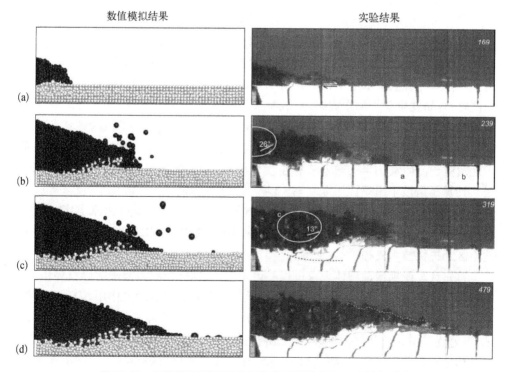

图 11.91　细粒面粉基底条件下数值模拟结果与实验结果对比

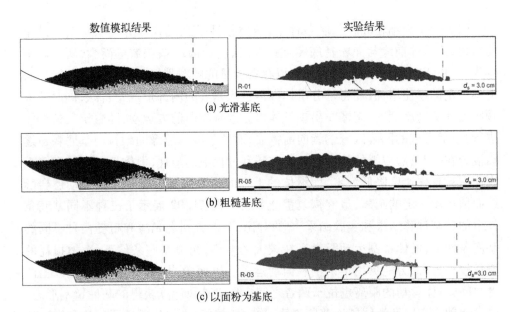

(a) 光滑基底

(b) 粗糙基底

(c) 以面粉为基底

图 11.92   三种不同基底条件下数值模拟结果与实验结果对比

11.5.3   滑槽模拟堵江溃坝过程数值模拟

我国西南山区构造运动活跃、地质条件复杂和人类工程活动频繁,是特大型高位远程滑坡的高易发区,具有运动距离远、体积巨大和危害力极端的灾害特征。该地区水系流域分布密集,滑坡下滑后往往会在河谷沟道内形成堵江堰塞坝体,滑坡堵江后导致河流上游水量库容不断增加形成堰塞湖,当堰塞坝体抗冲击强度达到峰值时,容易发生溃坝洪水灾害,形成特大型的滑坡灾害链,对河流下游流域居民的生命和财产安全造成了极大的威胁。针对特大型滑坡灾害链的风险评估和流域性的危险区划的定量分析,数值仿真技术在其中起到了至关重要的作用。本节基于光滑粒子流体动力学方法(求解连续相的 SPH 法和求解离散颗粒相的 SDPH 法),计算了滑坡下滑堵江后堰塞湖-漫坝/溃坝-洪水链式灾害演化全过程,解决水位抬升,堰塞坝体溃散(液体冲击、拖曳固体颗粒),再形成流域性洪水灾害的数值仿真模拟问题,为高位远程滑坡堵江后的堰塞湖-溃坝-洪水灾害链的风险评估和危险区划提供技术支撑。

首先计算溃坝侵蚀坝体现象过程。该现象下,坝体为较为坚硬的碎石体组成,颗粒间存在一定的内聚力,整个坝体能够承载一部分水体的冲击作用,表现出慢速的侵蚀过程,如图 11.93 所示,坝体中间缝隙处在水流的冲刷作用下缓慢地被侵蚀,缝隙逐渐增大,同时由于水体在上游积聚,在向收缩的缝隙流动过程中对两侧的坝体也存在侵蚀作用,从而使得中心流通区域逐渐形成漏斗状。侵蚀下来的碎屑体随着水流的流动逐渐汇入水流中向下游运动。图 11.94 为实验结果,与数值

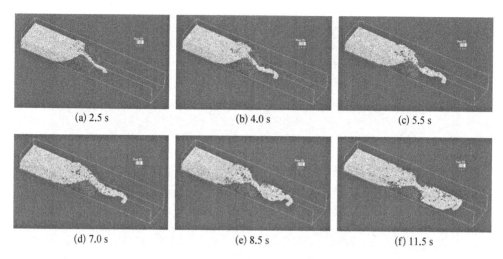

(a) 2.5 s　　　　　　　　(b) 4.0 s　　　　　　　　(c) 5.5 s

(d) 7.0 s　　　　　　　　(e) 8.5 s　　　　　　　　(f) 11.5 s

图 11.93　溃坝侵蚀坝体过程数值模拟

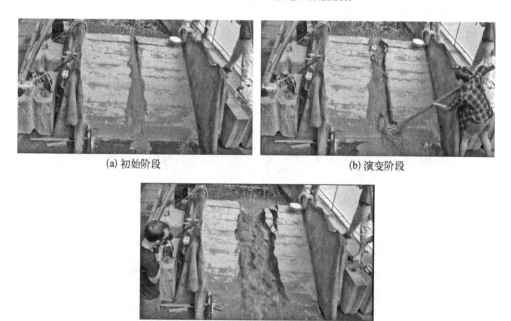

(a) 初始阶段　　　　　　　　　　　　　(b) 演变阶段

(c) 坝体毁坏阶段

图 11.94　溃坝侵蚀坝体实验结果

模拟结果具有相似性,从定性上验证了数值计算过程的准确性。

当坝体由完全散性或弱黏性的碎石组成时,坝体在水流的冲击作用下会坍塌破坏,假如水位上涨不明显,可以承载一部分水流的冲击,但是假如水位一直不断上涨,该坍塌之后的散体很难阻挡水流的冲击作用,在较短的时间内便出现冲毁坝体形成洪灾的危险,所以应该规避此类坝体的形成,如图 11.95 和图 11.96 所示。

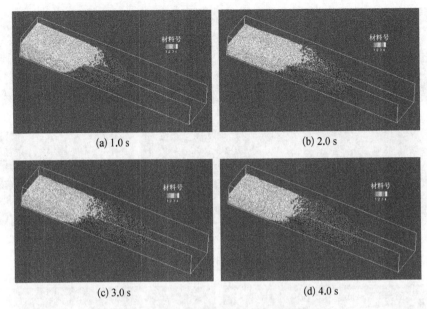

(a) 1.0 s   (b) 2.0 s

(c) 3.0 s   (d) 4.0 s

图 11.95   溃坝侵蚀散性土体数值模拟过程

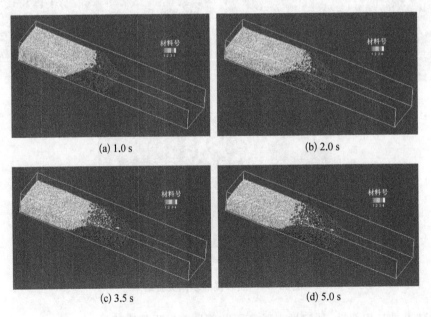

(a) 1.0 s   (b) 2.0 s

(c) 3.5 s   (d) 5.0 s

图 11.96   溃坝侵蚀黏性土体数值模拟过程

　　图 11.97 展示了更为坚硬的坝体与水流形成的漫坝现象,当坝体非常坚硬,不容易被水体侵蚀时,随着水流的上涨,形成漫坝是必然的,逐渐水流完全覆盖了坝体。

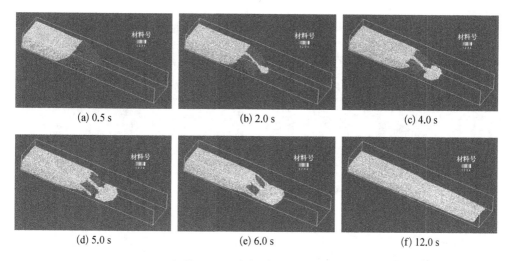

(a) 0.5 s　　　　　(b) 2.0 s　　　　　(c) 4.0 s

(d) 5.0 s　　　　　(e) 6.0 s　　　　　(f) 12.0 s

图 11.97　漫坝过程数值模拟

11.5.4　高位远程滑坡运动过程数值模拟

我国是受滑坡灾害最为频繁和严重的国家之一,其中西南地区滑坡灾害最为多发和严重,尤其以巨型和超大型滑坡产生的破化性最大,在我国的滑坡灾害事件中占有重要的突出地位。与普通滑坡相比,大型滑坡发生的机制更复杂,规模更大,产生的危害更严重,具有典型性和代表性。本节选取了我国境内近百年来发生的一起十分罕见的特大型高速远程滑坡事件为例,采用基于颗粒介质全相态理论和数值模拟方法对滑坡的运动全过程进行模拟,再现了滑坡的运动过程,得到了滑坡的运动速度和持续时间。

滑源区物质为岩质体,查阅岩质体的有关物理力学参数,选取滑源区岩体的内摩擦角为 35°,容重为 24 kN/m³,选用滑坡土体所做高速不排水环剪试验得到的摩擦角,取为 19.8°。

图 11.98 和图 11.99 为计算获得的滑坡运动过程细节,分别为底部较小摩擦力和较大摩擦力两种情况下的计算结果。根据模拟结果可将滑坡运动分为启动碰撞阶段、减速扩散阶段和堆积停止三个运动阶段。0~90 s 为启动碰撞阶段,滑体自滑源区启动后,沿前缘剪出口方向快速向下运动,30 s 末与沟谷西侧山体(高程介于 3 800~3 900 m)发生碰撞后产生变向,随后沿沟谷向下高速运动。90 s 末滑坡前缘运动至高程 2 500 m 处,此刻滑体最厚的部位介于高程 2 700~2 900 m,约 200 m厚。模拟结果显示沟谷高程 3 200 m 以上没有滑体的堆积,主要是因为高程3 200 m 以上沟谷的倾角较为陡峻,不易形成堆积,这与滑坡灾害发生后卫星遥感影像图显示的沟谷实际情况基本相同。

90~210 s 为减速扩散阶段,90 s 后由于地势逐渐变得开阔和平坦,滑体运动速

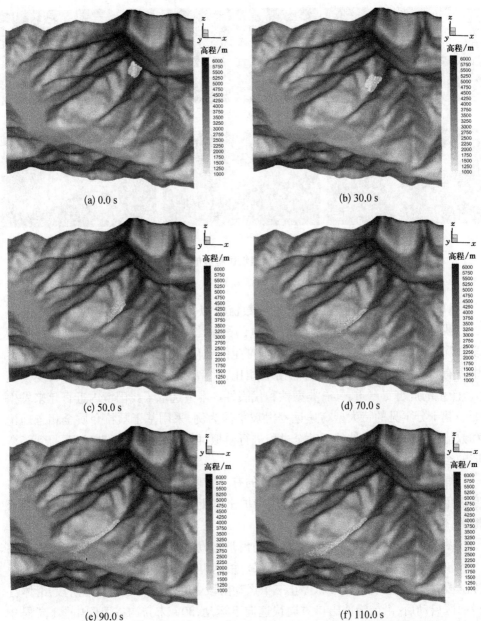

(a) 0.0 s

(b) 30.0 s

(c) 50.0 s

(d) 70.0 s

(e) 90.0 s

(f) 110.0 s

图 11.98　高位远程滑坡运动过程数值模拟(底部摩擦力为 0.2)

度不再继续增加,120 s 滑体前缘进入下流河道,随后滑坡物质沿主滑方向运动的同时逐渐向东西两侧扩散,滑坡堆积区域不断扩大,至 210 s 末滑坡体已完全堵塞河道,于高程 2 200~2 500 m 形成一个近喇叭状的扇形堆积区,此时最大堆积厚度为 80 m。

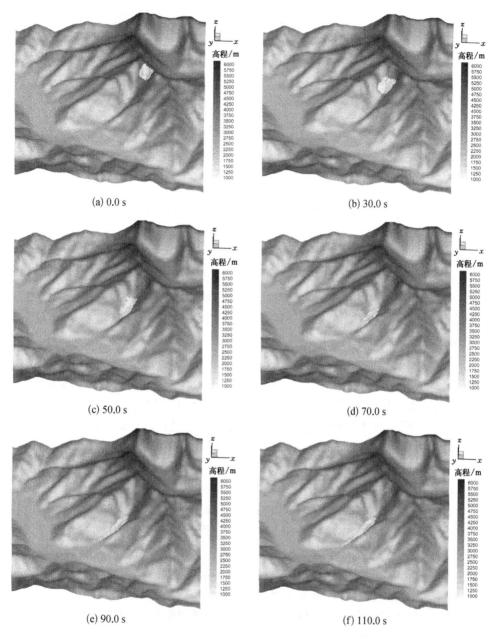

(a) 0.0 s

(b) 30.0 s

(c) 50.0 s

(d) 70.0 s

(e) 90.0 s

(f) 110.0 s

图 11.99　高位远程滑坡运动过程数值模拟(底部摩擦力系数为 1.0)

210~300 s 为堆积停止阶段,此阶段滑坡发生内部的蠕动堆积,后缘滑体以较低速度向前缘运动,300 s 末滑坡的堆积范围已基本成型不再变化,最大堆积厚度为 100 m,位于高程 2 200~2 300 m,这与现场实际勘察结果基本一致。滑坡自启动后运动至河道整个过程所用时间为 240~270 s,而滑坡运动基本停止的时间约在

300 s。从模拟的运动特征来看,本书模型和方法较好地反映出滑坡运动过程中出现的碰撞、滑坡体形状变化以及堆积等情况。

11.6 小 结

本章在前面所论述的一系列颗粒介质理论和数值模拟方法的基础上,进一步选取了四个不同领域内的典型问题进行了数值模拟,分析了颗粒介质流动过程,揭示了相关物理机理,得到了重要结论,为指导相关研究提供了理论依据。具体模拟过程如下:

(1) 对航空航天动力系统中的航空发动机涡轮内颗粒沉积问题、航空发动机燃油雾化问题以及固体火箭发动机尾喷管受颗粒流侵蚀问题进行了数值模拟,细致地揭示了颗粒从悬浮流动到黏附团聚再到堆积静止的全过程,颗粒最终的沉积样貌与实验中颗粒沉积的样貌对比吻合较好;模拟获得了锥形液膜破碎成液丝、液丝进一步破碎成液滴的全过程,能够捕捉雾化过程中的细节特征,并能捕获到液滴空间分布,液滴捕捉效果逼真,与文献中高速摄影拍摄的雾化破碎过程基本吻合。模拟结果凸显了新方法在研究分析颗粒沉积、破碎雾化、颗粒侵蚀等方面的优势。

(2) 模拟了工业工程中磨料射流切割 HTPB 推进剂过程和二维锥形喷动床内颗粒流化过程,分析了喷动的形态、时间均值颗粒速度、颗粒垂直速度等分布状况,讨论了气流场分布和湍动能分布,与实验结果对比吻合较好,精度高于离散单元法。同时,运用新型计算流体力学方法对射流的加工过程进行仿真,可以节约大量的人力、物力和财力,并且对实验的数据的选择提供参考。另外,通过对切割参数的数值模拟,研究各参数对射流的形成以及切割能力和效率的影响。寻找合适的工艺,为结构参数及工艺参数优化选择提供有效依据。

(3) 模拟了三种不同弹丸类型对砂体类材料的侵彻过程,验证了新的理论和数值方法的有效性,与实验对比验证了准确性,同时与传统数值方法对比验证了先进性。这说明所建立的数值方法相比于传统基于连续介质力学的方法所描述的流态更加丰富,可以捕捉不同的侵彻现象;相比于传统离散单元法来说所采用的粒子数量较少,计算量大大减小,可实现对工程问题的有效模拟。

(4) 应用于地质灾害预防领域,分别模拟了滑槽颗粒-液体两相流动过程、滑槽铲刮过程、滑槽模拟堵江溃坝过程以及真实场景的高位远程滑坡运动过程,通过与实验进行定量对比分析,验证了算法的准确性。在地质灾害防灾减灾领域,针对不同滑坡类型能够快速高效地对影响区域进行预测和评估,才能真正地发挥数值模拟技术的实用价值。在前期滑坡灾害运动机理相关研究的基础上,开展滑坡运动数值方法研发对于预测和预防灾害的发生、减少生命和财产损失具有重要的现实意义。

参考文献

[1]　ALBERT J E, BOGARD D G. Experimental simulation of contaminant deposition on a film cooled turbine airfoil leading edge[J]. Journal of Turbomachinery, 2012, 134(9): 051014.

[2]　严红,陈福振.航空发动机燃油雾化特性研究进展[J].推进技术,2020,41(9): 2038 - 2058.

[3]　CHEN F Z, YAN H. Numerical simulation on atomization of pressure swirl injector with smoothed particle hydrodynamics[C]. 12th Asia-Pacific Conference on Combustion, Fukuoka, 2019.

[4]　LIU Z, HUANG Y, SUN L. Studies on air core size in a simplex pressure-swirl atomizer[J]. International Journal of Hydrogen Energy, 2017, 42(29): 18649 - 18657.

[5]　XIAO W, HUANG Y. Improved semiempirical correlation to predict sauter mean diameter for pressure-swirl atomizers[J]. Journal of Propulsion & Power, 2014, 30(6): 1628 - 1635.

[6]　DAVANLOU A, LEE J D, BASU S, et al. Effect of viscosity and surface tension on breakup and coalescence of bicomponent sprays[J]. Chemical Engineering Science, 2015, 131(28): 243 - 255.

[7]　陈福振,强洪夫,高巍然,等.固体火箭发动机内气粒两相流动的 SPH-FVM 耦合方法数值模拟[J].推进技术,2015,36(2): 175 - 185.

[8]　邓为.固体火箭发动机喷管内粒子侵蚀数值研究[D].哈尔滨:哈尔滨工程大学,2017.

[9]　ZHAO X L, LI S Q, LIU G Q, et al. DEM simulation of the particle dynamics in two-dimensional spouted beds[J]. Powder Technology, 2008, 184(2): 205 - 213.

[10]　TAKEUCHI S, WANG S, RHODES M. Discrete element simulation of a flat-bottomed spouted bed in the 3-D cylindrical coordinate system [J]. Chemical Engineering Science, 2004, 59(17): 3495 - 3504.

[11]　TURTLE E P, PIERAZZO E, COLLINS G S, et al. Impact structures: what does crater diameter mean? [J]. Special Paper of the Geological Society of America, 2005, 384: 1 - 24.

[12]　UEHARA J S, AMBROSO M A, OJHA R P, et al. Low-speed impact craters in loose granular media[J]. Physical Review Letters, 2003, 90: 194301.

[13]　CLARK A H, KONDIC L, BEHRINGER R P. Particle scale dynamics in granular impact[J]. Physical Review Letters, 2012, 109: 238302.

[14]　NORDSTROM K N, LIM E, HARRINGTON M, et al. Granular dynamics during impact[J]. Physical Review Letters, 2014, 112: 228002.

[15]　BORG J P, MORRISSEY M P, PERICH C A, et al. In situ velocity and stress characterization of a projectile penetrating a sand target: experimental measurements and continuum simulations[J]. International Journal of Impact Engineering, 2013, 51: 23 - 35.

[16]　GUZMANA I L, ISKANDERB M, BLESS S. Observations of projectile penetration into a transparent soil[J]. Mechanics Research Communications, 2015, 70: 4 - 11.

[17]　OMIDVAR M, ISKANDER M, BLESS S. Soil-projectile interactions during low velocity penetration[J]. International Journal of Impact Engineering, 2016, 93: 211 - 221.

[18]　ROBINS B. New principles of gunnery[M]. London: Rechmond Publishing Company, 1742.

[19]　EULER L P. Recherches sur la veritable courbe que décrivent lescorps jettés dans l'air ou dans

un autre fluide quelconque[M]. Paris: Mémoire de l'Académie des Sciences de Berlin 9, 1753: 321 – 352.

[20] BAI Y L, JOHNSON W. The effect of projectile speed and medium resistance in ricochet off sand[J]. Journal of Mechanical Engineering Science, 1981, 23: 69 – 75.

[21] JOHNSON W, SENGUPTA A K, GHOSH S K. High velocity oblique impact and ricochet mainly of long rod projectiles: an overview[J]. International Journal of Mechanical Sciences, 1982, 24(7): 425 – 436.

[22] FORRESTAL M J, LUK V K. Penetration into soil targets[J]. International Journal of Impact Engineering, 1992, 12(3): 427 – 444.

[23] SAVVATEEV A F, BUDIN A V, KOLIKOV V A, et al. High-speed penetration into sand [J]. International Journal of Impact Engineering, 2001, 26(1): 675 – 681.

[24] LI Q M, FLORES-JOHNSON E A. Hard projectile penetration and trajectory stability[J]. International Journal of Impact Engineering, 2011, 38(10): 815 – 823.

[25] YE X, WANG D, ZHENG X. Influence of particle rotation on the oblique penetration in granular media[J]. Physical Review E, 2012, 86: 061304.

[26] YOUNG C W. Depth predictions for earth-penetrating projectiles[J]. ASCE Soil Mechanics and Foundation Division Journal, 1969, 95: 803 – 817.

[27] CORBETT G G, REID S R, JOHNSON W. Impact loading of plates and shells by free-flying projectiles: a review[J]. International Journal of Impact Engineering, 1996, 18(2): 141 – 230.

[28] ISKANDER M, BLESS S, OMIDVAR M. Rapid penetration into granular media[M]. 1st ed. Amsterdam: Elsevier, 2015.

[29] OMIDVAR M, ISKANDER M, BLESS S. Response of granular media to rapid penetration[J]. International Journal of Impact Engineering, 2014, 66: 60 – 82.

[30] CUNDALL P A, STRACK O D L. A discrete numerical model for granular assemblies[J]. Géotechnique, 1979, 29(1): 47 – 65.

[31] POTYONDY D O, CUNDALL P A. A bonded-particle model for rock[J]. International Journal of Rock Mechanics and Mining Sciences, 2004, 41(8): 1329 – 1364.

[32] STARON L, HINCH E J. Study of the collapse of granular columns using DEM numerical simulation[J]. Journal of Fluid Mechanics, 2005, 545(1): 1 – 27.

[33] LACAZE L, PHILLIPS J C, KERSWELL R R. Planar collapse of a granular column: experiments and discrete element simulations[J]. Physics of Fluids, 2008, 20(6): 144302.

[34] PACHECO-VAZQUEZ F, RUIZ-SUAREZ J C. Impact craters in granular media: grains against grains[J]. Physical Review Letters, 2011, 107(21): 218001.

[35] ELLOWITZ J. Head-on collisions of dense granular jets[J]. Physical Review E, 2016, 93(1): 012907.

[36] SHI Z H, LI W F, WANG Y, et al. DEM study of liquid-like granular film from granular jet impact[J]. Powder Technology, 2018, 336: 199 – 209.

[37] TRAN Q A, CHEVALIER B, BREUL P. Discrete modeling of penetration tests in constant velocity and impact conditions[J]. Computers & Geotechnics, 2016, 71: 12 – 18.

[38] OLOVSSON L, HANSSEN A G, BRVIK T, et al. A particle-based approach to close-range

blast loading[J]. European Journal of Mechanics A: Solids, 2010, 29(1): 1 – 6.

[39] IMPETUS AFEA A S. IMPETUS Afea solver[EB/OL]. http: //www. impetus-afea. com [2020 – 10 – 11].

[40] HOLLOMAN R L, DESHPANDE V, WADLEY H N G. Impulse transfer during sand impact with a solid block[J]. International Journal of Impact Engineering, 2015, 76: 98 – 117.

[41] BØRVIK T, DEY S, OLOVSSON L. Penetration of granular materials by small-arms bullets [J]. International Journal of Impact Engineering, 2015, 75: 123 – 139.

[42] HOLMEN J K, BØRVIK T, HOPPERSTAD O S. Experiments and simulations of empty and sand-filled aluminum alloy panels subjected to ballistic impact[J]. Engineering Structures, 2017, 130: 216 – 228.

[43] MOXNES J F, FRYLAND Y, SKRIUDALEN S, et al. On the study of ricochet and penetration in sand, water and gelatin by spheres, 7. 62 mm APM2, and 25 mm projectiles[J]. Defence Technology, 2016, 12(2): 159 – 170.

[44] COULOMB C A. Sur une application des regles maximis et minimis a quelques problems de statique, relatives a l'architecture[J]. Academie Sciences Paris Memories de Mathematique and de Physiques, 1776, 7: 343 – 382.

[45] MOHR O. Welche umstande bedingen die elastizitatsgrenze und den bruch eines materials? [J]. Zeitschrift des Vereines Deutscher Ingenieure, 1900, 44: 1524 – 1530.

[46] DRUCKER D C, PRAGER W. Soil mechanics and plastic analysis or limit design [J]. Quarterly of Applied Mathematics 1952, 10(2): 157 – 164.

[47] BAGNOLD R A. Experiments on gravity-free dispersion of large solid spheres in a Newtonian fluid under shear[J]. Proceedings of the Royal Society A, 1954, 225(1160): 49 – 63.

[48] JOP P, FORTERRE Y, POULIQUEN O. A constitutive law for dense granular flows[J]. Nature, 2006, 441(7094): 727 – 730.

[49] HERRMANN W. Constitutive equation for the dynamic compaction of ductile porous materials [J]. Journal of Applied Physics, 1969, 40(6): 2490 – 2499.

[50] GRADY D E, WINFREE N A, KERLEY G I, et al. Computational modeling and wave propagation in media with inelastic deforming microstructure[J]. Journal De Physique IV, 2000, 10: 15 – 20.

[51] WÜNNEMANN K, COLLINS G S, MELOSH H J. A strain-based porosity model for use in hydrocode simulations of impacts and implications for transient crater growth in porous targets [J]. Icarus, 2006, 180(2): 514 – 527.

[52] LAINE L, SANDVIK A. Derivation of mechanical properties for sand[C]. 4th Asia-Pacific conference on Shock and Impact Loads on Structures, Singapore, 2001.

[53] KO J, JEONG S, LEE J K. Large deformation FE analysis of driven steel pipe piles with soil plugging[J]. Computers and Geotechnics, 2016, 71: 82 – 97.

[54] SIKORA Z, GUDEHUS G. Numerical simulation of penetration in sand based on FEM[J]. Computers and Geotechnics, 1990, 9: 73 – 86.

[55] AHMADI M M, DARIANI A A G. Cone penetration test in sand: a numerical-analytical approach[J]. Computers and Geotechnics, 2017, 90: 176 – 189.

[56] JAEGER H, NAGEL S, BEHRINGER R. Granular solids, liquids, and gases[J]. Reviews of

Modern Physics, 1996, 68(4): 1259 - 1273.

[57] FORTERRE Y, POULIQUEN O . Flows of dense granular media[J]. Annual Review of Fluid Mechanics, 2008, 40(1): 1 - 24.

[58] KIM S, KAMRIN K. Power-law scaling in granular rheology across flow geometries [J]. Physical Review Letters, 2020, 125: 088002.

[59] CHIALVO S, SUN J, SUNDARESAN S. Bridging the rheology of granular flows in three regimes[J]. Physical Review E, 2012, 85: 021305.

[60] DEBOEUF S, GONDRET P, RABAUD M. Dynamics of grain ejection by sphere impact on a granular bed [J]. Physical Review E Statistical Nonlinear & Soft Matter Physics, 2009, 79(4): 041306.

[61] RUIZ-SUÁREZ C J. Penetration of projectiles into granular targets[J]. Reports on Progress in Physics Physical Society, 2013, 76(6): 066601.

[62] CHEN W F, MIZUNO E. Nonlinear analysis in soil mechanics: theory and implementation [M]. Amsterdam: Elsevier, 1990.

[63] NIEDERER J. Der felssturz am flimserstein: jahresbericht der naturforschenden gesellschaft graubündens[J]. Chur, 1941, 77: 3 - 27.

[64] GAO Y, LI B, GAO H Y, et al. Dynamic characteristics of high-elevation and long-runout landslides in the Emeishan basalt area: a case study of the Shuicheng "7. 23" landslide in Guizhou, China[J]. Landslides, 2020, 17(7): 1663 - 1677.

[65] 高杨,李滨,高浩源,等.高位远程滑坡冲击铲刮效应研究进展及问题[J].地质力学学报, 2020,26(4): 510 - 519.

[66] YIN Y, XING A, WANG G, et al. Experimental and numerical investigations of a catastrophic long-runout landslide in Zhenxiong, Yunnan, southwestern China [J]. Landslides, 2016, 14(2): 1 - 11.

[67] 贺凯,高杨,王文沛,等.陡倾煤层开采条件下上覆山体变形破坏物理模型试验研究[J]. 地质力学学报,2018,24(3): 399 - 406.

[68] 陆鹏源,侯天兴,杨兴国,等.滑坡冲击铲刮效应物理模型试验及机制探讨[J].岩石力学 与工程学报,2016, 35(6): 1225 - 1232.

[69] DUFRESNE A. Granular flow experiments on the interaction with stationary runout path materials and comparison to rock avalanche events[J]. Earth Surface Processes & Landforms, 2012, 37: 1527 - 1541.